シリーズ〈新しい化学工学〉

1
流体移動解析

小川浩平
［編集］

朝倉書店

シリーズ〈新しい化学工学〉 編集者

小 川 浩 平	東京工業大学名誉教授	（シリーズ全体，第1巻）
伊 東 　 章	東京工業大学大学院理工学研究科化学工学専攻	（第2巻）
鈴 木 正 昭	東京工業大学大学院理工学研究科化学工学専攻	（第3巻）
太田口 和 久	東京工業大学大学院理工学研究科化学工学専攻	（第4巻）
黒 田 千 秋	東京工業大学大学院理工学研究科化学工学専攻	（第5巻）
久保内 昌 敏	東京工業大学大学院理工学研究科化学工学専攻	（第6巻）
益 子 正 文	東京工業大学大学院理工学研究科化学工学専攻	（第7巻）

第1巻　流体移動解析　執筆者　　　　　　　　　　　　分担

吉 川 史 郎	東京工業大学大学院理工学研究科化学工学専攻	1章，4.2節，補足
＊小 川 浩 平	東京工業大学名誉教授	2章，4.1節，6, 7, 8章
寺 坂 宏 一	慶應義塾大学理工学部応用化学科	3章
竹 田 　 宏	（株）アールフロー	5章

（執筆順，＊印は本巻の編集者）

まえがき

　化学工学の守備範囲は当初から大きな役割を演じてきた単位操作，原料から製品に至るまでのプロセスと装置のすべて，そして昨今注目を集めているバイオや新素材と極めて広く，物質を取り扱う現象のすべてを対象としています．しかしながら，この広範囲にわたる化学工学を学ぶにあたっては，それらの現象を支配する流動に関する知見が極めて重要となります．たとえば，化学工業の一つの特徴として装置の内部の流体を主体とする原料の温度，圧力あるいは組成などを制御しつつ一定のプロセスを進行させて目的の製品を生産することがありますが，必ずと言っていいほど流体がプロセスに関与しているとみてよいでしょう．この場合，装置は単なる物質を貯える容器であるばかりではなく，固体触媒などの充填物も含めて流体の流動状態を規制する境界の役割も果たしています．また，装置に付属した撹拌機などの機械や装置の外部に付設されているポンプ，圧縮機のような機械は一定の流動状態を生じさせる力やエネルギーを流体に与えています．これらの装置や機械は，いずれも装置内のプロセスの進行に必要な熱移動および反応を含む物質移動を促進・制御する目的をもっているものと考えられます．したがって，ケミカルエンジニアにとって重要な装置内で進行するプロセスの解明のためには，流体の状態，流動にともなって生じる諸現象などについて十分な理解と知識の修得が必要となります．これが，化学工学において流動を学ぶべき基礎としている理由です．

　本巻は，化学工学を学ぶ学生のために，主として流体の流れに関する常識的な事項を理解し，先進的・普遍的な基礎・基盤の知識を十分に修得してもらうことを目的としています．本巻の構成にあたっては次の点に留意しました．

(1) 東工大の大学院化学工学専攻における流動関連の講義内容をベースとする．
(2) 簡単な流れからスタートし，一貫した見方で複雑な装置内の流れを見る．
(3) 明確な理論に基づかない単なる実験式は便覧の類にゆずり，実験式の羅列は可能な限りこれを避ける．
(4) 例はなるべく装置内の流れに関連するものとし，原理，応用を明らかにする．

また上記留意点のもとに，具体的な章立てを次のようにしました．

(1) 運動量移動の基礎
(2) 乱流現象
(3) 混相流
(4) 機械的混合・分離操作

(5) 運動量移動の数値シミュレーション

(6) 相似則

(7) 流体測定法

(8) 機械的操作の今後の展開

(9) 補足

　内容の先進性，普遍性，また基礎・基盤の程度に章間に若干の差異が生じてしまいました．また，上記のような方針にこだわったためと執筆者の非力のために，化学装置においてしばしば遭遇するいくつかの重要な流動についての記述を割愛せざるを得ませんでした．また執筆者の思い違いや理解の浅さによる誤りも散見されるかもしれません．以上の危惧に対して読者の皆さまのご叱正を賜れれば幸いです．

　終わりに，本巻の作成に多大なご尽力をいただいた朝倉書店編集部，ならびに執筆にあたって参考にさせていただいた多くの著書，研究報告などの著者に心からお礼を申し上げます．

　2011 年 9 月

第 1 巻編集者　小　川　浩　平

目　　次

1. 運動量移動の基礎

1.1 レオロジー ································· 1
　1.1.1 レオロジーの基礎 ···················· 1
　1.1.2 種々の流体のレオロジー ············ 3
1.2 応力テンソルと変形速度テンソル ······ 5
　1.2.1 応力テンソル ·························· 5
　1.2.2 変形速度テンソル ···················· 7
　1.2.3 粘性応力テンソルと変形速度テンソル
　　　　の関係 ································· 8
1.3 流体静力学 ··································· 9
　1.3.1 圧力 ····································· 9
　1.3.2 パスカルの原理 ····················· 10
　1.3.3 浮力 ··································· 10
1.4 流れの状態の観察・表現・分類 ········ 11
　1.4.1 流速・流量の定義 ·················· 11
　1.4.2 流れの状態の観察 ·················· 12
　1.4.3 流れの状態の表現 ·················· 12
　1.4.4 流れの状態の分類 ·················· 13
　1.4.5 層流と乱流 ··························· 13
1.5 移動現象の相似性と基礎方程式 ········ 14
　1.5.1 分子効果による移動 ··············· 14
　1.5.2 対流による移動 ····················· 15
　1.5.3 移動現象を記述する基礎方程式 ····· 15
　1.5.4 流体質量の移動：連続の式 ······· 16
　1.5.5 熱，物質移動の式 ·················· 17
　1.5.6 運動量移動の式 ····················· 18
　1.5.7 エネルギー収支の式 ··············· 20
1.6 速度分布 ···································· 23
　1.6.1 1次元定常の速度分布 ············· 24
　1.6.2 1次元非定常の速度分布 ·········· 28
1.7 管内流れにおける機械的エネルギー収支 ··· 31
　1.7.1 ベルヌイの定理 ····················· 31
　1.7.2 円管内流れの速度分布 ············ 32
　1.7.3 管摩擦係数とファニングの式 ···· 33
　1.7.4 機械的エネルギー収支の式 ······· 36
1.8 流れ関数と速度ポテンシャル ··········· 38
　1.8.1 流れ関数 ······························ 39
　1.8.2 速度ポテンシャル ·················· 43
　1.8.3 複素速度ポテンシャル ············ 43
1.9 境界層理論 ································· 45
　1.9.1 境界層方程式 ························ 46
　1.9.2 層流境界層における移動現象 ···· 48
　1.9.3 乱流境界層 ··························· 49
1.10 粒子のまわりの流れ ····················· 51
　1.10.1 流体中の単一粒子の運動 ········ 51
　1.10.2 流体中の粒子群の運動 ·········· 52
　1.10.3 固定層 ······························· 54
　1.10.4 流動層 ······························· 57
1.11 非ニュートン流体の流れ ··············· 58
　1.11.1 層流速度分布 ······················ 58
　1.11.2 円管内流れにおける圧力損失 ··· 60

2. 乱流現象

2.1 乱流の基礎 ································· 61
　2.1.1 乱流運動方程式 ····················· 61
　2.1.2 乱流運動エネルギー式 ············ 62
　2.1.3 レイノルズ応力と乱流拡散係数 ··· 62
　2.1.4 乱流運動エネルギースペクトル ··· 63
2.2 乱流構造 ···································· 64
　2.2.1 エネルギースペクトル密度分布関数
　　　　（ESD関数） ························ 64
　2.2.2 乱れのスケールと乱流拡散 ······· 67
　2.2.3 スケールアップ ····················· 67

a. 攪拌槽のスケールアップ ………… 68
　　b. 円管のスケールアップ …………… 69
　2.2.4 非ニュートン流体の場合のエネルギースペクトル密度関数 ………………… 69

3. 混　相　流

3.1 気-液混相流 ……………………………… 71
　3.1.1 垂直管内の流動様式 ……………… 71
　3.1.2 水平管内の流動様式 ……………… 72
3.2 液-液混相流 ……………………………… 73

4. 機械的混合・分離操作

4.1 混合操作 …………………………………… 75
　4.1.1 混合操作の基礎 …………………… 75
　　a. 固-固混合 ………………………… 75
　　b. 攪拌操作 ………………………… 76
　　c. 混合性能／混合度 ……………… 79
　　d. スケールアップ則 ……………… 80
　4.1.2 混合分離操作の評価 ……………… 80
　　a. 従来の評価指標 ………………… 80
　　b. 情報エントロピーに基づく評価指標 … 82
4.2 分離操作 …………………………………… 90
　4.2.1 粒子群の特徴 ……………………… 90
　4.2.2 粒子径分布と平均粒子径 ………… 91
　4.2.3 粒子径分布を表す関数 …………… 93
　4.2.4 分離操作における部分回収率と分離効率 ………………………………… 94
　4.2.5 機械的分離操作の分類 …………… 95
　4.2.6 沈降分離 …………………………… 96
　4.2.7 連続沈降槽 ………………………… 97
　4.2.8 遠心分離 …………………………… 98
　4.2.9 サイクロン ………………………… 100
　4.2.10 濾過 ………………………………… 101

5. 運動量移動の数値シミュレーション

5.1 差分法の基礎 ……………………………… 106
　5.1.1 打切り誤差 ………………………… 106
　5.1.2 差分スキームの安定性 …………… 107
　5.1.3 風上差分とクーラン条件 ………… 108
　5.1.4 保存系スキームと非保存系スキーム
　　　　……………………………………… 109
5.2 流体解析手法の概要 ……………………… 111
　5.2.1 流体解析で用いる基礎方程式系 … 111
　5.2.2 代表的な流体解析手法 …………… 111
5.3 乱流解析 …………………………………… 113
　5.3.1 直接数値シミュレーション（DNS） … 113
　5.3.2 レイノルズ平均乱流モデル（RANS）
　　　　……………………………………… 113
　5.3.3 k-ε モデル ………………………… 114
　5.3.4 スカラー場に対する乱流モデル … 114
　5.3.5 壁面境界条件 ……………………… 115
　5.3.6 ラージ・エディ・シミュレーション（LES） ……………………………… 115
5.4 混相流解析 ………………………………… 116
　5.4.1 混相流解析手法の分類 …………… 116
　5.4.2 連続相に対する定式化 …………… 117
　5.4.3 オイラー-オイラー法 …………… 118
　5.4.4 オイラー-ラグランジュ法 ……… 119
5.5 攪拌槽内の流動解析 ……………………… 121
　5.5.1 バッフル付き攪拌槽内の流動解析 … 121
　5.5.2 多段翼攪拌槽 ……………………… 123

6. 相　似　則

6.1 流動状態の相似則 ………………………… 127
6.2 エネルギー散逸の相似則 ………………… 128
6.3 ファニングの式 …………………………… 130
6.4 球の流体抵抗 ……………………………… 131
6.5 攪拌所要動力 ……………………………… 132

7. 流体測定法

7.1 流れの可視化 ……………………………… 134
7.2 レオロジーの測定 ………………………… 135
　7.2.1 レオロジー測定法の種類 ………… 135
　7.2.2 キャピラリー粘度計による非ニュートン流体の粘度測定 ………………… 136
7.3 圧力の測定 ………………………………… 137
　7.3.1 圧力測定法の種類 ………………… 137
　7.3.2 2次変換器 ………………………… 137
7.4 流速の測定 ………………………………… 138
7.5 流量の測定 ………………………………… 140
　7.5.1 流量測定法の種類 ………………… 140

| 7.5.2 オリフィス流量計 …………………… 140 | 8.2 流量と数値シミュレーション …………… 148 |

8. 機械的操作の今後の展開

8.1 化学工学の歩みと一貫した視点 ………… 143
    8.1.1 粒子径分布表示式 …………………… 144
    8.1.2 不安度および期待度の表示式 ……… 147

8.2 流量と数値シミュレーション …………… 148
8.3 スケールアップ …………………………… 149
8.4 移動現象および反応と流動 ……………… 149
8.5 粉粒体 ……………………………………… 150

補　足 ………………………………………………… 151
索　引 ………………………………………………… 165

1

運動量移動の基礎

化学プロセスの各種装置の設計,操作に関する問題は熱,物質の移動現象に関連している場合が多い.それら移動現象は装置内の流体の挙動と密接に関連している.流体は力を受けると変形しながら流れ,速度が時間,空間に対して連続的に変化する.移動現象の問題を解くためにはまず,速度の空間的な変化,すなわち速度分布を明らかにする必要がある.さらに流体の挙動とともに熱,物質移動現象を明らかにすることにより装置内の温度,濃度の分布を知ることができる.速度分布をはじめとした流体の挙動は流体力学により解析されるが,化学工学では熱,物質の移動現象と相似性のある運動量移動という観点に立って取り扱われる.

本章では移動現象論の基礎となる運動量,熱,物質の移動現象を表記する基礎方程式の導出と応用を中心に,運動量移動の基礎について述べる.

1.1 レオロジー

1.1.1 レオロジーの基礎

気体と液体は力を受けると変形しながら動く.また,一度力を受けて変形すると力を取り除いても元の形には戻らない.流体とはこの性質に着目した気体,液体の総称である.流体にかかる力と変形の速度の関係を扱う学問分野はレオロジーといわれる.また,流体にかかる力と変形の関係自体をレオロジーという場合もある.本項ではレオロジーの基礎として流体に力がかかったときの挙動と粘性について述べる.

粘性は流体が自身の変形に対して抵抗を示す性質である.具体的には流体内部に速度差がある場合,その差が解消される向きに力が生じる.図1.1に示す速度のx方向成分u_xがy方向に減少する場で

は,$y=y_1$の位置でy軸と垂直に交わる破線で示される面において,下側の速い流体は正の向きの力Fを上側の遅い流体に及ぼす.一方,上側の遅い流体は下側の速い流体に対して負の向きの力$-F$を及ぼす.これらの力は作用反作用の関係になっている.この力Fは面に平行にかかる力という意味でせん断力といわれる.これを単位面積あたりの力として表したものをせん断応力といい,τ_{yx}と表記する.添字はy軸に垂直な面にかかるx方向の応力であることを意味している.せん断応力は流体の変形に対する抵抗を示す粘性により生ずるので,その大小は流体の変形の度合いと対応している.図1.2で,ある時刻においてy軸付近の破線内にある

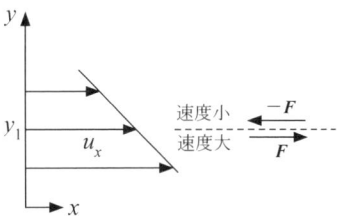

図1.1 粘性により生じる力

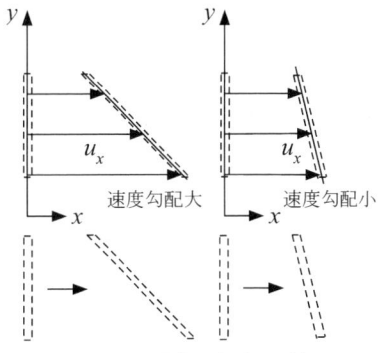

図1.2 速度勾配と流体の変形

流体は1秒後にはそれぞれのy軸上の位置の速度に相当する距離だけx方向に移動した位置，すなわち速度分布を表す線付近の破線内に移動する．その部分を抜き出してもとの形と比較すると，変形していることがわかる．また，速度のy方向への変化率，すなわち速度勾配の大小で比較すると，速度勾配が大きい場合の方が変形が大きいことがわかる．これは，速度勾配が変形の大小に対応していることを示している．せん断応力の大きさは上述のように変形の度合いに対応することから，速度勾配との間に次式の関係があるとされている．

$$\tau_{yx} = -\mu \frac{du_x}{dy} \qquad (1.1.1)$$

上式中の係数μを粘度または分子粘性係数といい，流体固有の値を示す物性である．粘度が速度勾配によらず一定となるとき，この関係をニュートンの粘性法則という．また，この法則にしたがう流体をニュートン流体という．この法則により，粘度が大きければせん断応力が大きくなることがわかる．式(1.1.1)は$y=y_1$の位置の下側，すなわち座標の原点に近い側の流体が及ぼすせん断応力を表している．原点側の流体が及ぼすせん断応力と速度勾配の符号は逆になるため，式(1.1.1)右辺には負号がついている．以下流体の運動の解析においては，この原点側の流体が及ぼす応力を用いる．作用反作用となっている一対のせん断応力のうち原点側を用いるのは，この応力が1.5節で詳しく説明する運動量流束と，向きを含めて等しくなるためである．

せん断応力は流体内部だけでなく，固体との接触面においても生ずる．流体は接触面で固体と同じ速度で動き，式(1.1.1)で表される応力を固体に及ぼす．その反作用として流体が受ける応力と接触面積との積が摩擦力となる．

以上の性質をもつ流体の挙動を具体的な例により説明する．図1.3(a)に示す距離Yだけ離れて平行に設置された，十分に大きい面積をもつ平板間に流体が満たされている場合を考える．上の平板を静止させたまま，下の平板を瞬間的に一定速度Uで右に動かしはじめる．動く平板に接している流体は板と同じ速度Uで動く．さらにその流体に接している上方の流体は粘性により右方向にせん断応力を受け，動きはじめる．この効果が順次上の流体に及び，図1.3(b)の曲線のような速度分布となる．こ

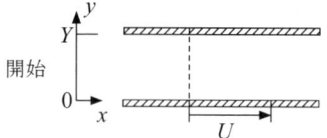

(a) 下の平板を動かした瞬間

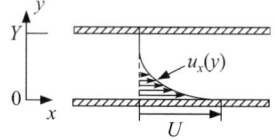

(b) 非定常状態

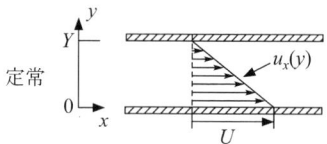

(c) 定常状態

図1.3 平行平板間の流体の挙動

のような分布では，下の平板に近い位置の速度勾配が上の位置に比べて大きいので，せん断応力も大きい．そのために流体はさらに加速され，速度分布が変化し続ける非定常状態となっている．十分に時間が経過すると図1.3(c)のような直線の分布となる．上の静止平板に接している流体の速度は0のままである．この分布では，速度勾配が$du_x/dy=-U/Y$で一定となり，y軸上の位置によらずせん断応力が等しくなるため，これ以上加速しない．すなわち，時間が経過しても速度分布が変化しない定常状態となる．この場合のせん断応力は次式のようになる．

$$\tau_{yx} = -\mu \frac{du_x}{dy} = \mu \frac{U}{Y} \qquad (1.1.2)$$

上述のように固体との接触面でも上式の応力が生ずることから，下の平板を右に一定速度Uで動かし続けるためにはその応力と平板の面積の積に相当する力をかけ続けなければならない．同じ速度Uで動かす場合，粘度が大きいほどその力は大きくなる．このことは手のひらに水を塗って手を合わせてスライドさせたときと，水あめで同じことをしたときを比べると，水あめのときにかかる力の方が大き

く，粘性の高さを感じることに対応している．なお，ここで述べた平行平板間の流れはクウェット流れといわれる．

1.1.2 種々の流体のレオロジー

前項で述べたように流体にかかる力と変形の関係をレオロジーという．本項では種々の流体のレオロジーについて述べる．

レオロジーは多くの場合，図 1.4 に示すせん断応力の速度勾配に対する変化により表される．その変化を表す曲線を流動曲線といい，その曲線で表されるレオロジーのことを流動特性ともいう．流体はレオロジーによって以下のように分類される．

（1） ニュートン流体

せん断応力と速度勾配が比例するニュートン流体には水，常温常圧の空気，水あめ，グリセリン水溶液などがある．流動曲線は図 1.4 に示すように原点を通る直線となり，その傾きが粘度となる．

（2） 非ニュートン流体

ニュートンの粘性法則に従わない流体を総称して非ニュートン流体という．これらの流体では粘度が速度勾配とともに変化するが，流動曲線上のせん断応力を速度勾配で除することで粘度を求めることができる．

$$\mu_a = -\frac{\tau_{yx}}{du/dy} \quad (1.1.3)$$

この式で計算される粘度は流動曲線上の 1 点と原点を結ぶ図 1.4 に破線で示される直線の勾配に相当する．これは，その流体がその点に対応するせん断応力に対してレオロジーが破線で表されるニュートン流体と同様の挙動を示すと見なせることを意味している．この観点から μ_a を見かけ粘度ということが

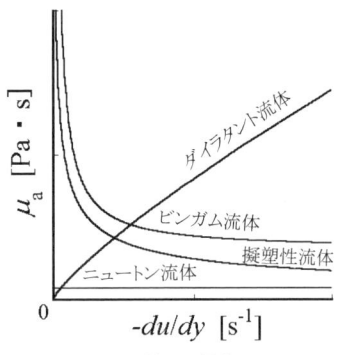

図 1.5　見かけ粘度

ある．図 1.5 は各種流体の流動特性を見かけ粘度と速度勾配に対する変化により表したものである．

非ニュートン流体は大きく塑性流体，擬塑性流体，ダイラタント流体に分類される．以下では，流動曲線の式は，式（1.1.1）にならって速度勾配と逆符号の応力を表す形で表されている．

ⅰ） 塑性流体（plastic fluid）　外部から力が加わったときの内部のせん断応力がある値を越えるまで変形を示さない，すなわち速度勾配が生じない流体を塑性流体という．変形を開始するせん断応力を降伏応力という．塑性流体のうち，流動曲線が次式の直線で表されるモデルに従う流体をビンガム流体という．

$$\tau = -\frac{du/dy}{|du/dy|}\left(\mu_B\left|\frac{du}{dy}\right| + \tau_0\right) \quad (1.1.4)$$

τ_0 は降伏応力である．また μ_B はビンガム粘度といわれる．速度勾配をその絶対値で除した係数を乗ずるのは上述のようにせん断応力を速度勾配と逆符号にするためである．ビンガム流体の見かけ粘度は速度勾配が 0 のときに無限大で，速度勾配の増加とともに減少していく．

ビンガム流体の例としては粘土を水に混ぜたスラリーなどがあげられる．

ⅱ） 擬塑性流体（pseudo-plastic fluid, shear thinning fluid）　流動曲線が原点を通り，上に凸となる流体を擬塑性流体という．高分子溶液などが擬塑性流体の性質を示す．見かけ粘度はビンガム流体と同様，速度勾配の増加とともに減少する．

ⅲ） ダイラタント流体（dilatant fluid, shear thickening fluid）　擬塑性流体と逆で，流動曲線が原点を通り下に凸となる流体をビンガム流体という．見かけ粘度は速度勾配の増加とともに増加す

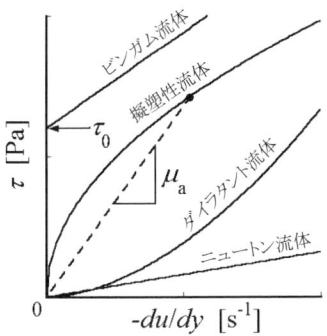

図 1.4　流動曲線

る．片栗粉，コーンスターチなどを水に高濃度で溶かした液などがこの性質を示す．

以上の非ニュートン流体のうち，擬塑性流体とダイラタント流体の流動曲線は次式の指数則モデルで表されることが多い．

$$\tau = -\frac{du/dy}{|du/dy|} K \left|\frac{du}{dy}\right|^n = -K \frac{du}{dy}\left|\frac{du}{dy}\right|^{n-1}$$
(1.1.5)

この式でも，速度勾配とせん断応力の符号が逆になるようにしてある．擬塑性流体では$n<1$，ダイラタント流体では$n>1$となる．

ニュートン流体，ビンガム流体，指数則モデルはいずれも実在の流体の流動曲線を相関するモデルにすぎず，それらのモデルで流動曲線を表現できることが理論的に説明されているわけではない．各種流体のレオロジーは実測された速度勾配に対するせん断応力の関係をもっとも良好に相関するモデルに従うものとして扱われる．またその相関により，粘度，ビンガム粘度，降伏応力，指数則のべき数，係数などのパラメーターが決定される．

（3）時間依存性流体

非ニュートン流体の塑性，擬塑性，ダイラタントという分類とは別に流動曲線が時間とともに変化する時間依存性流体として，以下の分類がある．

チクソトロピー流体（thixotropic fluid）：時間とともに粘度が減少する流体

レオペクシー流体（rheopectic fluid）：時間とともに粘度が増加する流体

これらの流体は変形を受けた時間，履歴に粘度が依存するため，レオロジー測定を行う際にはどのような装置でどのような変形を加えたかなどの条件を一定とする必要がある．

（4）粘度の温度依存性

ニュートン，非ニュートンにかかわらず，粘性は流体の温度に依存する．液体の場合は温度上昇とともに分子間の力が弱まり，相互作用が低下するために粘度は低下する．一方，気体の場合は温度上昇により分子運動速度が増加し，衝突頻度がそれに伴って増加するため，分子相互作用により粘度が増加する．

（5）粘弾性流体

多くの流体は外部から力を受けて変形した後，自発的にもとの形に戻ることはない．しかしながら高分子の水溶液などでは変形したのち力を取り除くと，完全ではないがもとに戻る挙動を示すものがある．これは，それら流体が粘性だけでなく，弾性を有するためである．このような性質をもつ流体を粘弾性流体という．この流体はせん断力を受けて流動している際，せん断応力だけでなく，面に垂直な方向の法線応力を示す．また，x, y, z方向に垂直な面にかかる3つの法線応力$\tau_{xx}, \tau_{yy}, \tau_{zz}$が異なる値をとることが知られている．粘弾性流体ではこれら法線応力の差などに起因する，ニュートン流体ではみられない以下の現象が観察される．

ⅰ）バラス効果：図1.6(a) 管から流出した直後に液柱がふくらむ現象．

ⅱ）法線応力効果（ワイゼンベルクWeisenberg効果）：図1.6(b) 容器内の液体に挿入した円柱を回転させた場合，ニュートン流体では遠心力により流体が外側に移動し中心付近がくぼむのに対して，それとは逆に円柱に向かって流体が移動し液面が盛り上がる現象．

ⅲ）逆方向二次流れ：図1.6(c) 液面に接した円盤を回転させたときに接線方向の流れとともに二次流れとして生じる循環流れの向きがニュートン流体と逆になる現象．

ⅳ）特異サイフォン現象：図1.6(d) 図に示すように管の口を液面から離してもサイフォン効果により液が吸い上げられる現象．

ⅴ）はねもどり現象　管内流れにおいて流速

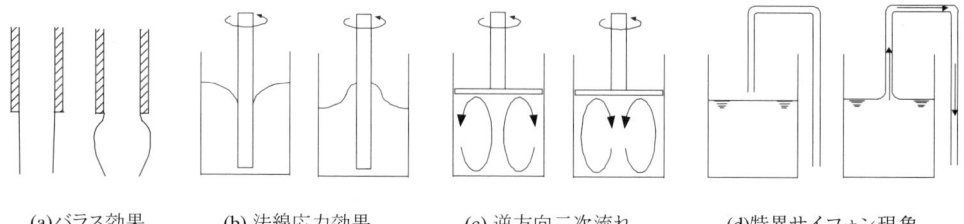

(a)バラス効果　　(b)法線応力効果　　(c)逆方向二次流れ　　(d)特異サイフォン現象

図1.6　粘弾性流体特有の現象（いずれも左がニュートン流体，右が粘弾性流体）

が速くなったり遅くなったりする現象．

vi) トムズ効果　水にわずかに高分子を溶解させるだけで管内を乱流状態で流れる際の摩擦抵抗が低減する現象．

1.2 応力テンソルと変形速度テンソル

流体のせん断応力と変形の度合いを表す速度勾配の関係はニュートン流体の場合，式 (1.1.1) で記述される．しかし，これは図1.1のような1方向の速度成分しかなく，その速度が1方向にのみ変化している場合の関係である．一般的な流動場では3次元の速度成分が3次元方向に変化していると考えられる．その場合，3つの座標軸に垂直な面にかかる3方向，合わせて9つの応力成分と，速度勾配の関係を考慮する必要がある．そこで本節では，流体の応力の性質を確認するとともに，流体の変形速度と速度勾配の関係を導いた上で3次元流動場における応力と変形速度の関係を示す．

1.2.1 応力テンソル

流動している流体の内部に図1.7のような原点 O と x, y, z 軸上の3点 P_x, P_y, P_z を頂点とした微小四面体をとる．四面体内側の流体は $\triangle P_x P_y P_z$ において外側の流体に対して応力 τ_n を及ぼすとともに，その反作用として外側の流体より応力 $-\tau_n$ を受けている．また，各座標軸に垂直な面において外側の流体より応力 τ_x, τ_y, τ_z を受ける．添字の x, y, z はそれぞれの応力がかかる面を示している．以上の応力ベクトルは，それぞれの面に対して垂直とはかぎらない．以下，応力と重力などの力，加速度の関係について考える．

$\triangle P_x P_y P_z$ の単位法線ベクトルを $\boldsymbol{n} = [n_x, n_y, n_z]$，面積を ΔA とする．各座標軸に垂直な三角形は $\triangle P_x P_y P_z$ の正射影であるから，面積は $n_x \Delta A$, $n_y \Delta A$, $n_z \Delta A$ に等しくなる．内側の流体は，上述の応力とこれら面積の積に相当する力 $-\tau_n \Delta A$, $\tau_x n_x \Delta A$, $\tau_y n_y \Delta A$, $\tau_z n_z \Delta A$ を受ける．これら面積に比例する力を面積力という．このほかに重力など流体の質量に比例する力がかかる．これらは質量力と総称される．流体の密度を ρ，微小四面体の体積を ΔV として質量力の総和を $\rho \Delta V \boldsymbol{F}$ と表すことにする．流体の加速度を $\boldsymbol{a}$ とすると，流体の運動方程式は次式で表される．

運動方程式：力＝質量×加速度

$$-\tau_n \Delta A + \tau_x n_x \Delta A + \tau_y n_y \Delta A + \tau_z n_z \Delta A + \rho \Delta V \boldsymbol{F}$$
$$= \rho \Delta V \boldsymbol{a} \quad (1.2.1)$$

四面体を限りなく微小にしていくと，面積 ΔA は長さについて2次の微小量であるのに対し，体積 ΔV は3次微小量となるため，上式の質量力，加速度の項は高位の無限小となって無視することができる．したがって，式 (1.2.1) は両辺を ΔA で除すると以下のようになる．

$$\tau_n = \tau_x n_x + \tau_y n_y + \tau_z n_z \quad (1.2.2)$$

上式の応力ベクトル $\tau_n, \tau_x, \tau_y, \tau_z$ の成分をそれぞれ以下のように定義する．

$$\tau_n = [\tau_{nx}, \tau_{ny}, \tau_{nz}], \quad \tau_x = [\sigma_x, \tau_{xy}, \tau_{xz}],$$
$$\tau_y = [\tau_{yx}, \sigma_y, \tau_{yz}], \quad \tau_z = [\tau_{zx}, \tau_{zy}, \sigma_z],$$
$$(1.2.3)$$

それぞれのベクトルの成分，たとえば τ_{nx} はベクトル $\boldsymbol{n}$ に垂直な面にかかる x 方向の応力成分，τ_{xy} は x 軸に垂直な面にかかる y 方向の応力成分であることを意味している．また，σ_x は x 軸に垂直な面にかかる x 方向の応力成分，すなわち法線応力を表している．この定義を用いると式 (1.2.2) は以下の行列の形で記述することができる．

$$\tau_n^{\mathrm{T}} = \begin{bmatrix} \tau_{nx} \\ \tau_{ny} \\ \tau_{nz} \end{bmatrix} = \begin{bmatrix} \sigma_x & \tau_{yx} & \tau_{zx} \\ \tau_{xy} & \sigma_y & \tau_{zy} \\ \tau_{xz} & \tau_{yz} & \sigma_z \end{bmatrix} \begin{bmatrix} n_x \\ n_y \\ n_z \end{bmatrix} = \boldsymbol{T} \cdot \boldsymbol{n}^{\mathrm{T}}$$
$$(1.2.4)$$

τ_n と $\boldsymbol{n}$ の添字 T は転置行列であることを示している．応力ベクトル τ_x, τ_y, τ_z の成分からなる行列 $\boldsymbol{T}$ は応力テンソルとよばれる．この式は単位法線ベクトル $\boldsymbol{n}$ で定義される流体内の面における応力ベクトル τ_n が応力テンソルと $\boldsymbol{n}$ の積により求めら

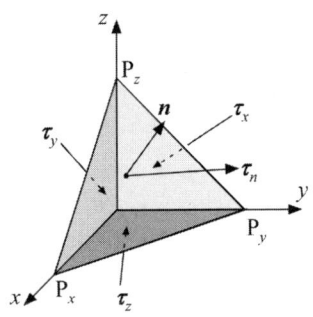

図1.7　流体の応力

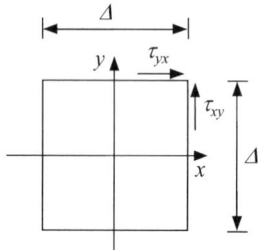

図 1.8 応力によるモーメント

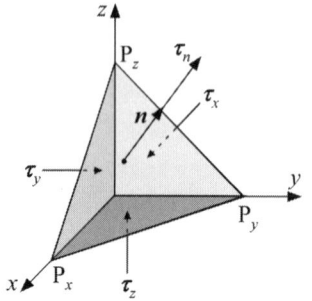

図 1.9 静止流体の応力

れることを意味している（補足 1.1 参照）．

以上より，流体内のある位置における応力テンソルと応力ベクトルの関係についてまとめると次のように説明することができる．座標軸が決定されると，注目している位置における応力テンソルの各成分が各座標軸に垂直な面における応力ベクトルの成分により決定される．さらに法線ベクトル $\boldsymbol{n}$ により面が定義されると式（1.2.4）により，その面における応力ベクトルが決定される．

応力テンソルの各成分は，次の条件を満足する．図 1.8 のように z 軸に垂直な面上にある一辺の長さ Δ の立方体の x 軸，y 軸に垂直な面に働く応力成分を τ_{xy}, τ_{yx} とする．それぞれの面にかかる力は面積をかけて $\tau_{xy}\Delta^2, \tau_{yx}\Delta^2$ となる．これらの力による z 軸についての力のモーメントは，軸との距離がそれぞれ $\Delta/2, \Delta/2$ であることから，それぞれ $\tau_{xy}\Delta^3/2, \tau_{yx}\Delta^3/2$ と表される．また，回転運動における運動方程式は次のように表される．

力のモーメント＝慣性モーメント×角加速度

慣性モーメントは回転体内の微小領域と回転の中心の距離の 2 乗と，質量の積の総和であるから，Δ の 2 乗と密度と体積の積，すなわち Δ の 5 乗に比例する．したがって，角速度を ω とすると，運動方程式より

$$(\tau_{xy}-\tau_{yx})\frac{\Delta^3}{2} \propto \Delta^5 \frac{d\omega}{dt} \quad (1.2.5)$$

の関係があることがわかる．立方体の体積をかぎりなく微小にしていくと，上式右辺は高位の無限小で無視されるため

$$(\tau_{xy}-\tau_{yx})\frac{\Delta^3}{2}=0 \rightarrow \tau_{xy}-\tau_{yx}=0 \quad (1.2.6)$$

の関係を満たす必要があることがわかる．ほかの応力の組み合わせについても同様であることから，以下の関係を導くことができる．

$$\tau_{xy}=\tau_{yx}, \ \tau_{yz}=\tau_{zy}, \ \tau_{zx}=\tau_{xz}$$

したがって，応力テンソルは行と列を交換することができる対称テンソルであり，次のように表すことができる．

$$T=\begin{bmatrix} \sigma_x & \tau_{yx} & \tau_{zx} \\ \tau_{xy} & \sigma_y & \tau_{zy} \\ \tau_{xz} & \tau_{yz} & \sigma_z \end{bmatrix}=\begin{bmatrix} \sigma_x & \tau_{yx} & \tau_{zx} \\ \tau_{yx} & \sigma_y & \tau_{zy} \\ \tau_{zx} & \tau_{zy} & \sigma_z \end{bmatrix}$$
$$(1.2.7)$$

対称テンソルは転置した行列と等しくなるので，補足 1.1 にあるように応力テンソルを式（1.2.4）の転置行列で定義した場合も，結果的には同じテンソルとなることがわかる．

次に応力テンソルと圧力の関係について考える．図 1.9 は静止している流体の応力を示している．各座標軸に垂直な面において四面体外側の流体が及ぼす応力はいずれも面に垂直となる．すなわち静止流体においては，せん断応力は存在せず，法線応力のみが生ずる．その大きさは圧力 p に等しくなる．x, y, z 軸方向の単位ベクトル（基本ベクトル）を $\boldsymbol{i}=[1,0,0], \boldsymbol{j}=[0,1,0], \boldsymbol{k}=[0,0,1]$ とすると，これらの応力ベクトルは次のように表される．

$$\boldsymbol{\tau}_x=p\boldsymbol{i}=[p,0,0], \ \boldsymbol{\tau}_y=p\boldsymbol{j}=[0,p,0],$$
$$\boldsymbol{\tau}_z=p\boldsymbol{k}=[0,0,p] \quad (1.2.8)$$

また，応力テンソルは次のようになる．

$$T=\begin{bmatrix} \sigma_x & \tau_{yx} & \tau_{zx} \\ \tau_{yx} & \sigma_y & \tau_{zy} \\ \tau_{zx} & \tau_{zy} & \sigma_z \end{bmatrix}=\begin{bmatrix} p & 0 & 0 \\ 0 & p & 0 \\ 0 & 0 & p \end{bmatrix} \quad (1.2.9)$$

さらに，式（1.2.4）より，$\triangle \mathrm{P}_x\mathrm{P}_y\mathrm{P}_z$ において内側の流体が外側の流体に及ぼす応力は次のようになる．

$$\boldsymbol{\tau}_n^\mathrm{T}=T\cdot \boldsymbol{n}^\mathrm{T}=\begin{bmatrix} p & 0 & 0 \\ 0 & p & 0 \\ 0 & 0 & p \end{bmatrix}\begin{bmatrix} n_x \\ n_y \\ n_z \end{bmatrix}=\begin{bmatrix} pn_x \\ pn_y \\ pn_z \end{bmatrix}=p\boldsymbol{n}^\mathrm{T}$$

このことは図1.9に示すように応力ベクトル $\boldsymbol{\tau}_n$ の方向が △P$_x$P$_y$P$_z$ の単位法線ベクトル $\boldsymbol{n}$ の方向と一致し，面に垂直となることを示している．一方，流動している流体ではせん断応力が生ずる．また，一般的には法線応力は圧力によるものだけでなく，粘性による応力が加わるので以下のように表される．

$$\sigma_x = p + \tau_{xx},\ \sigma_y = p + \tau_{yy},\ \sigma_z = p + \tau_{zz} \tag{1.2.11}$$

したがって，応力テンソルは以下のように圧力によるものと，粘性によるものに分けることができる．

$$\begin{bmatrix} \sigma_x & \tau_{yx} & \tau_{zx} \\ \tau_{yx} & \sigma_y & \tau_{zy} \\ \tau_{zx} & \tau_{zy} & \sigma_z \end{bmatrix} = \begin{bmatrix} p & 0 & 0 \\ 0 & p & 0 \\ 0 & 0 & p \end{bmatrix} + \begin{bmatrix} \tau_{xx} & \tau_{yx} & \tau_{zx} \\ \tau_{yx} & \tau_{yy} & \tau_{zy} \\ \tau_{zx} & \tau_{zy} & \tau_{zz} \end{bmatrix} \tag{1.2.12}$$

以下では，上式の右辺第2項目の粘性による応力のテンソルを粘性応力テンソルとよぶこととする．

1.2.2 変形速度テンソル

1.1.1項で述べたように，変形の度合いは速度勾配と関係があるものと考えられる．本項では3次元流動場における変形速度テンソルについて述べる．

速度が3次元すべての方向の成分を有し，すべての方向に変化している場合，3成分の3方向への合計9つの速度勾配が定義される．これら速度勾配と流体が運動する際の伸縮変形，せん断変形，回転の速度の関係は次のようになっている（導出は「化学工学のための数学」3.8参照）．

ⅰ）伸縮変形

図1.10は流体の伸縮変形を模式的に表したものである．流体の速度が x 方向に増加しているものとすると，図のように1辺が微小長さ Δx の正方形 ABCD は微小時間後，A′B′C′D′ のように x 方向に伸びた長方形に変形する．このときの変形速度は以下に示す u_x の x 方向の勾配に等しい．

$$\frac{\overline{A'B'} - \overline{AB}}{\overline{AB}} \frac{1}{\Delta t} = \frac{\partial u_x}{\partial x} \tag{1.2.13}$$

図1.10は $\partial u_x / \partial x > 0$ で，流体が伸びる場合であるが，$\partial u_x / \partial x < 0$ のときは同じ形で縮む場合の変形速度を表すので，上の速度勾配は伸縮変形速度を表すことになる．

x 方向への伸縮変形は x 軸に垂直な面に働く応力の法線方向成分により引き起こされる．したがって，伸縮変形速度と応力テンソルの対角成分である法線方向応力 τ_{xx}，τ_{yy}，τ_{zz} の間に何らかの関係があるものと考えられる．

ⅱ）せん断変形

せん断変形は流速の大きさがその流速と垂直な方向に変化する場において生ずる．x-y 平面上で，u_y が x に，u_x が y にそれぞれ比例して増加している場合を考える．図1.11の正方形 ABCD は時間経過に伴い，菱形 AB′C′D′ のように変形していく．この変形の速度は角度 θ_1 と θ_2 の変化速度の平均として以下のように表される．

$$\frac{1}{2}\left(\frac{\partial u_y}{\partial x} + \frac{\partial u_x}{\partial y}\right) \tag{1.2.14}$$

せん断変形は x 軸に垂直な面に働く y 方向の応力，すなわち，せん断応力により生ずる．このことより，上記のせん断変形速度と，応力テンソルの対角以外の成分であるせん断応力 τ_{xy}，τ_{yz}，τ_{zx} などの間に何らかの関係があるものと考えられる．

ⅲ）回転

u_y がせん断変形の場合と同様 x に比例し，x 方

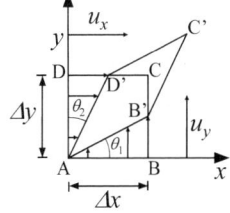

図1.11 せん断変形

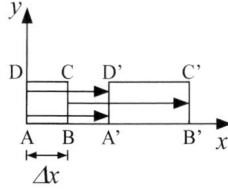

図1.10 伸縮変形

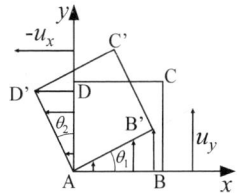

図1.12 回転運動

向負の向きの流速 $-u_x$ が y に比例する場合，正方形 ABCD は図 1.12 に示すように時間経過に伴い回転し，AB'C'D' となる．この場合の回転速度もせん断変形の場合と同様に角度 θ_1 と θ_2 の変化速度の平均として以下のように表される．

$$\frac{1}{2}\left(\frac{\partial u_y}{\partial x}-\frac{\partial u_x}{\partial y}\right) \quad (1.2.15)$$

y-z, z-x 平面上の回転速度はそれぞれ以下のようになる．

$$\frac{1}{2}\left(\frac{\partial u_z}{\partial y}-\frac{\partial u_y}{\partial z}\right),\ \frac{1}{2}\left(\frac{\partial u_x}{\partial z}-\frac{\partial u_z}{\partial x}\right)$$

これら回転速度の 2 倍を成分とする以下のベクトルを渦度ベクトルという．

$$\boldsymbol{\omega}=\left(\frac{\partial u_z}{\partial y}-\frac{\partial u_y}{\partial z}\right)\boldsymbol{i}+\left(\frac{\partial u_x}{\partial z}-\frac{\partial u_z}{\partial x}\right)\boldsymbol{j}+\left(\frac{\partial u_y}{\partial x}-\frac{\partial u_x}{\partial y}\right)\boldsymbol{k}$$

渦度については 1.8 節で改めて述べる．

以上の伸縮，せん断変形，回転の速度はいずれも速度勾配により表される．そこで次に，速度の 3 方向成分の 3 方向についての勾配，すなわち 9 つの速度勾配を成分とする以下のテンソルと変形，回転速度の関係について考えてみる．

$$\begin{bmatrix}\dfrac{\partial u_x}{\partial x} & \dfrac{\partial u_x}{\partial y} & \dfrac{\partial u_x}{\partial z}\\ \dfrac{\partial u_y}{\partial x} & \dfrac{\partial u_y}{\partial y} & \dfrac{\partial u_y}{\partial z}\\ \dfrac{\partial u_z}{\partial x} & \dfrac{\partial u_z}{\partial y} & \dfrac{\partial u_z}{\partial z}\end{bmatrix} \quad (1.2.16)$$

このテンソルは以下のように 2 つのテンソルの和と等しくなる．

$$\begin{bmatrix}\dfrac{\partial u_x}{\partial x} & \dfrac{\partial u_x}{\partial y} & \dfrac{\partial u_x}{\partial z}\\ \dfrac{\partial u_y}{\partial x} & \dfrac{\partial u_y}{\partial y} & \dfrac{\partial u_y}{\partial z}\\ \dfrac{\partial u_z}{\partial x} & \dfrac{\partial u_z}{\partial y} & \dfrac{\partial u_z}{\partial z}\end{bmatrix}$$

$$=\begin{bmatrix}\dfrac{\partial u_x}{\partial x} & \dfrac{1}{2}\left(\dfrac{\partial u_y}{\partial x}+\dfrac{\partial u_x}{\partial y}\right) & \dfrac{1}{2}\left(\dfrac{\partial u_x}{\partial z}+\dfrac{\partial u_z}{\partial x}\right)\\ \dfrac{1}{2}\left(\dfrac{\partial u_y}{\partial x}+\dfrac{\partial u_x}{\partial y}\right) & \dfrac{\partial u_y}{\partial y} & \dfrac{1}{2}\left(\dfrac{\partial u_z}{\partial y}+\dfrac{\partial u_y}{\partial z}\right)\\ \dfrac{1}{2}\left(\dfrac{\partial u_x}{\partial z}+\dfrac{\partial u_z}{\partial x}\right) & \dfrac{1}{2}\left(\dfrac{\partial u_z}{\partial y}+\dfrac{\partial u_y}{\partial z}\right) & \dfrac{\partial u_z}{\partial z}\end{bmatrix}$$

$$+\begin{bmatrix}0 & -\dfrac{1}{2}\left(\dfrac{\partial u_y}{\partial x}-\dfrac{\partial u_x}{\partial y}\right) & \dfrac{1}{2}\left(\dfrac{\partial u_x}{\partial z}-\dfrac{\partial u_z}{\partial x}\right)\\ \dfrac{1}{2}\left(\dfrac{\partial u_y}{\partial x}-\dfrac{\partial u_x}{\partial y}\right) & 0 & -\dfrac{1}{2}\left(\dfrac{\partial u_z}{\partial y}-\dfrac{\partial u_y}{\partial z}\right)\\ -\dfrac{1}{2}\left(\dfrac{\partial u_x}{\partial z}-\dfrac{\partial u_z}{\partial x}\right) & \dfrac{1}{2}\left(\dfrac{\partial u_z}{\partial y}-\dfrac{\partial u_y}{\partial z}\right) & 0\end{bmatrix}$$

$$(1.2.17)$$

右辺 1 項目のテンソルの対角成分は伸縮変形の速度を，それ以外はせん断変形速度を表している．一方，2 項目のテンソルの成分は回転速度を表している．このことより，式 (1.2.16) のテンソルにより変形，回転の速度すべてが表されることがわかる．また，式 (1.2.17) の右辺 1 項目は伸縮，せん断変形速度を表し，変形速度テンソルとよばれる．変形速度テンソルは行と列を入れ替えても変わらないことから，応力テンソルと同じく対称テンソルである．

1.2.3 粘性応力テンソルと変形速度テンソルの関係

ここまでに応力テンソルと変形速度テンソルについて述べてきた．前項で述べたように伸縮変形速度と法線応力，せん断変形速度とせん断応力の間にはそれぞれ何らかの関係があることが予想される．以下に示す粘性応力テンソルと変形速度テンソルを比較すると互いに関係があると考えられる応力と変形速度が同じ行，列の成分として対応していることがわかる．

粘性応力テンソル： $\begin{bmatrix}\tau_{xx} & \tau_{yx} & \tau_{zx}\\ \tau_{yx} & \tau_{yy} & \tau_{zy}\\ \tau_{zx} & \tau_{zy} & \tau_{zz}\end{bmatrix}$

変形速度テンソル：

$$\begin{bmatrix}\dfrac{\partial u_x}{\partial x} & \dfrac{1}{2}\left(\dfrac{\partial u_y}{\partial x}+\dfrac{\partial u_x}{\partial y}\right) & \dfrac{1}{2}\left(\dfrac{\partial u_x}{\partial z}+\dfrac{\partial u_z}{\partial x}\right)\\ \dfrac{1}{2}\left(\dfrac{\partial u_y}{\partial x}+\dfrac{\partial u_x}{\partial y}\right) & \dfrac{\partial u_y}{\partial y} & \dfrac{1}{2}\left(\dfrac{\partial u_z}{\partial y}+\dfrac{\partial u_y}{\partial z}\right)\\ \dfrac{1}{2}\left(\dfrac{\partial u_x}{\partial z}+\dfrac{\partial u_z}{\partial x}\right) & \dfrac{1}{2}\left(\dfrac{\partial u_z}{\partial y}+\dfrac{\partial u_y}{\partial z}\right) & \dfrac{\partial u_z}{\partial z}\end{bmatrix}$$

粘性応力と変形速度の関係を表す式をレオロジー方程式あるいは構成方程式（constitutive equation）という．ニュートン流体の場合の両テンソルの各種座標系における関係を表 1.1 にまとめた．

表 1.1 粘性応力と変形速度の関係

直角座標系

$$\tau_{xx} = -\mu\left[2\frac{\partial u_x}{\partial x} - \frac{2}{3}(\nabla \cdot \boldsymbol{u})\right]$$

$$\tau_{yy} = -\mu\left[2\frac{\partial u_y}{\partial y} - \frac{2}{3}(\nabla \cdot \boldsymbol{u})\right]$$

$$\tau_{zz} = -\mu\left[2\frac{\partial u_z}{\partial z} - \frac{2}{3}(\nabla \cdot \boldsymbol{u})\right] \qquad \left(\nabla \cdot \boldsymbol{u} = \frac{\partial u_x}{\partial x} + \frac{\partial u_y}{\partial y} + \frac{\partial u_z}{\partial z}\right)$$

$$\tau_{xy} = \tau_{yx} = -\mu\left(\frac{\partial u_x}{\partial y} + \frac{\partial u_y}{\partial x}\right)$$

$$\tau_{yz} = \tau_{zy} = -\mu\left(\frac{\partial u_y}{\partial z} + \frac{\partial u_z}{\partial y}\right)$$

$$\tau_{zx} = \tau_{xz} = -\mu\left(\frac{\partial u_z}{\partial x} + \frac{\partial u_x}{\partial z}\right)$$

円柱(円筒)座標系

$$\tau_{rr} = -\mu\left[2\frac{\partial u_r}{\partial r} - \frac{2}{3}(\nabla \cdot \boldsymbol{u})\right]$$

$$\tau_{\theta\theta} = -\mu\left[2\left(\frac{1}{r}\frac{\partial u_\theta}{\partial \theta} + \frac{u_r}{r}\right) - \frac{2}{3}(\nabla \cdot \boldsymbol{u})\right]$$

$$\tau_{zz} = -\mu\left[2\frac{\partial u_z}{\partial z} - \frac{2}{3}(\nabla \cdot \boldsymbol{u})\right] \qquad \left(\nabla \cdot \boldsymbol{u} = \frac{1}{r}\frac{\partial r u_r}{\partial x} + \frac{1}{r}\frac{\partial u_\theta}{\partial \theta} + \frac{\partial u_z}{\partial z}\right)$$

$$\tau_{r\theta} = \tau_{\theta r} = -\mu\left[r\frac{\partial}{\partial r}\left(\frac{u_\theta}{r}\right) + \frac{1}{r}\frac{\partial u_r}{\partial \theta}\right]$$

$$\tau_{\theta z} = \tau_{z\theta} = -\mu\left(\frac{\partial u_\theta}{\partial z} + \frac{1}{r}\frac{\partial u_z}{\partial \theta}\right)$$

$$\tau_{zr} = \tau_{rz} = -\mu\left(\frac{\partial u_z}{\partial r} + \frac{\partial u_r}{\partial z}\right)$$

球(極)座標系

$$\tau_{rr} = -\mu\left[2\frac{\partial u_r}{\partial r} - \frac{2}{3}(\nabla \cdot \boldsymbol{u})\right]$$

$$\tau_{\theta\theta} = -\mu\left[2\left(\frac{1}{r}\frac{\partial u_\theta}{\partial \theta} + \frac{u_r}{r}\right) - \frac{2}{3}(\nabla \cdot \boldsymbol{u})\right]$$

$$\tau_{\phi\phi} = -\mu\left[2\left(\frac{1}{r\sin\theta}\frac{\partial u_\phi}{\partial \phi} + \frac{u_r}{r} + \frac{u_\theta \cot\theta}{r}\right) - \frac{2}{3}(\nabla \cdot \boldsymbol{u})\right]$$

$$\left(\nabla \cdot \boldsymbol{u} = \frac{1}{r^2}\frac{\partial r^2 u_r}{\partial x} + \frac{1}{r\sin\theta}\frac{\partial u_\theta \sin\theta}{\partial \theta} + \frac{1}{r\sin\theta}\frac{\partial u_\phi}{\partial \phi}\right)$$

$$\tau_{r\theta} = \tau_{\theta r} = -\mu\left[r\frac{\partial}{\partial r}\left(\frac{u_\theta}{r}\right) + \frac{1}{r}\frac{\partial u_r}{\partial \theta}\right]$$

$$\tau_{\theta\phi} = \tau_{\phi\theta} = -\mu\left[\frac{\sin\theta}{r}\frac{\partial}{\partial \theta}\left(\frac{u_\phi}{\sin\theta}\right) + \frac{1}{r\sin\theta}\frac{\partial u_\theta}{\partial \phi}\right]$$

$$\tau_{\phi r} = \tau_{r\phi} = -\mu\left[\frac{1}{r\sin\theta}\frac{\partial u_r}{\partial \phi} + r\frac{\partial}{\partial r}\left(\frac{u_\phi}{r}\right)\right]$$

1.3 流体静力学

本節では,流体が静止している場合に流体内で働く圧力,流体が物体に及ぼす浮力について述べる.

1.3.1 圧 力

静止流体中の任意の位置に任意の法線ベクトルで定義される微小面積 ΔA の面を設定する.この面の片側に流体が及ぼす力の大きさを ΔF としたとき

$$p = \lim_{\Delta A \to 0} \frac{\Delta F}{\Delta A} = \frac{dF}{dA} \tag{1.3.1}$$

で定義される p を圧力という.圧力の単位はMKS系では $[\mathrm{N \cdot m^{-2}}]$ または $[\mathrm{Pa}]$ と表す.1気圧は $1.013 \times 10^5 \mathrm{Pa}$ である.流体の圧力を大気圧との差で表す場合があるが,これをゲージ圧という.

図 1.13 のように流体内に閉じた領域を設定すると,内側の流体には外側から境界面に垂直に内向きの力がかかる.面全体にかかる力 $\boldsymbol{F}$ は大きさが領域境界上の微小面積に等しい内向き法線ベクトル $d\boldsymbol{A}$ と圧力 p の積を境界面全体にわたって積分することにより,次式で表される.

$$\boldsymbol{F} = \int_A p d\boldsymbol{A} \tag{1.3.2}$$

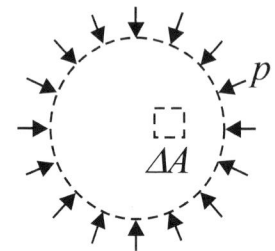

図1.13 流体にかかる圧力

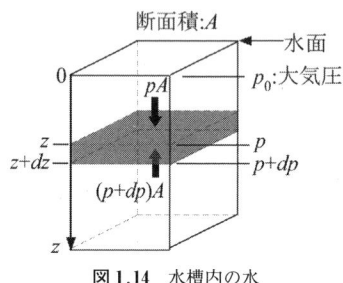

図1.14 水槽内の水

静止状態では，領域内の流体にかかる重力などの力と圧力による力の総和 F はつりあう．このことから，静止している液体の液面からの深さと圧力の関係を導くことができる．

図1.14は断面積 A の水槽内の水を示している．水面では大気に接しているので圧力は大気圧 p_0 に等しくなる．水面を原点とした鉛直下向きの z 軸上 $z=z$ と $z=z+dz$ における2つの水平面にはさまれた領域内の水にかかる力について考える．この領域内の水は周囲と接している6つの面において垂直外向きに圧力による力を及ぼし，それぞれの面でその反作用による力を受けている．幅 dz の側面においては壁面から水平方向の力を受ける．水平方向にかかるのは圧力による力の反作用として水槽壁面から受ける力のみであり，これらはつりあう．一方，鉛直方向には $z=z$ の断面において上の水から下向きに，$z=z+dz$ の断面においては下の流体から上向きに圧力による力を受けるほか，下向きに重力を受ける．圧力による力は次のように表される．

$z=z$ 下向き：pA
$z=z+dz$ 上向き：$(p+dp)A$

水の体積は Adz であるから，密度を ρ とすると重力は次のようになる．

重力：$\rho g A dz$

以上3つの力のつりあいの式は次のようになる．

$$(p+dp)A = pA + \rho g A dz$$
$$\frac{dp}{dz} = \rho g \quad (1.3.3)$$

この式を z について積分し，水面すなわち $z=0$ において $p=p_0$ であることを考慮すると次の式が導かれる．

$$p = p_0 + \rho g z, \quad p - p_0 = \rho g z \quad (1.3.4)$$

これが水深と水圧の関係を表す式である．この式より，ゲージ圧により表した水圧は水深 z に比例することがわかる．水の密度を $1000\,\mathrm{kg \cdot m^{-3}}$ とすると $z=10\,\mathrm{m}$ のとき $p-p_0 = 9.8 \times 10^4\,\mathrm{Pa}$ となる．上述のように1気圧は $1.013 \times 10^5\,\mathrm{Pa}$ であるから，水深10 m で水圧がほぼ1気圧になることがわかる．

1.3.2 パスカルの原理

流体に加えた圧力は流体内のすべての領域に等しく伝わる．これをパスカルの原理という．図1.15のように左右で断面積の異なるU字型の管で，左右同じ高さにピストン1, 2を設置する．ピストン1を pA_1 の力で押すとピストン下の流体の圧力は p となる．流体内で圧力は均等に伝わるため，ピストン2の下の流体の圧力も p となる．流体は p とピストン2の面積 A_2 の積，pA_2 の力をピストン2に及ぼす．このことから，pA_1 でピストン1を押した力がピストン2では A_2/A_1 倍に増幅されることがわかる．流体を利用すると，このように小さな力で大きい力を生み出すことができる．これが油圧装置の原理である．

1.3.3 浮 力

流体中におかれた物体には浮力が働くことが知られている．浮力は流体が及ぼす圧力による力を物体表面全体にわたって積分したものである．この力は物体と等しい体積の流体にかかる重力に等しい．流体の密度を ρ，物体の体積を V とすると，浮力は

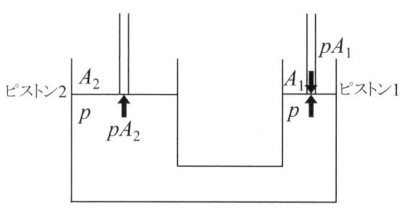

図1.15 パスカルの原理

次のようになる．

$$F = \rho V g \quad (1.3.5)$$

物体の質量をm_s，密度をρ_sとすると$V = m_s/\rho_s$であるから，物体にかかる重力と浮力の和は鉛直下向きを正の向きとすると次式で表される．

$$m_s g - \frac{\rho}{\rho_s} m_s g = \left(1 - \frac{\rho}{\rho_s}\right) m_s g \quad (1.3.6)$$

この式より，流体より密度の大きい物体の場合は力が正となり沈降し，流体より密度が小さい場合は力が負となって浮上することがわかる．

1.4 流れの状態の観察・表現・分類

流体は変形しながら連続的に運動するため，固体の運動と比較して観察，表現が難しい．本節では，流体の運動を扱う上でもっとも基本的な物理量である流速と流量の定義を示し，その後に観察，表現する方法，さらには流れの状態の分類について述べる．

1.4.1 流速・流量の定義

本項では典型的な流体輸送装置である円管内の軸方向1次元流れを例にとり，流速と流量の定義，およびそれらの関係について述べる．1次元流れのため，以下では流速をスカラー量として扱い，uと表記する．

図1.16に示す円管の断面1をある時刻に通過した流体が1s後に断面2に到達する場合，流速uは断面1，2の距離に等しい．一方，流体の流量は流路断面を単位時間に通過した流体の量と定義される．断面1を1s間に通過した流体は図1.16で斜線をつけた円柱部分を占めているので，その部分の体積が体積流量Qとなる．管断面積Aと円柱の高さに相当する流速uを用いるとQは以下のように表される．

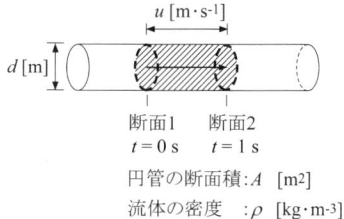

図1.16 流速と流量

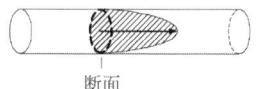

(a) 速度分布

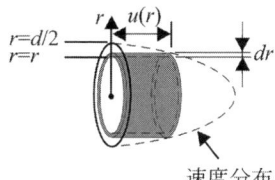

(b) 単位時間に断面を通過する流体

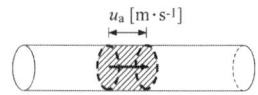

(c) 管断面平均流速

図1.17 管断面平均流速

$$Q = uA = u\frac{\pi d^2}{4} \quad (1.4.1)$$

また，流体の質量で表される流量を質量流量という．質量流量，体積流量，流速の間には以下の関係がある．

$$w = \rho Q = \rho u A = \rho u \frac{\pi d^2}{4} \quad (1.4.2)$$

実際には円管断面で流速は一定ではなく，管壁面では速度が0となり，中心で最大流速となるような速度分布が生じる．そのため，ある断面を単位時間に通過した流体は図1.17(a)に示すようなつりがね状の部分を占めている．この部分の体積が体積流量となる．図1.17(b)に示すような円管中心を原点とした半径方向のr座標を設定する．$r = r$と$r = r + dr$の間の薄い円筒部分の高さは$r = r$における流速$u(r)$に等しいのでその体積は$2\pi r u(r) dr$となる．したがって，つりがね状の部分全体の体積はこの円筒体積を$r = 0$から円管壁面にあたる$r = d/2$まで積分することにより求められる．

$$Q = \int_0^{d/2} 2\pi r u(r) dr \quad (1.4.3)$$

さらに，つりがね状の領域を断面にわたってならすと図1.17(c)に斜線で示す円柱のようになる．この高さに相当する流速u_aを管断面平均流速といい，次式により求めることができる．

$$u_a = \frac{Q}{A} = \frac{4Q}{\pi d^2} = \frac{4}{\pi d^2} \int_0^{d/2} 2\pi r u(r) dr$$

1.4.2　流れの状態の観察

流れの観察には，視点を固定する方法と動く視点による方法がある．

ⅰ）流れとともに動く視点による観察 ―ラグランジュの方法

流体と同じ速度で移動する視点から流れの中の1点に着目し，その位置における物理量の時間に対する変化を観察する方法をラグランジュ（Lagrange）の方法という．たとえば，図1.18のように川に流され，流体と同じ速度で動くボートの先端に着目し，その位置における流速などの物理量を観察する場合がそれにあたる．この場合，流速 $\boldsymbol{u}$ などの物理量は時刻 t と観察を開始したときのボート先端の位置ベクトル $\boldsymbol{x}_0 = (x_0, y_0, z_0)$ の関数となる．流速ベクトルを $\boldsymbol{u}(t, \boldsymbol{x}_0)$ と表すものとすると，ボート先端の位置ベクトル $\boldsymbol{x} = (x, y, z)$ は次のように表される．

$$\boldsymbol{x} = \int_0^t \boldsymbol{u}(t, \boldsymbol{x}_0) dt \quad (1.4.5)$$

このことより，位置ベクトルもまた時刻 t と最初の位置ベクトル $\boldsymbol{x}_0 = (x_0, y_0, z_0)$ の関数となることがわかる．

ⅱ）固定した視点による観察―オイラーの方法

流体が流れている領域の1点に着目し，その位置における物理量の時間に対する変化を観察する方法をオイラー（Euler）の方法という．たとえば，図1.19のように橋の上から川の1点に着目し，そこにおける流速などの物理量を観察する場合がそれにあたる．この場合，物理量は時刻 t のみの関数となる．

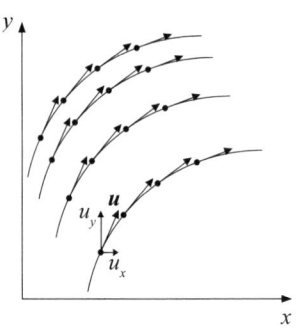

図 1.20　流線

1.4.3　流れの状態の表現

前項のような方法で観測された流速の時間的，空間的変化により流れの状態は記述される．その状態を視覚的に表現する際に以下に述べる流線，流跡線，流脈が利用される．

ⅰ）流　線

図1.20に示す曲線は線上のすべての位置で流速ベクトルに接している．これら流速ベクトルの包絡線を流線という．x-y 平面上の流線の場合，接線の傾きは dy/dx で表される．流速ベクトル $\boldsymbol{u}(u_x, u_y)$ は流線に接するので，以下の関係を満足する．

$$\frac{dy}{dx} = \frac{u_y}{u_x} \rightarrow \frac{dx}{u_x} = \frac{dy}{u_y} \quad (1.4.6)$$

$$u_y dx - u_x dy = 0 \quad (1.4.7)$$

式（1.4.7）は1.8節で述べる流れ関数が流線上で等しくなる条件を表す．各流線の流れ関数の値の差は流線間の流量に等しいことから，流線が密のところは流速が大きく，疎なところは小さいことを意味する．このことについては1.8節で詳しく述べる．

3次元空間の流線とベクトルの間にも同様に以下の関係が成り立つ．

$$\frac{dx}{u_x} = \frac{dy}{u_y} = \frac{dz}{u_z} \quad (1.4.8)$$

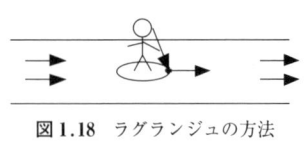

図 1.18　ラグランジュの方法

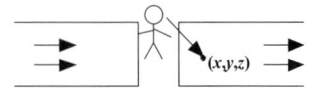

図 1.19　オイラーの方法

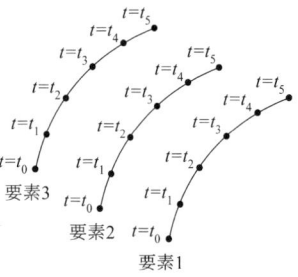

図 1.21　流跡線

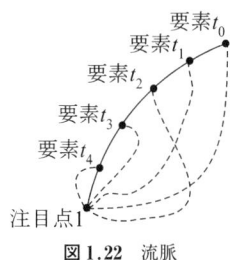

図 1.22 流脈

ⅱ) 流跡線

流れの中の微小な流体要素に着目し，その要素の軌跡を線で結んだのが流跡線である．図 1.21 は 3 つの微小流体要素の時刻 t_0 から t_4 までの軌跡を結んで描いた流跡線である．流跡線は流線とは必ずしも一致しない．

ⅲ) 流 脈

流れの中のある点に注目し，その点を時刻 t_0, t_1, t_2, t_3, t_4 に通過した微小流体要素の，通過後のある時刻における存在位置を結んだ線を流脈という．図 1.22 の実線が流脈である．破線で表したのは注目点を通過したそれぞれの要素の軌跡である．このように，同一流脈上の流体要素の軌跡は必ずしも一致しない．すなわち，流跡線と流脈は必ずしも一致しない．

1.4.4 流れの状態の分類

流れの状態はいくつかの観点に基づいて分類される．以下に時間に対する変化，空間に対する変化の観点による分類について述べる．

ⅰ) 時間に対する変化：定常流と非定常流

1.1.1 項の平行平板間のクウェット流のところで述べたように時間経過とともに圧力，流速などの物理量がそれぞれの空間位置において変化する流れを非定常流といい，変化しない流れを定常流という．定常流では前項の流線，流跡線，流脈は一致する．

パイプラインなどの装置では通常流動開始直後は非定常流となる．時間が十分に経過し，摩擦損失とポンプなどが供給するエネルギーのバランスがとれた状態になった後に定常流となる．ただし，実際には装置内の状態が時間に対して変化するため，ほとんどの場合厳密には非定常流となっている．

ⅱ) 空間に対する変化：一様流と非一様流

ある時刻において，圧力，流速などの物理量が空間位置によらず一定となる流れを一様流といい，位置により異なる流れを非一様流という．装置内の流れでは装置壁面において流速が 0 となり，壁面から離れるにしたがって流速が大きくなっていくために非一様流となる．その一方，平板上の流れなどでは，平板壁面から十分に離れた領域では速度勾配が無視できるほど小さくなり，ほぼ一様流として扱うことが可能となる．

1.4.5 層流と乱流

前項では時間，空間に対する物理量変化の観点からの分類について述べたが，本項では実際の流動現象の特徴に基づいた分類について述べる．

円管内の流れの中心に図 1.23 のようにインクを注入した場合，比較的流量の小さいときは (a) に示すようにインクは周囲とほとんど混合することなく中心軸上を流れる．それに対して流量が大きい場合には (b) のようにすぐに周囲と混合し，管全体に広がる．(a) では流速ベクトルが管軸方向成分のみであり，すべての位置における流速が時間に対して変化しない流れで層流といわれる．(b) は流速ベクトルが軸方向のみでなく半径方向，接線方向の 3 成分からなり，それらが時間，空間に対してランダムに変動する流れで，乱流といわれる．

上にあげた円管内流れだけでなくさまざまな場における流れで層流，乱流が観測される．層流と乱流のどちらになるかは，次式で定義されるレイノルズ (Reynolds) 数により判別される．

$$\mathrm{Re} = \frac{\rho u l}{\mu} \qquad (1.4.9)$$

上式で u, l はそれぞれ対象となる流れ場の代表速度，代表長さである．レイノルズ数の物理的意味は流体にかかる慣性力と粘性力の比である．上式右辺の分母分子の次元は等しいことからレイノルズ数は無次元であることがわかる．したがって，どのような単位系を用いて計算しても数値は等しくなる．

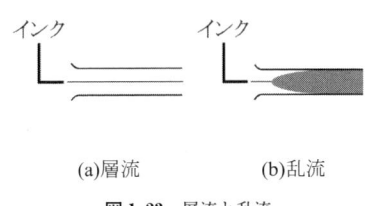

(a)層流　　　　(b)乱流

図 1.23　層流と乱流

円管内流れの場合代表速度として1.4.1項で述べた管断面平均流速u_a,代表長さとして円管内径（直径）d が用いられ,次式でレイノルズ数が定義される.

$$\mathrm{Re} = \frac{\rho u_a d}{\mu} \quad (1.4.10)$$

平滑管の場合には上式で定義されるレイノルズ数が2100より小さい範囲では層流,4000より大きい範囲では乱流になると言われてきた.その間の場合,層流と乱流が交互に不規則に現れる遷移領域となる.この領域では圧力損失,流量が不規則に変化するため,実操作ではこの範囲のレイノルズ数とならないようにする必要がある.

1.5 移動現象の相似性と基礎方程式

多くの化学装置内では流体を媒体として運動量だけでなく,熱,物質の移動現象が生じる.これら物理量の移動速度は単位時間に単位面積を通過する量として定義される流束により表される.流束のうち,分子効果によるものと対流によるものはどの物理量についても基本的に同じ形式で表される.以下ではこれら2つの機構により物理量が移動する際の流束について相似性に着目して述べるとともに,それら流束に基づいて移動現象を記述する基礎方程式を導出する.

1.5.1 分子効果による移動

運動量,熱,物質の分子効果による移動流束は,表1.2にまとめたように流体単位質量あたりの物理

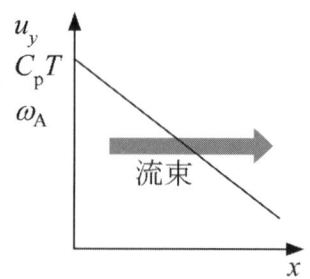

図1.24 分子効果による移動

量の勾配と $[L^2 \cdot T^{-1}]$ の次元をもつ係数および流体の密度の積で表される.表には流束の x 方向成分が示されている.運動量移動については,速度が y 方向成分のみで,x 方向にのみ変化している場合の流束が示されている.いずれも右辺に負号がついているが,これは図1.24に示すようにいずれの場合も単位質量あたりの物理量が減少する向きに移動するためである.また,熱移動の流束は表中,係数と単位質量あたりの物理量の勾配の形で表すため定圧比熱容量 C_p を温度 T との積として微分の中に入れている.流束を熱伝導度 k と温度勾配の積として,また熱拡散率 α を $k/(\rho C_p)$ と定義しているため,定圧比熱容量 C_p が一定でない場合は一般的に以下のようになる.

$$q_x = -k\frac{dT}{dx} = -\rho C_p \alpha \frac{dT}{dx}$$

表には各物理量の分子効果による移動に共通する特徴を流束 Φ_x,任意物理量の単位質量流体あたりの量 a,係数 κ を用いて表してある.また,運動量,熱,物質の流束に関する法則名称もあわせて記載してある.

表1.2 分子効果による移動流束

	単位体積あたりの量	単位質量あたりの量	分子効果による流束	係数 $[L^2 \cdot T^{-1}]$	移動に関する法則
任意物理量	ρa	a	$\Phi_x = -\rho \kappa \dfrac{\partial a}{\partial x}$	κ	
運動量	ρu_y	u_y	$\tau_{xy} = -\mu \dfrac{du_y}{dx} = -\rho \nu \dfrac{du_y}{dx}$	$\nu = \dfrac{\mu}{\rho}$	ニュートンの粘性法則
熱	$\rho C_p T$	$C_p T$	$q_x = -k\dfrac{dT}{dx} = -\rho \alpha \dfrac{d(C_p T)}{dx}$ （C_pが一定の場合）	$\alpha = \dfrac{k}{\rho C_p}$	フーリエの法則
物質	C_A	$\omega_A = \dfrac{C_A}{\rho}$	$J_{Ax} = -\rho D_A \dfrac{d\omega_A}{dx}$	D_A	フィックの法則

ν:動粘度

q:熱流束,k:熱伝導度,T:温度,C_p:定圧比熱容量,α:熱拡散率,J:物質Aの拡散流束,D_A:拡散係数,C_A:質量濃度,w_A:質量分率

1.5.2 対流による移動

本項では任意の物理量の単位質量あたりの量 a を用いて対流による移動流束を表す式を導く．

移動現象を解析する際には対象とする場に検査体積（Control Volume：CV）といわれる任意の領域を設定し，その領域についての物理量の収支を調べる方法がとられることが多い．図 1.25 は流れの中に設定された，x, y, z 軸に垂直な面に囲まれた検査体積である．この検査体積の x 軸に垂直な面を通って単位時間に流入する流体は灰色で示された直方体の領域を占めている．この直方体の x 方向の長さは，流速 u_x に等しい．したがって，流入する流体の体積は $u_x A$ と表される．さらにその質量は $\rho u_x A$ となる．対流により検査体積内に単位時間に流入する物理量はこの流体の質量と a の積 $\rho a u_x A$ で表される．流束はこれを面積で除して $\rho a u_x$ となる．各物理量の対流による移動流束を表 1.3 にまとめて示した．表中左列上から 2 番目にあげた流体の質量は，移動現象の媒体としての流体質量を意味する．質量は分子効果により移動しないが，流動は質量の移動そのものであるため，対流による移動流束の表に加えてある．質量の流束 ρu_x は質量速度ともいわれる．

1.5.3 移動現象を記述する基礎方程式

ここでは，任意物理量の移動現象について一般的

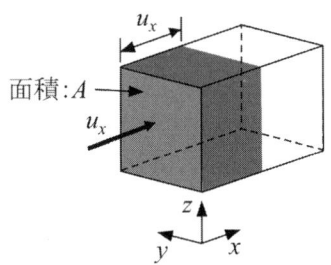

図 1.25 対流による検査体積への移動

表 1.3 流体の運動に伴う移動流束

	単位質量 あたりの量	対流による流束 （x 方向成分）
任意物理量	a	$\rho a u_x$
流体の質量	1	ρu_x
運動量	u_x	$\rho u_x u_x = \rho u_x^2$
物質	ω_A	$\rho \omega_A u_x$
熱	$C_p T$	$\rho C_p T u_x$

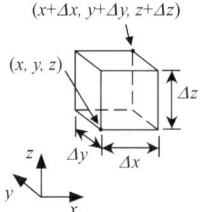

図 1.26 微小検査体積

な 3 次元の場における基礎方程式を図 1.26 に示す微小検査体積についての物理量の収支に基づいて導く．なお，以下では分子効果と対流による移動のみを考慮する．

物理量の収支式は次のようになる．

（物理量の蓄積速度）
　＝（物理量の流入速度）−（物理量の流出速度）
　　＋（物理量の生成速度）

図 1.26 の検査体積についてこの式の各項を導くと以下のようになる．

i) 物理量の蓄積速度

微小検査体積に含まれる物理量は $\rho a \Delta x \Delta y \Delta z$ で表される．その部分における蓄積速度は，次のように表される．

$$\frac{\partial \rho a}{\partial t} \Delta x \Delta y \Delta z$$

ii) 物理量の流入速度−流出速度

図 1.27 に示した検査体積の x 軸に垂直な面を通って単位時間に流入，流出する分子効果，対流による物理量の和は次のようになる．

　流入：$(\Phi_x|_x + \rho a u_x|_x) \Delta y \Delta z$

　流出：$(\Phi_x|_{x+\Delta x} + \rho a u_x|_{x+\Delta x}) \Delta y \Delta z$

以上をまとめると次のようになる．

　流入−流出：
$$(\Phi_x|_x + \rho a u_x|_x) \Delta y \Delta z - (\Phi_x|_{x+\Delta x} + \rho a u_x|_{x+\Delta x}) \Delta y \Delta z$$
$$= -(\Phi_x|_{x+\Delta x} - \Phi_x|_x) \Delta y \Delta z$$
$$\quad -(\rho a u_x|_{x+\Delta x} - \rho a u_x|_x) \Delta y \Delta z$$

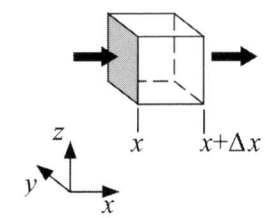

図 1.27 x 方向に移動する物理量

$$= -\left(\frac{\Phi_x|_{x+\Delta x} - \Phi_x|_x}{\Delta x}\right)\Delta x \Delta y \Delta z$$

$$-\frac{\rho a u_x|_{x+\Delta x} - \rho a u_x|_x}{\Delta x}\Delta x \Delta y \Delta z$$

$$= -\left(\frac{\partial \Phi_x}{\partial x} + \frac{\partial \rho a u_x}{\partial x}\right)\Delta x \Delta y \Delta z$$

すべての方向をまとめると次のようになる.

$$-\left(\frac{\partial \Phi_x}{\partial x} + \frac{\partial \Phi_y}{\partial y} + \frac{\partial \Phi_z}{\partial z} + \frac{\partial \rho a u_x}{\partial x} + \frac{\partial \rho a u_y}{\partial y} \right.$$
$$\left. + \frac{\partial \rho a u_z}{\partial z}\right)\Delta x \Delta y \Delta z$$

iii) 物理量の生成速度

単位体積あたりの物理量の生成速度を R とすると検査体積内の生成速度は次のようになる.

$$R \Delta x \Delta y \Delta z$$

以上より,収支式は以下のようになる.

$$\frac{\partial \rho a}{\partial t} + \frac{\partial \rho a u_x}{\partial x} + \frac{\partial \rho a u_y}{\partial y} + \frac{\partial \rho a u_z}{\partial z}$$
$$= -\left(\frac{\partial \Phi_x}{\partial x} + \frac{\partial \Phi_y}{\partial y} + \frac{\partial \Phi_z}{\partial z}\right) + R \quad (1.5.1)$$

物理量の流束は x, y, z 方向の3成分からなるベクトルである.ベクトル分子効果,対流による流束を $\boldsymbol{\Phi}, \rho a \boldsymbol{u}$ と表し,上式をベクトル表記すると以下のようになる.

$$\frac{\partial \rho a}{\partial t} + \nabla \cdot \rho a \boldsymbol{u} = -\nabla \cdot \boldsymbol{\Phi} + R \quad (1.5.2)$$

上式の a に表1.2, 1.3の単位質量あたりの量を代入すると各物理量の移動に関する基礎方程式が導かれる.次項以下では各種物理量の式について述べる.

1.5.4 流体質量の移動:連続の式

質量の場合,表1.3にあるように $a=1$ であり,分子効果による移動がなく,生成もないことから移動方程式は次のようになる.

$$\frac{\partial \rho}{\partial t} + \frac{\partial \rho u_x}{\partial x} + \frac{\partial \rho u_y}{\partial y} + \frac{\partial \rho u_z}{\partial z} = 0 \quad (1.5.3)$$

この式は質量に関する収支式,すなわち質量保存則を表しており,連続の式といわれる.

式(1.5.3)の左辺は,密度と速度の積の微分を2つの項に分けると次のようになる.

$$\frac{\partial \rho}{\partial t} + \frac{\partial \rho u_x}{\partial x} + \frac{\partial \rho u_y}{\partial y} + \frac{\partial \rho u_z}{\partial z}$$
$$= \frac{\partial \rho}{\partial t} + u_x\frac{\partial \rho}{\partial x} + u_y\frac{\partial \rho}{\partial y} + u_z\frac{\partial \rho}{\partial z} + \rho\left(\frac{\partial u_x}{\partial x} + \frac{\partial u_y}{\partial y} + \frac{\partial u_z}{\partial z}\right)$$

(1.5.4)

密度が時間,空間に対して変化しないものとして扱うことができる非圧縮性流体の場合,上式右辺の下線部の項はすべて0になるので連続の式は次のようになる.

$$\frac{\partial u_x}{\partial x} + \frac{\partial u_y}{\partial y} + \frac{\partial u_z}{\partial z} = 0 \quad (1.5.5)$$

上式の左辺は $\nabla \cdot \boldsymbol{u}$ と表すことができる. ∇ と物理量の流束ベクトルの内積は流体単位体積あたりの物理量流出速度を表す. $\boldsymbol{u}$ は速度であるが,流体の体積の流束とみなすことができるので $\nabla \cdot \boldsymbol{u}$ は単位体積あたりの流体の体積の流出量で,流体の体積変化率を表す.より具体的には単位体積から流体が流出するというのは膨張を意味し,その逆は圧縮である.したがって,式(1.5.5)は非圧縮性流体では膨張,圧縮などの体積変化が生じないことを意味している.

一般的な物理量の移動現象を表す式(1.5.1)は連続の式(1.5.3)に基づいて書き換えることができる.式(1.5.1)の左辺の各項を2つの偏微分に分解して表すと次のようになる.

$$\frac{\partial \rho a}{\partial t} + \frac{\partial \rho a u_x}{\partial x} + \frac{\partial \rho a u_y}{\partial y} + \frac{\partial \rho a u_z}{\partial z}$$
$$= a\left(\frac{\partial \rho}{\partial t} + \frac{\partial \rho u_x}{\partial x} + \frac{\partial \rho u_y}{\partial y} + \frac{\partial \rho u_z}{\partial z}\right)$$
$$+ \rho\left(\frac{\partial a}{\partial t} + u_x\frac{\partial a}{\partial x} + u_y\frac{\partial a}{\partial y} + u_z\frac{\partial a}{\partial z}\right) \quad (1.5.6)$$

下線部は連続の式(1.5.3)より0となることから,式(1.5.1)は次のようになる.

$$\rho\left(\frac{\partial a}{\partial t} + u_x\frac{\partial a}{\partial x} + u_y\frac{\partial a}{\partial y} + u_z\frac{\partial a}{\partial z}\right)$$
$$= -\left(\frac{\partial \Phi_x}{\partial x} + \frac{\partial \Phi_y}{\partial y} + \frac{\partial \Phi_z}{\partial z}\right) + R \quad (1.5.7)$$

この式を,ベクトル表記すると次のようになる.

$$\rho\left(\frac{\partial a}{\partial t} + \boldsymbol{u} \cdot \nabla a\right) = -\nabla \cdot \boldsymbol{\Phi} + R \quad (1.5.8)$$

上式左辺第2項の ∇a は $\mathrm{grad}\, a$ とも表記されるスカラー量 a の勾配ベクトルを表す.

以下では式(1.5.7)を移動現象の基礎式として扱うこととする.同式左辺のカッコ内の各項は以下の演算子 D/Dt を使って表されることがある.

$$\frac{D}{Dt} = \frac{\partial}{\partial t} + u_x\frac{\partial}{\partial x} + u_y\frac{\partial}{\partial y} + u_z\frac{\partial}{\partial z} \quad (1.5.9)$$

この演算子を用いると基礎式は以下のようになる.

$$\rho\frac{Da}{Dt} = -\left(\frac{\partial \Phi_x}{\partial x} + \frac{\partial \Phi_y}{\partial y} + \frac{\partial \Phi_z}{\partial z}\right) + R$$

(1.5.10)

D/Dt は実質微分とよばれ，次のような意味がある．

1.4.2項で述べた流体の観察方法のうち，オイラーの方法によって観測される物理量 a の時間についての微分は，観測点の空間座標 (x, y, z) が固定されているため，以下の偏微分となる．

$$\frac{\partial a}{\partial t}$$

それに対して，観測点の位置を時間とともに速度 $\boldsymbol{v} = [v_x, v_y, v_z]$ で動かしながら観測した a を時間で微分すると，時間だけでなく空間座標 $[x, y, z]$ も変化するため，次のような形となる．

$$\frac{da}{dt} = \frac{\partial a}{\partial t} + \frac{\partial a}{\partial x}\frac{dx}{dt} + \frac{\partial a}{\partial y}\frac{dy}{dt} + \frac{\partial a}{\partial z}\frac{dz}{dt}$$

(1.5.11)

ここで，$dx/dt, dy/dt, dz/dt$ は観測点の移動速度の x, y, z 方向成分 v_x, v_y, v_z にそれぞれ等しくなるため上の微分は以下のようになる．

$$\frac{da}{dt} = \frac{\partial a}{\partial t} + v_x\frac{\partial a}{\partial x} + v_y\frac{\partial a}{\partial y} + v_z\frac{\partial a}{\partial z}$$

(1.5.12)

観測点を流体の速度 $\boldsymbol{u} = [u_x, u_y, u_z]$ で移動させるラグランジュの方法で観測した場合，上の微分は次のようになり，実質微分となる．

$$\frac{Da}{Dt} = \frac{\partial a}{\partial t} + u_x\frac{\partial a}{\partial x} + u_y\frac{\partial a}{\partial y} + u_z\frac{\partial a}{\partial z}$$

(1.5.13)

このことより，実質微分は流れに乗って観測される物理量の時間に対する変化を表していることがわかる．

連続の式と上の移動現象の基礎式を円柱座標系，球面座標系とあわせて表1.4にまとめた．表には分子効果による移動流束が表1.2にあるように単位質量あたりの物理量の勾配を用いて $\Phi_x = -\rho\kappa(\partial a/\partial x)$ と表される場合の式もあわせて記載した．

1.5.5 熱，物質移動の式

熱，物質の流体単位質量あたりの量 a および分子効果による移動流束 $\boldsymbol{\Phi}$ は表1.2に示されているが，3次元すべての方向に物理量の分布がある場合は勾配が偏微分となり，それぞれ以下のようになる．

表1.4 各種座標系における移動現象を表す式

連続の式	
直角座標系	$\dfrac{\partial \rho}{\partial t} + \dfrac{\partial \rho u_x}{\partial x} + \dfrac{\partial \rho u_y}{\partial y} + \dfrac{\partial \rho u_z}{\partial z} = 0$
円柱(円筒)座標系	$\dfrac{\partial \rho}{\partial t} + \dfrac{1}{r}\dfrac{\partial \rho r u_r}{\partial r} + \dfrac{1}{r}\dfrac{\partial \rho u_\theta}{\partial \theta} + \dfrac{\partial \rho u_z}{\partial z} = 0$
球(極)座標系	$\dfrac{\partial \rho}{\partial t} + \dfrac{1}{r^2}\dfrac{\partial \rho r^2 u_r}{\partial r} + \dfrac{1}{r\sin\theta}\dfrac{\partial \rho u_\theta \sin\theta}{\partial \theta} + \dfrac{1}{r\sin\theta}\dfrac{\partial \rho u_\phi}{\partial \phi} = 0$
物理量 a の移動現象を表す一般式	
直角座標系	$\rho\left(\dfrac{\partial a}{\partial t} + u_x\dfrac{\partial a}{\partial x} + u_y\dfrac{\partial a}{\partial y} + u_z\dfrac{\partial a}{\partial z}\right) = -\left(\dfrac{\partial \Phi_x}{\partial x} + \dfrac{\partial \Phi_y}{\partial y} + \dfrac{\partial \Phi_z}{\partial z}\right) + R$
円柱(円筒)座標系	$\rho\left(\dfrac{\partial a}{\partial t} + u_r\dfrac{\partial a}{\partial r} + \dfrac{u_\theta}{r}\dfrac{\partial a}{\partial \theta} + u_z\dfrac{\partial a}{\partial z}\right) = -\left(\dfrac{1}{r}\dfrac{\partial r\Phi_r}{\partial r} + \dfrac{1}{r}\dfrac{\partial \Phi_\theta}{\partial \theta} + \dfrac{\partial \Phi_z}{\partial z}\right) + R$
球(極)座標系	$\rho\left(\dfrac{\partial a}{\partial t} + u_r\dfrac{\partial a}{\partial r} + \dfrac{u_\theta}{r}\dfrac{\partial a}{\partial \theta} + \dfrac{u_\varphi}{r\sin\theta}\dfrac{\partial a}{\partial \varphi}\right) = -\left(\dfrac{1}{r^2}\dfrac{\partial r^2\Phi_r}{\partial r} + \dfrac{1}{r\sin\theta}\dfrac{\partial \Phi_\theta \sin\theta}{\partial \theta} + \dfrac{1}{r\sin\theta}\dfrac{\partial \Phi_\varphi}{\partial \varphi}\right) + R$
分子効果による移動流束 $\Phi_x = -\rho\kappa\dfrac{\partial a}{\partial x}$ を用いた式 (ρ, κ が空間座標により変化しない場合)	
直角座標系	$\rho\left(\dfrac{\partial a}{\partial t} + u_x\dfrac{\partial a}{\partial x} + u_y\dfrac{\partial a}{\partial y} + u_z\dfrac{\partial a}{\partial z}\right) = \rho\kappa\left(\dfrac{\partial^2 a}{\partial x^2} + \dfrac{\partial^2 a}{\partial y^2} + \dfrac{\partial^2 a}{\partial z^2}\right) + R$
円柱(円筒)座標系	$\rho\left(\dfrac{\partial a}{\partial t} + u_r\dfrac{\partial a}{\partial r} + \dfrac{u_\theta}{r}\dfrac{\partial a}{\partial \theta} + u_z\dfrac{\partial a}{\partial z}\right) = \rho\kappa\left\{\dfrac{1}{r}\dfrac{\partial}{\partial r}\left(r\dfrac{\partial a}{\partial r}\right) + \dfrac{1}{r^2}\dfrac{\partial^2 a}{\partial \theta^2} + \dfrac{\partial^2 a}{\partial z^2}\right\} + R$
球(極)座標系	$\rho\left(\dfrac{\partial a}{\partial t} + u_r\dfrac{\partial a}{\partial r} + \dfrac{u_\theta}{r}\dfrac{\partial a}{\partial \theta} + \dfrac{u_\varphi}{r\sin\theta}\dfrac{\partial a}{\partial \varphi}\right)$ $= \rho\kappa\left\{\dfrac{1}{r^2}\dfrac{\partial}{\partial r}\left(r^2\dfrac{\partial a}{\partial r}\right) + \dfrac{1}{r^2\sin\theta}\dfrac{\partial}{\partial \theta}\left(\sin\theta\dfrac{\partial a}{\partial \theta}\right) + \dfrac{1}{r^2\sin^2\theta}\dfrac{\partial^2 a}{\partial \varphi^2}\right\} + R$

熱： $a = C_\mathrm{p}T$ $\Phi_x = q_x = -k\dfrac{\partial T}{\partial x}$

物質： $a = \omega_\mathrm{A}$ $\Phi_x = J_{\mathrm{A}x} = -\rho D_\mathrm{A}\dfrac{\partial \omega_\mathrm{A}}{\partial x}$

密度 ρ，定圧比熱容量 C_p，熱伝導度 k，拡散係数 D_A が一定の場合，上の式を式（1.5.7）に代入するとそれぞれの移動現象の基礎方程式は以下のようになる．

$$\rho C_\mathrm{p}\left(\frac{\partial T}{\partial t}+u_x\frac{\partial T}{\partial x}+u_y\frac{\partial T}{\partial y}+u_z\frac{\partial T}{\partial z}\right)$$
$$=k\left(\frac{\partial^2 T}{\partial x^2}+\frac{\partial^2 T}{\partial y^2}+\frac{\partial^2 T}{\partial z^2}\right)+R \quad (1.5.14)$$

$$\rho\left(\frac{\partial \omega_\mathrm{A}}{\partial t}+u_x\frac{\partial \omega_\mathrm{A}}{\partial x}+u_y\frac{\partial \omega_\mathrm{A}}{\partial y}+u_z\frac{\partial \omega_\mathrm{A}}{\partial z}\right)$$
$$=\rho D_\mathrm{A}\left(\frac{\partial^2 \omega_\mathrm{A}}{\partial x^2}+\frac{\partial^2 \omega_\mathrm{A}}{\partial y^2}+\frac{\partial^2 \omega_\mathrm{A}}{\partial z^2}\right)+R \quad (1.5.15)$$

生成速度項 R は生成の場合に正，消失の場合に負の値をとる．熱移動の場合は粘性による運動エネルギーの損失による発熱などを含んでいる．物質移動では反応による生成，消失速度に相当する．

熱移動の式についてはエネルギー収支の観点から 1.5.7 項で改めて詳しく述べる．

1.5.6 運動量移動の式

運動量の場合，単位質量あたりの量 a は速度ベクトル $\boldsymbol{u}$ となる．また，分子効果による流束 $\boldsymbol{\Phi}$ は粘性応力テンソル $\boldsymbol{T}_\tau$ となる．これらを移動現象の基礎式（1.5.7）に代入すると

$$\rho\left(\frac{\partial \boldsymbol{u}}{\partial t}+(\boldsymbol{u}\cdot\nabla)\boldsymbol{u}\right)=-\nabla\cdot\boldsymbol{T}_\tau^\mathrm{T}+\boldsymbol{R} \quad (1.5.16)$$

となる．この式は各項がベクトル量になっている点で熱，物質移動の式と異なる．生成速度の項 $\boldsymbol{R}$ もベクトル量で，単位体積あたりの流体が外部から受ける力に相当する．外部からの力としては圧力による力と，重力を含む質量力がある．以下ではこれら外力による運動量生成の合計である $\boldsymbol{R}$ がどのように表されるかを考える．図 1.28 は辺が Δx, Δy, Δz の立方体微小検査体積の x 方向に垂直な面にかかる圧力に基づく力を表している．$x=x$, $x=x+\Delta x$ における力はそれぞれ $p|_x \Delta y \Delta z$, $-p|_{x+\Delta x}\Delta y \Delta z$ である．$\boldsymbol{R}$ は単位体積あたりの力なので，これらの合力を体積 $\Delta x \Delta y \Delta z$ で除し，$\Delta x \to 0$ の極限をとると次のようになる．

$$\lim_{\Delta x \to 0}\frac{(p|_x - p|_{x+\Delta x})}{\Delta x} = -\frac{\partial p}{\partial x} \quad (1.5.17)$$

次に，重力を含む単位質量にかかる質量力の x 方向成分を合わせて F_x と表すと，単位体積あたりの力は ρF_x となる．したがって，$\boldsymbol{R}$ の x 方向成分は次のようになる．

$$R_x = -\frac{\partial p}{\partial x}+\rho F_x \quad (1.5.18)$$

3 方向の成分をまとめてベクトルで表すと次のようになる．

$$\boldsymbol{R} = -\frac{\partial p}{\partial x}\boldsymbol{i}-\frac{\partial p}{\partial y}\boldsymbol{j}-\frac{\partial p}{\partial z}\boldsymbol{k}+\rho\boldsymbol{F} = -\nabla p + \rho\boldsymbol{F}$$
$$(1.5.19)$$

したがって，式（1.5.16）は次のようになる．

$$\rho\left(\frac{\partial \boldsymbol{u}}{\partial t}+(\boldsymbol{u}\cdot\nabla)\boldsymbol{u}\right)=-\nabla p-\nabla\cdot\boldsymbol{T}_\tau^\mathrm{T}+\rho\boldsymbol{F}$$
$$(1.5.20)$$

左辺を実質微分により表すと

$$\rho\frac{D\boldsymbol{u}}{Dt}=-\nabla p-\nabla\cdot\boldsymbol{T}_\tau^\mathrm{T}+\rho\boldsymbol{F} \quad (1.5.21)$$

となる．また，ベクトルの x, y, z 成分で表せば次のようになる（補足 1.2 参照）．

x 成分： $\rho\left(\dfrac{\partial u_x}{\partial t}+u_x\dfrac{\partial u_x}{\partial x}+u_y\dfrac{\partial u_x}{\partial y}+u_z\dfrac{\partial u_x}{\partial z}\right)$
$$=-\frac{\partial p}{\partial x}-\left(\frac{\partial \tau_{xx}}{\partial x}+\frac{\partial \tau_{yx}}{\partial y}+\frac{\partial \tau_{zx}}{\partial z}\right)+\rho F_x$$
$$(1.5.22)$$

y 成分： $\rho\left(\dfrac{\partial u_y}{\partial t}+u_x\dfrac{\partial u_y}{\partial x}+u_y\dfrac{\partial u_y}{\partial y}+u_z\dfrac{\partial u_y}{\partial z}\right)$
$$=-\frac{\partial p}{\partial y}-\left(\frac{\partial \tau_{xy}}{\partial x}+\frac{\partial \tau_{yy}}{\partial y}+\frac{\partial \tau_{zy}}{\partial z}\right)+\rho F_y$$
$$(1.5.23)$$

z 成分： $\rho\left(\dfrac{\partial u_z}{\partial t}+u_x\dfrac{\partial u_z}{\partial x}+u_y\dfrac{\partial u_z}{\partial y}+u_z\dfrac{\partial u_z}{\partial z}\right)$
$$=-\frac{\partial p}{\partial z}-\left(\frac{\partial \tau_{xz}}{\partial x}+\frac{\partial \tau_{yz}}{\partial y}+\frac{\partial \tau_{zz}}{\partial z}\right)+\rho F_z$$
$$(1.5.24)$$

これらの式は流体のレオロジーによらず成り立つ運動方程式で，応力方程式あるいはコーシー (Cauchy) の運動方程式という．

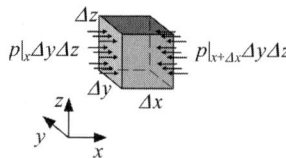

図 1.28 微小検査体積にかかる圧力

運動方程式を解くことにより速度分布を導くのが流体の運動を解析する目的のひとつである．速度分布を求めるためには粘性応力テンソルの成分と速度の関係式をコーシーの運動方程式に代入した式を導出する必要がある．応力と速度の関係は流体のレオロジーにより異なるため，導出される式も異なる．ニュートン流体の場合，表1.1のニュートン流体の応力と速度勾配の関係をコーシーの運動方程式に代入すると以下の式が導かれる．

x 成分：$\rho\left(\dfrac{\partial u_x}{\partial t}+u_x\dfrac{\partial u_x}{\partial x}+u_y\dfrac{\partial u_x}{\partial y}+u_z\dfrac{\partial u_x}{\partial z}\right)$

$$=-\dfrac{\partial p}{\partial x}+\mu\left(\dfrac{\partial^2 u_x}{\partial x^2}+\dfrac{\partial^2 u_x}{\partial y^2}+\dfrac{\partial^2 u_x}{\partial z^2}\right)+\rho F_x$$
(1.5.25)

y 成分：$\rho\left(\dfrac{\partial u_y}{\partial t}+u_x\dfrac{\partial u_y}{\partial x}+u_y\dfrac{\partial u_y}{\partial y}+u_z\dfrac{\partial u_y}{\partial z}\right)$

$$=-\dfrac{\partial p}{\partial y}+\mu\left(\dfrac{\partial^2 u_y}{\partial x^2}+\dfrac{\partial^2 u_y}{\partial y^2}+\dfrac{\partial^2 u_y}{\partial z^2}\right)+\rho F_y$$
(1.5.26)

z 成分：$\rho\left(\dfrac{\partial u_z}{\partial t}+u_x\dfrac{\partial u_z}{\partial x}+u_y\dfrac{\partial u_z}{\partial y}+u_z\dfrac{\partial u_z}{\partial z}\right)$

$$=-\dfrac{\partial p}{\partial z}+\mu\left(\dfrac{\partial^2 u_z}{\partial x^2}+\dfrac{\partial^2 u_z}{\partial y^2}+\dfrac{\partial^2 u_z}{\partial z^2}\right)+\rho F_z$$
(1.5.27)

これらの式の導出では非圧縮性を仮定して $\nabla\cdot\boldsymbol{u}=0$ が成り立つものとしている．これらをまとめてベクトル形式で表すと以下のようになる．

$$\rho\left(\dfrac{\partial \boldsymbol{u}}{\partial t}+(\boldsymbol{u}\cdot\nabla)\boldsymbol{u}\right)=-\nabla p+\mu\nabla^2\boldsymbol{u}+\rho\boldsymbol{F}$$
(1.5.28)

上式の ∇^2 は，以下の式で表される演算子で，ラプラシアンとよばれる．

表1.5 ナビエ-ストークスの運動方程式

円柱座標系

r 方向

$$\rho\left(\dfrac{\partial u_r}{\partial t}+u_r\dfrac{\partial u_r}{\partial r}+\dfrac{u_\theta}{r}\dfrac{\partial u_r}{\partial \theta}-\dfrac{u_\theta^2}{r}+u_z\dfrac{\partial u_r}{\partial z}\right)=$$
$$-\dfrac{\partial p}{\partial r}+\mu\left[\dfrac{\partial}{\partial r}\left(\dfrac{1}{r}\dfrac{\partial}{\partial r}(ru_r)\right)+\dfrac{1}{r^2}\dfrac{\partial^2 u_r}{\partial \theta^2}-\dfrac{2}{r^2}\dfrac{\partial u_\theta}{\partial \theta}+\dfrac{\partial^2 u_r}{\partial z^2}\right]+\rho F_r$$

θ 方向

$$\rho\left(\dfrac{\partial u_\theta}{\partial t}+u_r\dfrac{\partial u_\theta}{\partial r}+\dfrac{u_\theta}{r}\dfrac{\partial u_\theta}{\partial \theta}+\dfrac{u_r u_\theta}{r}+u_z\dfrac{\partial u_\theta}{\partial z}\right)=$$
$$-\dfrac{1}{r}\dfrac{\partial p}{\partial \theta}+\mu\left[\dfrac{\partial}{\partial r}\left(\dfrac{1}{r}\dfrac{\partial}{\partial r}(ru_\theta)\right)+\dfrac{1}{r^2}\dfrac{\partial^2 u_\theta}{\partial \theta^2}+\dfrac{2}{r^2}\dfrac{\partial u_r}{\partial \theta}+\dfrac{\partial^2 u_\theta}{\partial z^2}\right]+\rho F_\theta$$

z 方向

$$\rho\left(\dfrac{\partial u_z}{\partial t}+u_r\dfrac{\partial u_z}{\partial r}+\dfrac{u_\theta}{r}\dfrac{\partial u_z}{\partial \theta}+u_z\dfrac{\partial u_z}{\partial z}\right)=$$
$$-\dfrac{\partial p}{\partial z}+\mu\left[\dfrac{1}{r}\dfrac{\partial}{\partial r}\left(r\dfrac{\partial u_z}{\partial r}\right)+\dfrac{1}{r^2}\dfrac{\partial^2 u_z}{\partial \theta^2}+\dfrac{\partial^2 u_z}{\partial z^2}\right]+\rho F_z$$

球座標系

r 方向

$$\rho\left(\dfrac{\partial u_r}{\partial t}+u_r\dfrac{\partial u_r}{\partial r}+\dfrac{u_\theta}{r}\dfrac{\partial u_r}{\partial \theta}+\dfrac{u_\phi}{r\sin\theta}\dfrac{\partial u_r}{\partial \phi}-\dfrac{u_\theta^2+u_\phi^2}{r}\right)=$$
$$-\dfrac{\partial p}{\partial r}+\mu\left[\nabla^2 u_r-\dfrac{2}{r^2}u_r-\dfrac{2}{r^2}\dfrac{\partial u_\theta}{\partial \theta}-\dfrac{2}{r^2}u_\theta\cot\theta-\dfrac{2}{r^2\sin\theta}\dfrac{\partial u_\phi}{\partial \phi}\right]+\rho F_r$$

θ 方向

$$\rho\left(\dfrac{\partial u_\theta}{\partial t}+u_r\dfrac{\partial u_\theta}{\partial r}+\dfrac{u_\theta}{r}\dfrac{\partial u_\theta}{\partial \theta}+\dfrac{u_\phi}{r\sin\theta}\dfrac{\partial u_\theta}{\partial \phi}+\dfrac{u_r u_\theta}{r}-\dfrac{u_\phi^2\cot\theta}{r}\right)=$$
$$-\dfrac{1}{r}\dfrac{\partial p}{\partial \theta}+\mu\left[\nabla^2 u_\theta+\dfrac{2}{r^2}\dfrac{\partial u_r}{\partial \theta}-\dfrac{u_\theta}{r^2\sin^2\theta}-\dfrac{2\cos\theta}{r^2\sin^2\theta}\dfrac{\partial u_\phi}{\partial \phi}\right]+\rho F_\theta$$

ϕ 方向

$$\rho\left(\dfrac{\partial u_\phi}{\partial t}+u_r\dfrac{\partial u_\phi}{\partial r}+\dfrac{u_\theta}{r}\dfrac{\partial u_\phi}{\partial \theta}+\dfrac{u_\phi}{r\sin\theta}\dfrac{\partial u_\phi}{\partial \phi}+\dfrac{u_\phi u_r}{r}+\dfrac{u_\theta u_\phi\cot\theta}{r}\right)=$$
$$-\dfrac{1}{r\sin\theta}\dfrac{\partial p}{\partial \phi}+\mu\left(\nabla^2 u_\phi-\dfrac{u_\phi}{r^2\sin^2\theta}+\dfrac{2}{r^2\sin\theta}\dfrac{\partial u_r}{\partial \phi}+\dfrac{2\cos\theta}{r^2\sin^2\theta}\dfrac{\partial u_\theta}{\partial \phi}\right)+\rho F_\phi$$

$$\nabla^2=\dfrac{1}{r^2}\dfrac{\partial}{\partial r}\left(r^2\dfrac{\partial}{\partial r}\right)+\dfrac{1}{r^2\sin\theta}\dfrac{\partial}{\partial \theta}\left(\sin\theta\dfrac{\partial}{\partial \theta}\right)+\dfrac{1}{r^2\sin\theta}\left(\dfrac{\partial^2}{\partial \phi^2}\right)$$

$$\nabla^2 = \nabla \cdot \nabla = \frac{\partial^2}{\partial x^2} + \frac{\partial^2}{\partial y^2} + \frac{\partial^2}{\partial z^2}$$
(1.5.29)

式 (1.5.28) およびそのベクトルの成分表示式 (1.5.25)～(1.5.27) はニュートン流体についての運動方程式で, ナビエ-ストークス (Navier-Stokes) の運動方程式という. 表1.5に円柱座標系, 球座標系のナビエ-ストークスの方程式をまとめて示した.

1.5.7 エネルギー収支の式

運動量などの物理量と同様に流体に関する移動現象を明らかにする際に運動エネルギーの変化に関する式が必要となる場合がある. 運動エネルギーは粘性による摩擦損失のために一部が内部エネルギーに不可逆的に変換され, 保存則が成り立たない. そのため, 運動エネルギーの変化は内部エネルギーを含めた収支に基づいて考えなければならない. そこで, 本項では最初に流体の運動エネルギーと内部エネルギーの和の収支式を導く. なお, 以下では基本的に流体の密度変化を無視できないものとしている. 非圧縮流体と仮定できる, すなわち密度変化を考慮する必要がない場合は以下に導出する各式で密度についての微分および流体の体積変化を表す $\nabla \cdot \boldsymbol{u}$ を含む項はすべて0となる. 1.5.3項の図1.26に示した微小検査体積に着目したエネルギー収支式は次のようになる.

(運動エネルギーと内部エネルギーの和の蓄積速度)
＝(エネルギーの和の対流による流入速度－流出速度)＋(分子効果による熱の流入速度－流出速度)＋(分子効果による運動量移動に伴うエネルギーの流入速度－流出速度)＋(外部からの仕事によるエネルギーの増減速度)

以下にこの式の各項がどのようになるかを述べる.

ⅰ) 蓄積速度: 単位体積あたりの運動エネルギーと内部エネルギーの和は

$$\rho \widehat{E} = \frac{1}{2}\rho \boldsymbol{u}^2 + \rho \widehat{U} \quad (1.5.30)$$

となる. ここで, $\widehat{E}$, $\widehat{U}$ はそれぞれ単位質量あたりのエネルギーの和と内部エネルギーである. 検査体積内のエネルギーの和は $\rho \widehat{E} \Delta x \Delta y \Delta z$ となる. したがって, 単位体積あたりの蓄積速度は

$$\frac{\partial}{\partial t} \rho \widehat{E} \Delta x \Delta y \Delta z \quad (1.5.31)$$

となる.

ⅱ) 対流による流入速度－流出速度: 1.5.4項で述べたように流体単位体積あたりの物理量の正味の流出速度は ∇ と流束の積で表される. 流入速度から流出速度を差し引いたものは正味の流入速度であるから, 正味の流出速度とは逆符号となる. 物理量の流束のうち, 対流によるものは $\rho a \boldsymbol{u}$ である. 単位質量あたりの量 a は $\widehat{E}$ であるから, 流入速度から流出速度を差し引いたものは $-\nabla \cdot \rho \widehat{E} \boldsymbol{u}$ となる. これは単位体積あたりの量なので, 検査体積全体では次のように表される.

$$-\nabla \cdot \rho \widehat{E} \boldsymbol{u} \Delta x \Delta y \Delta z \quad (1.5.32)$$

ⅲ) 分子効果による熱の流入速度－流出速度: 分子効果による熱の流束ベクトルを $\boldsymbol{q}$ とすると対流の場合と同様に次のようになる.

$$-\nabla \cdot \boldsymbol{q} \Delta x \Delta y \Delta z \quad (1.5.33)$$

ⅳ) 分子効果による運動量移動に伴うエネルギーの流入速度－流出速度: 分子効果による運動量移動流束は粘性応力である. この運動量移動に伴うエネルギー流束は粘性応力による単位時間あたりの仕事であり, 応力テンソルと速度ベクトルの積として

$$\boldsymbol{T}_\tau^\mathrm{T} \cdot \boldsymbol{u}^\mathrm{T} = [u_x\tau_{xx} + u_y\tau_{xy} + u_z\tau_{xz}, u_x\tau_{yx} + u_y\tau_{yy} + u_z\tau_{yz}, u_x\tau_{zx} + u_y\tau_{zy} + u_z\tau_{zz}] \quad (1.5.34)$$

と表される. したがって, 流入と流出の差は次のようになる (補足1.3参照).

$$-\nabla \cdot (\boldsymbol{T}_\tau^\mathrm{T} \cdot \boldsymbol{u}^\mathrm{T}) \Delta x \Delta y \Delta z \quad (1.5.35)$$

ⅴ) 外部からの仕事によるエネルギーの増減速度: 外部からの仕事としては圧力によるものと, 重力をはじめとした質量力によるものがある. 圧力により流体単位面積にかかる力により単位時間あたりになされる仕事は圧力と速度の積である. この仕事が力のかかっている面を通過して移動する流束ベクトルは $p\boldsymbol{u}$ となる. したがって, 対流, 分子効果によるエネルギーの移動と同じく圧力による増減は次式で表される.

$$-\nabla \cdot p\boldsymbol{u} \Delta x \Delta y \Delta z \quad (1.5.36)$$

一方, 単位質量あたりの質量力を $\boldsymbol{F}$ とすると検査体積全体では $\rho \boldsymbol{F} \Delta x \Delta y \Delta z$ の力がかかる. この力による仕事は速度ベクトル $\boldsymbol{u}$ との内積として次のよ

1.5 移動現象の相似性と基礎方程式

うに表される.
$$\bm{u}\cdot\rho\bm{F}\varDelta x\varDelta y\varDelta z \tag{1.5.37}$$

以上より,エネルギー収支式は次のようになる.

$$\frac{\partial}{\partial t}\rho\widehat{E}\varDelta x\varDelta y\varDelta z$$
$$=-\nabla\cdot\rho\widehat{E}\bm{u}\varDelta x\varDelta y\varDelta z-\nabla\cdot\bm{q}\varDelta x\varDelta y\varDelta z$$
$$\quad-\nabla\cdot p\bm{u}\varDelta x\varDelta y\varDelta z-\nabla\cdot(\bm{T}_\tau^\mathrm{T}\cdot\bm{u}^\mathrm{T})\varDelta x\varDelta y\varDelta z$$
$$\quad+\bm{u}\cdot\rho\bm{F}\varDelta x\varDelta y\varDelta z$$

両辺を検査体積の体積で除すると次の式が得られる.

$$\frac{\partial}{\partial t}\rho\widehat{E}=-\nabla\cdot\rho\widehat{E}\bm{u}-\nabla\cdot\bm{q}-\nabla\cdot p\bm{u}-\nabla\cdot(\bm{T}_\tau^\mathrm{T}\cdot\bm{u}^\mathrm{T})$$
$$\quad+\bm{u}\cdot\rho\bm{F} \tag{1.5.38}$$

ここで,右辺第1項目の $-\nabla\cdot\rho\widehat{E}\bm{u}$ は次のように書き換えることができる.

$$-\nabla\cdot\rho\widehat{E}\bm{u}=-\bm{u}\cdot\nabla\rho\widehat{E}-\rho\widehat{E}(\nabla\cdot\bm{u})$$
$$=-\left(u_x\frac{\partial}{\partial x}\rho\widehat{E}+u_y\frac{\partial}{\partial y}\rho\widehat{E}+u_z\frac{\partial}{\partial z}\rho\widehat{E}\right)$$
$$\quad-\rho\widehat{E}(\nabla\cdot\bm{u}) \tag{1.5.39}$$

したがって,式(1.5.38)を $\rho\widehat{E}$ の実質微分を用いて次のように書き換えることができる.

$$\frac{D\rho\widehat{E}}{Dt}=-\nabla\cdot\bm{q}-\nabla\cdot p\bm{u}-\nabla\cdot(\bm{T}_\tau^\mathrm{T}\cdot\bm{u}^\mathrm{T})+\bm{u}\cdot\rho\bm{F}$$
$$\quad-\rho\widehat{E}(\nabla\cdot\bm{u}) \tag{1.5.40}$$

単位体積あたりの運動エネルギーと内部エネルギーの和の時間に対する変化はこの式により表される.上式中の圧力,粘性応力による仕事の項は,いずれも以下に示すように運動エネルギーの増減と内部エネルギーへの変換を表す2つの項に分けることができる.

圧力:
$$-\nabla\cdot p\bm{u}=-\bm{u}\cdot\nabla p-p(\nabla\cdot\bm{u}) \tag{1.5.41}$$
$$\qquad-\bm{u}\cdot\nabla p:運動エネルギーの増減$$
$$\qquad-p(\nabla\cdot\bm{u}):内部エネルギーへの変換$$

粘性応力:
$$-\nabla\cdot(\bm{T}_\tau^\mathrm{T}\cdot\bm{u}^\mathrm{T})=-\bm{u}\cdot(\nabla\cdot\bm{T}_\tau^\mathrm{T})-\bm{T}_\tau:\nabla\bm{u}$$
$$\tag{1.5.42}$$

(補足1.4参照)
$$\qquad-\bm{u}\cdot(\nabla\cdot\bm{T}_\tau^\mathrm{T}):運動エネルギーの増減$$
$$\qquad-\bm{T}_\tau:\nabla\bm{u}:内部エネルギーへの変換$$

上の各項のうち $-p(\nabla\cdot\bm{u})$ は流体の膨張,圧縮による内部エネルギーへの変換を表す.1.5.4項で述べたように $\nabla\cdot\bm{u}$ は流体の体積変化率を表しており,膨張のときには正,圧縮のときに負の値をとる.したがって,内部エネルギーは膨張により減少,圧縮により増加することがわかる.一方,$-\bm{T}_\tau:\nabla\bm{u}$ は粘性による運動エネルギーの熱への変換速度を表す.ニュートン流体の場合,この項を粘性応力テンソル $\bm{T}_\tau$,速度ベクトル $\bm{u}$ の成分で表すと以下のようになる(補足1.5参照).

$$-\bm{T}_\tau:\nabla\bm{u}=-\left(\tau_{xx}\frac{\partial u_x}{\partial x}+\tau_{yx}\frac{\partial u_x}{\partial y}+\tau_{zx}\frac{\partial u_x}{\partial z}+\tau_{xy}\frac{\partial u_y}{\partial x}\right.$$
$$\quad+\tau_{yy}\frac{\partial u_y}{\partial y}+\tau_{zy}\frac{\partial u_y}{\partial z}+\tau_{xz}\frac{\partial u_z}{\partial x}+\tau_{yz}\frac{\partial u_z}{\partial y}$$
$$\quad\left.+\tau_{zz}\frac{\partial u_z}{\partial z}\right)$$
$$=2\mu\left\{\left(\frac{\partial u_x}{\partial x}-\frac{1}{3}(\nabla\cdot\bm{u})\right)^2+\left(\frac{\partial u_y}{\partial y}-\frac{1}{3}(\nabla\cdot\bm{u})\right)^2\right.$$
$$\quad\left.+\left(\frac{\partial u_z}{\partial z}-\frac{1}{3}(\nabla\cdot\bm{u})\right)^2\right\}+\mu\left(\frac{\partial u_y}{\partial x}+\frac{\partial u_x}{\partial y}\right)^2$$
$$\quad+\mu\left(\frac{\partial u_z}{\partial y}+\frac{\partial u_y}{\partial z}\right)^2+\mu\left(\frac{\partial u_x}{\partial z}+\frac{\partial u_z}{\partial x}\right)^2$$
$$\tag{1.5.43}$$

上の式は2乗の項の和で,必ず正となるので常に内部エネルギーが増加することになる.上で述べたように圧力の場合は内部エネルギーが増加する場合と減少する場合がある.それに対して粘性応力による変形に伴う仕事は常に熱となって内部エネルギーを増加させる点で異なる.本項の最初の部分で「一部が内部エネルギーに不可逆的に変換され」と述べたのはこのことに対応している.この内部エネルギーへの不可逆的変換を粘性によるエネルギー散逸という.また,

$$-\bm{T}_\tau:\nabla\bm{u}=\mu\varPhi_\mathrm{v} \tag{1.5.44}$$

で定義される関数 $\varPhi_\mathrm{v}$ を散逸関数という.ニュートン流体の場合,$\varPhi_\mathrm{v}$ は式(1.5.43)を μ で除したものになる.表1.6に各座標系におけるニュートン流体の散逸関数をまとめた.

以上より,式(1.5.40)は次のように表すことができる.

$$\frac{D\rho\widehat{E}}{Dt}=-\nabla\cdot\bm{q}-\bm{u}\cdot\nabla p-p\nabla\cdot\bm{u}-\bm{u}\cdot(\nabla\cdot\bm{T}_\tau^\mathrm{T})$$
$$\quad-\bm{T}_\tau:\nabla\bm{u}+\bm{u}\cdot\rho\bm{F}-\left(\frac{1}{2}\rho\bm{u}^2+\rho\widehat{U}\right)(\nabla\cdot\bm{u})$$
$$\tag{1.5.45}$$

次に,運動エネルギーのみの時間に対する変化の

表 1.6 ニュートン流体の散逸関数 Φ_v

直角座標系

$$2\left\{\left(\frac{\partial u_x}{\partial x}\right)^2+\left(\frac{\partial u_y}{\partial y}\right)^2+\left(\frac{\partial u_z}{\partial z}\right)^2\right\}+\left(\frac{\partial u_y}{\partial x}+\frac{\partial u_x}{\partial y}\right)^2+\left(\frac{\partial u_z}{\partial y}+\frac{\partial u_y}{\partial z}\right)^2+\left(\frac{\partial u_x}{\partial z}+\frac{\partial u_z}{\partial x}\right)^2-\frac{2}{3}\left(\frac{\partial u_x}{\partial x}+\frac{\partial u_y}{\partial y}+\frac{\partial u_z}{\partial z}\right)^2$$

円柱(円筒)座標系

$$2\left\{\left(\frac{\partial u_r}{\partial r}\right)^2+\left(\frac{1}{r}\frac{\partial u_\theta}{\partial \theta}+\frac{u_r}{r}\right)^2+\left(\frac{\partial u_z}{\partial z}\right)^2\right\}+\left\{r\frac{\partial}{\partial r}\left(\frac{u_\theta}{r}\right)+\frac{1}{r}\frac{\partial u_r}{\partial \theta}\right\}^2+\left(\frac{1}{r}\frac{\partial u_z}{\partial \theta}+\frac{\partial u_\theta}{\partial z}\right)^2+\left(\frac{\partial u_r}{\partial z}+\frac{\partial u_z}{\partial r}\right)^2$$

$$-\frac{2}{3}\left(\frac{1}{r}\frac{\partial}{\partial r}(ru_r)+\frac{1}{r}\frac{\partial u_\theta}{\partial \theta}+\frac{\partial u_z}{\partial z}\right)^2$$

球(極)座標系

$$2\left\{\left(\frac{\partial u_r}{\partial r}\right)^2+\left(\frac{1}{r}\frac{\partial u_\theta}{\partial \theta}+\frac{u_r}{r}\right)^2+\left(\frac{1}{r\sin\theta}\frac{\partial u_\phi}{\partial \phi}+\frac{u_r+u_\theta\cot\theta}{r}\right)^2\right\}+\left\{r\frac{\partial}{\partial r}\left(\frac{u_\theta}{r}\right)+\frac{1}{r}\frac{\partial u_r}{\partial \theta}\right\}^2$$

$$+\left\{\frac{\sin\theta}{r}\frac{\partial}{\partial \theta}\left(\frac{u_\phi}{\sin\theta}\right)+\frac{1}{r\sin\theta}\frac{\partial u_\theta}{\partial \phi}\right\}^2+\left(\frac{1}{r\sin\theta}\frac{\partial u_r}{\partial \phi}+r\frac{\partial}{\partial r}\left(\frac{u_\phi}{r}\right)\right)^2$$

$$-\frac{2}{3}\left(\frac{1}{r^2}\frac{\partial}{\partial r}(r^2 u_r)+\frac{1}{r\sin\theta}\frac{\partial}{\partial \theta}(u_\theta\sin\theta)+\frac{1}{r\sin\theta}\frac{\partial u_\phi}{\partial \phi}\right)^2$$

式を導く.単位体積あたりの運動エネルギー $\rho \boldsymbol{u}^2/2$ と単位質量あたりの運動エネルギー $\boldsymbol{u}^2/2$ の実質微分の間には以下の関係がある(補足 1.6 参照).

$$\frac{D}{Dt}\left(\frac{1}{2}\rho \boldsymbol{u}^2\right)=\rho\frac{D}{Dt}\left(\frac{1}{2}\boldsymbol{u}^2\right)-\frac{1}{2}\rho \boldsymbol{u}^2(\nabla\cdot\boldsymbol{u})$$

(1.5.46)

運動エネルギーの時間に対する変化は剛体の運動に関しては運動方程式の両辺と速度ベクトルとの内積により表される(補足 1.7 参照).流体についても同様に単位質量あたりの運動エネルギーの実質微分と密度の積はコーシーの運動方程式(1.5.21)の左辺と速度ベクトルの内積により表されることから,以下の式が導かれる(補足 1.6 参照).

$$\frac{D}{Dt}\left(\frac{1}{2}\rho \boldsymbol{u}^2\right)=\boldsymbol{u}\cdot\rho\frac{D\boldsymbol{u}}{Dt}-\frac{1}{2}\rho \boldsymbol{u}^2(\nabla\cdot\boldsymbol{u})$$

$$=\underline{-\boldsymbol{u}\cdot\nabla p-\boldsymbol{u}\cdot(\nabla\cdot\boldsymbol{T}_\tau^{\mathrm{T}})}$$

$$+\boldsymbol{u}\cdot\rho\boldsymbol{F}-\frac{1}{2}\rho \boldsymbol{u}^2(\nabla\cdot\boldsymbol{u}) \quad (1.5.47)$$

内積をとることにより,右辺第 1 項と 2 項に上で述べた圧力と粘性応力による仕事のうち,運動エネルギーの増減の項が下線部のように正しく導かれていることがわかる.第 3 項目は式(1.5.40)にもある質量力による仕事,第 4 項目は体積変化に伴うエネルギー変化である.上式を単位質量あたりの運動エネルギーの実質微分により表すと次のようになる.

$$\rho\frac{D}{Dt}\left(\frac{1}{2}\boldsymbol{u}^2\right)=\frac{D}{Dt}\left(\frac{1}{2}\rho \boldsymbol{u}^2\right)+\frac{1}{2}\rho \boldsymbol{u}^2(\nabla\cdot\boldsymbol{u})$$

$$=-\boldsymbol{u}\cdot\nabla p-\boldsymbol{u}\cdot(\nabla\cdot\boldsymbol{T}_\tau^{\mathrm{T}})+\boldsymbol{u}\cdot\rho\boldsymbol{F}$$

(1.5.48)

内部エネルギーの時間に対する変化は,エネルギーの和についての式(1.5.45)から運動エネルギーについての式(1.5.47)を差し引くことにより次のように求められる.

$$\frac{D\rho\widehat{U}}{Dt}=-\nabla\cdot\boldsymbol{q}-p\nabla\cdot\boldsymbol{u}-\boldsymbol{T}_\tau:\nabla\boldsymbol{u}-\rho\widehat{U}(\nabla\cdot\boldsymbol{u})$$

(1.5.49)

右辺第 1 項は伝導による熱の移動,第 2,3 項は上で述べたように圧力,粘性応力による仕事のうち,内部エネルギーに変換される量を表す.また,第 4 項目は体積変化に伴う内部エネルギーの変化を表す.密度の実質微分は補足 1.6 にあるように $-\rho(\nabla\cdot\boldsymbol{u})$ に等しいので,単位質量あたりの内部エネルギーの実質微分は次のようになる.

$$\rho\frac{D\widehat{U}}{Dt}=\frac{D\rho\widehat{U}}{Dt}-\widehat{U}\frac{D\rho}{Dt}=\frac{D\rho\widehat{U}}{Dt}+\rho\widehat{U}(\nabla\cdot\boldsymbol{u})$$

$$=-\nabla\cdot\boldsymbol{q}-p(\nabla\cdot\boldsymbol{u})-\boldsymbol{T}_\tau:\nabla\boldsymbol{u} \quad (1.5.50)$$

実際に上式を利用する場合は内部エネルギー $\widehat{U}$ の変化で表すより,温度の変化で表す方が使いやすい.そこで,まず上式を単位質量あたりのエンタルピー $\widehat{H}$ の変化の式に書き換える.内部エネルギーとエンタルピーの間には以下の関係がある.

$$\widehat{H}=\widehat{U}+p\widehat{V}=\widehat{U}+\frac{p}{\rho} \quad (1.5.51)$$

$\widehat{V}$ は単位質量あたりの体積で,上にあるように密度の逆数に等しい.この関係より,内部エネルギーの実質微分はエンタルピーを使って次のように表すことができる.

$$\rho\frac{D\widehat{U}}{Dt}=\rho\frac{D\widehat{H}}{Dt}-\rho\frac{D}{Dt}\left(\frac{p}{\rho}\right)=\rho\frac{D\widehat{H}}{Dt}-\frac{Dp}{Dt}-p(\nabla\cdot\boldsymbol{u})$$
(1.5.52)

したがって，式 (1.5.50) と上式の比較により次式が導かれる．

$$\rho\frac{D\widehat{H}}{Dt}=-\nabla\cdot\boldsymbol{q}-\boldsymbol{T}_\tau:\nabla\boldsymbol{u}+\frac{Dp}{Dt}$$
(1.5.53)

エンタルピーには圧力による仕事が含まれるため，上式は圧力による仕事の項 $-p(\nabla\cdot\boldsymbol{u})$ を含まない形になっている．次に，エンタルピーの変化の式から温度の変化の式を導く．$\widehat{H}$ を温度と圧力の関数とするとその全微分は次のようになる．

$$d\widehat{H}=\frac{\partial\widehat{H}}{\partial T}dT+\frac{\partial\widehat{H}}{\partial p}dp \quad (1.5.54)$$

この式中の $\partial\widehat{H}/\partial T$ は定圧で単位質量の流体の温度を変化させたときの熱量，すなわち定圧比熱容量 C_p に相当する．また，$\partial\widehat{H}/\partial p$ は，以下のように表すことができる（補足 1.8 参照）．

$$\frac{\partial\widehat{H}}{\partial p}=-T\frac{\partial\widehat{V}}{\partial T}+\widehat{V}=-T\frac{\partial}{\partial T}\left(\frac{1}{\rho}\right)+\frac{1}{\rho}=\frac{T}{\rho^2}\frac{\partial\rho}{\partial T}+\frac{1}{\rho}$$
(1.5.55)

したがって，$\widehat{H}$ の時間 t についての偏微分は以下のように表すことができる．

$$\frac{\partial\widehat{H}}{\partial t}=\frac{\partial\widehat{H}}{\partial T}\frac{\partial T}{\partial t}+\frac{\partial\widehat{H}}{\partial p}\frac{\partial p}{\partial t}=C_\mathrm{p}\frac{\partial T}{\partial t}+\left\{\frac{T}{\rho^2}\frac{\partial\rho}{\partial T}+\frac{1}{\rho}\right\}\frac{\partial p}{\partial t}$$
(1.5.56)

空間についての微分も同様に表すことができるので，実質微分は次のようになる．

$$\frac{D\widehat{H}}{Dt}=C_\mathrm{p}\frac{DT}{Dt}+\left\{\frac{T}{\rho^2}\frac{\partial\rho}{\partial T}+\frac{1}{\rho}\right\}\frac{Dp}{Dt}$$
(1.5.57)

式 (1.5.53) の左辺に上式を代入すると，温度変化の範囲が小さく，定圧比熱容量 C_p が一定と仮定できる場合には次の式を導くことができる．

$$\rho C_\mathrm{p}\frac{DT}{Dt}=-\left\{\frac{T}{\rho}\frac{\partial\rho}{\partial T}+1\right\}\frac{Dp}{Dt}-\nabla\cdot\boldsymbol{q}-\boldsymbol{T}_\tau:\nabla\boldsymbol{u}+\frac{Dp}{Dt}$$
$$=-\nabla\cdot\boldsymbol{q}-\boldsymbol{T}_\tau:\nabla\boldsymbol{u}-\frac{T}{\rho}\frac{\partial\rho}{\partial T}\frac{Dp}{Dt}$$
(1.5.58)

以上より内部エネルギーの変化を温度の変化により表す式を導出することができた．さらに式 (1.5.44) より $-\boldsymbol{T}_\tau:\nabla\boldsymbol{u}=\mu\varPhi_\mathrm{v}$ であるから，散逸関数 $\varPhi_\mathrm{v}$ を使うと上式は次のように表すこともできる．

$$\rho C_\mathrm{p}\frac{DT}{Dt}=-\nabla\cdot\boldsymbol{q}+\mu\varPhi_\mathrm{v}-\frac{T}{\rho}\frac{\partial\rho}{\partial T}\frac{Dp}{Dt}$$
(1.5.59)

流体が理想気体の場合，$\rho=pM_\mathrm{w}/(RT)$ であるから，$\partial\rho/\partial T=-\rho/T$ となり，上式は次のようになる．

$$\rho C_\mathrm{p}\frac{DT}{Dt}=-\nabla\cdot\boldsymbol{q}+\mu\varPhi_\mathrm{v}+\frac{Dp}{Dt}$$
(1.5.60)

伝導による熱流束は熱伝導度 k が一定の場合

$$\boldsymbol{q}=-k\nabla T=-k\left(\frac{\partial T}{\partial x}\boldsymbol{i}+\frac{\partial T}{\partial y}\boldsymbol{j}+\frac{\partial T}{\partial z}\boldsymbol{k}\right)$$

であるから，式 (1.5.60) は

$$\rho C_\mathrm{p}\frac{DT}{Dt}=k\nabla^2 T+\mu\varPhi_\mathrm{v}+\frac{Dp}{Dt}$$
(1.5.61)

となる．また密度が一定と仮定できる非圧縮性流体の場合は $\partial\rho/\partial T=0$ となる．したがって式 (1.5.59) は熱移動の式 (1.5.14) の生成，消失を表す R に $\mu\varPhi_\mathrm{v}$ を代入した以下の式になる．

$$\rho C_\mathrm{p}\frac{DT}{Dt}=k\nabla^2 T+\mu\varPhi_\mathrm{v} \quad (1.5.62)$$

なお，$\mu\varPhi_\mathrm{v}$ で表される粘性によるエネルギー散逸は通常，速度勾配あるいは粘度が非常に大きい場合以外は無視できるほど小さい．

1.6 速度分布

化学装置内の熱，物質などの移動現象を明らかにするためには流体の速度分布を明らかにする必要がある．それは速度，圧力を表す時間，空間座標を独立変数とした関数を連続の式，運動方程式の解として求めることに相当する．前節で導かれたこれらの式は，速度が 3 次元すべての方向の成分を有するベクトルで圧力とともに 3 次元的に変化している場合に適用できる一般的なものである．そのため，具体的な個別の問題では考慮する必要のない項も含んでいる．

そこで対象とする流れ場の幾何学的条件などを考慮し，それら方程式中の無視できる項を消去した上で初期条件，境界条件を満足するように解くことになる．しかしながら，たとえいくつかの項を消去で

きたとしても連続の式，運動方程式は解析的に解くことができない場合がほとんどである．そのような場合については第5章で述べる数値シミュレーションにより解かなければならない．

本節ではおもにニュートン流体を対象とし，解析的に解くことのできる1次元の定常，非定常の問題についていくつかの例によりその解法を示すとともに，方程式の解，および流れ場の特徴などについて述べる．乱流の場合はどのような流れ場であっても解析的には解けないので，以下の例はすべて層流の場合である．なお，ニュートン流体を対象とするため，運動方程式としてナビエ-ストークスの式(1.5.25)～(1.5.27)を用いる．また，流体は非圧縮性であることを仮定するため，連続の式として式(1.5.5)を用いる．

具体的な例を示す前に，問題を解く手順を以下に示す．

① 座標系を決定する：直角，円柱，球のいずれの座標を用いるかを決定し，原点の位置を定める．

② 流れ場の特徴を確認し，運動方程式で無視できる項を消去する．

③ 初期条件，境界条件を確認する．

④ 運動方程式を解く．

1.6.1 1次元定常の速度分布

流動開始後十分に時間が経過すると一定の速度分布に到達し，定常状態となる場合がある．以下では速度ベクトルの成分が一方向のみで，定常状態となっているいくつかの例について速度分布を導出する．

【例題1.1】 平板クウェット流れ

図1.29に示す平板クウェット流れの定常状態における速度分布を連続の式，ナビエ-ストークスの運動方程式に基づいて導け．ただし，圧力はいずれの方向にも変化しないものとする．

[解答]

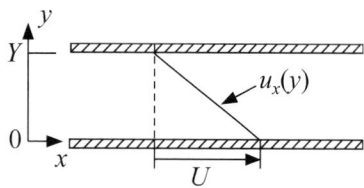

図1.29 平板クウェット流れ

1.1.1項で示したように平板クウェット流れとは平行に置かれた板のうち，片方を一定速度で水平に動かした場合の板の間の流体の流れをいう．この問題を上に示した手順に従って解く．

① 座標系の決定

直角座標系が適切である．また，原点は流体が下の板と接している位置とする．流れ方向にx軸，平板垂直方向にy軸をとる．

② 流れ場の特徴の確認

速度はx方向成分のみであるから，ナビエ-ストークスの式のうち，x方向成分の式を用いればよい．

$$\rho\left(\frac{\partial u_x}{\partial t}+u_x\frac{\partial u_x}{\partial x}+u_y\frac{\partial u_x}{\partial y}+u_z\frac{\partial u_x}{\partial z}\right)$$
$$=-\frac{\partial p}{\partial x}+\mu\left(\frac{\partial^2 u_x}{\partial x^2}+\frac{\partial^2 u_x}{\partial y^2}+\frac{\partial^2 u_x}{\partial z^2}\right)+\rho F_x$$
(1.5.25)

定常状態を対象としているので時間についての微分は0となる．$u_y=u_z=0$であるから，$\partial u_y/\partial y=\partial u_z/\partial z=0$となり，連続の式から次のことが導かれる．

$$\frac{\partial u_x}{\partial x}+\frac{\partial u_y}{\partial y}+\frac{\partial u_z}{\partial z}=0 \rightarrow \frac{\partial u_x}{\partial x}=0 \rightarrow \frac{\partial^2 u_x}{\partial x^2}=0$$

速度はz方向には変化しないので

$$\frac{\partial^2 u_x}{\partial z^2}=0$$

である．さらに圧力が変化しないこと，流れは水平で重力のx方向成分はないことから圧力勾配と外力の項はいずれも消去できる．以上より運動方程式は次のようになる．速度はyのみの関数になるので偏微分ではなく常微分となる．

$$0=\mu\frac{d^2 u_x}{dy^2} \qquad (1.6.1)$$

③ 境界条件の確認

境界条件とは，対象となる流れ場で必ず満足しなければならない自明な条件である．図1.29の場合，流体が固体表面である板に接触している位置で板と同じ速度となることがその条件となる．したがって，以下の2つが境界条件である．

$y=0$において$u_x=U$

$y=Y$において$u_x=0$

④ 方程式を解く

式(1.6.1)の両辺をμで割り，2回積分することにより，以下の一般解を導くことができる．

$$u_x = C_1 y + C_2$$

2つの境界条件を満足するように積分定数 C_1, C_2 を決定すると，以下の速度分布が導かれる．

$$u_x = -\frac{U}{Y}y + U$$

この結果は，図1.29に示される直線の速度分布 $u_x(y)$ を表している．

上の例題より，速度ベクトルが1方向の成分しか持たず，流れ方向に速度が変化しない場合は運動方程式の左辺の対流による運動量の変化がすべて0となることがわかる．また，直角座標系で運動量の生成速度項である圧力勾配と外力がない場合には速度の分布が直線となることがわかる．次に，圧力勾配，重力などを考慮する必要のある問題を取り上げる．

【例題 1.2】 圧力勾配のある平板クウェット流れ

例題1.1で x 方向に一定の圧力勾配がある場合の速度分布を導け．

［解答］

平板クウェット流れにおいて板を動かす力だけでなく，圧力勾配が流れの推進力になっている場合の速度分布を導く．x 方向に一定の圧力勾配があるということは圧力が x 方向に直線的に変化していることを意味している．ここでは勾配の向きは考慮せず，方程式を解く．なお，①座標系と③境界条件は例題1.1と同じである．

② 流れ場の特徴の確認

例題1.1で消去した圧力勾配の項を残すと方程式は次のようになる．

$$0 = -\frac{dp}{dx} + \mu \frac{d^2 u_x}{dy^2} \quad (1.6.2)$$

④ 方程式を解く

圧力勾配 dp/dx は一定であるから上の方程式の一般解は以下のように導かれる．

$$0 = -\frac{dp}{dx} + \mu \frac{d^2 u_x}{dy^2} \rightarrow \frac{d^2 u_x}{dy^2} = \frac{1}{\mu}\frac{dp}{dx}$$

$$\rightarrow \frac{du_x}{dy} = \frac{1}{\mu}\frac{dp}{dx}y + C_1 \rightarrow u_x = \frac{1}{2\mu}\frac{dp}{dx}y^2 + C_1 y + C_2$$

境界条件を満たすためには積分定数 C_1, C_2 が以下の関係を満足する必要がある．

$$u_x = U = \frac{1}{2\mu}\frac{dp}{dx}0^2 + C_1 \times 0 + C_2$$

$$u_x = 0 = \frac{1}{2\mu}\frac{dp}{dx}Y^2 + C_1 Y + C_2$$

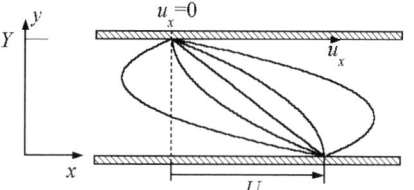

図1.30 圧力勾配がある場合の平板クウェット流れの速度分布

これらの式より C_1, C_2 は次のようになる．

$$C_2 = U$$

$$C_1 = -\frac{1}{2\mu}\frac{dp}{dx}Y - \frac{U}{Y}$$

以上より，速度分布は次のようになる．

$$u_x = \frac{Y^2}{2\mu}\frac{dp}{dx}\left(\frac{y}{Y}-1\right)\frac{y}{Y} - U\left(\frac{y}{Y}-1\right) \quad (1.6.3)$$

この解より，運動量の生成速度に相当する項が定数として方程式に残る場合は速度分布が2次式になることがわかる．この式の速度分布は圧力勾配 dp/dx，平板間の距離 Y，板の速度 U，流体の粘度 μ の値により図1.30の曲線のように異なる形となる．圧力勾配がない場合，式(1.6.3)に $dp/dx = 0$ を代入すると例題1.1の解と同じ式になることが確認できる．

【例題 1.3】 傾斜平板上の流れ

図1.31に示すような傾斜平板上を一定の厚さ δ の層をなして流れる液体の定常状態における速度分布を導け．速度は図の x 方向にのみ変化し，y 方向および z 方向には変化しないと考えてよい．

［解答］

① 座標系の決定

例題1.1と同様，平板上の流れなので直角座標系が適切である．原点は図に示すように液表面に設定する．

② 流れ場の特徴の確認

速度は z 方向成分のみであるから，ナビエ-ストークスの式のうち，z 方向成分の式 (1.5.27) を用

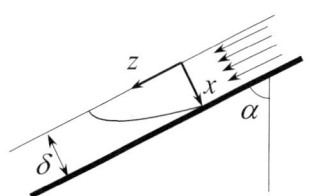

図1.31 傾斜平板上の流れ

$$\rho\left(\frac{\partial u_z}{\partial t}+u_x\frac{\partial u_z}{\partial x}+u_y\frac{\partial u_z}{\partial y}+u_z\frac{\partial u_z}{\partial z}\right)$$
$$=-\frac{\partial p}{\partial z}+\mu\left(\frac{\partial^2 u_z}{\partial x^2}+\frac{\partial^2 u_z}{\partial y^2}+\frac{\partial^2 u_z}{\partial z^2}\right)+\rho F_z \quad (1.5.27)$$

定常状態であり，$u_x=u_y=0$ であるから，例題 1.1 同様，左辺の時間についての微分と対流による移動の項，右辺の粘性による移動の項のうち，y, z についての微分の項はすべて省略できる．大気に解放された流れのため，圧力は変化しないことから圧力勾配の項も省略できる．外力は重力だけで，流れの方向が鉛直下向きと角度 α をなしているので $\rho F_z=\rho g\cos\alpha$ となる．以上より，この問題を記述する方程式は以下のようになる．

$$0=\mu\frac{d^2 u_z}{dx^2}+\rho g\cos\alpha \quad (1.6.4)$$

③ 境界条件の確認

液体が平板に接触している $x=\delta$ において速度が 0 となる．また，液面すなわち $x=0$ では空気と接触している．気体の粘度は液体に比べて非常に小さいため，気液が接触している境界では液体側の速度勾配は 0 として差し支えない．したがって，以下 2 つがこの問題の境界条件となる．

$$x=0 \text{ において } \frac{du_z}{dx}=0 \quad (A)$$
$$x=\delta \text{ において } u_z=0 \quad (B)$$

④ 方程式を解く

式 (1.6.4) を 1 回積分すると次のようになる．

$$\frac{du_z}{dx}=-\frac{\rho g\cos\alpha}{\mu}x+C_1$$

境界条件 (A) より $C_1=0$ である．さらにもう 1 回積分すると次のようになる．

$$u_z=-\frac{\rho g\cos\alpha}{2\mu}x^2+C_2$$

境界条件 (B) より C_2 を決定すると，以下の速度分布が導かれる．

$$u_z=\frac{\rho g\delta^2\cos\alpha}{2\mu}\left\{1-\left(\frac{x}{\delta}\right)^2\right\} \quad (1.6.5)$$

図 1.31 の曲線は上式の概形である．圧力勾配と同様，運動量の生成速度である重力の項が一定であるため，2 次曲線で表される．

次に曲線座標の適した問題の例として円管内流れを取り上げる．

【例題 1.4】 円管内層流速度分布

内径 $d(=2R)$ の円管内を鉛直上向きに層流で流れる場合の定常状態における速度分布を求めよ．

[解答]

1.7 節で詳述するが，円管入口付近の助走区間では速度分布は円管軸方向に変化する．その助走区間の下流では分布は軸方向に変化しない．この流れを発達した流れという．この例題では発達した流れにおける層流速度分布を導出する．以下，直角座標系の問題と同じ手順で問題を解いていく．

① 座標系の決定

円管内の流れは対象となる領域が円柱形をしており，管中心軸について対称として扱うことができる．そこで図 1.32 に示すように中心軸上の任意の位置を原点とする円柱座標系を設定する．

② 流れ場の特徴の確認

層流では速度ベクトルは z 方向成分のみであることから，表 1.5 の円柱座標系のナビエ-ストークスの式のうち，z 方向成分の式を用いる．

$$\rho\left(\frac{\partial u_z}{\partial t}+u_r\frac{\partial u_z}{\partial r}+\frac{u_\theta}{r}\frac{\partial u_z}{\partial \theta}+u_z\frac{\partial u_z}{\partial z}\right)$$
$$=-\frac{\partial p}{\partial z}+\mu\left[\frac{1}{r}\frac{\partial}{\partial r}\left(r\frac{\partial u_z}{\partial r}\right)+\frac{1}{r^2}\frac{\partial^2 u_z}{\partial \theta^2}+\frac{\partial^2 u_z}{\partial z^2}\right]+\rho F_z$$

定常状態であるから，時間についての微分は 0 となる．また，非圧縮性流体の円柱座標系の連続の式は

$$\frac{1}{r}\frac{\partial ru_r}{\partial r}+\frac{1}{r}\frac{\partial u_\theta}{\partial \theta}+\frac{\partial u_z}{\partial z}=\frac{\partial u_r}{\partial r}+\frac{u_r}{r}+\frac{1}{r}\frac{\partial u_\theta}{\partial \theta}+\frac{\partial u_z}{\partial z}$$
$$=0 \quad (1.6.6)$$

となる．$u_r=u_\theta=0$ であるから上式中の $\partial u_r/\partial r$, u_r/r, $\partial u_\theta/\partial \theta$ はすべて 0 となる．したがって $\partial u_z/\partial z=0$ さらに $\partial^2 u_z/\partial z^2=0$ である．また，速度は θ 方向には変化しないので $\partial^2 u_z/\partial \theta^2=0$ である．運動量生成速度の項のうち，圧力勾配は発達した円管内

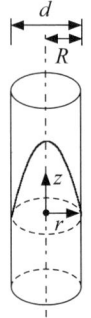

図 1.32 円管内流れ

層流では一定である．また，z 座標が鉛直上向きに設定されているので外力は $\rho F_z = -\rho g$ となる．したがって，運動方程式は以下のようになる．

$$0 = -\frac{dp}{dz} + \mu \frac{1}{r}\frac{d}{dr}\left(r\frac{du_z}{dr}\right) - \rho g \quad (1.6.7)$$

③ 境界条件の確認

管壁面すなわち $r=R$ において $u_z=0$ となる．また，速度分布は円管中心軸について対称であり，せん断応力 $\tau_{rz} = -\mu du_z/dr$ が微分不可能になることはないので，管中心 $r=0$ において $du_z/dr=0$ でなければならない．したがって，以下の2つが境界条件となる．

$r=0$ において $\dfrac{du_z}{dr}=0$ (A)

$r=R$ において $u_z=0$ (B)

④ 方程式を解く

式 (1.6.7) を以下のように書き換える．

$$\frac{d}{dr}\left(r\frac{du_z}{dr}\right) = \frac{1}{\mu}\left(\frac{dp}{dz} + \rho g\right)r$$

この式を1回積分すると次のようになる．

$$r\frac{du_z}{dr} = \frac{1}{2\mu}\left(\frac{dp}{dz} + \rho g\right)r^2 + C_1$$

境界条件 (A) より $r=0$ において $du_z/dr=0$ であるから $C_1=0$ となる．さらに上式を積分すると次のようになる．

$$u_z = \frac{1}{4\mu}\left(\frac{dp}{dz} + \rho g\right)r^2 + C_2$$

上式に $r=R$, $u_z=0$ を代入すると

$$C_2 = -\frac{1}{4\mu}\left(\frac{dp}{dz} + \rho g\right)R^2$$

であるから，速度分布は次のようになる．

$$u_z = -\frac{R^2}{4\mu}\left(\frac{dp}{dz} + \rho g\right)\left\{1 - \left(\frac{r}{R}\right)^2\right\} \quad (1.6.8)$$

速度は $r=0$ すなわち管中心において次式で表される最大値をとる．

$$u_{\max} = -\frac{R^2}{4\mu}\left(\frac{dp}{dz} + \rho g\right) \quad (1.6.9)$$

図1.32の曲線はこの式の表す速度分布の概形である．この速度分布と体積流量，圧力損失の関係などについては1.7節で述べる．

次に同じく円柱座標系で，速度ベクトルが円周方向成分のみとなる問題を取り上げる．

【例題 1.5】 二重円筒内クウェット流れ

同心に設置された角速度 Ω_o で回転する内半径 R

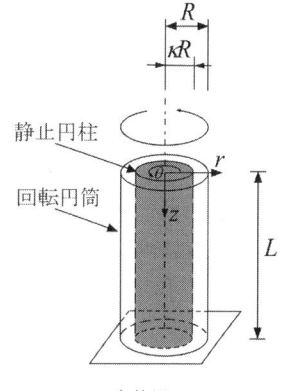

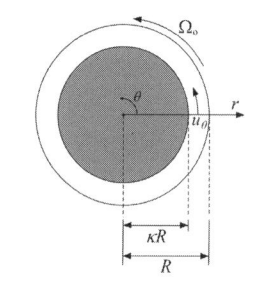

図1.33 円筒クウェット流れ

の円筒と静止している半径 $\kappa R (0<\kappa<1)$ の円柱の間の流体の定常状態における速度分布を導け．

[解答]

図1.33の全体図にあるように円筒，円柱は鉛直に立てられており，底部に平板が設置されている．問題の流れは断面図に示すように流体が2つの固体壁面に接していて，一方が静止，他方が動いている点で平行平板間のクウェット流れと共通している．そこで，このような流れを円筒クウェット流れという．速度ベクトルは θ 成分のみで，r 方向に分布している．

① 座標系の決定

問題の対象となる領域が円筒形をしていること，円筒，円柱の中心軸について対称と考えてよいことから，その中心の位置を原点とした円柱座標系を設定する．

② 流れ場の特徴の確認

速度成分は θ 方向のみであることから表1.5の円柱座標系のナビエ-ストークスの式のうち，θ 方向成分についての以下の式を用いる．

$$\rho\left(\frac{\partial u_\theta}{\partial t}+u_r\frac{\partial u_\theta}{\partial r}+\frac{u_\theta}{r}\frac{\partial u_\theta}{\partial \theta}+\frac{u_r u_\theta}{r}+u_z\frac{\partial u_\theta}{\partial z}\right)$$

$$=-\frac{1}{r}\frac{\partial p}{\partial \theta}+\mu\left[\frac{\partial}{\partial r}\left(\frac{1}{r}\frac{\partial}{\partial r}(ru_\theta)\right)+\frac{1}{r^2}\frac{\partial^2 u_\theta}{\partial \theta^2}+\frac{2}{r^2}\frac{\partial u_r}{\partial \theta}\right.$$

$$\left.+\frac{\partial^2 u_\theta}{\partial z^2}\right]+\rho F_\theta$$

円筒,円柱の中心軸について対称な場であるから圧力,速度はθ方向に変化しない.したがって,方程式中θについての微分の項はすべて省略できる.定常状態であるから,時間についての微分も省略できる.また,$u_r=u_z=0$であるから方程式左辺の対流によるr,z方向への移動の項はともに0となる.また,速度はz方向には変化しないので$\partial^2 u_\theta/\partial z^2=0$である.円筒,円柱は鉛直に立てられているので,図1.33に示された断面は水平であり,重力の成分は0となることから外力の項は省略できる.したがって,運動方程式は以下のようになる.

$$\mu\frac{d}{dr}\left(\frac{1}{r}\frac{d}{dr}(ru_\theta)\right)=0 \quad (1.6.10)$$

③ 境界条件の確認

外側の円筒は角速度Ω_oで回転しており,壁面のθ方向速度は$R\Omega_o$となる.一方,内側の円柱は静止している.流体はそれぞれの壁面に接しているので,以下2つが境界条件となる.

$$r=\kappa R において u_\theta=0 \quad (A)$$
$$r=R において u_\theta=R\Omega_o \quad (B)$$

④ 方程式を解く

式(1.6.10)の両辺をμで割り,1回積分すると次のようになる.

$$\frac{1}{r}\frac{d}{dr}(ru_\theta)=C_1$$

上式の両辺にrをかけて1回積分し,整理すると次の一般解が導かれる.

$$u_\theta=\frac{C_1}{2}r+\frac{C_2}{r}$$

境界条件(A),(B)を上式に代入すると次のようになる.

$$0=\frac{C_1}{2}\kappa R+\frac{C_2}{\kappa R}$$

$$R\Omega_o=\frac{C_1}{2}R+\frac{C_2}{R}$$

これらを積分定数C_1,C_2を未知数とする連立方程式として解くと,次の解が得られる.

$$C_1=-\frac{2\Omega_o}{\kappa^2-1},\ C_2=\frac{\kappa^2 R^2\Omega_o}{\kappa^2-1}$$

以上より,次の速度分布の式が導かれる.

$$u_\theta=\frac{\Omega_o\kappa R}{\kappa^2-1}\left(\frac{\kappa R}{r}-\frac{r}{\kappa R}\right) \quad (1.6.11)$$

例題1.5で取り上げた同心の円筒円柱間流れを利用して流体の粘度を測定することができる.図1.33の円筒を回転させるためには,円筒内壁面に流体が及ぼす粘性応力に基づく力のモーメントと同じ大きさで逆向きのトルク(回転力)をかけなければならない.半径位置rにおける単位面積あたりの力のモーメントは$r\tau_{r\theta}$となる.その位置におけるz方向単位長さあたりの円筒にかかるモーメントは$2\pi r^2\tau_{r\theta}$となる.したがって,半径R,z方向長さLの円筒の場合に必要となるトルクは粘性応力によるモーメントと逆向きで,次のようになる.

$$T=-2\pi Lr^2\tau_{r\theta}=4\pi\mu\Omega_o R^2 L\frac{\kappa^2}{1-\kappa^2}$$
$$(1.6.12)$$

角速度Ω_oで円筒を回転させたときのトルクTを測定すれば,R,L,κなどの円柱円筒の幾何学的条件から,上式により流体の粘度μを求めることができる.

1.6.2　1次元非定常の速度分布

静止状態から瞬間的に流体が接触している固体壁面を動かす,あるいは圧力勾配を生じさせるなどの条件を与えると,時間とともに速度が変化する非定常状態となる.非定常状態においても定常状態と同じ手順①～④により速度分布の経時変化を導出することができる.しかしながら速度が時間と空間座標を独立変数とする関数であるため,運動方程式は偏微分方程式となり,解法が非常に複雑となる.本項では1次元非定常の流れに関する例題を取り上げ,変数分離法による偏微分方程式の解法を示す.

【例題1.6】 平板間クウェット流れの非定常速度分布

例題1.1の圧力勾配のない平行平板間のクウェット流れが定常状態に到達するまでの速度分布の経時変化を表す式を導け.

［解答］

①座標系と②流れ場の特徴の確認

この問題で解くべき偏微分方程式は例題1.1の式(1.6.1)の左辺を速度の時間についての微分の項に置き換えた次の式である.

1.6 速度分布

$$\frac{\partial u_x}{\partial t}=\nu\frac{\partial^2 u_x}{\partial y^2} \quad (1.6.13)$$

問題を解く前に，上式中の変数を以下の無次元数に変換する．

$$u_x^*=\frac{u_x}{U}, \quad y^*=\frac{y}{Y}, \quad t^*=\frac{\nu t}{Y^2}$$

無次元数に変換することを無次元化という．無次元化された関数 $u_x^*(t^*,y^*)$ を明らかにすれば，U，Y，ν が異なる値をとる場合の速度分布も上の変換の際の関係式により簡単に導くことができる．式 (1.6.13) は上の無次元数により以下のように書き換えられる．

$$\frac{\partial u_x^*}{\partial t^*}=\frac{\partial^2 u_x^*}{\partial y^{*2}} \quad (1.6.14)$$

③ 初期条件，境界条件の確認

初期条件（I.C.），境界条件（B.C.）は以下のとおりである．

	元の変数	無次元数
I.C.:	$t=0$ において	$t^*=0$ において
	$u_x(0,y)=0$	$u_x^*(0,y^*)=0$
B.C.1:	$y=0$ において	$y^*=0$ において
	$u_x(t,0)=U$	$u_x^*(t^*,0)=1$
B.C.2:	$y=Y$ において	$y^*=1$ において
	$u_x(t,Y)=0$	$u_x^*(t^*,1)=0$

④ 方程式を解く

上に示した有限距離の区間で境界条件が定義されている問題は，以下に述べる変数分離とフーリエ級数を利用した方法により解くことができる．

定常状態の場合の速度分布を $u_{x\infty}^*(y^*)$ とし，各時刻の速度を定常状態の速度と時間に対して変化する部分 $u_{x\mathrm{us}}^*(t^*,y^*)$ の和，すなわち $u_x^*(t^*,y^*)=u_{x\mathrm{us}}^*(t^*,y^*)+u_{x\infty}^*(y^*)$ と表されるものとして式 (1.6.14) を書き換えると次のようになる．

$$\frac{\partial(u_{x\infty}^*+u_{x\mathrm{us}}^*)}{\partial t^*}=\frac{\partial^2(u_{x\infty}^*+u_{x\mathrm{us}}^*)}{\partial y^{*2}}$$

$$\rightarrow \frac{\partial u_{x\infty}^*}{\partial t^*}+\frac{\partial u_{x\mathrm{us}}^*}{\partial t^*}=\left(\frac{\partial^2 u_{x\infty}^*}{\partial y^{*2}}+\frac{\partial^2 u_{x\mathrm{us}}^*}{\partial y^{*2}}\right)$$

$$(1.6.15)$$

$u_{x\infty}^*(y^*)$ は時間に対して変化しないため $\partial u_{x\infty}^*/\partial t^*=0$ である．また，例題 1.1 にあるように定常状態の運動方程式より $\partial^2 u_{x\infty}^*/\partial y^{*2}=0$ である．したがって，上の方程式は以下のように u_x^* についての方程式とまったく同じものとなる．

$$\frac{\partial u_{x\mathrm{us}}^*}{\partial t^*}=\frac{\partial^2 u_{x\mathrm{us}}^*}{\partial y^{*2}} \quad (1.6.16)$$

例題 1.1 の解答より

$$u_{x\infty}^*(y^*)=1-y^* \quad (1.6.17)$$

であることを考慮すると $u_{x\mathrm{us}}^*(t^*,y^*)$ が満たす初期，境界条件は次のようになる．

I.C.: $t^*=0$ において

$$u_{x\mathrm{us}}^*(0,y^*)=u_x^*(0,y^*)-u_{x\infty}^*(y^*)=y^*-1$$

B.C.1: $y^*=0$ において

$$u_{x\mathrm{us}}^*(t^*,0)=u_x^*(t^*,0)-u_{x\infty}^*(0)=0$$

B.C.2: $y^*=1$ において

$$u_{x\mathrm{us}}^*(t^*,1)=u_x^*(t^*,1)-u_{x\infty}^*(1)=0$$

$u_{x\mathrm{us}}^*(t^*,y^*)$ を導入した理由は B.C.1, 2 をともに関数の値が 0 となるという条件にするためである．以下に示す方法では，このような境界条件でなければ解を求めることができない．

上の条件を満足する $u_{x\mathrm{us}}^*(t^*,y^*)$ を変数分離法により導出する．$u_{x\mathrm{us}}^*(t^*,y^*)$ が次式のように t^* のみの関数 $S(t^*)$ と y^* のみの関数 $\phi(y^*)$ の積として表すことができるものとする．

$$u_{x\mathrm{us}}^*(t^*,y^*)=S(t^*)\phi(y^*) \quad (1.6.18)$$

これを式 (1.6.16) に代入する．

$$\frac{\partial S(t^*)\phi(y^*)}{\partial t^*}=\frac{\partial^2 S(t^*)\phi(y^*)}{\partial y^{*2}} \quad (1.6.19)$$

$\phi(y^*)$ は t^* についての偏微分，$S(t^*)$ は y^* の偏微分に対して定数となるので上式は次のようになる．

$$\frac{1}{S(t^*)}\frac{\partial S(t^*)}{\partial t^*}=\frac{1}{\phi(y^*)}\frac{\partial^2 \phi(y^*)}{\partial y^{*2}}$$

$$(1.6.20)$$

左辺は t^* のみ，右辺は y^* のみの関数であるからすべての t^*，y^* について上式が成り立つためには両辺がある定数に等しくなければならない．したがって，その定数を C_1 とすると次のようになる．

$$\frac{1}{S(t^*)}\frac{dS(t^*)}{dt^*}=C_1, \quad \frac{1}{\phi(y^*)}\frac{d^2\phi(y^*)}{dy^{*2}}=C_1$$

$$(1.6.21)$$

独立変数が 1 つであるため偏微分が常微分となっている．$S(t^*)$ の一般解は次のようになる．

$$\frac{1}{S(t^*)}\frac{dS(t^*)}{dt^*}=C_1 \rightarrow \frac{1}{S(t^*)}dS(t^*)=C_1 dt^*$$

$$\rightarrow \ln S(t^*)=C_1 t^*+C_2 \rightarrow S(t^*)=C_2' e^{C_1 t^*}$$

$$(1.6.22)$$

以下では，上式中の定数 C_2' は $\phi(y^*)$ に含まれるも

のとして改めて $S(t^*)=e^{C_1 t^*}$ とする．対象としている問題は時間が十分に経過した後に定常状態となるので，$t^* \to \infty$ の極限で時間に対する変化率が 0 とならなければならない．したがって，$S(t^*)$ は以下の条件を満たす．

$$\lim_{t^* \to \infty} \frac{dS(t^*)}{dt} = \lim_{t^* \to \infty} \frac{d}{dt} e^{C_1 t^*} = \lim_{t^* \to \infty} C_1 e^{C_1 t^*} = 0$$

(1.6.23)

このようになるのは $C_1 < 0$ の場合である．そこで以下では $C_1 = -\lambda^2$ と表すこととすると，$\phi(y^*)$ についての微分方程式は次のようになる．

$$\frac{d^2 \phi(y^*)}{dy^{*2}} = -\lambda^2 \phi(y^*) \quad (1.6.24)$$

この方程式の一般解は以下に示す三角関数となる．

$$\phi(y^*) = C_3 \sin \lambda y^* + C_4 \cos \lambda y^*$$

(1.6.25)

したがって，$u_{xus}^*(t^*, y^*)$ の一般解は次のようになる．

$$u_{xus}^*(t^*, y^*) = S(t^*) \phi(y^*)$$
$$= e^{-\lambda^2 t^*} (C_3 \sin \lambda y^* + C_4 \cos \lambda y^*)$$

(1.6.26)

上式中の定数は初期，境界条件を満たすように決定される．上で述べたように B.C.1 より $y^*=0$ において $u_{xus}^*=0$ であるから

$$u_{xus}^*(t^*, 0) = e^{-\lambda^2 t^*} C_4 = 0 \quad (1.6.27)$$

となる．ここで，$e^{-\lambda^2 t^*} > 0$ であるから $C_4=0$ となる．また，B.C.2 より $y^*=1$ においても $u_{xus}^*=0$ であるから

$$u_{xus}^*(t^*, 1) = e^{-\lambda^2 t^*} C_3 \sin \lambda = 0 \quad (1.6.28)$$

でなければならない．この条件を満たすのは λ が次のようになるときである．

$$\lambda = n\pi \quad (n \text{ は整数}) \quad (1.6.29)$$

以上より $C_3 = a_n$ とすると，$u_{xus}^*(t^*, y^*)$ は次のようになる．

$$u_{xus}^*(t^*, y^*) = a_n e^{-(n\pi)^2 t^*} \sin n\pi y^*$$

(1.6.30)

この式によりすべての整数 n とそれに対応する係数 a_n により無限個の関数が定義される．個々の関数はいずれも方程式 (1.6.16) の解であり，B.C.1, 2 を満足する．しかし，どの関数も I.C. を満足することはできない．

$$u_{xus}^*(0, y^*) = a_n \sin n\pi y^* \neq y^* - 1$$

(1.6.31)

式 (1.6.16) は線形同次形で，解の重ね合わせの原理が成り立つので，次式で表されるすべての自然数 n に対する関数の総和も解である．

$$u_{xus}^*(t^*, y^*) = \sum_{n=1}^{\infty} a_n e^{-(n\pi)^2 t^*} \sin n\pi y^*$$

(1.6.32)

そこで，この総和が以下の I.C. を満足するように係数 a_n を決定することを考える．

$$u_{xus}^*(0, y^*) = \sum_{n=1}^{\infty} a_n \sin n\pi y^* = y^* - 1$$

(1.6.33)

この式の関係を満足する係数 a_n は関数 y^*-1 のフーリエ正弦係数で，次のようになる（「化学工学のための数学」第 1 章，第 2 章，第 7 章参照）．

$$a_n = 2 \int_0^1 (y^* - 1) \sin n\pi y^* dy^*$$
$$= 2 \left[-\frac{y^*-1}{n\pi} \cos n\pi y^* \right]_0^1 + 2 \int_0^1 \frac{1}{n\pi} \cos n\pi y^* dy^*$$
$$= -\frac{2}{n\pi} + 2 \left[\frac{1}{(n\pi)^2} \sin n\pi y^* \right]_0^1 = -\frac{2}{n\pi}$$

(1.6.34)

したがって，$u_{xus}^*(t^*, y^*)$ は以下のようになる．

$$u_{xus}^*(t^*, y^*) = -\sum_{n=1}^{\infty} \frac{2}{n\pi} e^{-(n\pi)^2 t^*} \sin n\pi y^*$$

(1.6.35)

さらに，求める速度分布は次のようになる．

$$u_x^*(t^*, y^*) = u_{xus}^*(t^*, y^*) + u_{x\infty}^*(y^*)$$
$$= -\sum_{n=1}^{\infty} \frac{2}{n\pi} e^{-(n\pi)^2 t^*} \sin n\pi y^* + 1 - y^*$$

(1.6.36)

上式で表される速度分布を示したのが図 1.34 である．時間の経過とともに定常状態の分布に近づいていく様子がわかる．

上の例題の解は有限の距離だけ離れた 2 点におけ

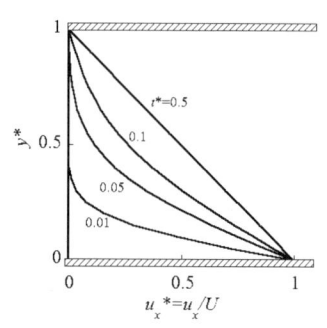

図 1.34 平板間クウェット流れの非定常速度分布

る境界条件を満たす三角関数の級数,すなわちフーリエ級数で表されたが,これは微分方程式(1.6.24)の解となる関数と三角関数の直交性を利用したものである.

以上ここまでに速度が1方向成分のみで,それが1方向にのみ変化している1次元流れについて定常,非定常の場合の速度分布をナビエ-ストークスの方程式から導く方法を示した.2次元あるいは3次元の問題はここで示した方法で扱うのは非常に難しい.それら問題の扱いについては1.8節の流れ関数と速度ポテンシャル,1.9節の境界層のところで述べる.

1.7 管内流れにおける機械的エネルギー収支

流体を輸送する管路を設計する際には,流体が摩擦により失うエネルギーを算出し,その損失に見合うエネルギーを流体に供給することのできるポンプなどを選定する必要がある.1.5.7項で述べたように流体は変形しながら流動し,粘性の効果によって運動エネルギーを熱エネルギーとして失う.これが摩擦損失であり,どの程度エネルギーが失われたかは圧力損失という形で現れる.

本節では最初に摩擦損失のない理想的な場合についてのエネルギー収支式を導出する.次いで円管内流れにおける摩擦によるエネルギー損失と種々の管路でのエネルギー損失を推算する方法について述べる.さらに管路を設計する上で必要なエネルギー収支に関する基本的な考え方を示す.なお,本節では非圧縮性流体を対象とする.

1.7.1 ベルヌイの定理

円管内の層流では流速ベクトルは管軸,管壁に平行となる.乱流の場合も時間平均流速のベクトルは平行となる.したがって,図1.35に示すように流れは管軸に平行な流線(1.4.3項参照)によって表現することができる.このような流線の束を流管という.流管についての,粘性を無視することができ

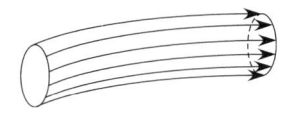

図1.35 流管

る場合の運動エネルギーの保存を考える.1.5.7項で導出した運動エネルギーの収支式(1.5.47)から粘性応力の項を除き,さらに定常状態で時間についての微分が0となること,非圧縮性流体の場合$\nabla \cdot \boldsymbol{u}=0$となることを考慮すると,以下の式が導かれる.

$$\boldsymbol{u} \cdot \nabla \frac{1}{2}\rho \boldsymbol{u}^2 = -\boldsymbol{u} \cdot \nabla p + \boldsymbol{u} \cdot \rho \boldsymbol{F} \quad (1.7.1)$$

質量力として重力のみを考え,直角座標系でz軸を鉛直上向きにとるものとすると

$$\rho \boldsymbol{F} = -\nabla \rho g z \quad (1.7.2)$$

と表すことができる.上式で$-\rho g z$は重力場におけるポテンシャルに相当する(補足1.9参照).この式を式(1.7.1)に代入すると次のようになる.

$$\boldsymbol{u} \cdot \nabla \left(\frac{1}{2}\rho \boldsymbol{u}^2 + p + \rho g z\right) = 0 \quad (1.7.3)$$

式中カッコ内の3項はそれぞれ運動エネルギー,圧力エネルギー,位置エネルギーを表している.これらを含む運動エネルギーの収支式(1.5.47)中のエネルギーを総称して機械的エネルギーということがある.式(1.7.3)はこれら機械的エネルギーの和の勾配ベクトルが速度ベクトルと直交することを意味している.1.4.3項で述べたように速度ベクトルは流線に接する.したがって,上の勾配ベクトルは流線と直交し,勾配の流線に沿った方向の成分が0となるので,流線上では機械的エネルギーの和が変化しない.このことを式で表すと

$$\frac{1}{2}\boldsymbol{u}^2 + \frac{p}{\rho} + g z = C \quad (1.7.4)$$

となる.Cは定数である.非圧縮性で粘性のない流体が定常状態においてこの条件を満足することをベルヌイ(Bernoulli)の定理といい,上式をベルヌイの式という.

式(1.7.4)の各項は$[\mathrm{L}^2 \cdot \mathrm{T}^{-2}]$の次元,すなわち単位質量あたりのエネルギーの次元を有する.式の両辺に密度ρをかけると次のようになる.

$$\frac{1}{2}\rho \boldsymbol{u}^2 + p + \rho g z = C' \quad (1.7.5)$$

この式の各項の次元は$[\mathrm{M} \cdot \mathrm{L}^{-1} \cdot \mathrm{T}^{-2}]$である.これが圧力の次元であることは当然であるが,同時に単位体積あたりのエネルギーの次元でもある.すなわち,圧力は流体単位体積あたりのエネルギーとみなすこともできる.上式中のpは流体の圧力である

が，この形で表される場合，とくに静圧という．$\rho u^2/2$ は単位体積あたりの運動エネルギーであるが，静圧に対して動圧とよばれる．さらに，静圧と動圧の和を総圧という．

次に，式（1.7.4）を重力加速度 g で除すると次のようになる．

$$\frac{1}{2}\frac{u^2}{g}+\frac{p}{\rho g}+z=C'' \quad (1.7.6)$$

この式の各項の次元は [L]，すなわち長さである．これは，運動エネルギーなどをその長さに等しい鉛直方向高さに対応する位置エネルギー相当のエネルギーとして表しているとみなすことができる．このような形で表されるエネルギーをヘッド（水頭）という．第1項から順に速度ヘッド，圧力ヘッド，位置ヘッドという．

ベルヌイの定理で粘性を無視しているということは，摩擦によるエネルギー損失を無視することを意味している．実際にはそのような理想的な流れはありえないものの，エネルギー損失が小さい場合にこの定理が応用されることがある．以下にその例を示す．

【例題 1.7】 タンクから流出する水の流速：トリチェリの定理

図 1.36 に示す水を張ったタンクの底面付近にパイプが取り付けられている．摩擦による損失は無視できるものとしてパイプ出口から流出する水の流速をベルヌイの定理に基づいて求めよ．

［解答］

ベルヌイの定理を利用する場合，対象としている系の2カ所における流体の機械的エネルギーを等しいとおくことにより問題を解くのが普通である．この問題ではタンクの水面とパイプ出口の2カ所をとる．それぞれ位置1，位置2とし，図1.36では物理量を表す文字に各位置に対応する添字をつけてある．1, 2における式 (1.7.4) の3つのエネルギーの和が等しいとすると，次の式が導かれる．

$$\frac{1}{2}u_1^2+\frac{p_1}{\rho}+gz_1=\frac{1}{2}u_2^2+\frac{p_2}{\rho}+gz_2 \quad (1.7.7)$$

求めるパイプ出口における流速 u_2 について解くと次のようになる．

$$u_2=\sqrt{u_1^2+\frac{2(p_1-p_2)}{\rho}+2g(z_1-z_2)}$$

$$(1.7.8)$$

u_1 はタンクの水面が下降する速度である．タンクの直径を d_1，パイプ直径を d_2 とすると両断面における流量は等しくなるので u_1 は次のようになる．

$$\rho u_1 \frac{\pi}{4}d_1^2=\rho u_2 \frac{\pi}{4}d_2^2 \rightarrow u_1=u_2\left(\frac{d_2}{d_1}\right)^2$$

$$(1.7.9)$$

通常パイプの直径 d_2 はタンクの直径 d_1 の10分の1以下と考えられるので，上の関係より u_1 は u_2 の1%以下となるので，実用上は無視することができる．また，タンク水面とパイプ出口がいずれも大気に解放されているとすると，圧力はいずれも大気圧で等しくなり $p_1-p_2=0$ となる．さらに，水面とパイプ出口の高低差は h であるから $z_1-z_2=h$ である．したがって，u_2 は次のようになる．

$$u_2=\sqrt{2gh} \quad (1.7.10)$$

このことより，パイプからの流出速度はパイプ位置の液深 h の平方根に比例することがわかる．この関係をトリチェリ（Torricelli）の定理という．

1.7.2 円管内流れの速度分布

前項で導出したベルヌイの式は摩擦損失が無視できる場合のエネルギー保存則を表しているが，実際には摩擦による損失を無視できない場合が多い．そこで，本項および次項では，代表的な管路内流れである円管内流れの速度分布と摩擦による圧力損失，すなわちエネルギー損失について述べる．

円管内流れは 1.4.5 項で述べたように管断面平均流速 u_a と管内径 d に基づいて定義された次のレイノルズ数の値により層流となる場合と乱流となる場合がある．

$$Re=\frac{\rho u_a d}{\mu} \quad (1.4.10)$$

一般に Re<2100 では層流，Re>4000 で乱流となるといわれている．また，その間の値をとる場合は層流と乱流が交互に現れる遷移状態となり，速度分

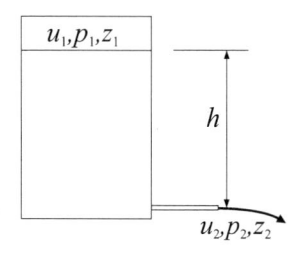

図 1.36 タンクから流出する水

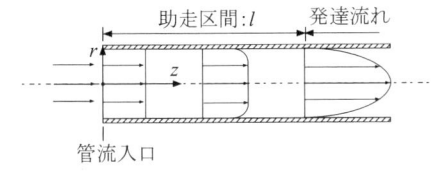

図1.37 円管内流れの助走区間

布，圧力損失が不安定となる．

一様な速度で流体が円管内に流入した場合，図1.37に示すように流入直後は管断面にわたって流速は流入速度でほぼ一定となる．管壁面に接する流体の速度は流入直後から0となるため，粘性の効果により運動量が壁面に向かって移動し，徐々に壁付近の流体が減速する．一方，減速した壁付近の流体は中心付近に移動し，加速する．中心付近の流体が加速して壁付近が減速し一定の距離だけ流れると速度分布は流れの方向に変化しなくなる．入口から速度分布が変化しなくなる位置までを助走区間とよび，助走区間より下流側では流れが十分に発達しているという．また，その領域の流れを発達流れという．助走区間の距離 l は層流，乱流それぞれの場合について以下の式により計算される．

$$層流：l = 0.065\,\mathrm{Re}\cdot d \quad (1.7.11)$$

$$乱流：l = (25\sim40)d \quad (1.7.12)$$

流体輸送においては多くの場合，助走区間は管全長に比べて非常に短いため，エネルギー損失は発達した流れにおける損失により計算される．

発達した流れにおける円管断面半径方向の速度分布は層流の場合，例題1.4の解答より次の式で表される．

$$u_z = -\frac{R^2}{4\mu}\left(\frac{dp}{dz}+\rho g\right)\left\{1-\left(\frac{r}{R}\right)^2\right\} \quad (1.6.8)$$

これは鉛直上向きに流れる場合で，水平に置かれた円管内流れでは流れ方向に重力が働かないために次の式のようになる．

$$u_z = -\frac{R^2}{4\mu}\frac{dp}{dz}\left\{1-\left(\frac{r}{R}\right)^2\right\} \quad (1.7.13)$$

乱流の場合の速度分布は運動方程式から解析的に導くことはできず，次に示すような実験式が提案されている．

$$u_z = u_{\max}\left(1-\frac{r}{R}\right)^{1/7} \quad (1.7.14)$$

このほかに乱流における混合距離理論に基づいて導出される半経験式である対数則速度分布式がある．この式については第3章で述べる．

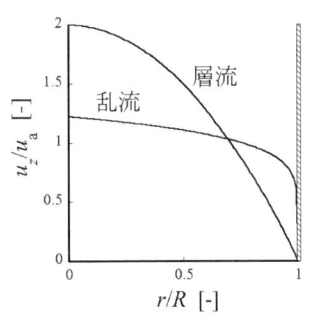

図1.38 円管内流れの速度分布

層流，乱流の速度分布を比較して示したのが図1.38である．図中 R は管内半径であり，$r/R=0$ は管中心，$r/R=1$ は壁面に対応する．放物線で表される層流に比べ，式(1.7.14)の乱流の分布は平坦となっている．これは乱流の場合，第3章で述べるレイノルズ応力の効果により半径方向に運動量が輸送され，断面内で速度の差が小さくなるためである．

1.7.3 管摩擦係数とファニングの式

発達した円管内流れでは，速度分布が変化しない．すなわち加速しないので，流体にかかる力がつりあっていることになる．図1.39は水平，鉛直に流れる流体にかかる力を示している．いずれの場合も管中心を原点とし，管軸方向を z 軸とする円柱座標系をとっている．円管を流れる流体のうち，$z=z_1$，z_2 における断面にはさまれた領域にかかる力は圧力による力と壁面から受ける力，そして鉛直の場合はそれに重力が加わる．閉じた領域内の流体にかかる圧力による力は1.3.1項で述べたように内向きとなる．したがって，$z=z_1$ における断面では流れと同じ向き，z_2 においては逆向きの力がかか

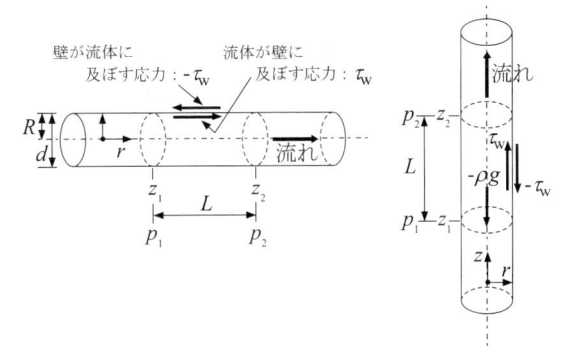

図1.39 円管内の流体にかかる力

る．それらをまとめて表すと次のようになる．

$$(p_1-p_2)\frac{\pi d^2}{4} \quad (1.7.15)$$

重力の z 方向成分は円管の設置方向によって変化するが，一般的に z 軸の向きと鉛直下向きのなす角を α とすれば重力の z 方向成分は以下のように表される．

$$\rho g_z = \rho g \cos\alpha \quad (1.7.16)$$

g_z を用いると領域内の流体全体にかかる重力の z 方向成分は次のようになる．

$$\frac{\pi d^2}{4} L \rho g_z \quad (1.7.17)$$

壁面から流体が受ける力はせん断応力 τ_w に基づく力である．この力は流れと逆向きにかかるので，τ_w と管側面積との積として次のように表される．

$$-\tau_w \pi dL \quad (1.7.18)$$

以上の力がつりあうので，次の式で表される関係が成り立つことになる．

$$(p_1-p_2)\frac{\pi d^2}{4} - \tau_w \pi dL + \frac{\pi d^2}{4} L \rho g_z = 0$$

$$p_1 - p_2 + \rho g_z L = \frac{4}{d}\tau_w L \quad (1.7.19)$$

ここで，圧力，重力の項をまとめて以下に定義される P で表すこととする．

$$P = p - \rho g_z z \quad (1.7.20)$$

z_1, z_2 における値を P_1, P_2, また $\Delta P = P_1 - P_2$ とすると

$$\Delta P = P_1 - P_2 = p_1 - \rho g_z z_1 - (p_2 - \rho g_z z_2)$$
$$= p_1 - p_2 + \rho g_z(z_2 - z_1) = p_1 - p_2 + \rho g_z L$$
$$(1.7.21)$$

であるから，式（1.7.19）は次のようになる．

$$\frac{\Delta P}{L} = \frac{4}{d}\tau_w \quad (1.7.22)$$

これは，円管の設置方向によらず成り立つエネルギー損失の式である．また，ΔP はその損失を圧力の次元で表したもので，圧力損失といわれる．上式右辺にあるせん断応力 τ_w は管壁面で流体にかかる単位面積当たりの摩擦力に相当する．円管にかぎらず，管路を流れる流体の摩擦力と運動エネルギーの関係は次の式で表される．

$$摩擦力 = f\frac{1}{2}\rho U^2 A \quad (1.7.23)$$

この式中の係数 f を管摩擦係数という．U は対象とする管路内流れを代表する速度で，円管の場合，管断面平均流速 u_a を用いる．A は流体と固体表面の接触面積である．区間 L の円管の側面積は πdL であるから，式（1.7.23）は次のようになる．

$$\tau_w \pi dL = f\frac{1}{2}\rho u_a^2 \pi dL \quad (1.7.24)$$

上式に式（1.7.22）を代入すると圧力損失に関する次式が導かれる．

$$\Delta P = 4f\frac{L}{d}\frac{1}{2}\rho u_a^2 \quad (1.7.25)$$

この式はファニング（Fanning）の式といわれ，層流，乱流を問わず成り立つ．管摩擦係数 f を流れの条件から求めることができれば，上式により管内流れの圧力損失を算出することができる．f と流れの条件の間の関係は層流と乱流で異なる．

層流の速度分布を表す式（1.6.8），（1.7.13）は ΔP を用いるといずれも以下のように書き換えられる．

$$u_z = \frac{\Delta P R^2}{4\mu L}\left\{1 - \left(\frac{r}{R}\right)^2\right\} \quad (1.7.26)$$

1.4.1 項の式（1.4.3），（1.4.4）より，円管内層流における体積流量と断面平均流速は次のようになる．

$$Q = \int_0^{d/2} 2\pi r u(r) dr = 2\pi \int_0^R r \frac{\Delta P R^2}{4\mu L}\left\{1-\left(\frac{r}{R}\right)^2\right\} dr$$
$$= \frac{\pi \Delta P R^4}{8\mu L} = \frac{\pi \Delta P d^4}{128\mu L} \quad (1.7.27)$$

$$u_a = \frac{4Q}{\pi d^2} = \frac{\Delta P R^2}{8\mu L} = \frac{\Delta P d^2}{32\mu L} \quad (1.7.28)$$

式（1.7.27）は層流における圧力損失と流量，管内径，長さ，流体の粘性の関係を表している．この式はハーゲン–ポアズイユ（Hagen-Poiseuille）の式といわれる．これらの式を ΔP について解くと以下のようになる．

$$\Delta P = \frac{128\mu LQ}{\pi d^4} = \frac{32\mu L u_a}{d^2} \quad (1.7.29)$$

この式をファニングの式（1.7.25）に代入すると次の関係が導かれる．

$$f = \frac{16\mu}{\rho u_a d} = \frac{16}{\mathrm{Re}} \quad (1.7.30)$$

一方，乱流の場合，管摩擦係数 f はレイノルズ数と管内壁の粗さの関数となる．粗さは管壁面の凹凸の幅を代表する値で，長さの次元を有する．この粗さ e と管内径 d の比 e/d を相対粗さという．図 1.40 はさまざまな相対粗さの値に対する管摩擦係

1.7 管内流れにおける機械的エネルギー収支

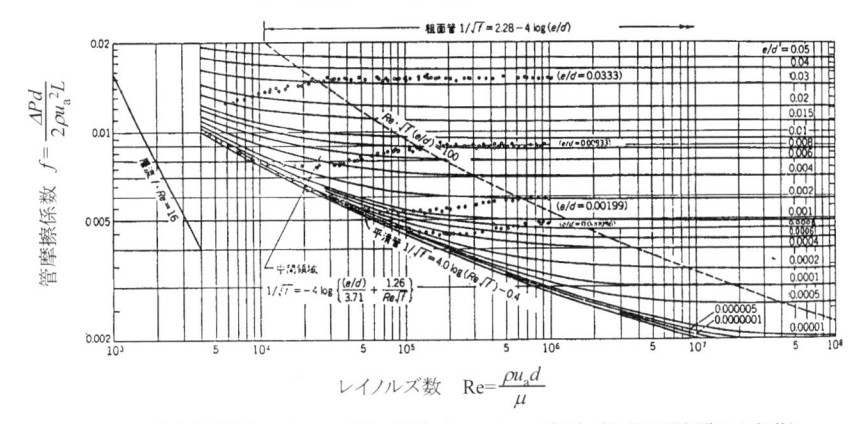

図1.40 管摩擦係数とレイノルズ数の関係（ムーディー線図）（化学工学便覧から転載）

数とレイノルズ数の関係を表したもので、ムーディー（Moody）線図という。この図ではRe＜2100の層流範囲における式（1.7.30）で表される関係も含めて示されている。乱流については図の右端にあるe/dの値に対する線群が描かれており、レイノルズ数から対応する粗度の場合のfの値を読み取ることができる。粗度がある程度小さくなるとfが相対粗度に依存しなくなる。そのような管を流体力学的に平滑な管といい、図中fがもっとも小さい範囲の「平滑管」と書かれた線から読み取ることができる。また、平滑管の場合、以下の実験式から計算によりfを求めることもできる。

カルマン-ニクラーゼ（Kármán-Nikuradse）の式：

$$\frac{1}{\sqrt{f}} = 4.0 \log(\mathrm{Re}\sqrt{f}) - 0.4 \quad (1.7.31)$$

板谷の式：

$$f = \frac{0.0785}{0.7 - 1.65 \log \mathrm{Re} + (\log \mathrm{Re})^2} \quad (1.7.32)$$

ブラジウス（Blasius）の式：

$$f = 0.0791\, \mathrm{Re}^{-1/4} \quad （適用範囲：\mathrm{Re}<10^5） \quad (1.7.33)$$

圧力損失に関する問題の多くは、与えられた流体の流量に対する損失を計算するものである。その問題を解く手順を流れ図にまとめたのが図1.41である。管摩擦係数と流動の諸条件との関係が層流と乱流で異なるため、与えられた流量に対するレイノルズ数を最初に計算する必要がある。この手順に従って圧力損失を算出する例題を以下に示す。

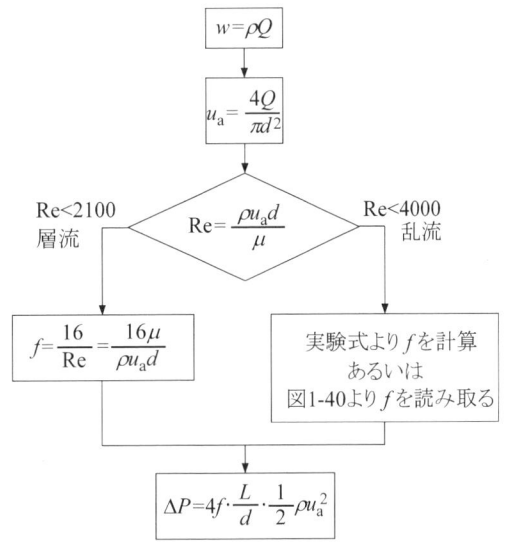

図1.41 圧力損失の計算手順

【例題1.8】 円管内流れの圧力損失

内径 $d = 0.05$ m の円管内を水（密度 $\rho = 1000$ kg·m^{-3}、粘度 $\mu = 0.001$ Pa·s）が質量流量 $w = 1.0$ kg·s^{-1} で流れる場合の管単位長さあたりの圧力損失を求めよ。

[解答]

図1.41の手順に従って計算すると次のようになる。

最初に質量流量から管断面平均流速を計算し、レイノルズ数を求める。

$$\mathrm{Re} = \frac{\rho u_a d}{\mu} = \frac{4wd}{\pi d^2 \mu} = \frac{4w}{\pi d \mu} = 2.55 \times 10^4$$

Re＞4000で乱流である。管摩擦係数は、実験式のうちブラジウスの式（1.7.33）を用いると次のように計算される。

$f = 0.0791\,\mathrm{Re}^{-1/4} = 6.26 \times 10^{-3}$

したがって，単位長さあたりの圧力損失はファニングの式により次のようになる．

$$\frac{\Delta P}{L} = 4f\frac{1}{d}\frac{1}{2}\rho u_\mathrm{a}^2 = 6.49 \times 10\,\mathrm{Pa\cdot m^{-1}}$$

ここでは $\mathrm{Re} < 10^5$ であったため，上述の3つの実験式のうち，もっとも形が簡単なブラジウスの式を用いたが，適用範囲には注意する必要がある．

上の例題とは逆に既設の配管内の圧力損失から管内の流量を推算する必要が生じることもある．その場合は単純に図1.41のチャートの逆順に計算することはできない．それは，流量が未知の問題ではあらかじめ層流，乱流のいずれかが判断できないことから管摩擦係数とレイノルズ数の関係を確定できないためである．以下にそのような問題の例を示した．

【例題 1.9】 圧力損失から流量を求める問題

内径 $d = 0.05\,\mathrm{m}$ の円管内を水（密度 $\rho = 1000\,\mathrm{kg\cdot m^{-3}}$, 粘度 $\mu = 0.001\,\mathrm{Pa\cdot s}$）が流れている．管単位長さあたりの圧力損失が $1.30 \times 10\,\mathrm{Pa\cdot m^{-1}}$ である場合の質量流量を求めよ．

[解答]

レイノルズ数が不明のため管摩擦係数を求めることができない．したがって，ファニングの式から直接管断面平均流速を求めることはできない．そこで，ファニングの式を以下の形に書き換える．

$$\Delta P = 4f\frac{L}{d}\frac{1}{2}\rho u_\mathrm{a}^2 = 2\frac{L\mu^2}{\rho d^3}f\,\mathrm{Re}^2 \tag{1.7.34}$$

上式で粘度 μ，密度 ρ，管内径 d，単位長さあたりの圧力損失 $\Delta P/L$ は既知であるから $f\,\mathrm{Re}^2$ を以下のように計算することができる．

$$f\,\mathrm{Re}^2 = \frac{\rho d^3}{2\mu^2}\frac{\Delta P}{L} = 8.13 \times 10^5$$

上の条件を満たす f と Re の組み合わせを図1.40から試行錯誤で求めてもよいが，ここでは乱流でブラジウスの式 (1.7.33) が使用できる条件であることを仮定して以下のように計算で求める．

$$f\,\mathrm{Re}^2 = 0.0791\,\mathrm{Re}^{-1/4}\mathrm{Re}^2 = 0.0791\,\mathrm{Re}^{7/4}$$
$$= 8.13 \times 10^5 \to \mathrm{Re} = 1.02 \times 10^4$$

この結果から，乱流と仮定していたことは正しいことが確認できる．また，$\mathrm{Re} < 10^5$ であるからブラジウスの式の適用範囲であることもわかる．したがって，質量流量は以下のようになる．

$$u_\mathrm{a} = \frac{\mu}{\rho d}\mathrm{Re} = 2.03 \times 10^{-1}\,\mathrm{m\cdot s^{-1}}$$
$$\to w = \rho Q = \frac{\rho \pi d^2 u_\mathrm{a}}{4} = 3.99 \times 10^{-1}\,\mathrm{kg\cdot s^{-1}}$$

1.7.4 機械的エネルギー収支の式

流体を輸送する管路の設計においては，前項で述べた円管を含む各種配管，配管継手内の流れにおける摩擦損失と，ポンプなどによる仕事を考慮したエネルギー収支式を用いる必要がある．図1.42のような配管により流体を位置1から2へ輸送する場合のエネルギー収支を考える．エネルギー損失が無視できる場合は1, 2の間のエネルギー収支式はベルヌイの定理に基づいて以下の式で表される．

$$\frac{1}{2}u_1^2 + \frac{p_1}{\rho} + gz_1 = \frac{1}{2}u_2^2 + \frac{p_2}{\rho} + gz_2 \tag{1.7.35}$$

図の配管では位置1から流入する流体に対して，ポンプにより仕事がなされる．また，直管，バルブ，エルボなどにおいて摩擦により流体のエネルギーが失われる．仕事はエネルギーの増加，摩擦損失はエネルギーの減少に相当するので，それぞれ上式の左辺，右辺に加える必要がある．単位質量流体あたりになされるポンプの仕事を W，同じく単位質量あたりの摩擦損失の総和を $\sum F$ とすると，配管におけるエネルギー収支式は以下のようになる．

$$\frac{1}{2}u_1^2 + \frac{p_1}{\rho} + gz_1 + W = \frac{1}{2}u_2^2 + \frac{p_2}{\rho} + gz_2 + \sum F \tag{1.7.36}$$

この式を機械的エネルギー収支式という．この式により，計画した流体輸送に必要なポンプ出力を W に基づいて算出することができる．管内流れでは速度分布があるため $u^2/2$ は円管断面の位置によって異なる値となるので，速度の2乗の平均値を用いなければならない．その平均値は断面平均流速の2乗

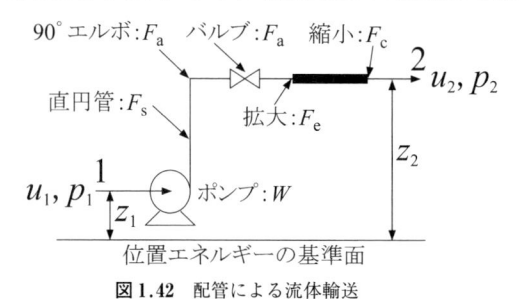

図1.42 配管による流体輸送

とは等しくないため，上式で u_1, u_2 として断面平均流速を用いる場合は補正のための係数 α をかけて以下のように表す．

$$\frac{1}{2}\alpha u_{a1}^2 + \frac{p_1}{\rho} + gz_1 + W = \frac{1}{2}\alpha u_{a2}^2 + \frac{p_2}{\rho} + gz_2 + \sum F \quad (1.7.37)$$

乱流の場合，速度分布が比較的平坦なため，$\alpha=1$ として差し支えない．

配管で流体が摩擦により失うエネルギーの総和 $\sum F$ がわかれば機械的エネルギー収支式によりポンプの所要動力を求めることができる．$\sum F$ を求めるためには管径，管長さ，流量，流体の物性などの流体輸送における条件とエネルギー損失の関係を明らかにしておく必要がある．以下では最初に円管内流れにおける圧力損失と F の関係について述べ，その後に各種配管継手におけるエネルギー損失の算出法を示す．

機械的エネルギー収支式において，右辺の $\sum F$ は直円管での損失 F_s，拡大間における損失 F_e，縮小間における損失 F_c，バルブ，エルボなどの継手における損失 F_a の総和である．円管内流れにおける圧力損失は摩擦によるエネルギー損失であるから，各種損失のうち F_s に相当する．圧力損失は単位体積あたりのエネルギーを表すのに対して，機械的エネルギー収支式の各項は流体単位質量あたりのエネルギーの次元を有する．このことにより F_s と ΔP の間には以下の関係があることがわかる．

$$F_s = \frac{\Delta P}{\rho} \quad (1.7.38)$$

したがって，ファニングの式（1.7.25）より F_s は次式のようになる．

$$F_s = 4f\frac{L}{d}\frac{1}{2}u_a^2 \quad (1.7.39)$$

管路の設計においては $\sum F$ に含まれるすべての損失をあらかじめ計算しておく必要がある．拡大，縮小管，バルブ，エルボなど各種継手における損失は円管の場合のように解析的に導かれた計算式はない．その代わり，式（1.7.39）からの類推により流体単位質量あたりの運動エネルギーの代表値に係数をかけた形の各種経験式が利用されている．以下に代表的なものを列挙する．

i) 拡大管・縮小管

図1.43に示す管の拡大，縮小部分では直管内流れより大きいエネルギー損失が生じる．いずれの場合も細い管内の断面平均流速 u_{a1} に基づく運動エネルギーを代表値として，以下の式により損失を計算する．

拡大管：$F_e = K_e \frac{1}{2}u_{a1}^2$, $\quad K_e = \left(1 - \frac{d_1^2}{d_2^2}\right)^2 \quad (1.7.40)$

縮小管：$F_c = K_c \frac{1}{2}u_{a1}^2$, $\quad K_e = 0.4\left(1 - \frac{d_1^2}{d_2^2}\right)$

$\quad (1.7.41)$

ii) バルブ，エルボなどの継手

バルブ，エルボなどの配管継手部品を直円管に置き換えたときに，同等のエネルギー損失を生じる管長さ L_e を相当長さという．その長さは表1.7に示すように各種継手部品に対して管内径 d で除して無次元化された値として与えられている．エネルギー損失 F_a は長さ L の円管の場合と同じくファニングの式に基づく以下の式により計算される．

$$F_a = 4f\frac{L_e}{d}\frac{1}{2}u_a^2 \quad (1.7.42)$$

上式中の管摩擦係数は継手と同じ内径の円管内流れに対する値を用いる．

以上，各種配管，継手における摩擦によるエネルギー損失を計算する方法を述べたが，それらを実際にどのように利用するかを次の例題により示す．

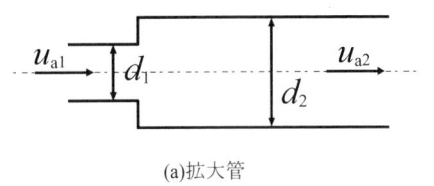

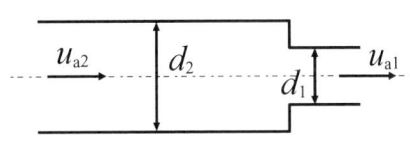

図1.43 拡大管・縮小管

(a)拡大管

(b)縮小管

表1.7 各種配管継手の相当長さ

継手の種類	相当長さ $L_e/d[-]$
45°エルボ	15
90°エルボ	32
十字継手	50
T字継手	40～80
球型弁(全開)	300

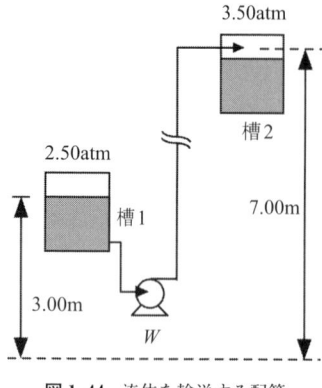

図1.44 流体を輸送する配管

【例題 1.10】 配管におけるエネルギー損失

図 1.44 の配管によって水（密度 $\rho = 1.00 \times 10^3\,\mathrm{kg \cdot m^{-3}}$，粘度 $\mu = 1.00 \times 10^{-3}\,\mathrm{Pa \cdot s}$）を質量流量 $6.00\,\mathrm{kg \cdot s^{-1}}$ で $2.50\,\mathrm{atm}$ の槽（タンク）1 から $3.50\,\mathrm{atm}$ の槽 2 へ輸送する．図では一部省略されているが，配管にはエルボが 20 個，バルブが 2 個あり，直円管の内径は $12.0\,\mathrm{cm}$，長さの合計は $500\,\mathrm{m}$ である．エルボ，バルブ，直円管内以外での摩擦損失は無視できるものとする．また，槽 1 液面の下降速度は無視できるものとする．この流体輸送で，ポンプが流体単位質量の流体にしなければならない仕事 W を求めよ．また，ポンプに要求される動力 P_P と効率を 70% としたときの軸動力 P_E を求めよ．なお，$1\,\mathrm{atm} = 1.01 \times 10^5\,\mathrm{Pa}$ とする．

［解答］
最初に摩擦損失の総和 $\sum F$ のうち，直円管の損失 F_s を求める．円管内の圧力損失を求める手順と同じく，まず体積流量，断面平均流速，レイノルズ数を計算する．

$$Q = \frac{w}{\rho} = 6.00 \times 10^{-3}\,\mathrm{m^3 \cdot s^{-1}}$$

$$u_\mathrm{a} = \frac{4Q}{\pi d^2} = 5.31 \times 10^{-1}\,\mathrm{m^3 \cdot s^{-1}}$$

$$\mathrm{Re} = \frac{\rho u_\mathrm{a} d}{\mu} = 6.37 \times 10^4$$

$\mathrm{Re} > 4000$ より乱流である．また，$\mathrm{Re} < 10^5$ であるから管摩擦係数をブラジウスの式（1.7.33）により計算する．

$$f = 0.0791\,\mathrm{Re}^{-1/4} = 4.98 \times 10^{-3}$$

以上の計算結果をもとに，式（1.7.39）により直円管における摩擦損失 F_s を求めると次のようになる．

$$F_\mathrm{s} = 4f\frac{L}{d}\frac{1}{2}u_\mathrm{a}^2 = 1.17 \times 10\,\mathrm{J \cdot kg^{-1}}$$

次に各継手の損失 F_a を求める．バルブを球型弁全開，エルボを 90°エルボとすると相当長さの管内径に対する比は表 1.7 よりそれぞれ 300, 32 である．したがって，各 1 個についての摩擦損失は式（1.7.42）を用いて次のように計算される．なお，管摩擦係数は上で円管内流れに対して求められた値 $f = 4.98 \times 10^{-3}$ を用いる．

バルブ：$F_\mathrm{av} = 4f\dfrac{L_\mathrm{e}}{d}\dfrac{1}{2}u_\mathrm{a}^2 = 4f \times 300 \times \dfrac{1}{2}u_\mathrm{a}^2$
$= 8.40 \times 10^{-1}\,\mathrm{J \cdot kg^{-1}}$

エルボ：$F_\mathrm{ae} = 4f\dfrac{L_\mathrm{e}}{d}\dfrac{1}{2}u_\mathrm{a}^2 = 4f \times 32 \times \dfrac{1}{2}u_\mathrm{a}^2$
$= 8.99 \times 10^{-2}\,\mathrm{J \cdot kg^{-1}}$

配管にはバルブが 2 個，エルボが 20 個あるので $\sum F$ は次のようになる．

$$\sum F = F_\mathrm{s} + 2F_\mathrm{av} + 20F_\mathrm{ae} = 1.52 \times 10\,\mathrm{J \cdot kg^{-1}}$$

槽 1 の液面と槽 2 の管出口の間の機械的エネルギー収支式（1.7.37）を W について解くと次のようになる．

$$W = \frac{1}{2}(u_\mathrm{a2}^2 - u_\mathrm{a1}^2) + \frac{p_2 - p_1}{\rho} + g(z_2 - z_1) + \sum F$$

ここで，u_a2 は槽 2 の管出口の断面平均流速であるから上で計算した u_a に等しい．また，$p_1 = 2.50\,\mathrm{atm}$，$p_2 = 3.50\,\mathrm{atm}$，$z_1 = 3.00\,\mathrm{m}$，$z_2 = 7.00\,\mathrm{m}$ であるから W は以下のようになる．

$$W = \frac{1}{2}(5.31 \times 10^{-1})^2 + \frac{(3.50 - 2.50) \times 1.01 \times 10^5}{1.00 \times 10^3}$$
$$+ g(7.00 - 3.00) + 1.52 \times 10$$
$$= 1.56 \times 10^2\,\mathrm{J \cdot kg^{-1}}$$

単位時間あたり流体になすべき仕事，すなわち動力は次のようになる．

$$P_\mathrm{P} = wW = 9.36 \times 10^2\,\mathrm{W} \qquad (1.7.43)$$

さらに軸動力は次のようになる．

$$P_\mathrm{E} = \frac{P_\mathrm{P}}{\eta} = \frac{9.36 \times 10^2}{0.7} = 1.34 \times 10^3\,\mathrm{W} = 1.34\,\mathrm{kW}$$
$$(1.7.44)$$

1.8 流れ関数と速度ポテンシャル

流体の速度分布は 1.6 節の例題で示した 1 次元定常，非定常の流れについてはナビエ-ストークスの

1.8 流れ関数と速度ポテンシャル

方程式を解析的に解いて導出することができる．しかしながら実際の流れ場は解析的に解くことができない場合がほとんどである．本節ではそのような場合に適用される流れを記述する流れ関数と速度ポテンシャルを取り上げる．固体表面付近の粘性の影響の大きい流れ場は流れ関数と 1.9 節で述べる境界層理論により解析される．一方，固体表面から離れた粘性の影響を無視できる流れは流れ関数と速度ポテンシャルを組み合わせた複素速度ポテンシャルにより記述される．

1.8.1 流れ関数

非圧縮性流体の 2 次元流れの中に図 1.45 に示す 2 点 O，A を設定する．図の閉じた領域に曲線 OCA を通過して流入する正味の流量 Q は曲線 OC'A から流出する正味の流量 Q' と等しくなる．このことは OA を結ぶ任意の曲線について成り立つ．したがってこの 2 点間の流量はその 2 点を結ぶ任意の曲線を通過する流量で定義することができる．図 1.45 の曲線 OCA を通過する流量は曲線上の微小区間 ds を通過する流量を全区間にわたり積分することにより求められる．その微小区間をベクトル $d\bm{s}=(dx, dy)$ として拡大したのが図 1.46 である．図中 $\bm{n}$ は ds の単位法線ベクトル，$\bm{u}$ は ds を横切る速度ベクトルである．$\bm{n}$ は ds に垂直な単位ベクトルであるから，その成分は次のようになる．

$$\bm{n}=\left(\frac{dy}{|d\bm{s}|}, -\frac{dx}{|d\bm{s}|}\right) \quad (1.8.1)$$

速度ベクトル $\bm{u}=(u_x, u_y)$ の ds の法線方向への正射影 u_n の大きさは以下に示すように $\bm{n}$ との内積である．

$$|u_n|=\bm{u}\cdot\bm{n}=(u_x, u_y)\cdot\left(\frac{dy}{|d\bm{s}|}, -\frac{dx}{|d\bm{s}|}\right)$$
$$=\frac{1}{|d\bm{s}|}(u_x dy - u_y dx) \quad (1.8.2)$$

微小区間を通過する流体の体積流量を $d\psi$ とする．$d\psi$ は上式の正射影の大きさと ds の大きさの積に等しい．

$$d\psi=|d\bm{s}||u_n|=u_x dy - u_y dx \quad (1.8.3)$$

なお，上の流量は x-y 平面に垂直な z 方向単位長さあたりの流量を表している．以上より，図 1.45 の曲線 OCA を通過する流量 Q_{OCA} は次の積分により計算される．

$$Q_{\text{OCA}}=\int_{\text{OCA}} d\psi=\int_{\text{OCA}} (u_x dy - u_y dx) \quad (1.8.4)$$

ここで，ψ は以下の積分で表すことができる．

$$\psi=\int d\psi \quad (1.8.5)$$

上に述べたように 2 点 OA 間の流量 Q_{OA} は経路によらず一定であるから Q_{OA} は Q_{OCA} に等しい．したがって，関数 ψ により以下のように表すことができる．

$$Q_{\text{OA}}=\int_{\text{OA}} d\psi=\psi_{\text{A}}-\psi_{\text{O}} \quad (1.8.6)$$

ここで，ψ_{O}，ψ_{A} はそれぞれ点 O，A における ψ を表している．上式は任意の点と点 O の間の流量がそれぞれの点における関数 ψ の差で表されることを示している．この関数 ψ を流れ関数という．流れ関数により任意の 2 点間の流量を求めることができる．図 1.47 は流れ関数の基準点を O とした場合の A，B，O の間の流量の関係を示している．それら流量の間には以下の関係がある．

$$Q_{\text{AB}}=Q_{\text{OA}}-Q_{\text{OB}} \quad (1.8.7)$$

Q_{OB} は流れ関数により以下のように表される．

$$Q_{\text{OB}}=\psi_{\text{B}}-\psi_{\text{O}} \quad (1.8.8)$$

したがって，A，B 間の流量は以下のようになる．

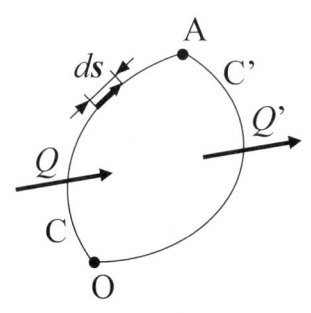

$$Q_{\text{AB}}=\psi_{\text{A}}-\psi_{\text{O}}-\psi_{\text{B}}+\psi_{\text{O}}=\psi_{\text{A}}-\psi_{\text{B}} \quad (1.8.9)$$

図 1.45 2 次元流れ

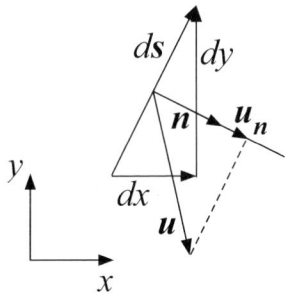

図 1.46 曲線 OCA 上の微小区間

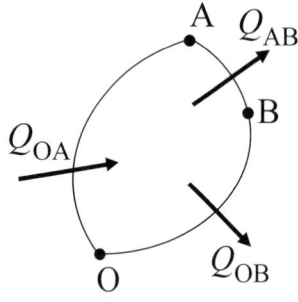

図 1.47 任意の 2 点間の流量

このことより，任意の 2 点間の流量もそれぞれにおける流れ関数の値の差により表されることがわかる．

次に特別な場合として A，B の 2 点が同一流線上にある場合を考える．1.4.3 項に述べたように流線は速度ベクトルと接している．すなわち，流線を速度ベクトルが横切ることはないため，同一流線上の 2 点 AB 間を横切る流れはない．したがって $Q_{AB}=0$ となるので，式 (1.8.9) より $\psi_A=\psi_B$ となることがわかる．流線上の任意の 2 点についてこの関係が成り立つということは流線上で ψ が一定であることを意味している．したがって，1.4.3 項で示した以下の関係が成り立つ．

$$d\psi = u_x dy - u_y dx = 0 \quad (1.4.7)$$

以上より図 1.48 に示すように流線ごとに流れ関数の値がひとつずつ対応しており，流線間の流量がその値の差に等しくなることがわかる．また，流れ関数の値が異なる 2 点は同一流線上に存在しないので，流線は交わらない．流れ関数の値が一定間隔となるように流線を描く場合，図中の隣り合う 2 流線間の流量はどこも等しくなる．したがって，1.4.3

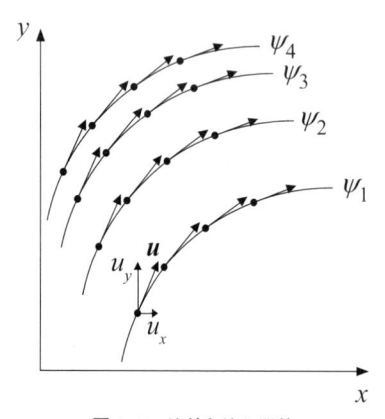

図 1.48 流線と流れ関数

項で述べたように流線の間隔が密になっているところでは流速が大きいということができる．

流れ関数と流速の関係は以下のように導かれる．ψ の全微分は次のようになる．

$$d\psi = \frac{\partial \psi}{\partial x}dx + \frac{\partial \psi}{\partial y}dy \quad (1.8.10)$$

一方，式 (1.8.3) より

$$d\psi = -u_y dx + u_x dy \quad (1.8.11)$$

である．両式を比較すると ψ と u_x，u_y の間に以下の関係が成り立つことがわかる．

$$u_x = \frac{\partial \psi}{\partial y}, \quad u_y = -\frac{\partial \psi}{\partial x} \quad (1.8.12)$$

実際の 2 次元流れの問題を解く際には流れ関数 ψ の以上の性質を利用する．2 次元定常流れでは物理量の z 座標についての偏微分が 0 となることから連続の式，ナビエ-ストークスの運動方程式は u_x，u_y についての次の 3 つの式となる．

$$\frac{\partial u_x}{\partial x} + \frac{\partial u_y}{\partial y} = 0 \quad (1.8.13)$$

$$\rho\left(\frac{\partial u_x}{\partial t} + u_x\frac{\partial u_x}{\partial x} + u_y\frac{\partial u_x}{\partial y}\right) = -\frac{\partial p}{\partial x} + \mu\left(\frac{\partial^2 u_x}{\partial x^2} + \frac{\partial^2 u_x}{\partial y^2}\right) \quad (1.8.14)$$

$$\rho\left(\frac{\partial u_y}{\partial t} + u_x\frac{\partial u_y}{\partial x} + u_y\frac{\partial u_y}{\partial y}\right) = -\frac{\partial p}{\partial y} + \mu\left(\frac{\partial^2 u_y}{\partial x^2} + \frac{\partial^2 u_y}{\partial y^2}\right) \quad (1.8.15)$$

これらの式では重力など外力による効果は考慮していない．式 (1.8.12) を連続の式 (1.8.13) に代入すると

$$\frac{\partial^2 \psi}{\partial y.x} - \frac{\partial^2 \psi}{\partial xy} = 0 \quad (1.8.16)$$

となって，流れ関数は定義により自動的に連続の式を満足することがわかる．次に，式 (1.8.14)，(1.8.15) に式 (1.8.12) の関係を代入し，それぞれの両辺を y, x で微分すると次の偏微分方程式が導出される（補足 1.10 参照）．

$$\frac{\partial}{\partial t}\nabla^2\psi - \frac{\partial(\psi, \nabla^2\psi)}{\partial(x, y)} = \nu\nabla^2(\nabla^2\psi) \quad (1.8.17)$$

表 1.8 に各種座標系における流れ関数と速度成分の関係，流れ関数についての偏微分方程式をまとめて示した．それら方程式の未知関数は ψ のみである．これは 2 次元流れの速度分布についての未知関数 3 つ（p, u_x, u_y）の問題が 1 つの未知関数 ψ のみの問題に変換されたことを意味している．流れ関数を用

表1.8 各種座標系における流れ関数

直角座標系：$(u_z=0)$

$$u_x=\frac{\partial\psi}{\partial y},\quad u_y=-\frac{\partial\psi}{\partial x} \qquad \frac{\partial}{\partial t}\nabla^2\psi-\frac{\partial(\psi,\nabla^2\psi)}{\partial(x,y)}=\nu\nabla^2(\nabla^2\psi)$$

円柱座標系：$(u_z=0)$

$$u_r=\frac{1}{r}\frac{\partial\psi}{\partial\theta},\quad u_\theta=-\frac{\partial\psi}{\partial r} \qquad \frac{\partial}{\partial t}\nabla^2\psi-\frac{1}{r}\frac{\partial(\psi,\nabla^2\psi)}{\partial(r,\theta)}=\nu\nabla^2(\nabla^2\psi)$$

$$\nabla^2=\frac{\partial^2}{\partial r^2}+\frac{1}{r}\frac{\partial}{\partial r}+\frac{1}{r^2}\frac{\partial^2}{\partial\theta^2}$$

円柱座標系：$(u_\theta=0)$

$$u_r=\frac{1}{r}\frac{\partial\psi}{\partial z},\quad u_z=-\frac{1}{r}\frac{\partial\psi}{\partial r} \qquad \frac{\partial}{\partial t}E^2\psi-\frac{1}{r}\frac{\partial(\psi,E^2\psi)}{\partial(r,z)}-\frac{2}{r^2}\frac{\partial\psi}{\partial z}E^2\psi=\nu E^2(E^2\psi)$$

$$E^2=\frac{\partial^2}{\partial r^2}-\frac{1}{r}\frac{\partial}{\partial r}+\frac{\partial^2}{\partial z^2}$$

球座標系：$(u_\phi=0)$

$$u_r=\frac{1}{r^2\sin\theta}\frac{\partial\psi}{\partial\theta},\quad u_\theta=-\frac{1}{r\sin\theta}\frac{\partial\psi}{\partial r}$$

$$\frac{\partial}{\partial t}E^2\psi-\frac{1}{r^2\sin\theta}\frac{\partial(\psi,E^2\psi)}{\partial(r,\theta)}+\frac{2E^2\psi}{r^2\sin^2\theta}\left(\frac{\partial\psi}{\partial r}\cos\theta-\frac{1}{r}\frac{\partial\psi}{\partial\theta}\sin\theta\right)=\nu E^2(E^2\psi)$$

$$E^2=\frac{\partial^2}{\partial r^2}+\frac{\sin\theta}{r^2}\frac{\partial}{\partial\theta}\left(\frac{1}{\sin\theta}\frac{\partial}{\partial\theta}\right)$$

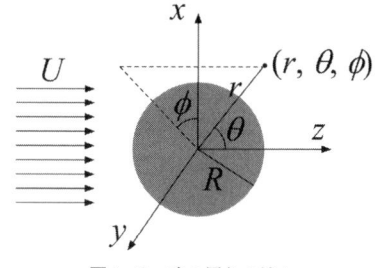

図 1.49 球の周りの流れ

いた解析の代表的な例として図 1.49 に示す球の周りの流れがあげられる.

図に示すように流体が一様流速 U で半径 R の球に向かって流れている場合，球の周囲の流れは z 軸について対称である．言い換えると球の中心を原点とした球座標系の ϕ 方向に速度成分がなく，またその方向に速度の変化がない．したがって，流れは r-θ の 2 次元であるから，表 1.8 にある球座標系の流れ関数を定義することができる．球の直径 $d(=2R)$ と一様流速 U を用いて定義されるレイノルズ数

$$\mathrm{Re}=\frac{\rho Ud}{\mu} \tag{1.8.18}$$

が 0.4 以下の場合，対流項の寄与が非常に小さいものとして無視できるとされている．このような流れを一般的にクリープ流れ（creeping flow）あるいはストークス流れという．さらに定常状態では時間に対する変化がないので，表 1.8 の球座標系の流れ関数についての方程式は以下のようになる．

$$\nu E^2(E^2\psi)=0 \tag{1.8.19}$$

この方程式を速度が球表面で 0，球から十分に離れた位置において U となる境界条件に基づいて解くと以下の流れ関数 $\psi(r,q)$ が導かれる.

$$\psi(r,\theta)=UR^2\left(\frac{1}{4}\frac{R}{r}-\frac{3}{4}\frac{r}{R}+\frac{1}{2}\frac{r^2}{R^2}\right)\sin^2\theta \tag{1.8.20}$$

また，球座標系では表 1.8 に示すように以下の関係がある.

$$u_r=\frac{1}{r^2\sin\theta}\frac{\partial\psi}{\partial\theta},\quad u_\theta=-\frac{1}{r\sin\theta}\frac{\partial\psi}{\partial r} \tag{1.8.21}$$

この関係より u_r, u_θ は次のようになる.

$$u_r(r,\theta)=U\cos\theta\left(1-\frac{3}{2}\frac{R}{r}+\frac{1}{2}\frac{R^3}{r^3}\right) \tag{1.8.22}$$

$$u_\theta(r,\theta)=-U\sin\theta\left(1-\frac{3}{4}\frac{R}{r}-\frac{1}{4}\frac{R^3}{r^3}\right) \tag{1.8.23}$$

流線は式 (1.8.20) で ϕ の値を一定とした場合の r と θ を座標とする点の集合である．図 1.50 はさまざまな流れ関数の値に対する流線群を描いたものである．図では r と θ を x と z の関係に変換してある．また，ψ, x, z は以下のように無次元化されている．

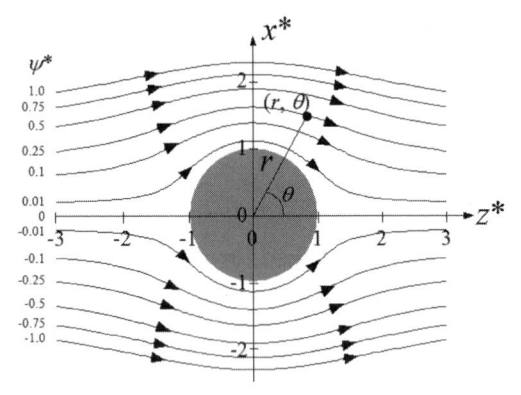

図1.50 球周囲の流れの流線群

$$\psi^* = \frac{\psi}{UR^2}, \quad x^* = \frac{x}{R}, \quad z^* = \frac{z}{R}$$
(1.8.24)

以上により求められた流れ関数，速度より，球表面に流体が及ぼす力を求めることができる．流体が及ぼす力は球表面におけるせん断応力と圧力による力の2つに分けることができる．クリープ流れでは運動方程式の対流項を無視することができる．また，例題の流れではϕ方向への変化がないことから球座標系のr方向成分についてのナビエ-ストークスの方程式は次のようになる．

$$-\frac{\partial p}{\partial r} + \mu\left[\frac{\partial^2 u_r}{\partial r^2} + \frac{4}{r}\frac{\partial u_r}{\partial r} + \frac{2}{r^2}u_r \right.$$
$$\left. + \frac{1}{r^2 \sin\theta}\frac{\partial}{\partial \theta}\left(\sin\theta\frac{\partial u_r}{\partial \theta}\right)\right] = 0 \quad (1.8.25)$$

この式に式（1.8.22）を代入し，整理すると次式が導かれる．

$$\frac{\partial p}{\partial r} = \frac{3\mu RU}{r^3}\cos\theta \quad (1.8.26)$$

両辺をrで積分すると，次のようになる．

$$p = C - \frac{3}{2}\frac{\mu U}{R}\left(\frac{R}{r}\right)^2\cos\theta \quad (1.8.27)$$

球から十分離れた位置，すなわち$r \to \infty$では圧力は一定である．その圧力をp_∞とすると，$r \to \infty$における上式右辺第2項の極限値は0であるから，圧力分布は次のようになる．

$$p = p_\infty - \frac{3}{2}\frac{\mu U}{R}\left(\frac{R}{r}\right)^2\cos\theta \quad (1.8.28)$$

一方，流体が球表面に及ぼすせん断応力はr軸に垂直で，θ方向にかかることから$-\tau_{r\theta}$となる．負号がつくのは運動方程式において1.1.1項で述べたように原点に近い側が及ぼす応力を用いているのに対して，図1.49の流れでは流体が球に対して原点より遠い側に位置するためである．その応力は表1.1の球座標系の応力の式に式（1.8.22），（1.8.23）を代入すると，以下のようになる．

$$-\tau_{r\theta} = \mu\left[r\frac{\partial}{\partial r}\left(\frac{u_\theta}{r}\right) + \frac{1}{r}\frac{\partial u_r}{\partial \theta}\right] = -\frac{3}{2}\frac{\mu U}{R}\left(\frac{R}{r}\right)^4\sin\theta$$
(1.8.29)

球表面の圧力，せん断応力は式（1.8.28），（1.8.29）に$r=R$を代入した以下の式で表される．

$$p = p_\infty - \frac{3}{2}\frac{\mu U}{R}\cos\theta \quad (1.8.30)$$

$$-\tau_{r\theta} = -\frac{3}{2}\frac{\mu U}{R}\sin\theta \quad (1.8.31)$$

圧力による力は球面に対して垂直方向，せん断応力による力は球面に接する方向にかかることを考慮し，それら力のz方向への正射影を球表面全体にわたって積分すると次のようになる．

$$F_p = \int_0^\pi \left[p_\infty - \frac{3}{2}\frac{\mu U}{R}\cos\theta\right](-\cos\theta)\cdot 2\pi R^2\sin\theta d\theta$$
$$= 2\pi\mu UR \quad (1.8.32)$$

$$F_s = \int_0^\pi -\frac{3}{2}\frac{\mu U}{R}\sin\theta(-\sin\theta)\cdot 2\pi R^2\sin\theta d\theta$$
$$= 4\pi\mu UR \quad (1.8.33)$$

以上より，流体が球に対して流れの向きに及ぼす力は

$$F_p + F_s = 6\pi\mu UR \quad (1.8.34)$$

となる．逆に，球は，流体に対してこの力の反作用として同じ大きさの力を逆向きに及ぼす．この力を物体が流体に及ぼす抵抗力という．クリープ流れにかぎらず，一般的に物体周囲の流れによる抵抗力R_fと流体の運動エネルギーの間には管内流れの摩擦力に関する式（1.7.23）と同様の以下の関係がある．

$$R_f = C_D \frac{1}{2}\rho U^2 A_p \quad (1.8.35)$$

ここで，C_Dは抵抗係数，A_pは球の流れ方向への投影面積$A_p = \pi d^2/4$である．抵抗係数と流速，球の直径などとの関係がわかっていれば，式（1.8.35）より抵抗力を計算することができる．クリープ流れでは抵抗力が式（1.8.34）のようになることから，式（1.8.35）より以下の関係が導かれる．

$$C_D = \frac{24\mu}{\rho U d} \quad (1.8.36)$$

また，球周囲の流れについてのレイノルズ数の定義

式 (1.8.18) より

$$C_D = \frac{24}{Re} \quad (1.8.37)$$

と表すことができる．Re<0.4のクリープ流れの場合の抵抗係数は上式により求めることができる．これをストークスの法則という．抵抗係数については1.10節で改めて詳しく述べる．

1.8.2 速度ポテンシャル

1.2.2項で述べた渦度ベクトルは以下のように∇と速度ベクトル $\boldsymbol{u}=[u_x, u_y, u_z]$ の外積に等しい．

$$\boldsymbol{\omega} = \nabla \times \boldsymbol{u} = \left(\frac{\partial u_z}{\partial y} - \frac{\partial u_y}{\partial z}\right)\boldsymbol{i} + \left(\frac{\partial u_x}{\partial z} - \frac{\partial u_z}{\partial x}\right)\boldsymbol{j}$$
$$+ \left(\frac{\partial u_y}{\partial x} - \frac{\partial u_x}{\partial y}\right)\boldsymbol{k} \quad (1.8.38)$$

∇とベクトルの外積はベクトルの回転といわれ，rot $\boldsymbol{u}$ と表される場合もある．回転が $\boldsymbol{0}$ となる場では以下に示すポテンシャル ϕ を定義することができる（補足1.11, 1.12参照）．

$$\boldsymbol{u} = u_x\boldsymbol{i} + u_y\boldsymbol{j} + u_z\boldsymbol{k} = \nabla\phi = \frac{\partial \phi}{\partial x}\boldsymbol{i} + \frac{\partial \phi}{\partial y}\boldsymbol{j} + \frac{\partial \phi}{\partial z}\boldsymbol{k}$$
$$u_x = \frac{\partial \phi}{\partial x}, \quad u_y = \frac{\partial \phi}{\partial y}, \quad u_z = \frac{\partial \phi}{\partial z}$$
$$(1.8.39)$$

ϕ はスカラー関数であり，速度場においては速度ポテンシャルといわれる．渦度ベクトルの x 成分は x 方向に垂直な，y-z 平面上の流体の回転速度の2倍となっている．y, z 成分も同様である．したがって，回転速度がいたるところで0となる流れ場であれば渦度ベクトルが $\boldsymbol{0}$ となり，ポテンシャルを定義することができる．このような流れを渦なし流れという．以下に簡単な例をあげて渦なし流れかどうかを検討してみる．

例題1.1, 1.2の平板クウェット流れは x 軸方向の速度成分のみで，y 方向にのみ変化する．x-y 平面上の2次元流れのため，回転ベクトルは平面に垂直な z 方向成分のみとなるが，以下に示すように $\boldsymbol{0}$ とならない．したがって，渦なし流れではなく，速度ポテンシャルを定義することはできない．

$$\text{rot } \boldsymbol{u} = \left(\frac{\partial u_y}{\partial x} - \frac{\partial u_x}{\partial y}\right)\boldsymbol{k} = -\frac{\partial u_x}{\partial y}\boldsymbol{k} \neq \boldsymbol{0}$$
$$(1.8.40)$$

このように，いわゆる渦巻状の流れでなくても速度ベクトルがすべて一方向を向いていて，その方向と

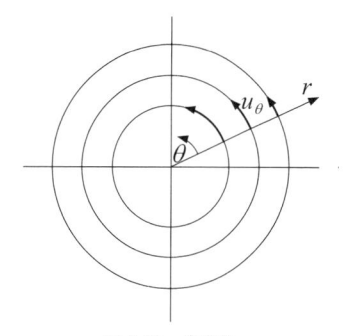

図1.51 自由渦

垂直な方向に勾配があるような流れは渦なしとはならない．逆に，渦巻状と思われるにもかかわらず渦なしとなる流れ場もある．図1.51は r-θ 平面上で速度ベクトルが θ 成分のみで

$$u_\theta = \frac{C}{r} \quad (C\text{は定数}) \quad (1.8.41)$$

となる流れを表している．このように，回転速度が r に反比例する渦運動を自由渦という．この場合，回転ベクトルは r-θ 平面に垂直な z 方向の成分のみで，$u_r=0$ であるから次式のように $\boldsymbol{0}$ となり，渦なし流れであることが示される．

$$\text{rot } \boldsymbol{u} = \frac{1}{r}\left(\frac{\partial}{\partial r}(ru_\theta) - \frac{\partial u_r}{\partial \theta}\right)\boldsymbol{k} = \frac{1}{r}\frac{\partial}{\partial r}\left(r\frac{C}{r}\right)\boldsymbol{k}$$
$$= \frac{1}{r}\frac{\partial C}{\partial r}\boldsymbol{k} = \boldsymbol{0} \quad (1.8.42)$$

同じ渦運動でも角速度 ω が回転の中心からの距離によらず一定となる強制渦では $u_\theta = r\omega$ であり，回転ベクトルは $\boldsymbol{0}$ とならないので，渦なし流れではない．

渦なし流れが定義できる具体的な例としては球周りの一様流れ，円柱に向かう一様流れにおける固体表面付近の速度勾配の大きい範囲の外側の領域の流れなどがあげられる．いずれも粘性による運動量移動を無視できる流れ場である．

流れ関数が2次元流れの場合にしか定義できないのに対して速度ポテンシャルは3次元でも定義できる．しかしながら，多くの場合，次項で述べる複素速度ポテンシャルにより流れ関数とともに2次元流れの解析に応用される場合が多い．

1.8.3 複素速度ポテンシャル

非圧縮性が仮定できる2次元の渦なし流れでは流れ関数と速度ポテンシャルを定義することができ，速度成分との間に以下の関係が成り立つ．

$$u_x = \frac{\partial \psi}{\partial y} = \frac{\partial \phi}{\partial x}, \quad u_y = -\frac{\partial \psi}{\partial x} = \frac{\partial \phi}{\partial y}$$
(1.8.43)

この式をコーシー–リーマンの関係という．2つの関数がこの関係を満足するとき，それぞれを実部虚部とする以下の正則な複素関数を定義することができる（補足1.13, 1.14参照）．

$$w(z) = \phi(z) + i\psi(z) \quad (1.8.44)$$

ここで，$z = x + iy$ である．この関数を複素速度ポテンシャルという．w を z で微分すると次のようになる．

$$\frac{dw}{dz} = \frac{\partial \phi}{\partial x} + i\frac{\partial \psi}{\partial x} = u_x - iu_y \quad (1.8.45)$$

このことより w の微分係数の実部，虚部から速度成分が求められることがわかる．非圧縮性が仮定できる2次元の渦なし流れでは粘性による効果が生じない（補足1.15参照）．したがって，複素速度ポテンシャルは前項の最後に述べたような粘性の効果が無視できる流れ場の解析に用いられる．このような，粘性と圧縮性のない流体を理想流体という．以下に複素速度ポテンシャルの応用例を示す．

一様流速 U で流れる流体中にある静止した半径 R の円柱の周りの流れは以下の複素速度ポテンシャルにより表現される．

$$w = U\left(z + \frac{R^2}{z}\right) \quad (1.8.46)$$

上式に $z = x + iy$ を代入して実部と虚部に分けると次のようになる．

$$\begin{aligned} w &= U\left(x + iy + \frac{R^2}{x + iy}\right) \\ &= U\left(x + iy + \frac{R^2(x - iy)}{(x + iy)(x - iy)}\right) \\ &= U\left(1 + \frac{R^2}{x^2 + y^2}\right)x + iU\left(1 - \frac{R^2}{x^2 + y^2}\right)y \end{aligned}$$
(1.8.47)

ここで，w, x, y を以下のように無次元化する．

$$w^* = \frac{w}{UR}, \quad x^* = \frac{x}{R}, \quad y^* = \frac{y}{R}$$
(1.8.48)

これら無次元数を用いると式（1.8.47）は次のようになる．

$$w^* = \left(1 + \frac{1}{x^{*2} + y^{*2}}\right)x^* + i\left(1 - \frac{1}{x^{*2} + y^{*2}}\right)y^*$$
(1.8.49)

上式より無次元化された速度ポテンシャル，流れ関数が以下のように導かれる．

$$\phi^* = \left(1 + \frac{1}{x^{*2} + y^{*2}}\right)x^*, \quad \psi^* = \left(1 - \frac{1}{x^{*2} + y^{*2}}\right)y^*$$
(1.8.50)

上式より，流線と等ポテンシャル線を描くと図1.52のようになる．実線は流線，破線は等ポテンシャル線であるが，これらは直交していることがわかる（補足1.16参照）．式（1.8.50）で $\psi^* = 0$ とすると $y^* = 0$ または

$$1 - \frac{1}{x^{*2} + y^{*2}} = 0 \to x^{*2} + y^{*2} = 1$$
(1.8.51)

の条件を満たさなければならない．したがって，この場合の流線は x^* 軸および円柱表面を表す円周と一致する．

複素速度ポテンシャルにより任意の位置の速度を求めることができる．式（1.8.46）の w を z で微分すると次のようになる．

$$\frac{dw}{dz} = U\left(1 - \frac{R^2}{z^2}\right) \quad (1.8.52)$$

この式にオイラーの関係（補足1.17）$z = re^{i\theta}(= r\cos\theta + ir\sin\theta = x + iy)$ を代入すると次のようになる．

$$\begin{aligned} \frac{dw}{dz} &= U\left(1 - \frac{R^2}{r^2}e^{-2i\theta}\right) \\ &= U\left(1 - \frac{R^2}{r^2}\cos 2\theta + i\frac{R^2}{r^2}\sin 2\theta\right) \end{aligned}$$
(1.8.53)

したがって，x, y 方向の速度成分は以下のようになる．

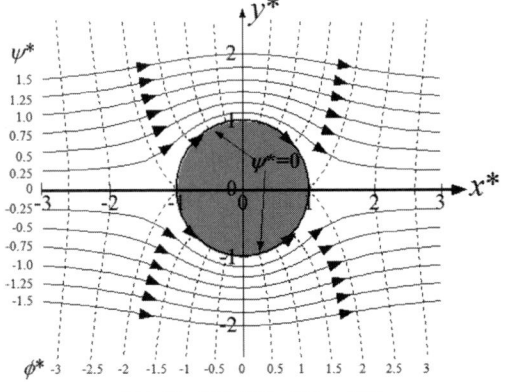

図 1.52　円柱周囲の流れの流線

$$u_x = U\left(1 - \frac{R^2}{r^2}\cos 2\theta\right), \quad u_y = -U\frac{R^2}{r^2}\sin 2\theta \quad (1.8.54)$$

上式に $r=R$ を代入すると円柱表面の速度が以下のように導かれる.

$$u_x = U(1-\cos 2\theta), \quad u_y = -U\sin 2\theta \quad (1.8.55)$$

$\theta=0, \pi$ のとき $u_x=u_y=0$ となるが,これは図 1.52 では $(1,0)$,$(-1,0)$ に相当し,これらが淀み点であることを意味している.

複素速度ポテンシャルから速度の分布を求められるほか,渦なし流れの場合の運動方程式に基づいて導かれるベルヌイの式により物体表面の圧力分布を求めることもできる(補足 1.15 参照).円柱から十分に離れた位置における流速は U で一様になっている.そこにおける圧力を p_∞ とし,円柱表面の速度を $\boldsymbol{u}$,圧力を p とすると,渦なし流れではベルヌイの定理より以下の関係が成り立つ.

$$\frac{1}{2}U^2 + \frac{p_\infty}{\rho} = \frac{1}{2}\boldsymbol{u}^2 + \frac{p}{\rho} \quad (1.8.56)$$

ここで,流れは水平で位置エネルギーは変化しないものとしている.また,式(1.8.55)より円柱表面では

$$\boldsymbol{u}^2 = u_x^2 + u_y^2 = U^2[(1-\cos 2\theta)^2 + \sin^2 2\theta]$$
$$= 4U^2\sin^2\theta \quad (1.8.57)$$

である.これを式(1.8.56)に代入すると円柱表面の圧力を表す式が導かれる.

$$p = p_\infty + \frac{1}{2}\rho U^2(1-4\sin^2\theta) \quad (1.8.58)$$

1.8.1 項の球周りの流れと同様に円柱単位長さの表面にかかる圧力による力を求めると次のようになる.

$$F_p = 2\int_0^\pi pR(-\cos\theta)d\theta$$
$$= -2R\int_0^\pi\left[p_\infty + \frac{1}{2}\rho U^2(1-4\sin^2\theta)\right]\cos\theta d\theta$$
$$= 0 \quad (1.8.59)$$

また,非圧縮の 2 次元渦なし流れでは粘性によるせん断応力に基づく力 F_s は働かないことから抵抗力が働かないことになる.実際の円柱周囲の流れでは抵抗力が働くことから,この結果は矛盾を含んでいることがわかる.この矛盾をダランベールのパラドックスという.このことに加えて,式(1.8.57)に示すように円柱表面における速度が淀み点以外では 0 となっていないことも,実際には円柱表面で流体の速度が 0 となることと矛盾している.これらの矛盾が生じる原因は非圧縮 2 次元渦なしを仮定することにより粘性の効果を無視したことにある.

1.9 境界層理論

前節の複素速度ポテンシャルは物体から離れた粘性の影響の無視できる領域の流れを解析するのに用いられる.数学的な取り扱いが非常に簡単で,利点も多いが,ダランベールのパラドックスにみられるように固体表面付近の粘性を無視できない流れに応用することはできない.化学工学では固体表面付近の流れ場における熱,物質移動が重要となることが非常に多い.例として,熱交換器における熱移動,固体触媒表面の反応などがあげられる.本節ではそのような場に応用される境界層理論について述べる.

図 1.53 は速度 U の一様な流れの中におかれた平板上を流体が流れている場を表している.平板の長さは無限大とする.図に示すように x-y 平面上の 2 次元流れとみなし,平板先端を座標の原点とする.$x=0$ では y 方向に速度分布はなく,どの位置でも $u_x=U$ である.$x>0$ においては平板上,すなわち $y=0$ において速度が 0 となる.流体は平板から負の向きのせん断応力を受けて減速しはじめる.平板に近い流体が負の応力により次々に減速し,下流では平板付近の $0<y<\delta$ の領域で速度が図 1.53 のように分布する.この領域を境界層という.境界層の外側では平板手前の一様流と同じ速度 U で一定となっている.上に述べたように流体は平板に近いほうから順次減速していくので,境界層厚さ δ は平板先端からの距離 x の関数で,図 1.53 に破線で示すように下流に向かって増加していく.このように下流に向けて厚さが増加していくことを「境界層が

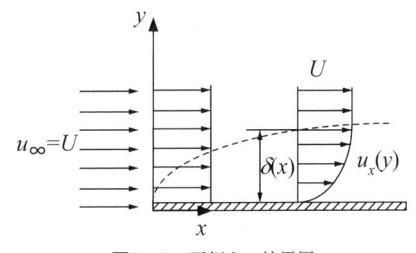

図 1.53 平板上の境界層

発達する」という．境界層の発達に伴い，粘性によって運動量が平板に向かって移動する．一方，下流に向かって速度のx方向成分が減少することから連続の式よりy方向の速度成分が増加し，それにより生じる対流による運動量移動も無視できない．

比較的平板先端に近い上流部分は速度に乱れがないことから層流境界層といわれる．そこから下流にいくと速度の乱れが断続的に発生する遷移域となり，さらにその下流では速度が完全に乱れた乱流境界層となる．境界層におけるレイノルズ数は一様流の速度Uを代表速度，平板先端からの距離xを代表長さとして

$$\mathrm{Re}_x = \frac{\rho U x}{\mu} = \frac{U x}{\nu} \quad (1.9.1)$$

と定義される．x方向の位置によってReが変化するためにxを添え字としてつけている．このレイノルズ数の値で10^5から10^6の範囲で乱流境界層への遷移が生じる．

平板上の境界層は，上述のように化学工学において重要となる固体表面付近における流れと熱あるいは物質移動が同時に生じる場のもっとも典型的なモデルである．図1.54は温度T_∞の流体が温度$T_w<T_\infty$の平板上を流れる場合を表したものである．この場合も速度分布は図1.53と同様になっていて，速度境界層が下流に向かって発達している．一方，平板の温度T_wが流体の温度より低いため熱が移動し，平板付近から順次流体の温度が低下し，下流側で図に示すような温度分布が生じる．この温度が分布している領域を温度境界層という．温度境界層内の熱移動は分子効果による伝導より，流体の流れに伴う対流による移動が支配的である．そのため温度境界層の厚さδ_Tは速度分布の影響を受け，速度境界層の厚さとともに，図の実線で表された曲線のように変化する．また，この領域の熱移動流束qは次式に示すようにδ_Tに反比例する．

$$q \propto \frac{T_\infty - T_w}{\delta_T} \quad (1.9.2)$$

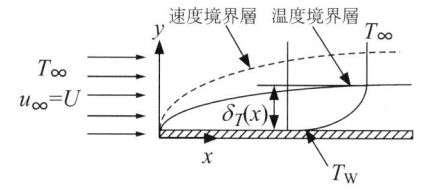

図1.54 温度境界層

したがって，熱移動量を見積る上で，温度境界層の厚さ，さらにはそれに影響を及ぼす速度境界層の厚さを明らかにすることが重要となる．また，速度境界層厚さを知るためには境界層内の流動を明らかにする必要がある．以下では最初に層流境界層内の連続の式，運動方程式の境界層理論に基づいた解析について述べる．

1.9.1 境界層方程式

境界層理論では層内の流れを上に述べたようにx-y平面上の2次元流れと見なしている．さらに非圧縮性が仮定できるものとすると，層流境界層の定常状態における連続の式，運動方程式は次のようになる．

連続の式：

$$\frac{\partial u_x}{\partial x} + \frac{\partial u_y}{\partial y} = 0 \quad (1.9.3)$$

運動方程式：

$$u_x \frac{\partial u_x}{\partial x} + u_y \frac{\partial u_x}{\partial y} = -\frac{1}{\rho}\frac{\partial p}{\partial x} + \nu\left(\frac{\partial^2 u_x}{\partial x^2} + \frac{\partial^2 u_x}{\partial y^2}\right) \quad (1.9.4)$$

$$u_x \frac{\partial u_y}{\partial x} + u_y \frac{\partial u_y}{\partial y} = -\frac{1}{\rho}\frac{\partial p}{\partial y} + \nu\left(\frac{\partial^2 u_y}{\partial x^2} + \frac{\partial^2 u_y}{\partial y^2}\right) \quad (1.9.5)$$

運動方程式では，水平な流れということを考慮し，重力の項を省略してある．式中の各量を以下のように無次元化する．

$$u_x^* = \frac{u_x}{U},\ u_y^* = \frac{u_y}{U_y},\ x^* = \frac{x}{L},\ y^* = \frac{y}{\delta},\ p^* = \frac{p}{\rho U^2} \quad (1.9.6)$$

ここで，U_yは速度のy方向成分についての代表値，Lはx方向の代表長さである．y方向の代表長さは境界層厚さδとする．x方向の代表速度，および圧力pの無次元化には境界層外の一様速度Uを用いる．上の無次元量を用いて式(1.9.3)～(1.9.5)を書き換える．

$$\frac{U}{L}\frac{\partial u_x^*}{\partial x^*} + \frac{U_y}{\delta}\frac{\partial u_y^*}{\partial y^*} = 0 \quad (1.9.7)$$

$$\frac{U^2}{L} u_x^* \frac{\partial u_x^*}{\partial x^*} + \frac{U U_y}{\delta} u_y^* \frac{\partial u_x^*}{\partial y^*}$$
$$= -\frac{U^2}{L}\frac{\partial p^*}{\partial x^*} + \nu\left(\frac{U}{L^2}\frac{\partial^2 u_x^*}{\partial x^{*2}} + \frac{U}{\delta^2}\frac{\partial^2 u_x^*}{\partial y^{*2}}\right) \quad (1.9.8)$$

$$\frac{UU_y}{L}u_x^*\frac{\partial u_y^*}{\partial x^*}+\frac{U_y^2}{\delta}u_y^*\frac{\partial u_y^*}{\partial y^*}$$
$$=-\frac{U^2}{\delta}\frac{\partial p^*}{\partial y^*}+\nu\left(\frac{U_y}{L^2}\frac{\partial^2 u_y^*}{\partial x^{*2}}+\frac{U_y}{\delta^2}\frac{\partial^2 u_y^*}{\partial y^{*2}}\right)$$
(1.9.9)

境界層厚さは平板先端からの距離 x と比較して十分に小さいため，x 方向の代表長さ L は y 方向の代表長さ δ と比較して十分に大きい．また，物理量の x 方向の変化は y 方向と比較して非常に小さい．これらのことを考慮すると式 (1.9.8)，(1.9.9) 中の項のうち，オーダーが非常に小さく，無視できるものを省略すると以下のようになる．

$$\frac{U^2}{L}u_x^*\frac{\partial u_x^*}{\partial x^*}+\frac{UU_y}{\delta}u_y^*\frac{\partial u_x^*}{\partial y^*}=-\frac{U^2}{L}\frac{\partial p^*}{\partial x^*}+\nu\frac{U}{\delta^2}\frac{\partial^2 u_x^*}{\partial y^{*2}}$$
(1.9.10)

$$\frac{\partial p^*}{\partial y^*}=0 \qquad (1.9.11)$$

ここで，式 (1.9.11) は圧力が y 方向に変化しないことを表している．すなわち，境界層内の圧力は層外の主流の圧力と等しいことを意味する．主流は理想流体の流れと考えられることからベルヌイの定理が成り立つ．水平方向の流れなので，重力を無視すると

$$\frac{1}{2}U^2+\frac{p}{\rho}=\text{一定} \qquad (1.9.12)$$

となる．U, ρ は一定であることから x 方向に圧力は変化しない．したがって，主流と接している境界層内側の流体の圧力も x 方向に変化しないので境界層全域で圧力が一定となる．このことより

$$\frac{\partial p^*}{\partial x^*}=0 \qquad (1.9.13)$$

となる．以上より，境界層における連続の式，運動方程式は無次元化する前の形で表すと以下のようになる．

$$\frac{\partial u_x}{\partial x}+\frac{\partial u_y}{\partial y}=0 \qquad (1.9.14)$$

$$u_x\frac{\partial u_x}{\partial x}+u_y\frac{\partial u_x}{\partial y}=\nu\frac{\partial^2 u_x}{\partial y^2} \qquad (1.9.15)$$

境界層理論により圧力，2 つの速度成分を未知数とする 3 本の偏微分方程式を連立して解く問題を 2 つの速度成分を未知数とする 2 本の方程式の問題に変換することができた．さらに，境界層流れが 2 次元非圧縮性流れとみなせることを考慮して，流れ関数を定義し，式 (1.9.15) に代入すると以下のようになる．

$$u_x=\frac{\partial\psi}{\partial y}, \quad u_y=-\frac{\partial\psi}{\partial x} \qquad (1.8.12)$$

$$\frac{\partial\psi}{\partial y}\frac{\partial^2\psi}{\partial y\partial x}-\frac{\partial\psi}{\partial x}\frac{\partial^2\psi}{\partial y^2}=\nu\frac{\partial^3\psi}{\partial y^3} \qquad (1.9.16)$$

流れ関数は自動的に連続の式を満たすので，式 (1.9.14) は考慮する必要がなくなる．境界層厚さに影響を及ぼす因子と考えられる U, ν, x により y を以下のように無次元化する．

$$\eta=\frac{y}{\left(\frac{\nu x}{U}\right)^{1/2}}=y\sqrt{\frac{U}{\nu x}} \qquad (1.9.17)$$

以下では無次元の x 方向速度 $u_x^*=u_x/U$ は x によらず η のみの関数 $u_x^*(\eta)$ で表されるものと仮定する．これは言い換えると，速度分布が x によらず図 1.55 に示す η の関数と相似形になることを仮定したことになる．さらに流れ関数 ψ を無次元化した g を以下のように定義する．

$$g(\eta)=\frac{\psi}{\sqrt{\nu x U}} \qquad (1.9.18)$$

式 (1.9.16) は g を用いて次のように書き換えることができる．

$$2\frac{d^3g}{d\eta^3}+g\frac{d^2g}{d\eta^2}=0 \qquad (1.9.19)$$

この方程式を境界層における速度の境界条件を満足するように解くことにより流れ関数，さらに速度分布を求めることができる．その境界条件は平板上で速度が 0 となること，すなわち $\eta=0$ において $u_x=u_y=0$ と平板から十分に離れた位置で速度が U に等しくなること，すなわち $\eta\to\infty$ において $u_x/U=1$ である．これらを g を用いた式で表すと以下のようになる．

$$u_x(0)=\frac{\partial\psi}{\partial y}\bigg|_{\eta=0}=U\frac{dg}{d\eta}\bigg|_{\eta=0}=0 \quad (1.9.20)$$

$$u_y(0)=-\frac{\partial\psi}{\partial x}\bigg|_{\eta=0}=-\frac{1}{2}\sqrt{\frac{\nu U}{x}}g(0)=0$$
(1.9.21)

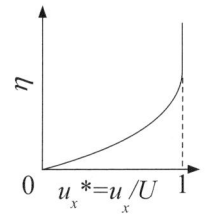

図 1.55　無次元速度分布の概形

$$\frac{u_x(\infty)}{U} = \frac{dg}{d\eta}\bigg|_{\eta\to\infty} = 1 \qquad (1.9.22)$$

3階の微分方程式であるから以上3つの境界条件で十分であるが，式（1.9.19）は非線形方程式で，解析的に解くことができない．この問題に対してブラジウスらにより近似解の導出が試みられている．図1.56はハワースにより計算された近似解に基づいて描かれた境界層内の無次元速度分布である．この解は過去に実測された結果と良好に一致することが確認されている．この近似解から境界層厚さを表す式を導出する．境界層の端における速度は主流に等しく，U となるはずである．しかしながら図の分布からわかるように，無次元速度 u_x/U は1に漸近していくため，端の位置を明確に決定することは難しい．そこで，多くの場合，$u_x/U=0.99$ となる位置を境界層上端としている．近似解より $\eta\approx 5.0$ において 0.99 となることから，境界層厚さ δ は次のようになることが導かれる．

$$\eta = \delta\sqrt{\frac{U}{\nu x}} \approx 5.0 \to \delta \approx 5.0\sqrt{\frac{\nu x}{U}} = 5.0 x\, \mathrm{Re}_x^{-1/2} \qquad (1.9.23)$$

層流境界層流れにおける摩擦係数も上の近似解より求められる．平板表面におけるせん断応力を η，u_x/U を用いて表すと次のようになる．

$$\tau_w = -\mu\frac{du_x}{dy}\bigg|_{y=0} = -\mu U\sqrt{\frac{U}{\nu x}}\frac{d(u_x/U)}{d\eta}\bigg|_{\eta=0} \qquad (1.9.24)$$

図1.56の分布で $\eta=0$ における勾配は 0.332 であることがわかっているので，τ_w を絶対値で表すものとすると次のようになる．

$$\tau_w = 0.332\mu U\sqrt{\frac{U}{\nu x}} = 0.332\rho U\sqrt{\frac{\nu U}{x}} \qquad (1.9.25)$$

平板先端から $x=L$ の範囲で平板表面において流体

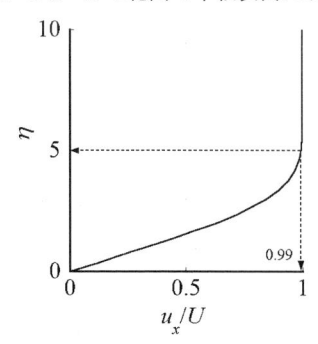

図1.56 層流境界層速度分布（ハワースの近似解）

が受ける力は上式の積分により求められる．

$$\int_0^L \tau_w dx = \int_0^L 0.332\rho U\sqrt{\frac{\nu U}{x}}dx$$
$$= 0.332\rho U\sqrt{\nu U}\,[2\sqrt{x}]_0^L = 0.664\rho U\sqrt{\nu U L} \qquad (1.9.26)$$

この式は図1.53の紙面垂直方向単位長さあたりの力を表している．摩擦係数 f を円管内流れと同様に式（1.7.23）で定義すると

$$f = \frac{摩擦力}{\frac{1}{2}\rho U^2 L} = \frac{1.328}{\sqrt{\frac{UL}{\nu}}} = \frac{1.328}{\sqrt{\mathrm{Re}_L}} \qquad (1.9.27)$$

となる．これは層流境界層における摩擦係数を与える式である．層流以外の場合も速度分布を表す式が経験的，実験的に導かれている場合は同様の方法で摩擦係数を与える式を導くことができる．

1.9.2 層流境界層における移動現象

境界層理論により導かれた方程式に支配される流れ場における移動現象を，熱を例にとって考える．1.5.5項で導出された熱移動の方程式（1.5.14）は定常で生成項のない2次元の層流境界層では以下のように書き換えられる．

$$u_x\frac{\partial T}{\partial x} + u_y\frac{\partial T}{\partial y} = \frac{k}{\rho C_p}\frac{\partial^2 T}{\partial y^2} \qquad (1.9.28)$$

運動方程式と同様に温度の x 方向への変化が y 方向の変化と比較して十分小さいため，x 方向への伝導の項が無視されている．図1.54と同様に主流の温度，平板表面の温度を T_∞，T_w とし，温度を以下のように無次元化する

$$\theta = \frac{T-T_w}{T_\infty - T_w} \qquad (1.9.29)$$

式（1.9.28）は式（1.9.19）と同様に無次元座標 η を用いて以下のように書き換えることができる．

$$2\frac{d^2\theta}{d\eta^2} + \mathrm{Pr}\,g\frac{d\theta}{d\eta} = 0 \qquad (1.9.30)$$

ここで，Pr は次式で定義されるプラントル数といわれる無次元数で，粘性による運動量移動と伝導による熱移動の比を表している．

$$\mathrm{Pr} = \frac{\nu}{\alpha} = \frac{C_p\mu}{k} \qquad (1.9.31)$$

θ についての境界条件は $\eta=0$ のとき $\theta=0$，$\eta=\infty$ のとき $\theta=1$ の2つである．次に以下のような関数 h を定義する．

$$\theta = \frac{dh}{d\eta} \tag{1.9.32}$$

この関数を式 (1.9.30) に代入する.

$$2\frac{d^3h}{d\eta^3} + \Pr g \frac{d^2h}{d\eta^2} = 0 \tag{1.9.33}$$

運動方程式に相当する次式

$$2\frac{d^3g}{d\eta^3} + g \frac{d^2g}{d\eta^2} = 0 \tag{1.9.19}$$

と比較すると Pr=1 のとき g と h の解は一致することがわかる. x 方向の速度と g, 温度と h の関係を比較すると

$$u_x^* = \frac{dg}{d\eta}, \quad \theta = \frac{dh}{d\eta}$$

で, ともに g, h の微分となっている. 境界条件も同じであることから, 解が一致する場合には速度と温度の無次元分布が一致する. したがって, このとき, 速度境界層と温度境界層の厚さも一致することになる. 以上のことより, 速度, 温度の境界層厚さの関係は Pr の値により決定されることがわかる. Pr は運動量と熱の移動速度の比を表している. 移動しやすい物理量の境界層の方が厚くなるので, 図1.57 に示すように Pr>1 の場合は速度境界層, Pr<1 の場合は温度境界層の方が厚くなる.

境界層内で物質移動が生じる場合には温度境界層に対応して濃度境界層を定義することができる. プラントル数の代わりに動粘度の拡散係数に対する比で定義されるシュミット数

$$\mathrm{Sc} = \frac{\nu}{D} \tag{1.9.34}$$

を用いると, 速度境界層と濃度境界層の厚さについても温度境界層と同じ関係が導かれる.

1.9.3 乱流境界層

平板上に発達した境界層は図 1.58 に示すように上流側では層流で, Re_x が 10^5 から 10^6 のオーダーの範囲で乱れが間欠的に生じる遷移域となり, さらに下流で完全な乱流状態となる. これを乱流境界層という. 第3章で述べるように, 乱流ではすべての速度成分が時間, 空間に対してランダムに変動する. そのような場合には平均速度に基づく対流と粘性のほか速度変動に基づくレイノルズ応力による運動量移動が生じる. レイノルズ応力は x, y 方向の速度変動を u_x', u_y' とすると $\overline{\rho u_x' u_y'}$ と表される. これは y 方向の速度変動 u_y' により, 運動量の x 方向成分の変動量 $\rho u_x'$ が移動する場合の流束を表している. この運動量移動は本質的には対流に基づくものであるが, 粘性応力と同様に応力とみなされ, 上述のようにレイノルズ応力とよばれる. レイノルズ応力を平均速度の勾配と関連付けて次のように表されることがある.

$$\rho \overline{u_x' u_y'} = -\mu_\mathrm{t} \frac{d\overline{u_x}}{dy} \tag{1.9.35}$$

ここで, μ_t は乱流粘度あるいは渦粘度といわれる. 上式の表記を用いると粘性応力とレイノルズ応力の和は

$$-(\mu + \mu_\mathrm{t}) \frac{d\overline{u_x}}{dy} \tag{1.9.36}$$

と表される. この式から乱流になることにより乱流粘度の分だけ粘度が増加したとみなすことができる

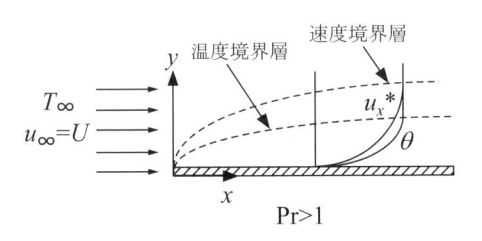

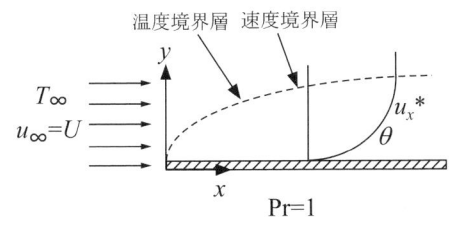

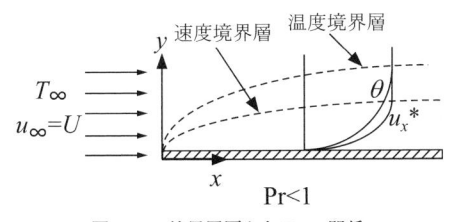

図1.57 境界層厚さと Pr の関係

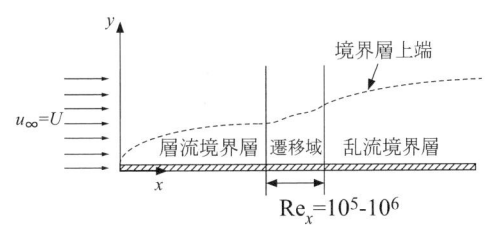

図1.58 乱流境界層への遷移

が，速度変動による対流効果による運動量移動の増加分が乱流粘度という形で表現されていると理解することもできる．このように乱流場では速度変動により運動量移動が促進される．その結果，乱流境界層では，平板から離れた速い領域からの運動量移動が大きくなり，平板付近の速度勾配が層流境界層と比較して非常に大きな速度分布となる．層流境界層では境界層理論の仮定により運動方程式を近似的に解いて速度分布が求められているが，乱流境界層では近似的に方程式を解くことさえできない．そこで，円管内乱流と同様に以下のような経験式が提案されている．

i） 指数則

主流速度 U で無次元化した速度が境界層厚さで無次元化した平板表面からの距離 y/δ の $1/n$ 乗に等しいものとした式である．

$$\frac{u_x}{U}=\left(\frac{y}{\delta}\right)^{1/n} \quad (1.9.37)$$

n の値は平板上の乱流境界層では7とされることが多い．$n=7$ とした式で表される分布を図1.56のハワースの近似解による分布と比較して表したのが図1.59である．縦軸が η ではなく，y/δ になっており，$y/\delta=1$ の位置が境界層の上端に対応している．2つの分布を比較すると乱流境界層の指数則の分布では平板表面付近の勾配が非常に大きくなっていることがわかる．式(1.9.37)は形が簡単で，扱いやすいという利点がある．一方，速度勾配が次式のようになり，平板表面 $y=0$ における値を計算することができないのが欠点である．したがって，この式から平板表面のせん断応力，さらには摩擦係数を見積もることはできない．

$$\frac{d(u_x/U)}{d(y/\delta)}=\frac{1}{n}\left(\frac{\delta}{y}\right)^{(n-1)/n} \quad (1.9.38)$$

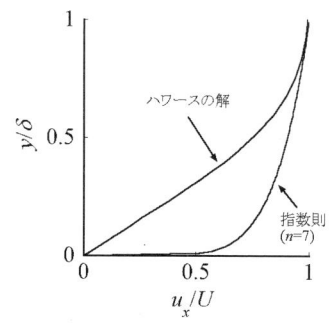

図1.59 乱流境界層の速度分布

ii） 対数則

3.1.3項で述べる混合距離 l は乱流場で速度がランダムに変動する様子を気体分子運動と対比させ，平均自由行程に相当する距離として定義されている．すなわち流体要素が一定の速度変動値を維持できる距離に相当する．対数則速度分布はこの混合距離が平板表面からの距離 y に比例すると仮定することにより導かれる半理論，半経験式である（補足1.18 参照）．この式では次に定義される無次元速度，無次元距離を用いる．

$$u^+=\frac{u_x}{u^*} \quad (1.9.39)$$

$$y^+=\frac{u^* y}{\nu} \quad (1.9.40)$$

ここで，u^* は摩擦速度とよばれる平板表面付近における代表速度で，次式で定義される．

$$u^*=\sqrt{\frac{\tau_w}{\rho}} \quad (1.9.41)$$

対数則速度分布はこれら無次元数を用いて以下のように表される．

$$y^+<5: \quad u^+=y^+ \quad (1.9.42)$$

$$5\leq y^+: \quad u^+=2.5\ln y^++5.5 \quad (1.9.43)$$

円管内乱流の速度分布も同様の式で表すことができる．円管の場合，y は円管壁面からの距離となる．$y^+<5$ の範囲では式(1.9.42)を適用することができる．また，式(1.9.43)は $30\leq y^+$ の範囲に適用され，その間の範囲 $5\leq y^+<30$ は以下の式が成り立つとされている．

$$5\leq y^+<30: \quad u^+=5.0\ln y^+-3.05 \quad (1.9.44)$$

なお，$y^+<5$ の範囲は，平板表面付近の粘性の影響の大きい領域で，粘性底層といわれる．

乱流境界層における摩擦係数，境界層厚さについても，以下に示す経験的な式が示されている．

摩擦係数（ブラジウスの式）：平板先端から距離 L までの領域における値

$$f=0.0185\,\mathrm{Re}_L^{-1/5} \quad (1.9.45)$$

境界層厚さ：

$$\delta(x)=0.38x\,\mathrm{Re}_x^{-1/5} \quad (1.9.46)$$

上式より乱流境界層厚さは平板先端からの距離の $4/5$ 乗に比例することがわかる．

1.10 粒子のまわりの流れ

流体中の粒子の沈降速度差を利用した分離，分級を行う場合，粒子が受ける抵抗力を知ることが必要となる．また，触媒反応装置として用いられる流動層，固定層内の流動抵抗も粒子の集合体が流体から受ける抵抗力に基づいて求められる．本節では最初に単一粒子，粒子群が流体中を運動する場合の抵抗力がどのように決定されるかを述べる．次に抵抗力に基づいて流動層，固定層内の圧力損失を表す式を導出する．なお，本節では粒子は全て球形とする．

1.10.1 流体中の単一粒子の運動

重力場では流体中の静止している粒子には図1.60に示すように重力と浮力がかかる．流体より粒子の密度が大きいときは1.3.3項で述べたように鉛直下向きに沈降しはじめる．速度 v で沈降している粒子から見ると周囲の流体が一様流速 v で上に向かって流れていることになる．その流れにより，粒子は上向きに抵抗力 R_f を受ける．したがって，沈降中の粒子の運動方程式は次のようになる．

$$\rho_\mathrm{p} V_\mathrm{p} \frac{dv}{dt} = \rho_\mathrm{p} V_\mathrm{p} g - F_\mathrm{b} - R_\mathrm{f} \quad (1.10.1)$$

ここで，ρ_p, V_p は粒子の密度，体積である．球が受ける流体抵抗力を表す1.8.1項の式（1.8.35）で流体の一様流速 U を粒子の沈降速度 v とすると

$$R_\mathrm{f} = C_\mathrm{D} \frac{1}{2} \rho v^2 A_\mathrm{p} \quad (1.10.2)$$

となる．また，浮力は $F_\mathrm{b} = \rho V_\mathrm{p} g$ であるから，球の直径を d_p とすると粒子の加速度は次のようになる．

$$\frac{dv}{dt} = \left(1 - \frac{\rho}{\rho_\mathrm{p}}\right) g - \frac{3\rho v^2}{4 \rho_\mathrm{p} d_\mathrm{p}} C_\mathrm{D} \quad (1.10.3)$$

粒子が静止状態から沈降を開始する場合，初期は速度，抵抗力が小さいため，下向きに加速し続ける．抵抗力は加速とともに増加し，時間が十分に経過すると重力，浮力と抵抗力がつりあい，式（1.10.3）の両辺が0となる．このときの速度 v_∞ は以下のように表される．

$$\left(1 - \frac{\rho}{\rho_\mathrm{p}}\right) g - \frac{3\rho v_\infty^2}{4 \rho_\mathrm{p} d_\mathrm{p}} C_{\mathrm{D}\infty} = 0 \rightarrow v_\infty = \sqrt{\frac{4 g d_\mathrm{p} (\rho_\mathrm{p} - \rho)}{3 \rho C_{\mathrm{D}\infty}}} \quad (1.10.4)$$

この速度に到達して以降，加速度は0となって速度，抵抗力が変化しないため，力のつりあいが維持され，等速運動となる．このときの速度 v_∞ を最終的な速度という意味で終末速度（終端速度）という．上式で $C_{\mathrm{D}\infty}$ は v_∞ に対応する抵抗係数である．

粒子周囲の流れ場のレイノルズ数が0.4以下の場合，1.8.1項で述べたストークスの法則

$$C_\mathrm{D} = \frac{24}{\mathrm{Re}} \quad (1.8.37)$$

が成り立つ．球周囲の流れのレイノルズ数は式（1.8.18）により定義されるが，沈降する球粒子の周囲の流体の代表速度としては，次式のように粒子の沈降速度 v が用いられる．

$$\mathrm{Re} = \frac{\rho v d_\mathrm{p}}{\mu} \quad (1.10.5)$$

したがって，ストークスの法則が成り立つ場合の終末速度は次のようになる．

$$v_\infty = \sqrt{\frac{4 g d_\mathrm{p} (\rho_\mathrm{p} - \rho)}{3 \rho C_{\mathrm{D}\infty}}} = \frac{g d_\mathrm{p}^2 (\rho_\mathrm{p} - \rho)}{18 \mu} \quad (1.10.6)$$

$0.4 < \mathrm{Re}$ については以下の実験式が提案されている．

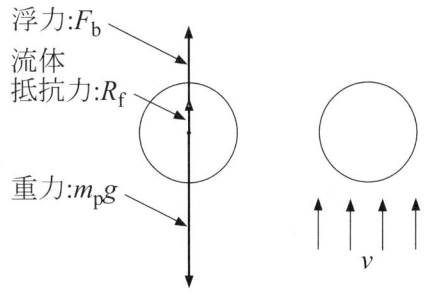

$$2 < \mathrm{Re} < 500: \quad C_\mathrm{D} = 18.5 \, \mathrm{Re}^{-3/5} \quad (1.10.7)$$

$$500 < \mathrm{Re} < 2.00 \times 10^5: \quad C_\mathrm{D} = 0.44 \quad (1.10.8)$$

図 1.60 単一粒子にかかる力

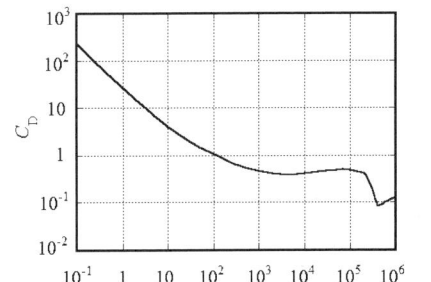

図 1.61 抵抗係数とレイノルズ数の関係

図 1.61 は広い範囲に対する抵抗係数 C_D とレイノルズ数の関係を示している．この関係に基づいて以下の例題に示すように終末速度が求められる．

【例題 1.11】 沈降する粒子の終末速度

粒径 $d_p = 8.00 \times 10^{-3}$ m，密度 $\rho_p = 1.50 \times 10^3$ kg·m^{-3} の球形粒子が水中を沈降するときの終末速度を求めよ．水の密度，粘度をそれぞれ $\rho = 1.00 \times 10^3$ kg·m^{-3} の $\mu = 1.00 \times 10^{-3}$ Pa·s とする．

［解答］

終末速度が未知のためレイノルズ数を求めることができない．したがって，与えられた条件から抵抗係数を計算することができない．そこで，式 (1.10.4)，(1.10.5) により以下の式を導き，終末速度を消去する．なお，以下では終末速度に対応するレイノルズ数を Re_∞ とする．

$$C_{D\infty} \text{Re}_\infty^2 = \frac{4 g d_p^3 \rho (\rho_p - \rho)}{3 \mu^2} \quad (1.10.9)$$

与えられた条件から，この式の値を計算すると

$$C_{D\infty} \text{Re}_\infty^2 = 3.35 \times 10^6$$

となる．図 1.62 は図 1.61 のデータに基づく $C_D \text{Re}^2$ と Re の関係を表している．この図より上の値に対応する Re_∞ はほぼ 10^3 と 10^4 の間にあることから，式 (1.10.8) を適用することができ，$C_{D\infty}$ は 0.44 となる．この値より Re_∞ は

$$C_{D\infty} \text{Re}_\infty^2 = 0.44 \text{Re}_\infty^2 = 3.35 \times 10^6$$
$$\rightarrow \text{Re}_\infty = 2.76 \times 10^3$$

となる．したがって，終末速度は次のように計算される．

$$v_\infty = \frac{\text{Re}_\infty \mu}{\rho d_p} = 3.45 \times 10^{-1} \text{ m·s}^{-1}$$

$C_D \text{Re}^2$ と Re について図 1.62 より詳細なデータが与えられていれば，$C_{D\infty} \text{Re}_\infty^2$ の値から直接 Re_∞ が求められ，その値から終末速度を計算することができる．

式 (1.10.4)，(1.10.5) の関係から流体の粘度，粒子径などを求めることができる．粘度未知の液体中に径が既知の粒子を投入したときの終末速度が測定されているものとする．式 (1.10.4) には粘度が含まれていないので，以下の式により $C_{D\infty}$ を計算することができる．

$$C_{D\infty} = \frac{4 g d_p (\rho_p - \rho)}{3 \rho v_\infty^2} \quad (1.10.10)$$

計算された C_D の値と図 1.61 の関係よりレイノルズ数を求めることができれば，式 (1.10.5) より粘度を計算することができる．粒子径が未知の場合，粘度既知の液体中の終末速度が測定されていれば，次式により $C_{D\infty}/\text{Re}_\infty$ を計算することができる．

$$\frac{C_{D\infty}}{\text{Re}_\infty} = \frac{4 g \mu (\rho_p - \rho)}{3 \rho^2 v_\infty^3} \quad (1.10.11)$$

図 1.61 の C_D と Re の関係に基づいて描かれた図 1.63 に示される C_D/Re とレイノルズ数の関係よりレイノルズ数を求めれば，式 (1.10.5) より粒子径を計算することができる．

1.10.2 流体中の粒子群の運動

粒子群が流体中を沈降する場合も，単一粒子と同じく十分時間が経過した後には重力と浮力，流体から受ける抵抗力がつりあい，終末速度に達し，その後は等速運動を続ける．ただし，個々の粒子周囲の流体の流れの状態は周囲の粒子の影響を受けるため単一粒子とは異なっている．また，粒子どうしの衝突による影響も生じる．このような粒子間の干渉は流体抵抗に影響を及ぼす．そこで，以下に示すように抵抗力 R_f に補正係数 ϕ をかけることでその影響を表す．

$$\phi R_f = \phi C_D \frac{1}{2} \rho v^2 A_p \quad (1.10.12)$$

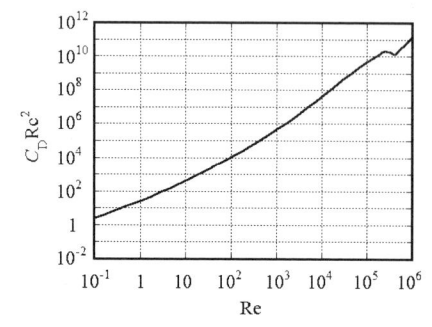

図 1.62 $C_D \text{Re}^2$ とレイノルズ数の関係

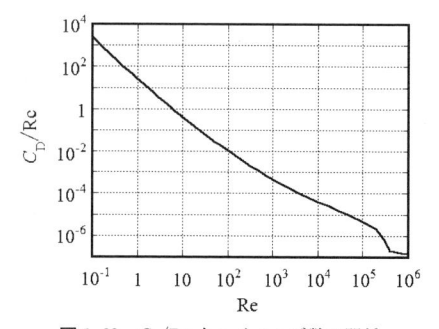

図 1.63 C_D/Re とレイノルズ数の関係

1.10 粒子のまわりの流れ

抵抗力への影響は粒子と流体の合計体積に占める流体の体積の大小に依存すると考えられる．流体の体積の合計体積に対する比率 ε を空間率といい，次式で定義される．

$$\varepsilon = \frac{V - V_p}{V} = 1 - \frac{V_p}{V} \quad (1.10.13)$$

ここで，V は粒子と流体の合計体積，V_p は粒子体積である．補正係数は ε の関数となるので，$\phi(\varepsilon)$ と表記する．

粒子群の中の1つの粒子の運動方程式は以下のようになる．

$$\rho_p V_p \frac{dv}{dt} = \rho_p V_p g - F_b - \phi(\varepsilon) R_f \quad (1.10.14)$$

また，式 (1.10.3) に相当する粒子の加速度を表す式は次のようになる．

$$\frac{dv_{sr}}{dt} = \left(1 - \frac{\rho}{\rho_p}\right)g - \frac{3\rho v_{sr}^2}{4\rho_p d_p}\phi(\varepsilon)C_D \quad (1.10.15)$$

ここで，v_{sr} は粒子と流体の相対速度である．

上式で左辺を 0 とすると，終末速度は以下のようになる．

$$v_{sr\infty} = \sqrt{\frac{4g d_p(\rho_p - \rho)}{3\rho \phi(\varepsilon) C_{D\infty}}} \quad (1.10.16)$$

ストークスの法則が成り立つ範囲では

$$v_{sr\infty} = \frac{g d_p^2 (\rho_p - \rho)}{18\mu \phi(\varepsilon)} \quad (1.10.17)$$

となる．単一粒子の沈降では周囲の流体は静止しているとみなして差し支えない．しかし，流体に対して粒子の体積が無視できないような粒子群の沈降では，押しのけられた流体の上昇速度を考慮する必要がある．そのような場合，$v_{sr\infty}$ は上で述べたように粒子の流体に対する相対速度を表すことになる．粒子の静止座標に対する絶対速度を $v_{s\infty}$，水の上昇速度を u とする．図 1.64 の断面 1 を単位時間に通過した粒子，流体はそれぞれ断面 1 と 2 の間，断面 1 と 3 の間に存在する．単位時間に沈降する粒子，上昇する流体の体積が等しくなることから以下の関係が導かれる．

$$\frac{\pi d^2 (1-\varepsilon)}{4} v_{s\infty} = \frac{\pi d^2 \varepsilon}{4} u \quad (1.10.18)$$

左辺が粒子体積，右辺が流体の体積である．この関係より流体の上昇速度は以下のようになる．

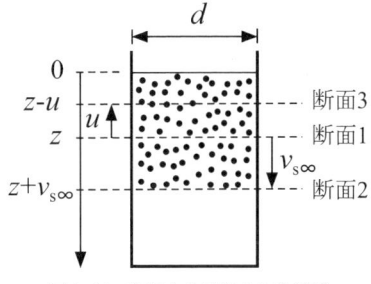

図 1.64 装置内を沈降する粒子群

$$u = \frac{1-\varepsilon}{\varepsilon} v_{s\infty} \quad (1.10.19)$$

$v_{sr\infty}$ は粒子と流体の相対速度であるから，上式より

$$v_{sr\infty} = v_{s\infty} - (-u) = v_{s\infty} + \frac{1-\varepsilon}{\varepsilon} v_{s\infty} = \frac{1}{\varepsilon} v_{s\infty} \quad (1.10.20)$$

となる．これを式 (1.10.17) に代入すると粒子の絶対速度 $v_{s\infty}$ は次式のようになることが導かれる．

$$v_{s\infty} = \frac{g d_p^2 (\rho_p - \rho)}{18\mu} \frac{\varepsilon}{\phi(\varepsilon)} \quad (1.10.21)$$

この式はストークスの法則を適用できる範囲では粒子群の終末速度が単一粒子のときの終末速度に補正因子として $\varepsilon/\phi(\varepsilon)$ をかけることにより求められることを意味する．この補正因子の逆数

$$F(\varepsilon) = \frac{\phi(\varepsilon)}{\varepsilon} \quad (1.10.22)$$

を空間率関数という．$F(\varepsilon)$ と ε の関係については過去に多くの研究結果があるが，代表的なものをまとめると図 1.65 のようになる．図の曲線は ε の範囲によって以下に示す異なる実験式で表される．

$$0.4 < \varepsilon < 0.7: \quad F(\varepsilon) = \frac{6(1-\varepsilon)}{\varepsilon^3} \quad (1.10.23)$$

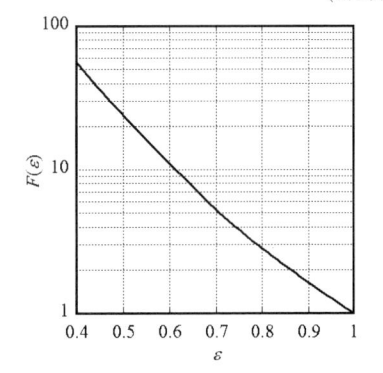

図 1.65 空間率関数
(引用：白井隆，「流動層」P.115, 科学技術社 (1961))

$0.7 < \varepsilon < 1$:　　$F(\varepsilon) = \varepsilon^{-4.65}$ 　　(1.10.24)

【例題 1.12】 粒子群の沈降速度

水中を粒径 $d_p = 5.00 \times 10^{-5}$ m，密度 $\rho_p = 2.70 \times 10^3$ kg·m^{-3} の粒子群が沈降している．空間率が 0.65，水の密度，粘度がそれぞれ $\rho = 1.00 \times 10^3$ kg·m^{-3}，$\mu = 1.00 \times 10^{-3}$ Pa·s である場合の終末速度を求めよ．

［解答］

空間率 $\varepsilon = 0.68$ であるから式（1.10.22）より空間率関数は

$$F(\varepsilon) = \frac{6(1-\varepsilon)}{\varepsilon^3} = 6.10$$

となる．ストークスの法則が成り立つと仮定すると，終末速度は次のようになる．

$$v_{s\infty} = \frac{g d_p^2 (\rho_p - \rho)}{18\mu} \frac{1}{F(\varepsilon)} = 3.79 \times 10^{-4} \text{ m·s}^{-1}$$

この場合のレイノルズ数は

$$\text{Re}_\infty = \frac{\rho v_{sr\infty} d_p}{\mu} = \frac{\rho v_{s\infty} d_p}{\varepsilon \mu} = 2.79 \times 10^{-2}$$

であるから，ストークスの法則が成り立つという仮定が正しいことが確認できる．

1.10.3 固定層

円筒内に固体粒子を充填した層内に気体あるいは液体を流入させる図 1.66 に示された装置を固定層あるいは充填層という．粒子層内の流体と固体，あるいは気-液二相流においては流体と固体，流体どうしの接触面積を大きくとることができる利点があり，固体触媒反応装置，ガス吸収塔などに利用される．固定層の設計，操作においては，流量と圧力損失の関係が重要となる．充填された粒子群の間隙の流れは沈降する粒子群の周囲の流体の流れと同様と見なすことができる．したがって，流動状態は空間率に依存することになる．圧力損失のほか，流体と粒子の接触面積が重要になるが，これも空間率と密接に関係している．そこで，本項では，最初に固定層の粒子充填条件と空間率，層内の粒子表面積との関係について述べる．

内径 d の円筒に粒径 d_p の球形粒子 N_p 個を充填した，高さ L の固定層の空間率は次のようになる．

$$\varepsilon = \frac{V - V_p}{V} = 1 - \frac{V_p}{V} = 1 - \frac{N_p \pi d_p^3}{6} \frac{4}{\pi d^2 L} = 1 - \frac{2 N_p d_p^3}{3 d^2 L}$$
(1.10.25)

ここで，V は固定層体積，V_p は層内の粒子総体積である．層内の粒子充填状態を表す指標として，空間率のほかに充填粒子の質量を層体積で除したかさ密度 ρ_v を用いることもある．

$$\rho_v = \frac{N_p \rho_p \pi d_p^3}{6} \frac{4}{\pi d^2 L} = \frac{2 N_p d_p^3}{3 d^2 L} \rho_p = \rho_p (1 - \varepsilon)$$
(1.10.26)

流体と粒子の接触面積を見積もる上で重要となる固定層単位体積あたりの粒子表面積は 1 個の粒子の表面積が πd_p^2 であることを考慮すると以下のようになる．

$$S_v = \pi d_p^2 \frac{N_p}{V} = \pi d_p^2 N_p \frac{4}{\pi d^2 L} = \frac{4 d_p^2 N_p}{d^2 L}$$
(1.10.27)

上式中の固定層内の粒子総数は粒子総体積を 1 個の粒子の体積で除することにより以下のように空間率を用いて表すことができる．

$$N_p = \frac{6 V_p}{\pi d_p^3} = \frac{6 V (1 - \varepsilon)}{\pi d_p^3} = \frac{6 \pi d^2 L (1 - \varepsilon)}{4 \pi d_p^3}$$

$$= \frac{3 (1 - \varepsilon) d^2 L}{2 d_p^3}$$
(1.10.28)

これを式（1.10.27）に代入すると S_v を粒子径と空間率により表すことができる．

$$S_v = \frac{4 d_p^2 N_p}{d^2 L} = \frac{4 d_p^2}{d^2 L} \frac{3 (1 - \varepsilon) d^2 L}{2 d_p^3} = \frac{6 (1 - \varepsilon)}{d_p}$$
(1.10.29)

【例題 1.13】

粒径 $d_p = 1.00 \times 10^{-5}$ m，密度 $\rho_p = 1.40 \times 10^3$ kg·m^{-3} の球形粒子 7.85×10^{12} 個を内径 15 cm の円筒容器に充填したところ，かさ密度が $\rho_v = 6.50 \times 10^2$ kg·m^{-3} であった．この固定層の高さを求めよ．

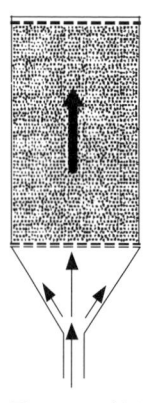

図 1.66　固定層

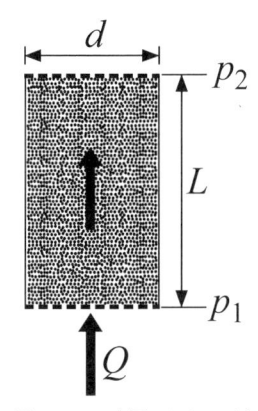

図1.67 固定層にかかる圧力

[解答]
式 (1.10.26) より
$$L = \frac{2N_p d_p^3}{3d^2}\frac{\rho_p}{\rho_v} = 5.01 \times 10^{-1}\text{ m} = 50.1\text{ cm}$$

この固定層の空間率は同じく式 (1.10.26) より次のようになる.
$$\varepsilon = 1 - \frac{\rho_v}{\rho_p} = 0.536$$

次に, 固定層の圧力損失を表す式を導く. 圧力損失と流量の関係は充填された粒子群が流体から受ける抵抗力と流速の関係から導かれるほか, 円管内の圧力損失を表すファニングの式からの類推 (アナロジー) により導くこともできる. 以下では図1.67に示す流体が上向きに流れる固定層について, 充填粒子を球形として2つの方法により圧力損失と流量の関係を導出する.

i) 充填された粒子群が流体から受ける抵抗力に基づいた導出

固定層内に充填された粒子群中の個々の粒子には上向きの抵抗力がかかる. 流体はその反作用として全粒子から抵抗力と同じ大きさの力を下向きに受ける. その抵抗力は粒子群が沈降する場合の式 (1.10.12) で沈降速度 v を流体の速度 u に置き換えたものに等しい. 固定層内全粒子にかかる力はそれと粒子数 N_p の積となる.

$$N_p \phi(\varepsilon) R_f = \frac{3(1-\varepsilon)d^2 L}{2d_p^3}\frac{1}{8}\rho u^2 \pi d_p^2 \phi(\varepsilon) C_D$$
$$= \frac{3}{2}C_D \frac{L}{d_p}(1-\varepsilon)\phi(\varepsilon)\frac{1}{2}\rho u^2 \frac{\pi d^2}{4} \quad (1.10.30)$$

一方, 図1.67に示すように固定層の入口と出口の圧力をそれぞれ p_1, p_2 とすると, 流体はこれら圧力に基づく以下の力を上向きに受ける.

$$(p_1 - p_2)\frac{\pi d^2}{4} \quad (1.10.31)$$

圧力損失を重力の影響を含めて 1.7.3 項の式 (1.7.21) の ΔP により表すと次のようになる.

$$(p_1 - \rho g z_1 - p_2 + \rho g z_2)\frac{\pi d^2}{4} = (P_1 - P_2)\frac{\pi d^2}{4} = \Delta P \frac{\pi d^2}{4}$$
$$(1.10.32)$$

この力と式 (1.10.30) の力がつりあうので, 以下の式が導かれる.

$$\Delta P = \frac{3}{2}C_D \frac{L}{d_p}(1-\varepsilon)\phi(\varepsilon)\frac{1}{2}\rho u^2 \quad (1.10.33)$$

この式における流速 u は粒子間の空隙を流れる流体の速度である. u は固定層内の位置によって異なると考えられるが, ここではその平均値を用いる. その値は固定層に流入する流体の体積流量 Q を層断面のうち, 空隙が占めている面積すなわち, 断面積と空間率の積で除したものに等しくなる.

$$u = \frac{4Q}{\varepsilon \pi d^2} \quad (10.1.34)$$

この速度を平均線速度という. 一方, 体積流量を層断面積で除した以下の式で定義される u_f は, 粒子のない円管内を流れる場合の断面平均流速を表し, 空筒速度とよばれる.

$$u_f = \frac{4Q}{\pi d^2} = \varepsilon u \quad (1.10.35)$$

式 (1.10.33) に上の関係を代入すると次式が導かれる.

$$\Delta P = \frac{3}{2}C_D \frac{L}{d_p}\frac{(1-\varepsilon)}{\varepsilon}\frac{\phi(\varepsilon)}{\varepsilon}\frac{1}{2}\rho u_f^2$$
$$= \frac{3(1-\varepsilon)}{2\varepsilon}C_D \frac{L}{d_p}F(\varepsilon)\frac{1}{2}\rho u_f^2$$
$$(1.10.36)$$

ここで, レイノルズ数が小さく, ストークスの法則が成り立つものとする. レイノルズ数は平均線速度を用いて

$$\text{Re} = \frac{\rho u d_p}{\mu} \quad (1.10.37)$$

と定義されるので, 抵抗係数 C_D は次のようになる.

$$C_D = \frac{24}{\text{Re}} = \frac{24\mu}{\rho u d_p} \quad (1.10.38)$$

この関係を式 (1.10.36) に代入すると, 次式が導かれる.

$$\Delta P = 18(1-\varepsilon)F(\varepsilon)\frac{\mu u_\mathrm{f} L}{d_\mathrm{p}^2} \quad (1.10.39)$$

ii) 円管内の圧力損失を表すファニングの式からの類推（アナロジー）による導出

　固定層内の複雑な流路を断面が円とは異なる形をした管とみなし，ファニングの式に基づいて圧力損失の式を導くことができる．最初に，断面が円でない場合の管内流れの円管内径に対応する代表長さを定義する．

　円管以外の異形管の場合の代表長さのひとつとして以下で定義される動水半径がある．

$$r_\mathrm{h} \equiv \frac{(\text{管の断面積})}{(\text{管断面の周長})} \quad (1.10.40)$$

円管の場合，この定義に従って r_h を求めると

$$r_\mathrm{h} = \frac{\pi d^2}{4}\frac{1}{\pi d} = \frac{d}{4} \quad (1.10.41)$$

となる．ファニングの式における代表長さが円管の内径 d であることを考慮すると，異形管の代表長さとしては動水半径の4倍の長さを採用すればよいと予想される．この代表長さを水力学的相当径といい，以下では d_e と表す．たとえば断面が長辺 a，短辺 b の長方形であるような管（矩形管）の場合，d_e は以下のようになる．

$$d_\mathrm{e} = 4r_\mathrm{h} = 4\frac{ab}{2(a+b)} = \frac{2ab}{a+b} \quad (1.10.42)$$

固定層の場合，動水半径の定義は次のようになる．

$$r_\mathrm{h} \equiv \frac{(\text{管の断面積})}{(\text{管断面の周長})}$$
$$= \frac{(\text{固定層内の流体の体積})}{(\text{固定層内で流体が接触する粒子表面積})} \quad (1.10.43)$$

固定層内の流体の体積は

$$\varepsilon V = \varepsilon \frac{\pi d^2}{4} L \quad (1.10.44)$$

である．また，流体が接触する粒子表面積は式（1.10.29）の固定層単位体積あたりの充填粒子表面積 S_v と固定層体積の積であるから次のようになる．

$$S_\mathrm{v}\frac{\pi d^2}{4}L = \frac{6(1-\varepsilon)}{d_\mathrm{p}}\frac{\pi d^2}{4}L = \frac{3\pi d^2(1-\varepsilon)}{2d_\mathrm{p}}L \quad (1.10.45)$$

したがって，動水半径，水力学的相当径は次式で表される．

$$r_\mathrm{h} = \varepsilon\frac{\pi d^2}{4}L\frac{2d_\mathrm{p}}{3\pi d^2(1-\varepsilon)L} = \frac{\varepsilon d_\mathrm{p}}{6(1-\varepsilon)} \quad (1.10.46)$$

$$d_\mathrm{e} = 4r_\mathrm{h} = \frac{2\varepsilon d_\mathrm{p}}{3(1-\varepsilon)} \quad (1.10.47)$$

上式の d_e を代表径，平均線速度 u を代表速度としてファニングの式（1.7.25）に代入すると次のようになる．

$$\Delta P = 4f\frac{L}{d_\mathrm{e}}\frac{1}{2}\rho u^2 = f\frac{6(1-\varepsilon)}{\varepsilon}\frac{L}{d_\mathrm{p}}\frac{1}{2}\rho u^2$$
$$= f\frac{6(1-\varepsilon)}{\varepsilon^3}\frac{L}{d_\mathrm{p}}\frac{1}{2}\rho u_\mathrm{f}^2 \quad (1.10.48)$$

固定層内流れのレイノルズ数を次式のように水力学的相当径 d_e と平均線速度 u を代表値として定義する．

$$\mathrm{Re} = \frac{\rho u d_\mathrm{e}}{\mu} = \frac{\rho}{\mu}\frac{u_\mathrm{f}}{\varepsilon}\frac{2\varepsilon d_\mathrm{p}}{3(1-\varepsilon)} = \frac{2}{3(1-\varepsilon)}\frac{\rho u_\mathrm{f} d_\mathrm{p}}{\mu} \quad (1.10.49)$$

円管内の層流と同様に摩擦係数 f がレイノルズ数に反比例するものとすると次のように表される．

$$f = \frac{k}{\mathrm{Re}} = \frac{3(1-\varepsilon)}{2}\frac{k\mu}{\rho u_\mathrm{f} d_\mathrm{p}} \quad (1.10.50)$$

ここで，k は定数である．この関係を式（1.10.48）に代入すると次のようになる．

$$\Delta P = \frac{3(1-\varepsilon)}{2}\frac{k\mu}{\rho u_\mathrm{f} d_\mathrm{p}}\frac{6(1-\varepsilon)}{\varepsilon^3}\frac{L}{d_\mathrm{p}}\frac{1}{2}\rho u_\mathrm{f}^2$$
$$= \frac{9k}{2}\frac{(1-\varepsilon)^2}{\varepsilon^3}\frac{\mu u_\mathrm{f} L}{d_\mathrm{p}^2} \quad (1.10.51)$$

この式と充填粒子にかかる流体抵抗から導かれた式（1.10.39）が等しくなるものとすると，以下の関係が成り立つことになる．

$$F(\varepsilon) = \frac{k}{4}\frac{1-\varepsilon}{\varepsilon^3} \quad (1.10.52)$$

$k=24$ であれば上式の空間率関数 $F(\varepsilon)$ が式（1.10.23）と一致することになる．しかしながら過去の研究によれば，実測された圧力損失の値との比較によりそれとは異なる k の値に対応する以下2つの式が提案されている．

　コゼニー–カルマンの式：$k=40$

$$\Delta P = 180\frac{(1-\varepsilon)^2}{\varepsilon^3}\frac{\mu u_\mathrm{f} L}{d_\mathrm{p}^2} \quad (1.10.53)$$

　ブレイク–コゼニーの式：$k=100/3$

$$\Delta P = 150\frac{(1-\varepsilon)^2}{\varepsilon^3}\frac{\mu u_\mathrm{f} L}{d_\mathrm{p}^2} \quad (1.10.54)$$

係数の値が異なるのは粒子の充填状態の差異などに

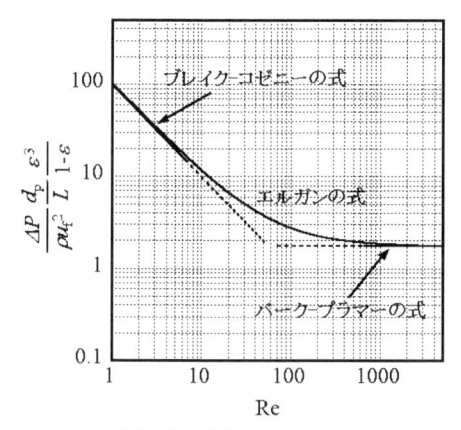

図1.68 固定層の圧力損失

よるものと考えられる．これらの式は Re<6～7 の層流域に適用できるとされている．

レイノルズ数が大きい乱流の場合，1.7.3 項の図 1.40（ムーディー線図）からもわかるように，円管内流れでは平滑管の場合を除いて，管摩擦係数はレイノルズ数にほとんど依存しない．固定層の場合も摩擦係数 f はレイノルズ数により変化せず，ほぼ 7/12 となることが実測結果より確認されている．その値を式（1.10.48）に代入すると圧力損失は次のようになる．

$$\Delta P = \frac{7}{4} \frac{1-\varepsilon}{\varepsilon^3} \frac{\rho u_f^2 L}{d_p} \quad (1.10.55)$$

この式はバーク-プラマー（Burke-Plummer）の式といわれ，Re>700 の範囲で適用される．層流と乱流の遷移域では式（1.10.54），（1.10.55）の和により圧力損失が相関される．

$$\Delta P = 150 \frac{(1-\varepsilon)^2}{\varepsilon^3} \frac{\mu u_f L}{d_p^2} + \frac{7}{4} \frac{1-\varepsilon}{\varepsilon^3} \frac{\rho u_f^2 L}{d_p}$$
$$(1.10.56)$$

この式を無次元化した以下の式をエルガン（Ergun）の式という．

$$\frac{\Delta P}{\rho u_f^2} \frac{d_p}{L} \frac{\varepsilon^3}{1-\varepsilon} = 150 \frac{(1-\varepsilon)\mu}{\rho u_f d_p} + \frac{7}{4}$$
$$= \frac{100}{\text{Re}} + \frac{7}{4} \quad (1.10.57)$$

図 1.68 に以上の式に基づく無次元化した圧力損失とレイノルズ数の関係を示した．エルガンの式はレイノルズ数の小さい範囲，大きい範囲でそれぞれブレイク-コゼニーの式，バーク-プラマーの式とほぼ同じ値を与え，広いレイノルズ数範囲の圧力損失を推算する際に用いることができる．

【例題 1.14】

粒径 d_p=5.00 mm の球形粒子を充填した内径 30.0 cm，高さ 3.00 m，空間率 0.400 の固定層がある．この固定層を水（密度 ρ=1.00×10³ kg·m⁻³，粘度 μ=1.00×10⁻³ Pa·s）が質量流量 w=500 g·s⁻¹ で流れるときの圧力損失を求めよ．

[解答]

質量流量 w=500 g·s⁻¹ より，空筒速度 u_f，平均線速度 u は以下のようになる．

$$u_f = \frac{4w}{\rho \pi d^2} = 7.07 \times 10^{-3} \text{ m·s}^{-1},$$

$$u = \frac{u_f}{\varepsilon} = 1.77 \times 10^{-2} \text{ m·s}^{-1}$$

水力学的相当径 d_e，レイノルズ数は

$$d_e = \frac{2\varepsilon d_p}{3(1-\varepsilon)} = 2.22 \times 10^{-3} \text{ m}$$

$$\text{Re} = \frac{\rho u d_e}{\mu} = 3.93 \times 10^1$$

となる．この値をエルガンの式に代入すると圧力損失が次のように計算される．

$$\frac{\Delta P}{\rho u_f^2} \frac{d_p}{L} \frac{\varepsilon^3}{1-\varepsilon} = \frac{100}{\text{Re}} + \frac{7}{4} = 4.29$$
$$\to \Delta P = 1.21 \times 10^3 \text{ Pa}$$

1.10.4 流動層

円筒内に固体粒子を充填した層内に気体，あるいは液体を流入させ，粒子を浮遊させ，流体と接触させる装置を流動層という．固体粒子との接触面積を大きくとることができるほか，激しい流動，混合により物質および熱の移動を促進することができるのが利点である．固体触媒反応装置，乾燥装置，造粒装置などに利用される．固定層の設計，操作と同様に流動層の場合も流量と圧力損失の関係が重要となる．

静止した粒子充填層に下から流体を送り込み，徐々に流速を上げていく場合を考える．図 1.69 に示すように流量が低い場合には粒子は静止したままで，固定層となる．流量の増加とともに層内の圧力損失が増加し，ある流量になると粒子群が多少浮き上がり，流体から受ける抵抗力と重力，浮力つりあって静止した状態になる．この状態より流量が増加すると粒子は層内で浮遊しはじめる．これを流動化という．さらに流量を増加させると粒子は装置内を循環し，流体と混合する．このとき，粒子と流体の

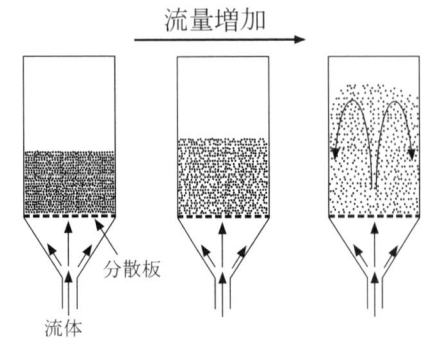

図1.69 流動化

接触面積が大きくなり，熱，物質移動速度が大きくなる．

流動層による操作で重要となるのは流動化開始時の流量と圧力損失の関係である．流動化する直前に上述のように粒子群は多少浮き上がり，空間率が少し大きくなる．このときの値 ε_{mf} を最小流動化空間率という．また，そのときの空筒速度 u_{mf} を最小流動化速度という．流体が層内粒子に及ぼす力は圧力損失と層断面積の積に等しく，流動化直前には上述のように粒子にかかる重力と浮力の和につりあう．このときの粒子層高さを L_{mf} とすると粒子総体積は ε_{mf} を用いて次のように表される．

$$V_p = (1-\varepsilon_{mf})\frac{\pi d^2}{4}L_{mf} \quad (1.10.58)$$

したがって，力のつりあいは以下のようになる．

$$\Delta P \frac{\pi d^2}{4} = (1-\varepsilon_{mf})(\rho_p-\rho)g\frac{\pi d^2}{4}L_{mf}$$

$$\frac{\Delta P}{L_{mf}} = (1-\varepsilon_{mf})(\rho_p-\rho)g \quad (1.10.59)$$

また，このときの圧力損失は固定層の場合のエルガンの式（1.10.56）で表されるので，上式から以下の式が導かれる．

$$150\frac{(1-\varepsilon_{mf})^2}{\varepsilon_{mf}^3}\frac{\mu u_{mf}}{d_p^2} + \frac{7}{4}\frac{1-\varepsilon_{mf}}{\varepsilon_{mf}^3}\frac{\rho u_{mf}^2}{d_p}$$
$$= (1-\varepsilon_{mf})(\rho_p-\rho)g \quad (1.10.60)$$

この式により最小流動化速度 u_{mf} を求めることができる．u_{mf} が小さい範囲ではブレイク-コゼニーの式（1.10.54）が適用できるので

$$u_{mf} = \frac{\varepsilon_{mf}^3}{(1-\varepsilon_{mf})}\frac{(\rho_p-\rho)gd_p^2}{150\mu}$$
$$(1.10.61)$$

により u_{mf} が求められる．

1.11　非ニュートン流体の流れ

工業プロセスで扱う流体はニュートンの粘性法則に従わない非ニュートン流体であることが多い．本項ではさまざまな非ニュートン流体の円管内流動について述べる．

1.11.1　層流速度分布

1.5.6項で述べたように，粘性による運動量移動の項を応力の形で表したコーシーの運動方程式は流体のレオロジーによらず成り立つ．層流においては例題1.4と同様に速度は軸方向成分のみで，半径方向にのみ変化することなどを考慮するとコーシーの運動方程式の z 方向成分の式は次のようになる（補足1.19）．

$$\frac{1}{r}\frac{d(r\tau_{rz})}{dr} = \frac{\Delta P}{L} \quad (1.11.1)$$

この方程式に種々流体の流動特性，すなわち応力と変形速度の関係を代入して導かれる微分方程式を解くことにより速度分布を求めることができる．以下に1.1.2項で述べた指数則モデルとビンガムモデルに従う流体の速度分布と，体積流量，管断面平均流速と圧力損失の関係を表す式を導出する．

i) 指数則モデル

指数則モデルは次式で表される．

$$\tau = -\frac{du/dy}{|du/dy|}K\left|\frac{du}{dy}\right|^n = -K\frac{du}{dy}\left|\frac{du}{dy}\right|^{n-1}$$
$$(1.1.5)$$

$n>1$ の場合はダイラタント流体を，$n<1$ の場合は擬塑性流体の流動特性を表す．せん断応力と速度勾配の符号が逆になるようにするため，絶対値の $n-1$ 乗と絶対値記号をはずした速度勾配の積の形で表示されている．管内流れにおいて流速は中心から壁面に向かって減少する．したがって，円柱座標系の原点を中心に設定すれば，速度勾配 du_z/dr は必ず負の値をとり，せん断応力は正の値をとる．このような場合は上式で τ, u, y をそれぞれ τ_{rz}, u_z, r に置き換えると流動特性を以下のように表すことができる．

$$\tau_{rz} = K\left|\frac{du_z}{dr}\right|^n \quad (1.11.2)$$

この式を式 (1.11.1) に代入すると，以下のようになる．

$$\frac{1}{r}\frac{d}{dr}\left(rK\left|\frac{du_z}{dr}\right|^n\right)=\frac{\Delta P}{L} \quad (1.11.3)$$

この式を積分すると

$$\left|\frac{du_z}{dr}\right|^n=\frac{\Delta P}{2KL}r+\frac{C_1}{r} \quad (1.11.4)$$

となるが，ニュートン流体の場合と同じく管中心 $r=0$ で速度勾配が 0 になることから $C_1=0$ である．速度勾配が負であることを考慮すると上式の n 乗根は以下のようになる．

$$\frac{du_z}{dr}=-\left(\frac{\Delta P}{2KL}r\right)^{1/n} \quad (1.11.5)$$

この式を積分すると

$$u_z=-\frac{n}{n+1}\left(\frac{\Delta P}{2KL}\right)^{1/n}r^{(n+1)/n}+C_2 \quad (1.11.6)$$

となる．円管壁面 $r=R$ で $u_z=0$ であるから

$$C_2=\frac{n}{n+1}\left(\frac{\Delta P}{2KL}\right)^{1/n}R^{(n+1)/n} \quad (1.11.7)$$

となる．したがって，速度分布は以下のようになる．

$$u_z=\frac{n}{n+1}\left(\frac{\Delta P}{2KL}\right)^{1/n}R^{(n+1)/n}\left\{1-\left(\frac{r}{R}\right)^{(n+1)/n}\right\} \quad (1.11.8)$$

体積流量，管断面平均流速は以下のようになる．

$$Q=\int_0^R 2\pi r u_z dr$$
$$=\int_0^R 2\pi r \frac{n}{n+1}\left(\frac{\Delta P}{2KL}\right)^{1/n}R^{(n+1)/n}\left\{1-\left(\frac{r}{R}\right)^{(n+1)/n}\right\}dr$$
$$=\frac{\pi n}{3n+1}\left(\frac{\Delta P}{2KL}\right)^{1/n}R^{(3n+1)/n} \quad (1.11.9)$$

$$u_a=\frac{Q}{\pi R^2}=\frac{n}{3n+1}\left(\frac{\Delta P}{2KL}\right)^{1/n}R^{(n+1)/n} \quad (1.11.10)$$

ii) ビンガムモデル

塑性流体で流動特性が以下の直線で表されるものをビンガム流体という．

$$\tau=-\frac{du/dy}{|du/dy|}\left(\mu_B\left|\frac{du}{dy}\right|+\tau_0\right) \quad (1.1.4)$$

指数則流体の場合と同様に管内流れでは速度勾配は負となる．したがって，せん断応力と速度勾配の関係は次のようになる．

$$\tau_{rz}=\mu_B\left|\frac{du_z}{dr}\right|+\tau_0 \quad (1.11.11)$$

塑性流体ではせん断応力が降伏応力 τ_0 より小さい

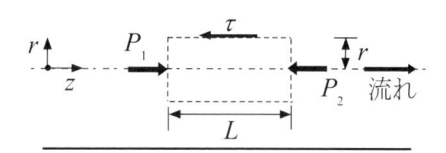

図 1.70 円管内の流体にかかる力

場合は変形しない．円管内流れにおいて，図 1.70 に示す半径 r 長さ L の円柱状領域内の流体は流れの方向に圧力による力を，その逆向きに周囲の流体からせん断応力を受ける．その力のつりあいは次式で表れる．

$$2\pi rL\tau=\pi r^2(P_1-P_2) \rightarrow \tau=\frac{\Delta P}{2L}r \quad (1.11.12)$$

この式より管中心でせん断応力は 0 となっていて，半径方向に直線的に増加し，壁面における応力 τ_w が最大値となることがわかる．この最大値が流体の降伏応力より小さい場合，流体は変形しない．すなわち，流れないことになる．これは上流と下流の圧力差に相当する ΔP が十分な大きさになっていないためである．τ_w が降伏応力より大きい場合は，図 1.71 に示すように管中心と壁面の間のある位置 $r=r_p$ でせん断応力が降伏応力に等しくなる．その外側では流体は変形して速度勾配が生じるのに対して，内側では変形せず，速度は一定となる．速度が一定のまま円柱形状を維持しながら流れる領域を栓といい，このような流れを栓流という．この円柱の半径は r_p となるが，これを栓半径という．上述のように $r=r_p$ においてせん断応力と降伏応力が等しくなることから式 (1.11.12) より次の関係が成り立つ．

$$r_p=\frac{2L}{\Delta P}\tau_0 \quad (1.11.13)$$

栓の外側では式 (1.11.11) に従って，せん断応力に応じて変形しながら流れる．したがって，その範囲の速度分布は式 (1.11.11) を式 (1.11.1) に代入することにより導出される．

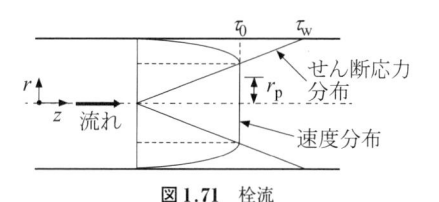

図 1.71 栓流

$$\frac{1}{r}\frac{d}{dr}r\left(\mu_B\left|\frac{du_z}{dr}\right|+\tau_0\right)=\frac{\Delta P}{L} \quad (1.11.14)$$

上式を積分すると

$$\mu_B\left|\frac{du_z}{dr}\right|+\tau_0=\frac{\Delta P}{2L}r+\frac{C_1}{r} \quad (1.11.15)$$

となる．$r=r_p$ で速度勾配が 0 となるので，式 (1.11.13)，(1.11.15) より C_1 は次のようになる．

$$C_1=\tau_0 r_p-\frac{\Delta P}{2L}r_p^2=\tau_0 r_p-\frac{\Delta P}{2L}\frac{2L}{\Delta P}\tau_0 r_p=0 \quad (1.11.16)$$

また，$0<r<r_p$ では $du_z/dr<0$ であることを考慮すると式 (1.11.15) は次のようになる．

$$\frac{du_z}{dr}=-\frac{1}{\mu_B}\left(\frac{\Delta P}{2L}r-\tau_0\right) \quad (1.11.17)$$

上式を積分すると

$$u_z=-\frac{\Delta P}{4\mu_B L}r^2+\frac{\tau_0}{\mu_B}r+C_2 \quad (1.11.18)$$

となり，$r=R$ で $u_z=0$ であるから

$$C_2=\frac{\Delta P}{4\mu_B L}R^2-\frac{\tau_0}{\mu_B}R \quad (1.11.19)$$

となる．したがって，$r_p<r<R$ の範囲の速度分布は次式のようになる．

$$u_z=\frac{\Delta P R^2}{4\mu_B L}\left\{1-\left(\frac{r}{R}\right)^2\right\}-\frac{\tau_0 R}{\mu_B}\left(1-\frac{r}{R}\right) \quad (1.11.20)$$

管中心付近に形成される栓の部分は一定速度となっているが，その速度 u_p は上式に栓半径 r_p を代入することにより以下のように求められる．

$$u_p=\frac{\Delta P R^2}{4\mu_B L}\left(1-\frac{r_p}{R}\right)^2 \quad (1.11.21)$$

この式の導出の際，式 (1.11.13) の関係に基づいて降伏応力 τ_0 を消去している．以上より，体積流量は以下に示すように栓の部分とその外側の流量の和になる（補足 1.20 参照）．

$$Q=\int_0^R 2\pi r u_z dr=\int_0^{r_p} 2\pi r u_p dr+\int_{r_p}^R 2\pi r u_z dr$$

$$=\frac{\pi \Delta P R^4}{8\mu_B L}\left(1+\frac{16L^4\tau_0^4}{3\Delta P^4 R^4}-\frac{8L\tau_0}{3\Delta P R}\right) \quad (1.11.22)$$

さらに，管断面平均流速は次のようになる．

$$u_a=\frac{Q}{\pi R^2}=\frac{\Delta P R^2}{8\mu_B L}\left(1+\frac{16L^4\tau_0^4}{3\Delta P^4 R^4}-\frac{8L\tau_0}{3\Delta P R}\right)$$

$$(1.11.23)$$

1.11.2 円管内流れにおける圧力損失

円管内流れの圧力損失を表すファニングの式は，流体にかかる力のつりあいから導かれているため，流動特性によらず成り立つ．しかしながら，管摩擦係数と流量，管内径との関係は流動特性に依存する．指数則モデルが適用できる流体の圧力損失と管断面平均流速の関係は式 (1.11.10) より次のようになる．

$$\Delta P=\frac{2KL}{R^{n+1}}\left(\frac{3n+1}{n}u_a\right)^n \quad (1.11.24)$$

この式とファニングの式

$$\Delta P=4f\frac{L}{d}\frac{1}{2}\rho u_a^2 \quad (1.7.26)$$

と比較すると

$$f=\frac{2^{3n+1}K}{\rho d^n}\left(\frac{3n+1}{4n}\right)^n u_a^{n-2} \quad (1.11.25)$$

となる．また，レイノルズ数を次式により定義すれば層流においてニュートン流体と同じく $f=16/\mathrm{Re}$ の関係が成り立つことがわかる．

$$\mathrm{Re}=\frac{\rho u_a^{2-n}d^n}{K}\frac{1}{8^{n-1}\left(\frac{3n+1}{4n}\right)^n} \quad (1.11.26)$$

乱流の場合は $n>1$ のダイラタント流体では管摩擦係数がニュートン流体より大きく，$n<1$ の擬塑性流体ではニュートン流体より小さくなることが知られている．高分子の水溶液の多くは擬塑性流体となる．擬塑性流体の場合，乱流において水より管摩擦係数が小さくなることから，消火，空調などにおいて水を輸送する際に圧力損失を低くするために高分子を少量溶解させることなどが行われている．

文　　献

1) 小川浩平，黒田千秋，吉川史郎 (2007)：化学工学のための数学，数理工学社．

2

乱 流 現 象

2.1 乱流の基礎

　化学装置内では液体・気体が流動しており，その流動状態が装置を使って行われるさまざまな操作に大きな影響を与えている．多くの移動現象および反応操作が行われる装置内の流動状態は層流ではなくて乱流であることを考えると，化学工学にとって乱流に関する知見はきわめて重要である．

　乱流は"速度や温度などのさまざまな物理量が時間的・空間的にある明確な平均値の周りでランダムな変動をしながら流れる流動状態"と定義される．このような乱流に関する知見のほとんどは実験によって蓄積されてきた．

　乱流はその発生に基づいて2つに分類できる．

（1） 壁乱流（円管内とか物体を過ぎる流れのように，固定壁と流体の摩擦力により生じる乱流）

（2） 自由乱流（流体層間のせん断応力により生じる乱流）

　また，そのランダム性の程度によって以下の2つに分類できる．

（1） 擬乱流（時間的・空間的に一定の明確な周期性を示しながらランダムな挙動を示す乱流（カルマン（Karman）渦など）

（2） 実乱流（時間的・空間的に周期性のまったくないランダムな挙動を示す乱流（通常のせん断乱流））

　さらに，研究上で理想的な3つの乱流が考えられている．

（1） 一様乱流（乱流統計量の値が座標軸を平行に移動しても変化しない乱流）

（2） 等方性乱流（乱流統計量の値が座標軸を回転・反転しても変化しない乱流）

（3） 一様等方性乱流（乱流統計量の値が座標軸を平行移動・回転・反転しても変化しない乱流）

2.1.1 乱流運動方程式

　一般に，乱流場のある点の物理量は時間平均分と変動分に分けて取り扱われる．たとえばある点の速度 u は時間 t に対して図2.1のような変動を示す．時間に対する平均速度は以下のように定義される．

$$U = \lim_{T \to \infty} \frac{1}{T} \int_0^T u \, dt \quad (2.1.1)$$

したがって，瞬間の速度 u は次のように平均分と変動分で表される．

$$u = U + u' \quad (2.1.2)$$

ここで，乱流の運動方程式を考える．密度と粘度が一定のニュートン流体の場合の速度変動分がない層流の運動方程式は，次のナビエ-ストークスの式で表される．

$$\rho \left(\frac{\partial U_i}{\partial t} + U_j \frac{\partial U_i}{\partial x_j} \right) = -\frac{\partial P}{\partial x_i} + \frac{\partial}{\partial x_j} \left(\mu \frac{\partial U_i}{\partial x_j} \right) \quad (2.1.3)$$

速度変動分のある乱流の場合は，速度等を平均分と変動分に分けて上式に代入し，平均をとって

$$\rho \left(\frac{\partial U_i}{\partial t} + U_j \frac{\partial U_i}{\partial x_j} \right) = -\frac{\partial P}{\partial x_i} + \frac{\partial}{\partial x_j} \left(\mu \frac{\partial U_i}{\partial x_j} - \rho \overline{u_i' u_j'} \right) \quad (2.1.4)$$

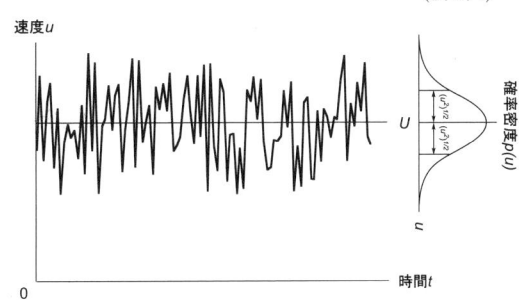

図2.1 流速変動とその確率密度分布

のように得ることができる．この乱流運動方程式と層流運動方程式との違いは，乱流運動方程式にはレイノルズ応力（乱流応力）とよばれる $-\rho\overline{u_i'u_j'}$ が現れることである．この乱流運動方程式は非線形項を含むため解析的には解を求めることができない．

なお，以下では表示を簡単にするために変動分のダッシュ（'）は省略して示すことにする．

2.1.2 乱流運動エネルギー式

乱流場の平均の運動に関する運動エネルギー式は，乱流運動方程式 (2.1.4) に平均速度 U_i を乗じて

$$\frac{1}{2}\frac{\partial}{\partial t}U_jU_j = -\frac{\partial}{\partial x_i}U_i\left(\frac{P}{\rho}+\frac{1}{2}U_jU_j\right)+\nu U_i\frac{\partial^2}{\partial x_j\partial x_j}U_i$$
$$-U_i\frac{\partial}{\partial x_j}\overline{u_iu_j} \quad (2.1.5)$$

と得られる．一方，層流時の運動エネルギー式は層流運動方程式 (2.1.3) に U_j を乗じた

$$\frac{1}{2}\frac{\partial}{\partial t}U_iU_i = -\frac{\partial}{\partial x_j}U_j\left(\frac{P}{\rho}+\frac{1}{2}U_iU_i\right)$$
$$+\nu\frac{\partial}{\partial x_j}U_i\left(\frac{\partial U_i}{\partial x_j}+\frac{\partial U_j}{\partial x_i}\right)$$
$$-\nu\left(\frac{\partial U_i}{\partial x_j}+\frac{\partial U_j}{\partial x_i}\right)\frac{\partial U_i}{\partial x_j} \quad (2.1.6)$$

である．この式 (2.1.6) の速度と圧力をそれぞれ平均分と変動分に分けて平均をとると

$$\frac{1}{2}\frac{\partial}{\partial t}U_jU_j+\frac{1}{2}\frac{\partial\overline{q^2}}{\partial t} = -\frac{\partial}{\partial x_i}U_i\left(\frac{P}{\rho}+\frac{1}{2}U_jU_j\right)$$
$$+\nu\frac{\partial}{\partial x_i}U_j\left(\frac{\partial U_i}{\partial x_j}+\frac{\partial U_j}{\partial x_i}\right)$$
$$-\nu\left(\frac{\partial U_i}{\partial x_j}+\frac{\partial U_j}{\partial x_i}\right)\frac{\partial U_j}{\partial x_i}$$
$$-\frac{\partial}{\partial x_i}\overline{u_i\left(\frac{p}{\rho}+\frac{1}{2}q^2\right)}$$
$$-\frac{\partial}{\partial x_i}U_j\overline{u_iu_j}-\frac{1}{2}\frac{\partial}{\partial x_i}U_i\overline{q^2}$$
$$+\nu\frac{\partial}{\partial x_i}\overline{u_j\left(\frac{\partial u_i}{\partial x_j}+\frac{\partial u_j}{\partial x_i}\right)}$$
$$-\nu\overline{\left(\frac{\partial u_i}{\partial x_j}+\frac{\partial u_j}{\partial x_i}\right)\frac{\partial u_j}{\partial x_i}}$$
$$\quad (2.1.7)$$

が得られる．この式 (2.1.7) から上記式 (2.1.5) を差し引くと

$$\frac{D}{Dt}\frac{\overline{q^2}}{2} = -\frac{\partial}{\partial x_i}\overline{u_i\left(\frac{p}{\rho}+\frac{q^2}{2}\right)}$$
$$-\overline{u_iu_j}\frac{\partial U_j}{\partial x_i}+\nu\frac{\partial}{\partial x_i}\overline{u_j\left(\frac{\partial u_i}{\partial x_j}+\frac{\partial u_j}{\partial x_i}\right)}$$
$$-\nu\overline{\left(\frac{\partial u_i}{\partial x_j}+\frac{\partial u_j}{\partial x_i}\right)\frac{\partial u_j}{\partial x_i}} \quad (2.1.8)$$

が得られる．ここで，$q^2=u_iu_i=u_xu_x+u_yu_y+u_zu_z$ である．この式 (2.1.8) が乱流運動エネルギー式である．各項のもつ意味は次のとおりである．

　左辺：単位時間，単位質量あたりの運動エネルギーの変化量

　右辺第1項：総乱流機械的エネルギーの対流拡散量

　右辺第2項：乱流応力平均運動の変形量

　右辺第3項：乱流挙動による粘性せん断応力の仕事量

　右辺第4項：乱流挙動による粘性散逸量

2.1.3 レイノルズ応力と乱流拡散係数

乱流運動方程式を層流運動方程式と同様に解くためには，レイノルズ応力あるいは変動速度が既知である必要がある．この問題をクリアするために従来から2つの方法がとられてきた．

（1）　現象論的方法
（2）　統計的方法

現象論的方法では，レイノルズ応力が平均速度勾配に比例し，その比例係数を乱流粘度あるいは混合距離と考える．

$$-\rho\overline{u_iu_j} = -\rho\varepsilon_{ij}\left(\frac{\partial U_i}{\partial x_j}+\frac{\partial U_j}{\partial x_i}\right)$$
$$\quad (2.1.9a)$$
$$-\rho\overline{u_iu_j} = -\rho\lambda^2\left|\frac{\partial U_i}{\partial x_j}\right|\frac{\partial U_i}{\partial x_j} \quad (2.1.9b)$$

ここで，ε_{ij} が乱流粘度/乱流拡散係数であり，λ が混合距離である．前者の乱流粘度の考え方は，乱流になることにより粘度が層流のときの μ から乱流粘度分だけ増加するという考え方である．このようにレイノルズ応力を粘度の増加に置き換えると，乱流運動方程式は層流運動方程式と同じレベルになり，解析解を求めることができることになる．しかし乱流粘度は物性ではなく，流動状態に依存するために本質的な問題解決にはならない．

・乱流拡散係数の導出

層流における物質収支は次式で示される．

$$\frac{\partial C}{\partial t}+U_i\frac{\partial C}{\partial x_i}=\frac{\partial}{\partial x_i}\left(D\frac{\partial C}{\partial x_i}\right)$$

乱流における物質収支は，濃度および速度を平均分と変動分に分けて表示することにより，次式で示される．

$$\frac{\partial C}{\partial t}+U_i\frac{\partial C}{\partial x_i}+\frac{\partial}{\partial x_i}\overline{u_ic}=\frac{\partial}{\partial x_i}\left(D\frac{\partial C}{\partial x_i}\right)$$

この式の左辺第3項を右辺に移項して整理すると次式になる．

$$\frac{\partial C}{\partial t}+U_i\frac{\partial C}{\partial x_i}=\frac{\partial}{\partial x_i}\left(D\frac{\partial C}{\partial x_i}-\overline{u_ic}\right)$$

この式中の2重相関項が，次式のように平均濃度勾配に比例すると仮定すると

$$-\overline{u_ic}=\varepsilon_c\frac{\partial C}{\partial x_i}$$

次式が得られる．

$$\frac{DC}{Dt}=\frac{\partial}{\partial x_i}\left((D+\varepsilon_c)\frac{\partial C}{\partial x_i}\right)$$

この式の ε_c が乱流拡散係数とよばれる．ここで，$\varepsilon_c \gg D$，を仮定すると最終的に次式となる．

$$\frac{DC}{Dt}=\frac{\partial}{\partial x_i}\left(\varepsilon_c\frac{\partial C}{\partial x_i}\right) \quad \left(\frac{\partial C}{\partial t}+U_i\frac{\partial C}{\partial x_i}=\frac{DC}{Dt}\right)$$

後者の混合距離の考え方は，乱流になることにより流体粒子の運動が複雑になり，気体分子運動論における平均自由行程に対応して考えられるという考え方である．しかし，この混合距離も流動状態に依存して一定ではなく，根本的な問題解決にはならない．移動現象に強く影響する乱流構造の基本的特性は，レイノルズ応力を用いて乱流運動方程式を解いても明確にはならない．また，レイノルズ応力が2重相関であることから，2重相関に関する式を導くことも試みることができる．乱流場の1点の流体の挙動は周囲の流体の挙動の影響を受けると考え，乱流場の2点の流体の挙動に着目して，次のカルマン-ハワース（Karman-Howarth）式が導出される．

$$\frac{\partial}{\partial t}(u'^2f)-u'^3\frac{1}{r^4}\frac{\partial}{\partial r}(r^4k)=2\nu u'^2\frac{1}{r^4}\frac{\partial}{\partial r}\left(r^4\frac{\partial f}{\partial r}\right)$$

(2.1.10)

ここで，f は2点を結ぶ方向の速度の2重相関，k は速度の3重相関であり，r は2点間の距離，u' は速度の2乗平方根である．このカルマン-ハワース式はレイノルズ応力に相当する2重相関を含んでいる．したがって，式（2.1.10）が解ければレイノルズ応力を知ることができるが，この式（2.1.10）には新たな未知の3重相関が含まれており，さらに今度は3重相関に関する式を導くことになるが，その式には新たな未知の4重相関が含まれることになる．このようにこの方法は閉じることができない．そこで，統計的方法が登場する．化学装置内は異なる大きさの流速変動が連続的に変化しているが，このさまざまな大きさの流速変動が重畳することこそ化学装置にとって有効となる．異なる大きさの流速変動は通常，異なる大きさの渦の挙動として表される．乱流を記述するためには渦は非常に有用な概念であり，理論的に取り扱うために都合のよい因子である．空間的に小さな渦は大きな波数の渦に対応する．さらに，各渦が乱流運動エネルギーに寄与する程度を示す乱流運動エネルギースペクトルも重要となる．

・周波数 f と波数 k と渦径 λ の関係
一般に乱流構造を議論するときには周波数 f と波数 k と渦径 λ の間に以下の関係を用いる．
$$k=2\pi f/U, \quad \lambda \propto 1/k$$
ここで，U は平均速度である．

2.1.4 乱流運動エネルギースペクトル

前述のように運動エネルギーがさまざまな大きさの渦/周波数にどのように分布しているかを表すのが，乱流運動エネルギースペクトルである．このエネルギースペクトルは2重相関をフーリエ変換して得られ，エネルギー伝達関数とは次のダイナミック式で表される関係にあることが導かれる．

$$\frac{\partial}{\partial t}E(k,t)=F(k,t)-2\nu k^2 E(k,t)$$

(2.1.11)

ここで，$E(k,t)$ は3次元エネルギースペクトル関数であり，$F(k,t)$ は3次元エネルギー伝達関数であり，k は波数である．このダイナミック式と実験結果を比較することにより，カスケードプロセスの概念が生まれる．カスケードプロセスでは，乱流エネルギーは主流から供給され，そのエネルギーは大きな渦から小さな渦へと連続的に伝達される．この過程では，エネルギーの散逸は小さな渦ほど大きな値をとり，それ以上細分化されない最小の渦が存在する．この最小渦の大きさには統計的に限界があ

る．つまり，乱流の変動の中には最大の周波数に対応する空間的に最小の大きさの変動がある．最小渦は流体の粘性によって決まり，平均速度の上昇とともに減少する．最大渦の限界は装置の大きさによって決まる．

さて，広い波数領域にわたる乱流構造を表すエネルギースペクトル関数は明らかにされていない．装置のスケールアップを重要課題とする化学技術者にとっては，同じ乱流構造をもつ装置にスケールアップすることが使命であるから，この乱流運動エネルギースペクトル関数を明らかにすることは重要である．

乱流挙動による時間スケールを見出すにはフーリエ解析が用いられる．周波数スペクトルが得られれば波数スペクトルも求められる（空間スペクトルを時間スペクトルから求めるにはテイラーの仮説を用いる）．$E(k)$ をエネルギースペクトル関数，k を波数とすると，次式の関係が得られる．

$$u'^2 = \int_0^\infty E(k)dk \quad (2.1.12)$$

もし実装置と模型装置で $E(k)$ が同じであれば，両装置の乱流構造も同じということになり，装置のスケールアップができたことになる．

2.2 乱流構造

乱流現象は確率現象であり，乱流構造を情報エントロピー（4.1.2b項参照）に基づいて議論できる可能性がある．定常な乱流場における速度の時間変化を記録した例が図2.1に示されているが，この速度変動 $u(t)$ の強度 u^2 は，T を測定対象時間，t を時刻，U を時間平均速度とするとき，次式

$$u^2 = \frac{1}{T}\int_0^T \{u(t)-U\}^2 dt \quad (2.2.1)$$

で表され，乱流場の空間の各点ごとに一定値をとる．この強度は速度変動の確率密度分布の分散値の意味をもっている．このような性質をもつ速度変動を情報エントロピーの視点からみてみる．

分散値がある値に定まっている場合に情報エントロピーが最大となる確率密度分布は，正規分布である．したがって，もし情報エントロピーが最大となるように速度変動が生じているとするならば，その確率密度分布は正規分布になっているはずである．実際に完全乱流場における速度変動確率密度分布を求めると図2.1に示すように正規分布になっている．このことは一定の速度変動強度をもつ完全乱流場の速度変動は，その確率密度分布が最大の情報エントロピーをとるように生じていると考えてよいことを示している．同様のことは，速度変動以外の物理量の乱流変動についても考えることができると思われ，自然界は情報エントロピーが最大となるように振る舞うことの例証でもある．

2.2.1 エネルギースペクトル密度分布関数（ESD関数）

いまだにエネルギースペクトル密度分布関数がどのような関数として表示できるかは解明されておらず，わずかに局所的な波数領域に対して，その形が表2.1に示すように提案されているだけである．ここで波数 k [m^{-1}] は f [s^{-1}] を変動周波数，U [m·s^{-1}] を時間平均速度とするとき $k=2\pi f/U$ で表され，空間の単位長さあたりに存在する渦の個数に相当し，渦径 λ の逆数の意味をもつ．エネルギースペクトル密度分布関数 $E(k)$ を流速変動の2乗 u^2 で除したものは波数を連続変数とする確率密度関数である．そこで，情報エントロピーのメガネをかけてエネルギースペクトル密度分布関数を見直

表2.1 提出されているESD関数

波数領域	低波数領域	中波数領域	高波数領域	超高波数領域
$E(k)\propto$	k (Chandrasekhar, 1949[2]), (Rotta, 1950[12]), (Prudman, 1951[11]) k^2 (Birkhoff, 1954[1]) k^4 (Loitsansky, 1939[5])	k (Ogawa, 1981[6])	$k^{-5/3}$ (Kolmogoroff, 1941[4])	k^{-7} (Heisenberg, 1948[3])

し，乱流の構造に関する新たな知見を探る．

エネルギースペクトル

スペクトル解析というランダムデータ解析方法は，イギリスの物理学者アーサー・シュスター（Arthur Schster）が太陽の黒点の150年間にわたる変異周期を検討して求めた周期と変動強さの関係を表す曲線 periodgraph にさかのぼることができる．

乱流における速度変動も種々の波長の波の合成であり，フーリエ積分，あるいはフーリエ変換はその数学的表現ということになる．$u'(t)$ を実際の流速変動とすると次の関係が得られる．

$$u'(t)=\frac{1}{2\pi}\int_{-\infty}^{\infty}F(\omega)e^{j\omega t}d\omega=\int_{-\infty}^{\infty}F(\omega)e^{j\omega t}df$$
$$(\omega=2\pi f)$$

エネルギー量 E を考えると，パーシバル（Parseval）の定理により次式が導かれる．

$$E=\int_{-\infty}^{\infty}|u'(t)|^2dt=\frac{1}{2\pi}\int_{-\infty}^{\infty}|F(\omega)|^2d\omega$$
$$=\int_{-\infty}^{\infty}|F(\omega)|^2df$$

強さ $|F(\omega)|^2$ は $u'(t)$ のエネルギースペクトル，あるいはエネルギースペクトル密度分布関数とよばれ，周波数 $f(=kU/2\pi)$ が乱流エネルギーへ寄与する割合を意味している．周波数スペクトルと同じように，波数スペクトルは空間相関のフーリエ変換によって求められる（テイラーの仮説が適用できるときは，周波数スペクトルから波数スペクトルが求められる）．注目している変数の領域で変動が周期的であったり，その領域以外では0であれば $|F(\omega)|^2$ も限られた値をとるが，注目している変数の領域が無限であるときは単位時間あたりの平均エネルギーが計算されて次式のパワースペクトルが用いられる．

$$S(f)=\lim_{T\to\infty}\left[\frac{1}{T}|F(f)|^2\right]$$

一般に，エネルギースペクトルはウィナー–フィンチン（Wiener-Khintcin）の定理に基づいて自己相関関数 $R_{11}(\tau)$ を用いて次のように求められる．

$$|F(\omega)|^2=\int_{-\infty}^{\infty}R_{11}(\tau)e^{-j\omega\tau}d\tau$$
$$=\int_{-\infty}^{\infty}\int_{-\infty}^{\infty}u(t)u(t-\tau)e^{-j\omega\tau}d\tau$$

$\omega=2\pi f$ と $k=2\pi f/U$ のこの関係があることから，$|F(\omega)|^2$ は $E(k)$ に対応することがわかる．

乱流場は非線形系であり，速度変動として表される渦構造も非線形の影響を大きく受けていると考えることができる．この非線形系の乱流場から1つの変動を取り出したときに，その変動は「どの波数か？」についての不確実さに基づいてエネルギースペクトル密度分布関数の表示式を求める[8]．エネルギースペクトル密度分布関数の表示式を検討するために，乱流構造に対して次のような仮定および条件を設定する．

（1）乱流場は，基本となる渦群とそれに基づいて次から次へと生じる分数調波の渦群の総計 m 個の渦群から構成されている．

（2）いずれの渦群にも平均の大きさ（平均波数あるいは平均周波数）がそれぞれ存在し，渦群 i の平均波数を K_i とするとき，渦群 $i+1$（渦群 i 群の分数調波の渦群）の平均波数 K_{i+1} とは次の関係がある．

$$\frac{K_{i+1}}{K_i}=\frac{1}{\alpha} \tag{2.2.2}$$

（3）各渦群のエネルギースペクトル密度分布関数は，それぞれ情報エントロピーが最大値をとる関数形をとる．

（4）渦群 i の乱流運動エネルギー u_i^2 が全乱流運動エネルギー u^2 中に占める割合を P_i とするとき，渦群 $i+1$ の乱流運動エネルギーとは次の関係がある．

$$\frac{P_{i+1}}{P_i}=\frac{1}{\beta} \tag{2.2.3}$$

ここでいう渦群とは，発生原因を同じにする渦の集合のことである．乱流場の乱流エネルギーの授受に関するカスケードプロセスを考えると，流体ごとに平均周波数最大の渦群すなわち大きさが最小の渦群（基本渦群）は定まっていると考えることができる．

渦群 i のエネルギースペクトル密度分布関数である $E_i(k)/u_i^2$ は確率密度関数であるから

$$\int_0^{\infty}\frac{E_i(k)}{u_i^2}dk=1 \tag{2.2.4}$$

の性質があり，さらに上記の条件2の平均波数 K_i が存在する性質は

$$\int_0^{\infty}k\frac{E_i(k)}{u_i^2}dk=K_i \tag{2.2.5}$$

と表される．また渦群 i 群の速度変動から1つの変

動を取り出したときに，その変動は「どの波数か？」についての不確実さを示す情報エントロピーは次式で表される．

$$H_i(k) = -\int_0^\infty \frac{E_i(k)}{u_i^2} \log \frac{E_i(k)}{u_i^2} \quad (2.2.6)$$

この情報エントロピーが平均値が存在するという条件2の下で最大値をとるときの関数 $E_i(k)/u_i^2$ は

$$\frac{E_i(k)}{u_i^2} = \frac{1}{K_i} \exp\left(-\frac{k}{K_i}\right) \quad (2.2.7)$$

のときである．したがって，これが渦群 i のエネルギースペクトル密度分布関数ということになる．

条件（4）より，渦群 i の乱流運動エネルギーが全乱流運動エネルギー中に占める割合が P_i であるから，この乱流場のエネルギースペクトル密度分布関数はすべての渦群のエネルギースペクトル密度分布関数を平均した

$$\frac{E(k)}{u^2} = \frac{1}{u^2}\sum_i^m E_i(k) = \frac{1}{u^2}\sum_i^m \frac{u_i^2}{K_i}\exp\left(-\frac{k}{K_i}\right)$$

$$= \frac{1}{u^2}\sum_i^m \frac{P_i u^2}{K_i}\exp\left(-\frac{k}{K_i}\right)$$

$$= \frac{1}{K_1 \sum_j^m (1/\beta)^{j-1}}\sum_j^m \left\{\left(\frac{\alpha}{\beta}\right)^{j-1}\exp\left(-\alpha^{j-1}\frac{k}{K_1}\right)\right\}$$

$$(2.2.8)$$

と表すことができる．ここで，K_1 は基本渦群の平均波数である．

さてここで，各渦群の平均波数および乱流運動エネルギーの比 α, β の値が定まればエネルギースペクトル密度分布関数は定まることになるが，これらの値を理論的に決定することは難しい．そこで α, β の値の組合せを変え，それぞれの組合せにおいて渦群数を変化させたときのエネルギースペクトル密度分布曲線を求め，もっとも適切な α, β の組合せを探る．得られた結果のなかで，従来のエネルギースペクトル密度分布曲線について知られている知見に基づいて，次の条件を満たす α, β の値の組合せを最適な組み合わせと定める．

（1）コルモゴロフ（Kolmogoroff）の $-5/3$ 乗則があてはまる直線部分が明確にある．

（2）波数 k の増加とともに一様に減少し，かつ分布曲線に変曲点がない．

最終的にこれらの条件をすべて十分に満足する最適な α, β の値の組合せとして

$$\alpha = 3$$

$$\beta = 0.5$$

が得られる．この組み合せの場合には，渦群数が大きくなるとともにコルモゴロフの $-5/3$ 乗則があてはまる波数領域も次第に大きくなっており，分布曲線にも変曲点がない．α, β の値がこれらの値を取る場合のエネルギースペクトル密度分布関数は

$$\frac{E(k)}{u^2} = \frac{1}{K_1 \sum_j^m 2^{j-1}}\sum_j^m \left\{6^{j-1}\exp\left(-3^{j-1}\frac{k}{K_1}\right)\right\}$$

$$(2.2.9)$$

と表示できる．

以上の結果から，乱流場は，最小の大きさの基本渦群とその $1/3$ 倍の波数（空間的大きさで3倍）と2倍の運動エネルギーを有する分数調波の渦群，さらに同じ関係にあるより大きな渦群というように次々と生じる渦群から構成されていることが推測される．渦群の平均波数の比が $1/3$ となる結果は，多くの非線形系の場合の分数調波の周波数比が $1/3$ であることとも一致しており，興味深い．

円管内乱流，ジェット流，格子後流，攪拌槽内インペラー吐出流などにおける実際の乱流場の ESD について，新たに定義された渦群数 m をパラメーターとする式（2.2.9）の ESD でカーブフィッテ

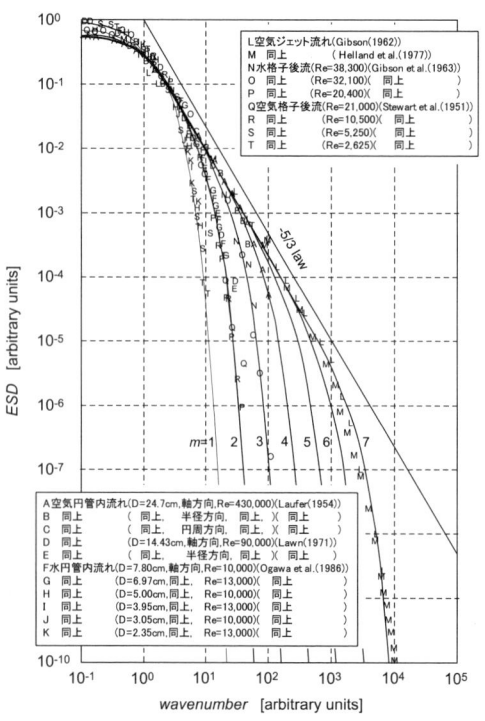

図 2.2　実測 ESD データとカーブフィッティング曲線

水 (Re =10,000)

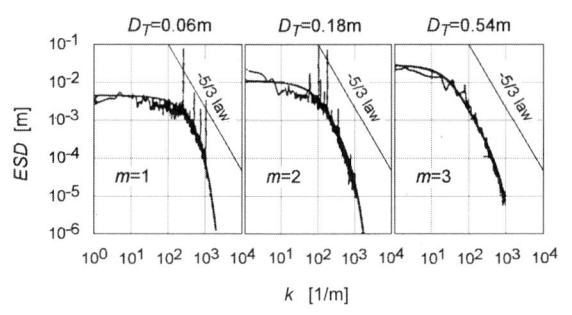

図2.3 攪拌槽の場合のESD[10]

ィングした場合の比較を図2.2, 2.3に示す. いずれのESDの実測値も渦群数 m のいずれかの値に対応する式 (2.2.9) のESD曲線とそれぞれ良好に一致している.

2.2.2 乱れのスケールと乱流拡散

式 (2.2.9) で表されるエネルギースペクトル密度分布関数は, 周波数 f を用いると $k=2\pi f/U$ の関係から

$$E(n)=\sum_i^m \frac{P_i u^2}{F_i}\exp\left(-\frac{f}{F_i}\right) \quad (2.2.10)$$

と書くことができる. この式をウィナー-フィンチンの定理に基づいてフーリエ変換すると

$$R(t)=\frac{1}{u^2}\int_0^\infty E(f)\cos(2\pi ft)dn=\sum_i^m \frac{P_i}{1+(2\pi F_i t)^2} \quad (2.2.11)$$

と2重相関が求められる. この2重相関を時間 t について0から∞まで積分すればマクロタイムスケール T_0 が求められる.

$$T_0=\int_0^\infty R(t)dt=\frac{1}{4}\sum_i^m \frac{P_i}{F_i} \quad (2.2.12)$$

また, この2重相関は $t\to 0$ の場合は

$$R(t)\cong 1-(2\pi)^2\sum_i^m P_i F_i^2 t^2 \quad (2.2.13)$$

となり, 2次曲線で表されることがわかる. さらにこの式に基づいて, ミクロタイムスケール τ_0 が求められる.

$$\tau_0=\frac{1}{2\pi(\sum_i^m P_i F_i^2)^{1/2}} \quad (2.2.14)$$

これらの式から明らかなように, マクロタイムスケール, ミクロタイムスケールのいずれにも周波数の小さな, つまり空間的大きさの大きな渦群の方が小さな渦群より強い影響を与えていることがわかる.

なお, 上記のスケールは時間スケールであるが, それぞれの時間スケールに乱流場の時間平均速度 U を乗じることにより, 空間スケールに置き換えることができる.

$$\Lambda_0=T_0 U=\frac{U}{4}\sum_i^m \frac{P_i}{N_i} \quad (2.2.15)$$

$$\lambda_0=\tau_0 U=\frac{U}{2\pi(\sum_i^m P_i N_i^2)^{1/2}} \quad (2.2.16)$$

ここで, 2重相関 $R(t)$ がラグランジュの2重相関 $R_L(t)$ とほぼ等しく, u^2 もラグランジュの乱流運動エネルギー u_L^2 とほぼ等しいと仮定すると, 乱流拡散による拡がりの程度を示す分散値は

$$\begin{aligned}\sigma^2&=2u_L^2\int_0^\tau(\tau-t)R_L(t)dt\\&=2u^2\int_0^\tau \sum_i^m \frac{(\tau-t)P_i}{1+(2\pi F_i t)^2}\\&=u^2\sum_i^m \frac{P_i}{\gamma_i}\{-\log(\gamma_i\tau^2+1)\\&\quad+2(\gamma_i\tau)^{1/2}\arctan(\gamma_i\tau)^{1/2}\} \end{aligned} \quad (2.2.17)$$

と表される. ここで, $\gamma_i=(2\pi)^2 F_i^2$ である. この式から分散値にも周波数の小さな, つまり空間的大きさの大きな渦群の方が小さな渦群より強い影響を与えていることがわかる. また, この分散値は

$\tau\to 0$ の場合：$\sigma^2\cong u^2\tau^2$ (2.2.18a)

$t\to \infty$ の場合：

$$\sigma^2\cong u^2\sum_i^m \frac{P_i}{\gamma_i}\{-2\log\tau+\pi(\gamma_i\tau)^{1/2}\}\cong u^2\pi\sum_i^m \frac{P_i}{\sqrt{\gamma_i}}\tau \quad (2.2.18b)$$

となり, いずれの場合も分散値, すなわち乱流拡散による拡がりの程度と時間との関係は, 従来からいわれている関係と一致する.

2.2.3 スケールアップ

一般に, 実装置とモデル装置で同じ現象を生起するためには流動の構造が同じである必要があることから, 装置のスケールアップは実装置のESDとモデル装置のESDが一致したときに完全に達成されると考えられる. 前項で乱流場が基本渦群とその1/3倍の波数 (空間的大きさで3倍) と2倍の運動エネルギーを有する分数調波の渦群, さらに同じ関係にあるより大きな渦群というように, 次々と生じ

る渦群から構成されていると考えてよいことを明らかにした．しかし分数調波が無限に生じるわけではなく，装置の大きさ以上の分数調波は生じない[7,9]はずで，装置の大きさと渦群数との間には何らかの関係があるはずである．

上記の渦群の関係からは，装置をスケールアップするときモデル装置より実装置の寸法比を3倍以上大きくすると，実装置では新たな分数調波の渦群が生じてモデルの装置のときより多い渦群数となり，両装置のエネルギースペクトル密度分布関数は一致しなくなる．このことは，エネルギースペクトル密度分布関数を等しくしてスケールアップできる限度は1次元で最大3倍，3次元すなわち体積で考えると最大$3^3=27$倍であることが推測できる．これが基本的なスケールアップ則ということになる．

a. 撹拌槽のスケールアップ

ここで，従来の代表的スケールアップ則の信頼性を式（2.2.9）で定義された ESD に基づいて情報エントロピーの視点から評価する．従来のスケールアップ則としては表2.2に示すものがある．（これらのスケールアップ則で使用されている翼回転速度 N は翼先端速度 $U_T(\propto ND)$ が乱流速度変動の分散値，すなわち乱流運動エネルギー u^2 に比例することが明らかにされていることから，ND は u^2 と D で書き換えることができる．撹拌槽の寸法比が3倍以上になるごとに渦群数が1つずつ増えることを仮定し，各スケールアップ則に従って乱流運動エネルギーを算出して ESD 曲線を求める．得られた渦群数と ESD 曲線の関係から，信頼性判定基準に基づいてスケールアップ則の評価を行う）．信頼性判定基準は以下のように設定する．各分布曲線間に重複する波数領域がある場合は，その波数領域が対象とする現象に重要な影響を与えるときに，そのスケールアップ則は物理的信頼性があるという判断をする（スケールアップ比が1/3以下であればスケールアップ前後でエネルギースペクトル密度分布曲線に変化がないことになり，前述のように u^2 を一定に保つことでスケールアップが十分達成できることになる）．その結果[7]を図2.4に示す．

（ⅰ） $ND^0 =$ 一定

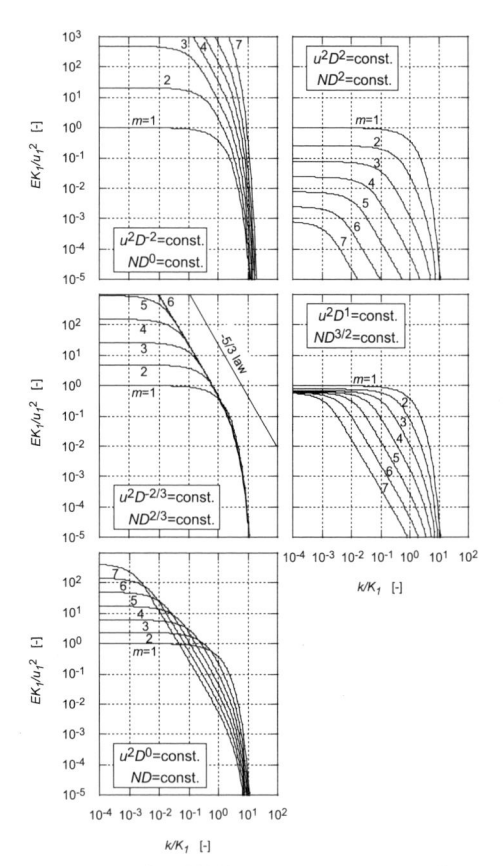

図2.4 既往の撹拌槽スケールアップ則の信頼性

表2.2 既往の撹拌槽スケールアップ則

$ND^X=$一定 X値	$u^2D^Y=$一定 Y値	ルール	プロセス
0	-2	インペラー回転速度一定 循環時間一定 単位体積あたりインペラー吐出流量一定	高速反応
2/3	$-2/3$	単位体積あたり所要動力一定 インペラー吐出流エネルギー一定	乱流拡散 気-液操作 ミクロ混合が必要な反応
1	0	インペラー先端速度一定 単位体積あたりトルク一定	
2	2	レイノルズ数一定 インペラー吐出流運動量一定 単位インペラー吐出流量あたりトルク一定	

この条件は $u_i^2 D^{-2}=$ 一定にすることに相当する. ESD 曲線はどの波数領域でも重複しておらず, したがって, このスケールアップ則の信頼性はないことになる.

（ⅱ）$ND^{2/3}=$ 一定

この条件は $u^2 D^{-2/3}=$ 一定にすることに相当する. コルモゴロフの $-5/3$ 乗則が成立する波数より高波数領域ではすべての ESD 曲線は一致しており, $m \geq 2$ ではこの傾向は顕著である. 一方, 低波数領域では ESD 曲線は重複していない. この結果は, コルモゴロフの $-5/3$ 乗則が成立する高波数領, すなわち空間的大きさが小さい渦が支配的になる現象をスケールアップ対象とするときには, このスケールアップ則が信頼できることを示している.

（ⅲ）$ND=$ 一定

この条件は $u^2 D^0=$ 一定にすることに相当する. どの ESD 曲線も互いに一点の波数で交差しているだけである. したがって, このスケールアップ則の信頼性は乏しい.

（ⅳ）$ND^2=$ 一定

この条件は $u^2 D^2=$ 一定にすることに相当する. ESD 曲線はどの波数領域でも重複しておらず, したがって, このスケールアップ則の信頼性はない.

（ⅴ）$ND^{3/2}=$ 一定

この条件は表にはなく, $u^2 D^1=$ 一定にすることに相当する. ESD 曲線は高波数領域では重複していないが, 低波数領域ではどの ESD 曲線もほぼ一致していることから, 低波数領域, すなわち空間的大きさが大きい渦が支配的となる現象をスケールアップ対象とするときには, このスケールアップ則が信頼できる.

b. 円管のスケールアップ

円管は, 化学装置というよりも配管としての位置づけが大きいが, インラインミキシングやインライン反応などが必要とされ注目されてきている. そこで円管内完全乱流場の ESD 曲線を式 (2.2.9) で定義された ESD に基づいて表示するときの渦群数と管内径との関係, すなわち円管のスケールアップ則を検討すると表 2.3 の結果が得られる. また, 水および空気の最小渦群の平均波数は, 以下のようになる.

$$K_{1W}=1.40 \text{ cm}^{-1}$$
$$K_{1A}=5.70 \text{ cm}^{-1}$$

2.2.4　非ニュートン流体の場合のエネルギースペクトル密度関数

前項まではニュートン流体を対象とした説明をしてきたが, 非ニュートン流体の場合のエネルギースペクトル密度分布を検討してみる. 非ニュートン流体といっても種々あるが, 本項では取り扱いがしやすい指数則流体を対象とする.

指数則流体のレオロジー構成方程式は次式で表される.

$$\tau = A\gamma^n \quad (2.2.19)$$

指数則流体の場合の乱流構造をニュートン流体の乱流構造と比較する必要があるが, 乱流を構成する渦が関与する力関係には指数則流体とニュートン流体とでは差異はないとする. つまり渦が代表単位面積を通して受け取る運動量と渦の代表単位面積に生じるせん断力が比例していると考える.

$$\rho u^2 \propto \tau \quad (2.2.20)$$

この関係を, ニュートン流体の場合は下付添字 N, 指数則流体の場合は下付添字 P を付けることにして, 渦の代表速度を u, 代表径を λ とすると次式で表される.

$$\text{ニュートン流体：} \rho_N u_N^2 \propto \mu_N \frac{du_N}{dr} \propto \mu_N \left(\frac{u_N}{\lambda}\right)^2$$
$$(2.2.21)$$

表 2.3　円管のスケールアップ則

渦群数 m	水			空気		
1	0	$<D \leq$	6.6 cm	0	$<D \leq$	1.62 cm
2	6.6	$<D \leq$	19.8	1.62	$<D \leq$	4.86
3	19.8	$<D \leq$	59.4	4.86	$<D \leq$	14.6
4	59.4	$<D \leq$	178	14.6	$<D \leq$	43.8
5	178	$<D \leq$	535	43.8	$<D \leq$	131
6	535	$<D \leq$	1604	131	$<D \leq$	394

指数則流体：$\rho_P u_P{}^2 \propto \mu_P \left(\dfrac{du_P}{dr}\right)^n \propto \mu_P \left(\dfrac{u_P}{\lambda}\right)^n$

(2.2.22)

ここで，密度 ρ も粘度 μ も流体の物性で一定であり，また $\lambda \propto 1/k$ と考えてよいから

ニュートン流体：$u_N{}^2 \propto k^2$ (2.2.23)

指数則流体：$u_P{}^2 \propto k^{2n/(2-n)}$ (2.2.24)

となる．したがって，ニュートン流体の場合の運動エネルギーと指数則流体の場合の運動エネルギーの間には，次の関係式があることがわかる．

$$\dfrac{u_P{}^2}{u_N{}^2} \propto k^{4(n-1)/(2-n)} \quad (2.2.25)$$

エネルギースペクトル密度分布関数における u^2 が上記の $u_N{}^2$ に対応するから，最終的に次式が得られる．

$$\dfrac{E(k)}{u_P{}^2} = \dfrac{1}{K_1 \sum_j^m 2^{j-1}} \sum_j^m \left\{ 6^{j-1} \exp\left(-3^{j-1}\dfrac{k}{K_1}\right) \right\} (Bk^{4(n-1)/(2-n)}) \quad (2.2.26)$$

ここで，B はエネルギースペクトル密度分布関数として規格化するための係数である．この式（2.2.26）が指数則流体の場合のエネルギースペクトル密度分布関数ということになる．

なお，まったく同じ結論はエネルギーを考えても導出できる．

ここで，実測された 0.6 wt%CMC 水溶液の場合のESDの結果を式（2.2.26）で表される渦群数をパラメータとしたESD曲線でカーブフィッティングすると，図2.5に示すように式（2.2.26）の有

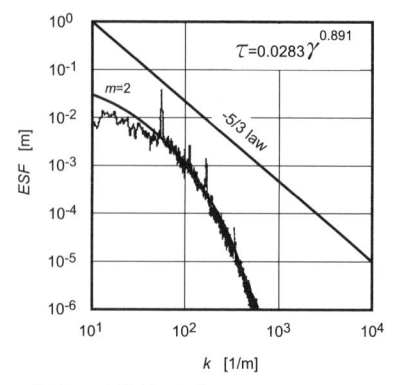

図2.5 実測された指数則流体ESDデータとカーブフィッティング曲線

効性が確認できる．

文　献

1) Birkhoff, G. (1954): *Comm. Pure Appl. Math.*, **7**, 19-44.
2) Chandrasekhar, S. (1949): *Proc. Rpy. Soc. London*, Ser. A. **200**, 20-33.
3) Heisenberg, W. (1948): *Z. Physik.*, **124**, 628-657.
4) Kolomogoroff, A. N.(1941): *Comt. Rend. Acad. URSS.*, **30**, 301.
5) Loitsansky, L. G.(1939): *NACA.*, TM-1079.
6) Ogawa, K.(1981): *J. Chem. Eng. Japan*, **14**, 250-252.
7) Ogawa, K.(1992): *J. Chem. Eng. Japan*, **25**, 750-752.
8) Ogawa, K., Kuroda, C. and Yoshikawa, S.(1985): *J. Chem. Eng. Japan*, **18**, 544-549.
9) Ogawa, K., Kuroda, C. and Yoshikawa, S(1986): *J. Chem. Eng. Japan*, **19**, 345-347.
10) Ogawa, K. And Mori, Y.(1997): *J. Chem. Eng. Japan*, **30**, [5], 969-971.
11) Prudman, I. (1951): *Proc. Cambridge, Phil. Soc.*, **47**, 158-176.
12) Rotta, J.(1950): *Ingr. Arch.*, **18**, 60-76.

3

混　相　流

　混相流とは，連続する流体（気体または液体）中に，異相（気体，液体または固体）が分散して存在し，位置または時間によって変化を伴う状態を指す．分散相-連続相の順に記述することが多く，たとえば液中に気泡が分散している系（気泡塔など）は "気-液系"，気相中に液滴が落下している系（スプレー塔など）は "液-気系"，水中に油滴が懸濁している系（抽出塔など）は "液-液系"，気体中に固体微粒子が浮遊している系（流動層など）は "固-気系"，液中に気泡と粒子が分散している系（懸濁気泡塔など）を "気-液-固系" のようによぶ．

　混相流はさまざまな化学装置やプロセス操作において観察されるが，単相流に比べて非常に複雑な流動状態を示す．その結果，反応の促進や抑制，伝熱速度の向上または低下などさまざまな効果をもたらす．しかしながら，混相流の流動は関係する変数や物性が多いことからいまだ十分に予測することは困難で，CFD を利用した現象解明が進められている段階である．

　そこで，実験的に調べられた混相流の流動状態に関する情報の蓄積，分類および整理が進められている．これらの情報から装置内の混相流の流動様式を知り，設計に役立てる．

　本章では，とくに重要な気-液系および液-液系混相流に関する基礎について解説する．

3.1　気-液混相流

　気体は液体や固体に比べて小さな密度および粘度をもち，圧縮性がある．気-液界面に働く界面張力は球形を維持しようとする一方，気泡は容易に合体および分裂を繰り返す．また気泡には浮力が働くため，重力の方向と混相流の流れ方向の関係によって流動様式が大きく変化する．ここでは代表例として，垂直管内および水平管内の気-液 2 相流の流動様式を紹介する．

3.1.1　垂直管内の流動様式

　図 3.1 に十分発達した垂直円管内の気-液 2 相流の流動状態を示す．（a）均一気泡流は低い気液比

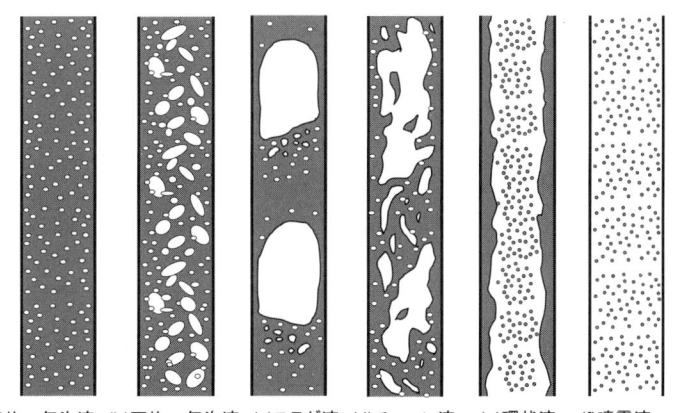

(a)均一気泡流　(b)不均一気泡流　(c)スラグ流　(d)チャーン流　(e)環状流　(f)噴霧流

図 3.1　垂直管内の気-液 2 相流の流動状態の変化

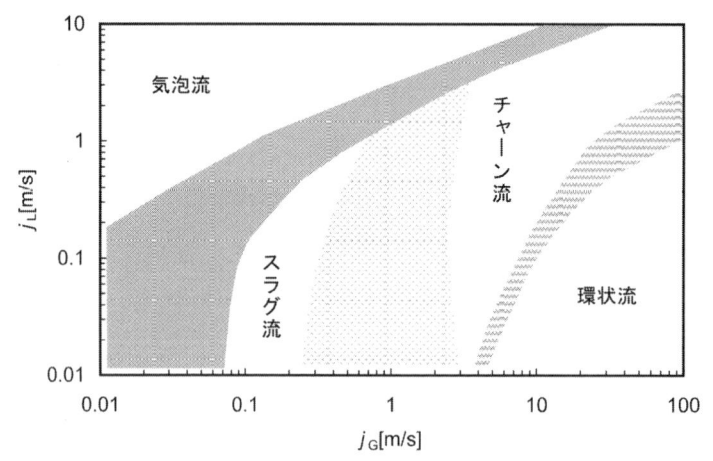

図 3.2 垂直管内の空気-水系 2 相流流動状態マップ[2]

で観察され，比較的小さな気泡が合体や分裂を伴わずに上昇する．（b）不均一気泡流では気泡の合体と分裂が頻繁に生じ，液相中に渦が観測されるようになる．（c）スラグ流は粘性液あるいは細管内で観察される．合体により成長した弾丸状気泡が，ほぼ管内径を覆って上昇する．（d）チャーン流は比較的高い気液比で観察され，気泡は液とのせん断により，著しい変形と分裂を伴いながら上昇する．（e）環状流はより高い気液比で観察される．液は壁を濡らすように流れ，管中央部を液ミストとともに気体が連続相として流れる．（f）噴霧流は高い気液比の高速流でみられ，分散相と連続相が反転し，連続した気体流に微細液滴が同伴する．

図 3.2 は常温常圧下で垂直管内を通過する空気-水系の流動状態マップである[2]．ガス空筒速度 j_G に対して液空筒速度 j_L がプロットされている．気液比（$=j_G/j_L$）が小さいと気泡流となり，気液比の増加とともにスラグ流，チャーン流，環状流のように流動状態が変化する．各流動状態の遷移域は管の形状や管壁の材質（濡れ性や表面粗さ）により変化するため広い．とくにスラグ流は管内径の影響を大きく受けるため，遷移境界の変化幅は大きい．

3.1.2 水平管内の流動様式

図 3.3 に水平管内の流動状態を示す．混相流の水平方向の運動では，重力によって気相の浮上および液相の沈降が生じるため，垂直管内での流動状態とは差異が生じる．（a）層状流は低流速時に観察される．管底には液相，管上部空間には気相が完全に

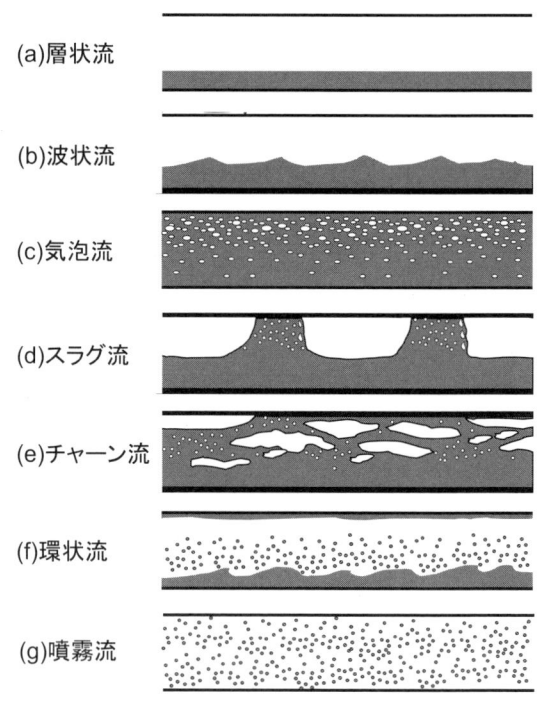

図 3.3 水平管内の気-液 2 相流の流動状態の変化

分離して流れ，界面に乱れは生じない．（b）波状流では，気相と液相とは上下に分離して流れるが両相の界面に波が生じる．（c）気泡流は比較的小さい気液比かつ高液流速で観察される．気泡は管上部に偏在しながら流れる．（d）スラグ流はより高い気液比でみられ，管上部で気相と液相が交互に流れる．（e）チャーン流はフロス流ともよばれ，管上部を長い大気泡が合体と分裂を繰り返しながら流下

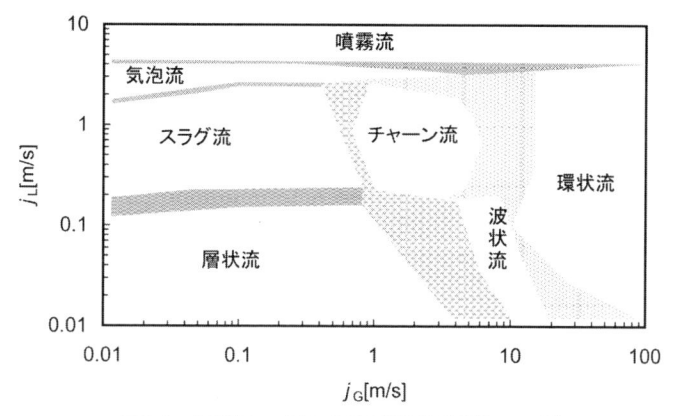

図3.4 水平管内の空気-水系2相流流動状態マップ[3]

する．（f）環状流はより高速な流れで観察され，液体は壁を濡らすように流れ，気体は分散相にはならず液滴を同伴しながら流れる．（g）噴霧流は高い気液比でみられ，高速で流れる気体連続相中に微細な液ミストが飛ぶ状態である．

図3.4は水平管内を流れる空気-水系の流動状態マップである[3]．ガス空筒速度 j_G の増加とともに，気泡流，スラグ流，チャーン流，環状流のように発達する流動状態は垂直管内の流動に類似しているが，とくに低い j_G においては j_L の増加とともに層状流，スラグ流，気泡流，噴霧流のように著しい状態変化が生じる．

3.2 液-液混相流

連続液相中に液滴が分散する混相流は油中水滴型（W/O）および水中油滴型（O/W）エマルションを取り扱う際によくみられる．液-液系における分散相と連続相の密度差は一般的に小さいため分散相の浮上や沈降速度は気-液系に比べて遅い．また，液-液界面張力も気-液界面張力に比べて小さいため，分散液滴の平均径は気泡に比べて小さい．

図3.5は水平管内での水-油系2相流の流動状態マップである[1]．水相の空筒速度を j_w，油相の空筒速度を j_o とし，混相中の水分比 $j_w/(j_w+j_o)$ と全液空筒速度 j_w+j_o との関係から7つの流動状態に分類されている．（a1）油水が2相に分離した層状流となる．（a2）油水界面での攪乱により生じた水滴または油滴を伴う層状流が観察される．（b）連続した油相中に水滴が一様に分散した不安定なW/Oエマルションが生じる．（c1）管底部に水が連続相として流れ，管上部にW/Oエマルション相が流れる．（c2）管底部にO/Wエマルション相が流れ，その上部にW/Oエマルション相が流れる．（d）管底部に連続水相が流れ，その上部にO/Wエマルション相が流れる．（e）不安定なO/Wエマルション相を形成する．

以上で混相流の流動状態変化の概要について解説

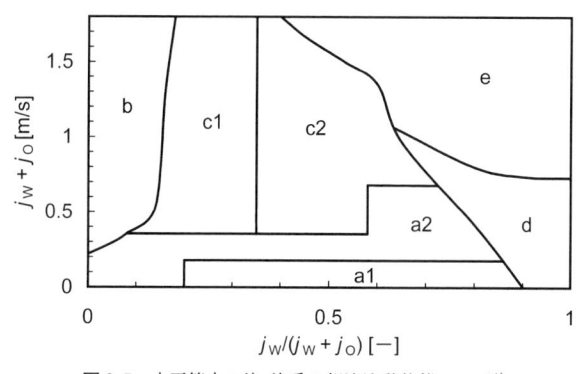

図3.5 水平管内の液-液系2相流流動状態マップ[1]

を行ったが，実際にパイプライン，熱交換器，気泡塔，攪拌槽，液-液抽出器などの装置設計に利用するためには，定量的な流動パラメーターの予測，流動から派生して伝熱，物質移動および化学反応に関するパラメーターの推算が必要である．これらについては単位操作ごとに設計式や推算手法が提案されているので，調査が必要である．

文　献

1) Nädler, M. and Mewes, D. (1995)：The effect of gas injection on the flow of immiscible liquids in horizontal pipes. *Chem. Eng. Technol.*, **18**(3), 156-165.
2) 世古口言彦 (1973)：伝熱工学の進展Ⅰ，養賢堂.
3) 世古口言彦 (1982)：気液二相流における流動の固有の性質．混相流の基礎理論と応用技術（混相流シンポジウム講演論文集）：83-108.

4 機械的混合・分離操作

4.1 混合操作[1,2]

4.1.1 混合操作の基礎

混合操作は2種類以上の物質を混ぜ合わせて均一な製品をつくるとか，物質間の化学的あるいは物理的変化，熱伝達あるいは反応の促進の目的で利用される操作である．混合という操作は，原始人が料理をしたときに遡ることができる．その後数千年が経過するが，混合現象は十分には明らかにされていない．その混合はスケールの大きさによって

（1） 巨視的混合（マクロミキシング）
（2） 微視的混合（マイクロミキシング）

の2つに大きく分けて考えることができる．巨視的混合は，装置内の物質の肉眼観察や通常の濃度検出器による測定によって十分識別できる程度の比較的大きな空間内での混合であり，微視的混合は分子レベルの混合である．しかし流体混合の場合は分子レベルの混合をとらえることはきわめて困難であり，装置空間の大きさより十分に小さいが分子の大きさよりは十分に大きい程度の空間内での混合も化学工学においては微視的混合に入れている場合が多い．

化学工業における代表的な混合装置は可動部分としてインペラーを有し，強制的に強い流動場を作り上げる撹拌槽である．撹拌槽内の混合現象は，まず装置内の流体の強制的な流れ，つまり対流と，それによって生じるランダムな運動，つまり乱流変動によって進行する．一般に流体の強制的な流れはインペラーなどの可動部分によって引き起こされる．撹拌槽自体がプロセスの主要部分である場合もあるが，プロセスの背後に位置づけられて地味な役割を演じている場合が多い．通常，撹拌は流体の乱流拡散と対流によって混合が進行するが，ニーディング（捏和）とよばれるきわめて高粘性あるいは塑性物質の混合の場合は乱流拡散および対流が貢献することは少なく，装置の特性による複雑で連続的な変形によって混合が進行する．しかし，混合操作/装置の成否がプロセスの成否に大きく影響することは確かである．複雑な混合現象の積み重ねの結果を利用する混合操作/装置の目的は2つある．

（1） 単なる混ぜ合わせ
（2） 熱・物質の移動速度や反応速度の制御

インペラーを用いた液-液系/液-気系/液-固系混合における第一目的は，連続相と分散相の2相の界面積を増加させるために液滴/気泡/固体粒子を槽内へ分散させることにある．液-液混合は，液-液抽出操作，高分子重合，エマルション重合などで広く利用される．一般に，相互に不可溶な液-液系では，一方の液が他方の液に分散するが，体積の小さい方の液が液滴となる．しかし，両液の体積がほぼ等しい場合はどちらが液滴となるかは明確ではない．ガス吹込みによる気-液混合は，水添反応，塩素化反応など化学反応および生物培養において重要な操作である．固-液混合は，液中に固体粒子を浮遊させるときによく用いられ，固体溶解，固体触媒反応，晶析操作にとって重要である．固-固混合は，他の異相系混合と異なり，液相を含んでいないため，混合機構は撹拌操作と明らかに異なる．

a. 固-固混合

粒子径80～100メッシュ程度以上の大きな粉粒体の運動は巨視的には連続性を有していて液体のそれに近いが，それ以下に細かくなるとその運動は著しく不連続になるといわれる．この固-固混合は外力が重力や表面力より大きくなったときに促進され，その機構は大きく3つに分類される．

（1） 対流混合（装置や翼の回転で生じる対流に

依存する）

（2）せん断混合（粒子径が小さいか湿潤状態にあるときに，粒子間相互の結合力を切断するためにせん断力を加えることにより生じ，固体粒子間の速度差による摩擦や衝突に依存する）

（3）拡散混合（粒子の表面状態，形状，接触状態などに起因する粒子のランダムウォークに依存する）

固-固混合の目的は製品の均一性にある．その混合の程度は一定量のサンプルを多数個採取して分析し，完全混合状態（各粒子が整然と交互に規則正しく並んでいる状態ではなく，各粒子がまったく確率的にランダムに分布された状態）にどの程度近づいているかの度合いで判断される．具体的には，統計的な手法がとられる．無作為に採取したサンプル中の着目成分の分散値あるいは標準偏差値を混合時間に対してプロットすれば時間経過とともに同値が減少し，ついにはある範囲内の値に収束するので，この収束した時間をもって混合終了とみなす．混合の進行の程度はサンプル中の着目成分の分散値あるいは標準偏差値と完全混合状態の同値の比あるいは混合初期における同値との差の比をとって混合度として表示することが多い．

装置内では外力を受けて粒子群が移動あるいは分離して混合が進行するから，粒子の物性が混合の進行速度，混合度に大きな影響を与える．また，粒子の物性によっては，混合の促進と同時に逆の分離作用も生じることがある．混合機構は粒子の物性が大きく影響し，とくに粉粒体としての充填性，粒子形状，粒子径，粒子径分布，密度などが重要である．粒子の形状としては，表面が円滑な球形状粒子は流動性に富むが，棒状や複雑な表面形状を持つものは難流動性となる．また粉粒体の混合の難易を支配するのは粒子群の平均粒子径ではなく粒子径分布である．たとえば粒子群が流下状態にあるときは大きな粒子がより早く転がり流れるし，微小粒子は機械的力を受けると飛散し，また振動を受けると粗大粒子間隙を沈下する．小径粒子群の全容積が大径粒子群の全間隙空間容積より小さければ，各大径粒子間の間隙に小径粒子がすべて入り込むことも可能であるが，小径粒子群の全容積が大径粒子群の全間隙空間容積より大きければ，大径粒子は小径粒子群に取り巻かれ，小径粒子群中に散在することになる．一般

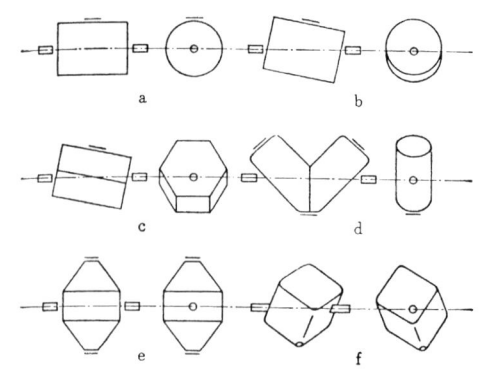

図 4.1 固-固混合装置[3]
それぞれの左図は正面，右図は側面を示す．

に，粒子径の近い粒子の混合の方が，差異の大きい場合より良好な混合状態を得やすい．

粉粒体の動的特性および混合機構の本質が十分解明されていないので，その取り扱いの多くは慣習や経験によっている状態にある．装置を大別すると2種に大別できる．

（1）回転型（容器自身が回転し被混合物を容器内で繰り返しひっくり返す方式で，円筒型，V型，二重円錐型，正立方体型など（図4.1））

（2）固定型（容器は固定し内部に混合羽根等を取り付ける方式で，スクリュー型，リボン型，回転円盤型，流動化型など（一部図4.2））

粒子径が均一で小径であるほど粒子が互いに接近して良好な混合が期待できるから，ボールミル，エッジランナーなどの粉砕機を使用して粉砕と同時に混合を行う場合も多い．

b．撹拌操作

化学工業において撹拌が用いられる目的はきわめて多岐にわたっているが，いずれの場合も全成分の迅速で一様な分散が要求される．

工業的撹拌にもっとも普通に用いられている装置は回転撹拌羽根である．一般にその形状の差異が重視されがちであるが，羽根は液を運動させるためのものであり，形状より運転条件および容器に対する相対的寸法，配置が撹拌に対して重要な因子となる．撹拌羽根の回転により，槽内の液に強制対流が与えられ，その結果，ある部分の液が周囲の液と異なる速度で運動してせん断力が生じて激しい乱流渦を発生する．この強制対流によって槽全体にわたる混合が進行し，乱流渦による拡散によって局所的に急速な混合が行われることになる．

4.1 混合操作

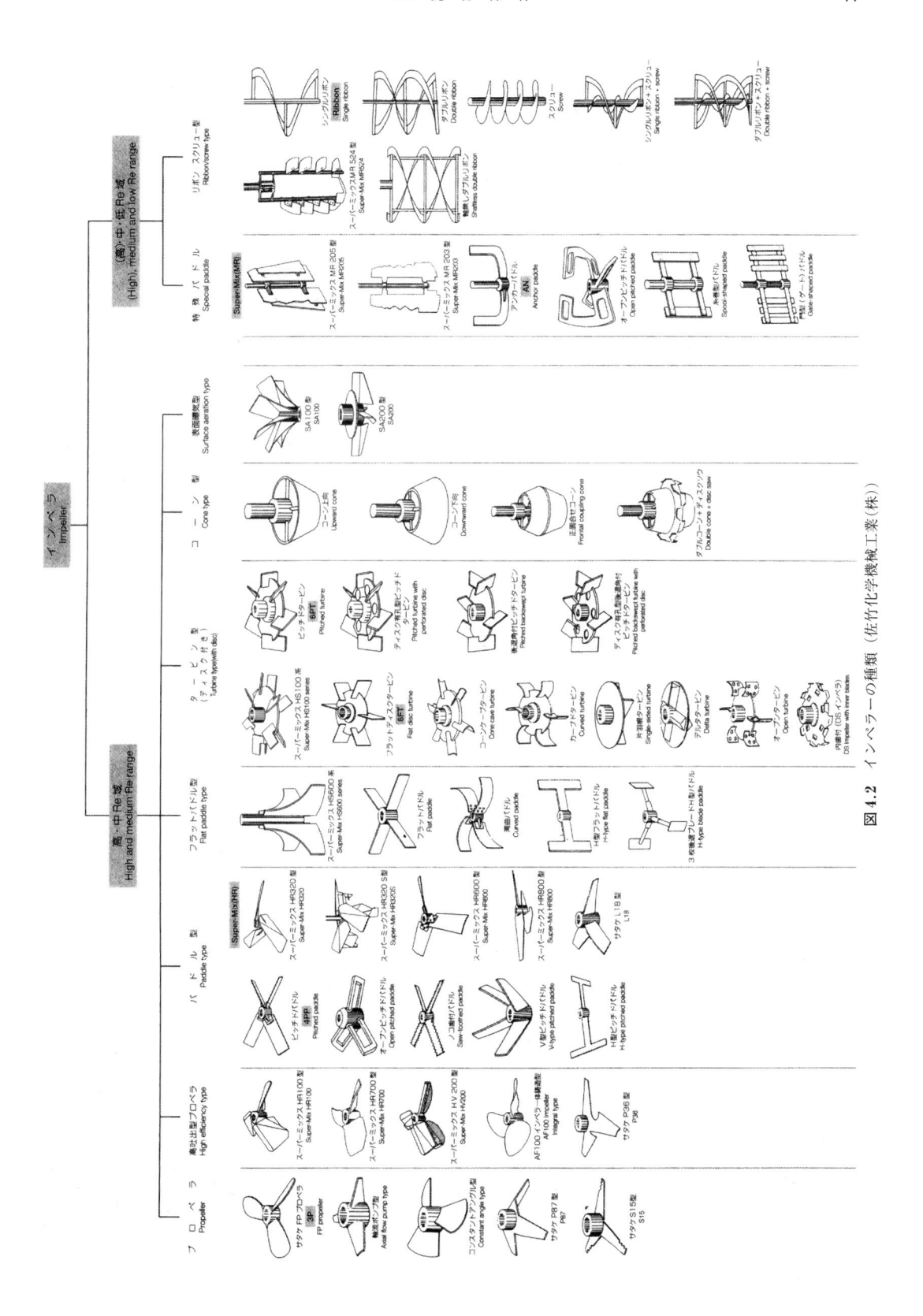

図 4.2 インペラーの種類（佐竹化学機械工業（株））

i) 撹拌羽根

撹拌に用いられる翼としてはさまざまな型式がある（図4.2）. 代表的なものは

(1) 櫂型翼（切線流すなわち円周方向が主流）
(2) タービン型翼（幅流すなわち半径方向が主流）
(3) プロペラ型翼（軸流すなわち羽根の回転軸方向が主流），

の3種であるが，最近は日本独自の大型翼が出回るようになった.

ii) 撹拌所用動力

撹拌所要動力の基本的考え方は，翼が流体から受ける抵抗力に基づいている. 幾何学的に相似な翼を念頭においた場合の撹拌所要動力は以下のように導出できる. 図4.3の羽根で任意の半径 r の位置で幅 dr の微小部分の受ける効力 dR_f は次式で表される.

$$dR_f = C_1 \frac{\rho(2\pi rn)^2}{2} w_i dr \quad (4.1.1)$$

ここで，w_i は羽根の幅であり，n は羽根の回転数，C_1 は抵抗係数である. 幾何学的に相似な羽根では羽根の幅 w_i は羽の径 D_i に比例し，$r = \alpha D_i$ とおけるから

$$dR_f = C_1 \frac{\rho(2\pi \alpha D_i n)^2}{2} D_i d(\alpha D_i) \quad (4.1.2)$$

この微小部分の受けるトルク dT は $dT = r dR_f$ とおけるから

$$dT = C_2 \rho n^2 D_i^5 \alpha^3 d\alpha \quad (4.1.3)$$

したがって，羽全体に加わる全トルクは

$$T = \rho n^2 D_i^5 \int_0^1 C_2 \alpha^3 d\alpha \quad (4.1.4)$$

と表される. 抵抗係数 C_2 は α の関数となり，動力 P は $P = 2\pi n T$ であるから

$$P = \rho n^3 D_i^5 \int_0^1 C_2 \alpha^3 d\alpha \quad (4.1.5)$$

であり，ここで

$$N_P = \int_0^1 C_2 \alpha^3 d\alpha \quad (4.1.6)$$

とおくと

$$P = \rho n^3 D_i^5 N_P, \quad N_P = \frac{P}{\rho n^3 D_i^5} \quad (4.1.7)$$

となる. N_P は動力数（パワーナンバー）とよばれ，一種の抵抗係数である. この動力数 N_P もまた撹拌レイノルズ数（$Re = \rho n D_i^2 / \mu$）の関数となる. 動力数とレイノルズ数の関係については研究は多いが，例を図4.4に示すように，いずれの羽根型式でも同様の関係を示す. すなわち Re が小さい範囲（Re<10）では傾き45度の直線関係にある.

$$P \propto n^2 D_i^3 \quad (4.1.8)$$

これは翼の回転数が増加するとともに液表面が凹面になり，翼にかかる抵抗が減少するためである. つまり，邪魔板は単に槽内の乱流状態を強めるだけでなく，液表面を水平に保つ役割も果たしていることになる. Re>10^3 で十分邪魔板の効果が現れている場合（完全邪魔板条件）は動力数 N_P はレイノルズ数 Re に関係なく一定となる.

$$P \propto n^3 D_i^5 \quad (4.1.9)$$

邪魔板がなく液表面に渦流凹みが生じているような場合は重力の影響が現れ，動力数 N_P はレイノルズ数 Re だけでなくフルード数（$Fr = D_i n^2 / g$）の関数にもなる.

iii) 翼吐出流量

液体が単位時間に槽内を何回循環するかを知ることは羽根の撹拌効果を判定する目安にもなる. 羽根による吐出流量 Q が求まれば，これで槽内の液量 V を割れば巡回回数が求まる. 翼から吐出される流量は吐出速度が nD_i に，また吐出断面積は D_i^2 に比例すると考えられるから

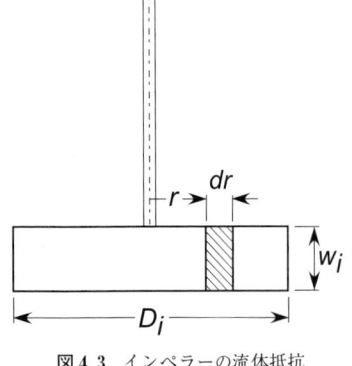

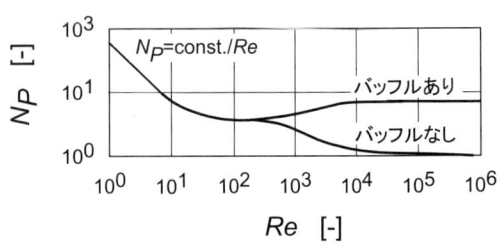

図4.3 インペラーの流体抵抗

図4.4 撹拌動力数とレイノルズ数の関係

$$Q = KnD_i^3 \quad (4.1.10)$$

水頭/ヘッド H は，$P=QH$, $P \propto n^3 D_i^5$ の関係から

$$H \propto (nD_i)^2 \quad (4.1.11)$$

と表される．H は循環流および乱流渦によって散逸するエネルギーの和を意味するから Q/H の大小で，攪拌動力中のどれだけが循環流に消費されているかを知る目安になる．したがって，攪拌動力が一定の場合，槽径が大きくなれば循環流によって消費される割合が急速に大きくなること，同一攪拌槽で羽根の回転数を大きくすれば乱流渦の割合が回転数に比例して増加することがわかる．

iv） 液-液混合

液-液混合操作は以下の2つに分類できる．

（1） 羽根による攪拌（インペラーを回転させて行う混合）

（2） ジェットによる混合（ノズルによって槽内に液を吹き込み，これを繰り返し循環する混合）

可溶性の2液の混合の目的は均一化だけであるが，互いに不溶解性の2液の混合の目的は

（1） 安定エマルションの生成

（2） 物質移動

の2つがある．可溶性の2液の混合は主として槽内の循環流による巻き込み現象（entrainment）が主要因子となり進行し，一般に大型攪拌槽の場合は舶用プロペラ型の側面攪拌が，小型攪拌槽では可搬プロペラ型の偏心攪拌が行われる．

v） 固-液攪拌

固-液攪拌操作の目的は以下の4つがある．

（1） 均一なスラリーを得ること

（2） 固体粒子の沈殿を防止すること

（3） 固-液間の物質移動/反応を制御すること

（4） 晶析装置において結晶粒子径を制御すること

固体粒子が液中に懸濁されて（完全浮遊化）初めて目的の達成が期待できる．固-液攪拌が重要となる操作の代表的な操作が晶析操作である．晶析操作の目的は注目成分を高品質の結晶として分離することにあり，結晶の大きさおよび結晶の粒子径分布は製品としてもその後のプロセスにとっても重要な因子となる．

vi） 気-液混合

気-液混合の目的は2つに分類できる．

（1） 均質で安定な気泡分散を得ること

（2） 気体と液との間の物質移動/反応を促進・制御すること

気-液混合は条件に著しく影響を受ける操作であり，気-液の比重差，界面張力が大きいために界面生成および物質移動促進に大きなエネルギーを必要とする．装置は2つに大きく分類できる．

（1） 通気攪拌槽

（2） 気泡塔

通気攪拌槽は高いガスホールドアップと気-液物質移動速度が要求される．翼による攪拌がガス流量を分散させるために十分でないとフラッディングが生じる．フラッディング点以下ではガスの分散は不十分で，ガスホールドアップも気-液物質移動速度も急激に減少する．これは望ましくない状態で，気-液混合操作では必ず回避しなければならないことであり，細かい気泡を槽内全体に十分に分散させることが重要である．インペラーの回転速度が物質移動に及ぼす影響は2つの領域に分けて考えられる．

（1） 攪拌支配領域

（2） 通気支配領域

・攪拌支配領域と通気支配領域

（1） 攪拌支配領域：翼回転速度がある値以下では，翼回転速度を上げても物質移動速度が上がらず，物質移動速度はよく回転速度に関係なく，ガス流量とガス分散器の形に依存する領域．

（2） 通気支配領域：翼回転速度がある値以上になると，物質移動速度が翼回転速度に比例して急激に上昇する領域．

攪拌羽根を用いることが困難である場合には気体吹き込みによってのみ攪拌，すなわち気泡塔が用いられる．気泡塔は気体を塔底から適切な分散器によって液中に分散させ，気泡の上昇によって液体の混合を促進する代表的な気-液接触装置である．通常，液と気体は連続的に向流あるいは平行流で供給される．高流量の気体は圧力損失を増大させるため望ましくない．しかし液相によって制御される吸収は気泡塔にとって望ましい操作である．

c． 混合性能/混合度

混合状態の両極は，まったく混合しない状態と瞬時の内に装置内が均一に混合される状態である．この両極を生じる装置内の流れの状態をそれぞれピス

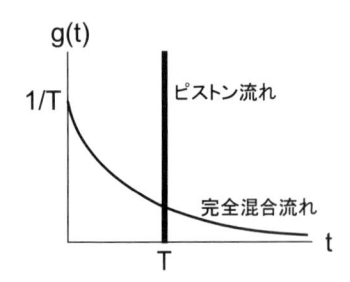

図 4.5 ピストン前混合流れのインパルス応答

トン流れと完全混合流れという．通常の攪拌装置はこの両極の間の状態にある．従来から混合操作・装置の性能を検討するためには，トレーサーを注入するインパルス応答法が用いられてきた．回分系装置の場合は，注入されたある微小量のトレーサーの空間的広がりを経時的に測定し，トレーサー濃度の空間的分散値あるいは標準偏差値を用いて混合性能指標としてきた．また流通系装置の場合は，インパルス状に入り口で注入されたトレーサーの出口での濃度を経時的に測定し，やはり濃度の時間的分散値あるいは標準偏差値を用いて混合性能指標としてきた．

流通系の場合のインパルス応答曲線は，ピストン流れの場合は次のように表される（図 4.5）．

$$g(t)=\delta(t-L), \ L=t_A, \ \sigma_P{}^2=0 \quad (4.1.12)$$

完全混合流れの場合は次のように表される．

$$g(t)=\frac{1}{T}\exp\left(-\frac{t}{T}\right), \ T=t_A, \ \sigma_C{}^2=T^2 \quad (4.1.13)$$

したがって，混合性能を表す指標として次のような指標が考えられている．

$$M=\frac{\sigma^2-\sigma_P{}^2}{\sigma_C{}^2-\sigma_P{}^2}=\frac{\sigma^2}{\sigma_C{}^2}, \ 0\le M\le 1 \quad (4.1.14)$$

・完全混合流れの流通系装置のインパルス応答曲線

装置体積を V，流量を Q，トレーサーの質量を w とすると，装置出口のトレーサー濃度は装置内のトレーサー濃度と同じとなるから，トレーサーの物質収支式は以下のように求めることができる．

$$0-QC=V\frac{dC}{dt}$$

となる．$T=V/Q$ であるから

$$\frac{dC}{dt}=-\frac{C}{T}$$

となる．ここで，$t=0$ で $C=w/V=C_0$ として積分すると

$$\int_0^\infty C_0\exp\left(-\frac{t}{T}\right)dt=1=C_0T$$

であるから

$$C=\frac{1}{T}\exp\left(-\frac{t}{T}\right)$$

を得る．

d．スケールアップ則

攪拌槽による物質移動，熱移動に関するスケールアップの問題に対しては無次元項を利用することが多くなされてきている．しかし1液相の攪拌以外の2液相以上の攪拌のスケールアップは攪拌性能に関する要因が多いため簡単ではない．

攪拌槽のスケールアップ則として確立されたものはないが，以下の4つがよく利用されてきている．

（ⅰ）$\mathrm{Re}=\dfrac{\rho n D_i{}^2}{\mu}=\mathrm{const.}$

（ⅱ）$nD_i=\mathrm{const.}$

（ⅲ）$\dfrac{P}{V_T}\propto\dfrac{N_P\rho n^3 D_i{}^5}{D_i{}^3}\approx n^3 D_i{}^2=\mathrm{const.}$

（ⅳ）$t_C\propto\dfrac{V_T}{nD_iD_i{}^2}\propto\dfrac{D_i{}^3}{nD_i{}^3}=\mathrm{const.}$

4.1.2 混合分離操作の評価
a．従来の評価指標
ⅰ）混合操作の評価

混合操作/装置の混合特性の評価を行う指標は，2つに大きく分けることができる．

（1）混合性能を判断する指標
（2）混合状態を判断する指標

混合性能を判断する指標は，装置の混ぜ合わせ能力に関する指標であり，混合状態を判断する指標は装置内の混ぜ合わされた状態に関する指標である．しかしながら，混合性能を判断する指標と混合状態を判断する指標とをとり立てて区別して議論する必要はない．なぜならば，混合性能は混合状態の経時変化に基づいて判断することができるからである．一方，単なる混ぜ合わせを目的とする混合操作/装置の場合に，混合が終了するまでの時間だけが混合時間として注目されることがあるが，空間および時

4.1 混合操作

間の関数としての混合過程，すなわち混合状態の経時変化を無視していては，制御手段としての混合操作/装置の最適化にまで議論を展開することは到底できない．混合速度は移動現象や反応にとって最適な装置/操作を議論する場合に欠くことのできない因子である．従来の混合特性を表す指標を，前述の両指標で分類すると表4.1のようになる．

左欄の，混合性能を判断する指標のほとんどは，混合速度に関する指標であり，右欄の，混合状態を判断する指標は，完全分離状態あるいは完全混合状態からの偏りの程度を評価するための指標で，これがいわゆる混合度（degree of mixing, mixedness）である．もちろんこれらの混合度の時間変化率を求めれば，混合性能を判断する混合速度についても評価することができる．つまり，基本的に混合過程は空間および時間の関数として取り扱う必要がある．

混合状態の両極は，まったく混合しない状態と瞬時の内に装置内が均一に混合される状態である．この両極を生じる装置内の流れの状態をそれぞれピストン流れと完全混合流れという．通常の撹拌装置はこの両極の間の状態にある．従来から混合操作・装置の性能を検討するためには，トレーサーを注入するインパルス応答法が用いられてきた．流通系装置の場合は，インパルス状に入り口で注入されたトレーサーの出口での濃度を経時的に測定し，やはり濃度の時間的分散値あるいは標準偏差値を用いて混合性能指標としてきており，回分系装置の場合は，注入されたある微小量のトレーサーの空間的広がりを経時的に測定し，統計的指標である濃度の空間的分散値あるいは標準偏差値を用いて混合性能指標としてきた．また，以上のほかにも，装置内の局所的な混合速度を評価する指標として，混合過程は装置内の物質のランダム運動に起因するとして考え出された混合/乱流拡散係数（mixing/turbulent diffusivity）がある．混合現象をモデル化して物質収支を数式を用いて示し，たとえば濃度を C，時間を t として

表4.1 混合性能を判断する指標と混合状態を判断する指標
（(a) 液-液系　(b) 固-固系）

混合性能指標	混合状態指標
流通系： $\dfrac{1}{T}\left\{\int_0^\infty E(t)(t-T)^2 dt\right\}^{1/2}$ 　T：平均滞留時間 　$E(t)$：滞留時間確率密度関数	$\dfrac{\sigma_0{}^2-\sigma^2}{\sigma_0{}^2-\sigma_r{}^2}$ $\dfrac{\sigma_0-\sigma}{\sigma_0-\sigma_r}$ $\dfrac{\sigma_r}{\sigma}$
回分系： $\dfrac{1}{T_C}\left\{\int_0^\infty E_C(t)(t-T_C)^2 dt\right\}^{1/2}$ 　T_C：平均循環時間 　$E_C(t)$：循環時間確率密度関数	$1-\dfrac{\sigma^2}{\sigma_0{}^2}$ $1-\dfrac{\sigma}{\sigma_0}$ $1-\dfrac{\sigma^2}{\sigma_0{}^2}$
混合時間：	$\dfrac{\ln\sigma_0{}^2-\ln\sigma^2}{\ln\sigma_0{}^2-\ln\sigma_r{}^2}$ $\sigma_0{}^2$：完全分離状態における標準偏差 $\sigma_r{}^2$：最終状態における標準偏差

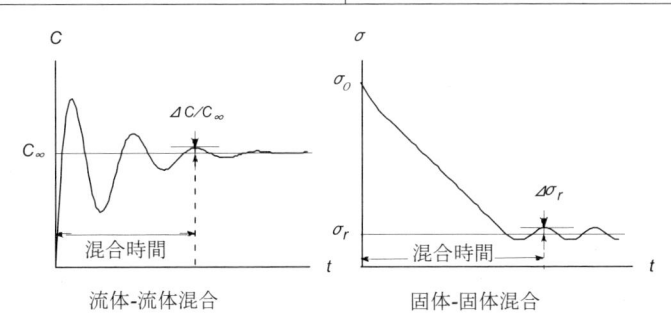

流体-流体混合　　　　　　　　固体-固体混合

$$\frac{DC}{Dt} = \frac{\partial}{\partial x_i}\left(\varepsilon_c \frac{\partial C}{\partial x_l}\right) \quad (4.1.15)$$

のように表したときの ε_c が混合拡散係数/乱流拡散係数である．これは混合過程を数学的に展開するときには便利ではあるが，実際にその値を決定することはきわめて困難であり，実際的ではない．

ii） 分離操作の評価

混合操作は単なる混ぜ合わせと熱や物質の移動速度や反応速度の制御が目的であるが，分離操作は単なる分離しかその目的にはない．しかしその分離過程は，やはり空間および時間の関数である．また分離装置にも以下の2型式がある．

（1） 流通系
（2） 回分系

従来は機械的分離操作/装置の評価は歩留りや品質といった概念に基づいて直感的に行われてきたといっても過言ではない．たとえばもっとも広く一般的に利用されてきた分離操作の評価指標としてニュートン（Newton）効率（総合回収率または総合分離効率ともいわれる）がある．このニュートン効率は製品の品質ができるだけ高く歩留まりができるだけ大きいことが望ましいとして

（製品の歩留り）×（品質向上）

あるいは有用成分の回収ができるだけ多く製品への不用成分の混入ができるだけ少ないほうが望ましいとして

（有用成分の回収率）−（製品への不用成分の混入率）

といったように望ましい因子の積が大きいほど，あるいは望ましい因子と望ましくない因子の差が大きいほど効率がよいという観念から定義されている．このニュートン効率は図4.6，表4.2に示すような2成分系の場合は

$$\eta_N = \frac{P}{F}\frac{x_P P}{x_F F} = \frac{x_P P}{x_F F} - \frac{(1-x_P)P}{(1-x_F)F}$$

$$= \frac{(x_P - x_F)(x_F - x_R)}{x_F(1-x_F)(x_P - x_R)} \quad (4.1.16)$$

と表される．

またほかには，有用成分の回収率も不用成分の回収率もともにできるだけ多い方が望ましいとして両因子の積（製品中の有用物質の回収率）×（残留物中の不用成分の回収率）をとるリチャース（Richarse）の分離効率もある．このリチャース効率は2成分系の場合は

$$\eta_R = \frac{x_P P}{x_F F}\frac{(1-x_R)R}{(1-x_F)F} = \frac{(1-x_R)(x_P-x_F)(x_F-x_R)x_P}{(1-x_F)(x_P-x_R)^2 x_F}$$

$$(4.1.17)$$

と表される．このように直感的で科学的意味が希薄な分離の効率の定義に，前章の新たな混合の効率や従来の分散値などを用いた混合の効率と表裏の関係を求めることはできない．

また，よく用いられる言葉に部分回収率がある．この定義は以下のとおりである．

$$\frac{\text{ある粒子径範囲の分離された粒子質量}}{\text{ある粒子径の粒子全質量}}$$

さて拡散分離操作/装置の代表的なものとして蒸留塔があり，化学工業では広く用いられるが，従来その性能評価は流出液，残留液などの液組成に基づいて判断されてきており，上記ニュートン効率などとは無関係と考えられている．

b． 情報エントロピーに基づく評価指標

本項では，化学工学にとっては異分野の考え方である"情報エントロピー"というメガネをかけることにより，混合操作/装置と分離操作/装置の評価指標の定義を同じ視点で行うことについて述べる．

i） 情報エントロピー

情報エントロピーにおける「情報（information）」とは，その形態（記述，伝聞など）や，その価値（好き嫌い，良し悪しなど）などには一切関係なく，「不確実な知識をより確実な知識にしてくれるもの」であり，「情報量（amount of information）」は「その情報を得たことによって知識の不確実さがどのくらい減少したか，どのくらい確実になったか？」で表される．

結果が知らされたときに得られる「情報量」I は，「その情報が知らされる以前に生じる可能性の

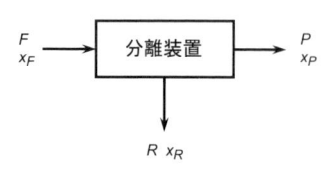

図4.6 2成分分離装置

表4.2 2成分系分離

	流量	有用成分分率
原料	F	x_F
製品	P	x_P
残留物	R	x_R

4.1 混合操作

表4.3 各情報エントロピー間の相互関係

	結合エントロピー	条件付エントロピー	相互エントロピー
排他的現象	$H(X,Y)=H(X)+H(Y)$	$H(X\|Y)=H(X)$ $H(Y\|X)=H(Y)$	$I(X;Y)=0$
非排他的現象	$H(X,Y)<H(X)+H(Y)$	$H(X\|Y)<H(X)$ $H(Y\|X)<H(Y)$	$I(X;Y)=H(X)-H(X\|Y)$ $=H(Y)-H(Y\|X)$
完全対応現象(1:1)	$H(X,Y)=H(X)=H(Y)$	$H(X\|Y)=0$	$I(X;Y)=H(X)$

あった結果の数 n」で次式のように表される.

$$I=\log n \quad (4.1.18)$$

単一事象系 X で結果を知らされる以前にもっている「どの事象が生じるか？」という不確実さは

$$H(X)=-\sum_i P_i \log P_i \quad (4.1.19)$$

と表され自己エントロピー（self entropy）とよばれる.

また互いにまったく関係のない複数事象系，たとえば 2 つのサイコロを同時に振るような 2 事象系 (X, Y) の場合の，「それぞれの事象系で何が生じるか？」という結果を知らされる以前にもっている不確実さは

$$H(X, Y)=-\sum_i \sum_j P_{ij} \log P_{ij} \quad (4.1.20)$$

と表され，結合エントロピー（combined entropy）とよばれる.

また，事象系 Y のどの事象が生じたかを知らされるという条件の下で「事象系 X ではどの事象が生じるか？」という不確実は

$$H(X|Y)=\sum_j P_j H(X|j)$$
$$=-\sum_j \sum_i P_j P_{i/j} \log P_{i/j}-\sum_j \sum_i P_{ij} \log P_{i/j}$$
$$(4.1.21)$$

と表され，条件付エントロピー（conditional entropy）とよばれる.

さて，「事象系 Y でどの事象が生じるか知らされる」というだけで，その不確実さは $H(X|Y)$ に減少するわけであるから，「事象系 Y でどの事象が生じるかを知らされる」という情報がもたらす情報量 $I(X;Y)$ は

$$I(X;Y)=H(X)-H(X|Y)$$
$$=-\sum_i P_i \log P_i+\sum_i \sum_j P_{ij} \log P_{i/j}$$
$$(4.1.22)$$

と表され，この平均情報量は相互エントロピー（mutual entropy）とよばれる．以上の各情報エントロピー相互間には，事象がおかれた状況ごとに表 4.3 の関係がある.

ii) 流通系装置における混合特性の評価法

ここでは過渡応答法ですでに滞留時間確率密度関数が得られていることを前提とする（図 4.7）.

この滞留時間確率密度関数は

$$\int_0^\infty E(\tau)d\tau=1 \quad (4.1.23)$$

$$\int_0^\infty \tau E(\tau)d\tau=1 \quad (4.1.24)$$

という規格化条件を満たす.

注目したトレーサー粒子が「どの滞留時間で装置出口に達するか？」についての不確実さを表す情報エントロピー $H(\tau)$ は，滞留時間確率密度関数 $E(\tau)$ を用いて次式で表される.

$$H(\tau)=-\int_0^\infty E(\tau)\log E(\tau)d\tau \quad (4.1.25)$$

この滞留時間確率密度関数は変数 τ が正でかつ平均値（平均滞留時間 1）を有するから，$H(\tau)$ のとる最大値および最小値は

$$H(\tau)_{\max}=\log e \;;\; E(\tau)=\exp(-\tau)$$
$$H(\tau)_{\min}=0 \;:\; E(\tau)_{\tau \neq a}=0,\; E(\tau)_{\tau=a}=\infty$$

となる．なおここで，a はある任意の滞留時間を意味している.

上記の情報量 $H(\tau)$ が最大値をとる条件は，混合が完璧に理想的になされ，注入されたトレーサーが瞬時瞬時に装置内に一様に拡散して出口でのトレー

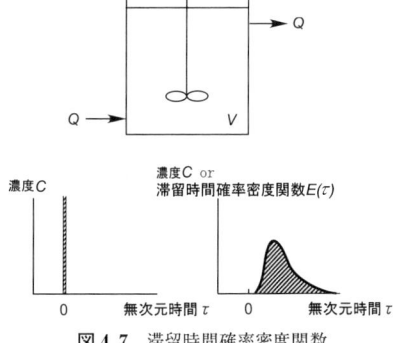

図4.7 滞留時間確率密度関数

サー濃度が時間とともに指数関数的に減少することになる完全混合流れの場合に成立する．また最小値をとる条件は，混合がまったくされずに，注入されたトレーサーがすべて平均滞留時間で出口に達するピストン流れの場合（$a=1$）に成立する．なお$a=1$以外のときに$E(\tau)$が∞になることは実際の操作/装置では考えられない．したがって，混合がまったくなされないピストン流れの状態から混合が完璧に理想的になされる完全混合流れの状態への漸近の程度を示す指標としての混合度Mを，上記情報量$H(\tau)$を用いて

$$M=\frac{H(\tau)-H(\tau)_{\min}}{H(\tau)_{\max}-H(\tau)_{\min}}=\frac{-\int_0^\infty E(\tau)\log E(\tau)d\tau}{\log e}$$
(4.1.26)

と定義することができる．この新たに定義された混合度は，ピストン流れの場合の0から完全混合流れの場合の1までの値をとる．

$$0\leq M\leq 1 \quad (4.1.27)$$

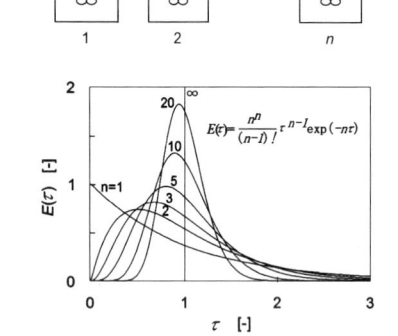

図4.8 完全混合等体積槽列モデルとその滞留時間確率密度分布

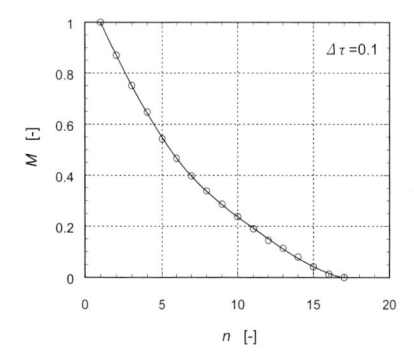

図4.9 完全混合等体積槽列モデルの槽数と混合度の関係

ここで，流通系攪拌槽の滞留時間確率密度関数が完全混合等体積槽列モデル（図4.8）で近似できるときの，槽数と混合度の関係は図4.9のようになる．

iii) 回分系混合装置の混合特性
① 過渡応答法に基づく混合特性指標

ここでは注入されるトレーサーの1粒子に着目し，情報エントロピーの視点からそのトレーサー粒子が時刻tで「どの領域に含まれているか？」についての不確実さに基づいてその時刻における混合状態を評価し，さらにその経時変化によって混合性能を評価する方法について示す．時間の始点はトレーサーを注入したときである．混合度を定義するために条件をつぎのように設定する（図4.10）．

（1） 全体積V_Tの装置内を，混合開始前にトレーサーが占めている体積V_0と同じ体積をそれぞれ有するn領域に仮想分割する．

$$nV_0=V_T \quad (4.1.28)$$

（2） 混合開始後，時刻tにおいて，領域j中でトレーサーの占める体積をV_{j0}とする．

$$\sum_i^n V_{j0}=V_0 \quad (4.1.29)$$

（トレーサーの占める体積の代わりに濃度C_{j0}などを用いる場合には，混合開始前のトレーサー濃度をC_0とした次式の関係を用いればよい．）

$$\sum_i^n C_{j0}V_0=C_0V_0 \quad (4.1.30)$$

この設定条件の下に，混合開始後時刻tで注目したトレーサー粒子が「どの領域に含まれているか？」についての不確実さを表す情報エントロピー$H(R)$は

$$H(R)=-\sum_j^n \frac{V_{j0}}{V_0}\log\frac{V_{j0}}{V_0}\equiv\sum_j^n P_{j0}\log P_{j0}$$
(4.1.31)

と表される．この場合P_{j0}の変数jが変化する範囲は$1\leq j\leq n$と定まっているから，この情報エントロピー$H(R)$のとる最大値および最小値は

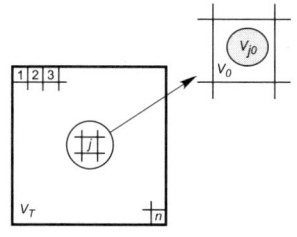

図4.10 設定条件—I

$$H(R)_{\max} = -\log \frac{V_0}{V_T} = \log n \ ; \ P_{j0} = \frac{V_0}{V_T} = \frac{1}{n}$$

$$H(R)_{\min} = 0 \ ; \ P_{j0_{j \neq a}} = 0, \ P_{j0_{j=a}} = 1$$

となる．なお，ここで a はある1領域を意味している．

上記情報量 $H(R)$ が最大値を取る条件は，混合が完璧に理想的になされトレーサー濃度がどの領域でもすべて等しくなった場合に成立する．また最小値をとる条件は，混合がまったくされずにトレーサーが混合開始前の領域に留まっている場合あるいはトレーサーが分散することなく他の領域にそのまま移動する場合に成立する．このトレーサーが分散することなく他の領域にそのまま移動する場合は，まさにピストン流れが生じていることになり混合はまったくなされていないと考えてよい．したがって，混合がまったくなされない状態から混合が完璧に理想的になされた状態への漸近の程度を示す混合度 M を

$$M = \frac{H(R) - H(R)_{\min}}{H(R)_{\max} - H(R)_{\min}} = \frac{-\sum_{j}^{n} P_{j0} \log P_{j0}}{\log n} \quad (4.1.32)$$

と定義することができる．この新たに定義された混合度は，まったく混合がなされない場合の0から完璧に理想的に混合がなされた場合の1までの値をとる．

$$0 \leq M \leq 1 \quad (4.1.33)$$

ここで，3種の代表的なインペラー（タービン型，櫂型，プロペラ型）について，注入されたトレーサーの槽内の空間的濃度分布に基づく混合度の経時変化を求めると図4.11のようになり，それぞれの変化は次式で表される．

$$\left. \begin{array}{ll} \text{6枚平羽根タービン} & M = 1 - \exp(-0.498 Nt) \\ \text{(FBDT)翼} & \\ \text{6枚平羽根櫂型} & M = 1 - \exp(-0.418 Nt) \\ \text{(FBT)翼} & \\ \text{6枚45度傾斜} & M = 1 - \exp(-0.295 Nt) \\ \text{(45°PBT)翼} & \end{array} \right\} \quad (4.1.34)$$

これに基づいて混合速度を求めて3種のインペラーの同一翼回転速度下の混合速度を比較すると

FBDT 翼 ＞ FBT 翼 ＞ 45°PBT 翼

の順序になっている．したがって，各インペラーの混合性能もこの順序になっていると判断することができる．

② **装置内の物質の装置内各領域間移動に基づく混合特性の評価法**

より普遍的な混合特性の評価をするために，各領域に含まれる物質の領域間移動現象に直接基づき，j 領域内のある流体粒子に着目し，情報エントロピーの視点から，注目粒子が単位時間に「どの領域に流出するか？」，「どの領域から流入したか？」についての不確実さに基づいて混合性能を評価する方法について示す．混合性能指標を定義するために条件を次のように設定する（図4.12）．

（1）全体積 V_T の装置内を微小な単位体積 V_0 の n 領域に仮想分割する．

$$nV_0 = V_T \quad (4.1.35)$$

（2）領域 j が直接関与する移動を，領域 j のディストリビューターとしての役割に関する領域 i への流出と，ブレンダーとしての役割に関する領域 i からの流入とに分けて考える．また，これらのディストリビューターおよびブレンダーとして混合へ寄与する役割には差異がないものとする．単位時間に領域 j の物質のうち領域 i に流出する体積を v_{ij}，同様に単位時間に領域 j 中の成分のうち領域 i から流入する体積を v_{ji} とする．この場合，領域 j（あ

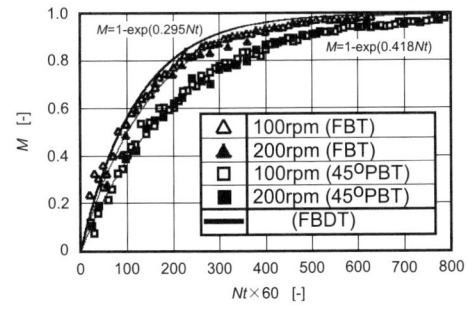

図4.11 混合度経時変化

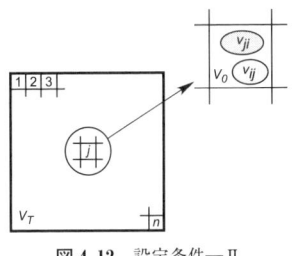

図4.12 設定条件―Ⅱ

るいは i）内のあらゆる点から領域 i（あるいは j）内のすべての点に物質は等しい確率で移動し，その移動経路には依存しない完全事象系とする．

$$\sum_i^n v_{ij} = V_0, \quad \sum_j^n v_{ji} = V_0 \quad (4.1.36)$$

この設定条件の下に，単位時間に領域 j 中の注目粒子が「どの領域に流出するか？」および「どの領域から流入したか？」についての不確実さは

$$H_{Oj}(R) = -\sum_i^n \frac{v_{ij}}{V_0} \log \frac{v_{ij}}{V_0} \equiv -\sum_i^n P_{ij} \log P_{ij}$$
$$(4.1.37)$$

$$H_{Ij}(R) = -\sum_i^n \frac{v_{ji}}{V_0} \log \frac{v_{ji}}{V_0} \equiv -\sum_i^n P_{ji} \log P_{ji}$$
$$(4.1.38)$$

と表される．

これらの不確実さを表す情報量 $H_{Oj}(R)$, $H_{Ij}(R)$, $H_{Lj}(R)$ は，P_{ij} および P_{ji} の変数 i の変化する範囲は $1 \leq i \leq n$ と定まっているから，$H_{Oj}(R)$ および $H_{Ij}(R)$ のとる最大値および最小値は

$$H_{Oj}(R)_{\max} = H_{Ij}(R)_{\max} = -\log \frac{V_0}{V_T} = \log n \; ;$$

$$P_{ij} = P_{ji} = \frac{V_0}{V_T} = \frac{1}{n}$$

$$H_{Oj}(R)_{\min} = H_{Ij}(R)_{\min} = 0 \; ;$$

$$P_{ij_{i \neq a}} = P_{ji_{i \neq b}} = 0, \; P_{ij_{i = a}} = P_{ji_{i = b}} = 1$$

となる．なおここで，a, b はそれぞれある 1 領域を意味している．

情報量 $H_{Oj}(R)$, $H_{Ij}(R)$ が最大値をとる上記条件は，領域 j から領域 i への流出の場合は，領域 j の物質が単位時間の間に全領域中の物質と完全混合する場合に成立する．また最小値をとる上記条件は，混合がまったくされずに領域 j の物質がそのまま領域 j 中にとどまっている場合，あるいは領域 j の物質が分散することなく他の領域にそのまま移動する場合に成立する．この領域 j の物質が分散することなく他の領域にそのまま移動する場合は，まさにピストン流れが生じていることになり，混合はまったくなされていないと考えてよい．また領域 j としては装置内の限られた領域と偏った物質の移動があるよりも，より多くの領域とより均等な割合で物質の移動があるほうが混合に寄与していると考えられる．同じことは，領域 j への領域 i からの流入の場合についてもいえる．したがって，混合がまったくなされない状態から混合が完全になされた状態への漸近の程度を示す領域 j の局所混合性能指標 M_{Oj}, M_{Ij} を情報量 $H_{Oj}(R)$, $H_{Ij}(R)$ を用いてそれぞれ

（1）ディストリビューターとしての指標

$$M_{Oj} = \frac{H_{Oj}(R) - H_{Oj}(R)_{\min}}{H_{Oj}(R)_{\max} - H_{Oj}(R)_{\min}} = \frac{-\sum_i^n P_{ij} \log P_{ij}}{\log n}$$
$$(4.1.39a)$$

（2）ブレンダーとしての指標

$$M_{Ij} = \frac{H_{Ij}(R) - H_{Ij}(R)_{\min}}{H_{Ij}(R)_{\max} - H_{Ij}(R)_{\min}} = \frac{-\sum_i^n P_{ji} \log P_{ji}}{\log n}$$
$$(4.1.39b)$$

と定義することができる．これらの新たに定義された局所混合性能指標は，まったく混合がなされない場合の 0 から完璧に理想的に混合がなされた場合の 1 までの値をとる．

$$0 \leq M_{Oj} \leq 1 \quad (4.1.40a)$$
$$0 \leq M_{Ij} \leq 1 \quad (4.1.40b)$$

混合装置全体としての情報量 $H_{Ow}(R)$, $H_{Iw}(R)$ はそれぞれすべての領域 j について $H_{Oj}(R)$, $H_{Ij}(R)$ の平均をとって

$$H_{Ow}(R) = \sum_j^n \frac{V_0}{V_T} H_{Oj}(R) = -\frac{1}{n} \sum_j^n \sum_i^n P_{ij} \log P_{ij}$$
$$(4.1.41a)$$

$$H_{Iw}(R) = \sum_j^n \frac{V_0}{V_T} H_{Ij}(R) = -\frac{1}{n} \sum_j^n \sum_i^n P_{ji} \log P_{ji}$$
$$(4.1.41b)$$

と表され，いずれもまったく同じ値をとる．そこで，これらを代表して $H_W(R)$ で表すことにする．

$$H_{Ow}(R) = H_{Iw}(R) \equiv H_W(R)$$

次に，この不確実さを表す情報量 $H_W(R)$ がとる最大値および最小値を数学的に検討してみると，最大値および最小値をとる条件およびその値は局所的な情報量 $H_{Oj}(R)$, $H_{Ij}(R)$ の場合とまったく同一となる．したがって，混合装置全体として混合がまったくなされない状態から混合が完璧に理想的になされた状態への漸近の程度を示す混合装置の総括混合性能指標 M_W を，情報量 $H_W(R)$ を用いて

$$M_W = \frac{H_W(R) - H_W(R)_{\min}}{H_W(R)_{\max} - H_W(R)_{\min}}$$
$$= \frac{-(1/n) \sum_j^n \sum_i^n P_{ij} \log P_{ij}}{\log n}$$

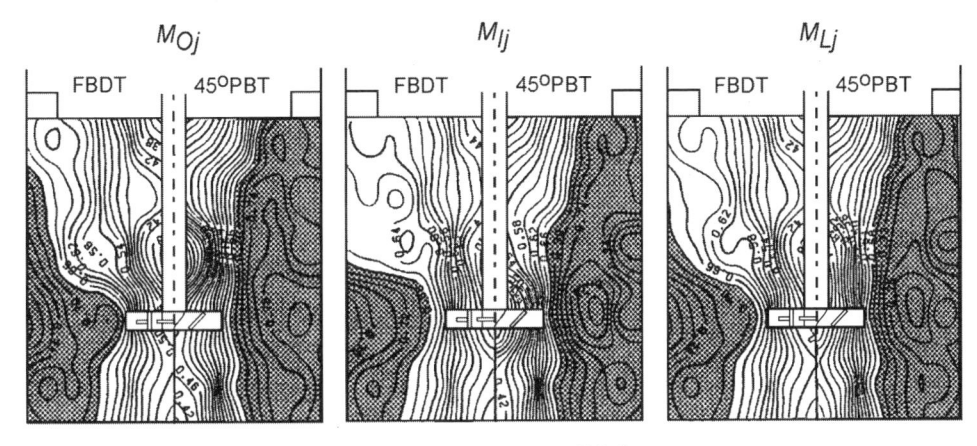

図 4.13 局所混合性能指標の等値線図

$$= \frac{-(1/n)\sum_{j}^{n}\sum_{i}^{n} P_{ji} \log P_{ji}}{\log n}$$

$$= \frac{-\{1/(2n)\}\sum_{j}^{n}\sum_{i}^{n}(P_{ij} \log P_{ij} + P_{ji} \log P_{ji})}{\log n}$$

(4.1.42)

と定義することができる．この新たに定義された総括混合性能指標も，まったく混合がなされない場合の0から完璧に理想的に混合がなされた場合の1までの値をとる．

$$0 \leq M_W \leq 1 \quad (4.1.43)$$

なお，この総括混合性能指標は，すべての領域 j についての局所混合性能指標の平均をとっても得られることはいうまでもない．

ところで，式（4.1.42）において $i=0$ と固定し，さらに V_T/V_0 倍すると，これは各領域において領域 o からの流入のみに注目した装置全体としての指標となるが，その結果，得られる式は前節のトレーサーを注入する過渡応答法の場合の混合度の定義式と同じ式になる．この点が，装置内の物質の装置内各領域間移動に基づく混合性能指標とトレーサーを注入する過渡応答法による混合度との接点ということになる．なお，上記装置内の物質の各領域間を移動する確率がわかれば循環時間分布も容易に求めることができることは勿論のことである．

以上で，回分系混合装置内の各領域に含まれる物質の領域間移動に直接基づいた局所混合性能指標および総括混合性能指標によって，混合性能を定量的に評価できることになったわけである．

ここで，6枚平羽根タービン翼（FBDT翼）と6枚45°傾斜翼（45°PBT翼）の局所混合性能指標と総括混合性能指標を求めて，両インペラーの混合性能を比較するために両翼を用いた場合の領域間移動確率をまず求め，それに基づいて両インペラーの局所混合性能指標の，攪拌軸を通る槽縦半断面の等値線図を描くと図4.13に示すようになり，両インペラーの総括混合性能指標は

    FBDT 翼　　0.633
    45°PBT 翼　　0.697

となる．この事実は過渡応答法はトレーサーを注入する領域に大きく左右される結果を生じることを示している．

③ **多成分を対象とする混合特性の評価法**

m 成分の連続および回分混合操作を想定して，情報エントロピーの視点から，装置内から1粒子を採取するときその粒子が「m 成分のどの成分か？」についての不確実さに基づいて混合状態を評価する方法について説明する[1,2]．

混合度を定義するために条件をつぎのように設定する（図4.14）．

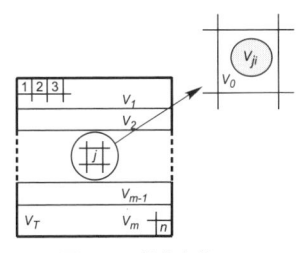

図 4.14 設定条件—Ⅲ

（1）全体積 V_T の装置内を微小な単位体積 V_0 の n 領域に仮想分割する.

$$nV_0 = V_T \qquad (4.1.44)$$

（2）m 成分の体積をそれぞれ V_1, V_2, …, V_m とする. またこの場合, 成分 i の体積は, 単位体積 V_0 を用いて $V_i = m_i V_0$ と表す.

$$\sum_i^m V_i = \sum_i^m m_i V_0 = V_T \qquad (4.1.45)$$

（3）混合開始後, 時刻 t で領域 j 中に成分 i の占める体積を v_{ji} とする.

$$\sum_j^n v_{ji} = V_i \qquad (4.1.46)$$

この設定条件の下に, 混合開始後時刻 t で装置内から採取された粒子が「m 成分のどの成分か？」についての不確実さは

$$H(C) = -\sum_i^m \frac{V_i}{V_T} \log \frac{V_i}{V_T} \equiv -\sum_i^m P_i \log P_i \qquad (4.1.47)$$

と自己エントロピーで表される.

混合操作である以上, 原料の m 成分を仕込むときには, どの領域にどの成分を仕込むかについては明らかであり, 混合開始後も各領域と各成分の間にはなんらかの密接な関係が残るはずである. したがって, 採取される領域が知らされれば上記で示される不確実さが多少は減少することになる. そこで「採取される領域を知ることができる」という条件下で, その粒子が「m 成分のどの成分か？」という不確実さを示す平均情報エントロピー $H(C|R)$ は

$$H(C|R) = \sum_j^n \frac{V_0}{V_T} H(C|j) = -\frac{1}{n}\sum_j^n \sum_i^m P_{ji} \log P_{ji} \qquad (4.1.48)$$

と条件付エントロピーで表される.

つまり不確実さは, はじめの $H(C)$ から $H(C|R)$ に減少する. この減少分である相互エントロピー $I(C;R)$ は

$$I(C;R) = H(C) - H(C|R)$$
$$= -\sum_i^m P_i \log P_i + \frac{1}{n}\sum_j^n \sum_i^m P_{ji} \log P_{ji} \qquad (4.1.49)$$

と示され,「採取される領域を知ることができる」という情報がもたらす情報量ということになる. この相互エントロピー $I(C;R)$ がとる最大値および最小値は, 自己エントロピー $H(C)$ が原料組成によって定まり操作中は変化しない定数と考えられるから, 条件付エントロピー $H(C|R)$ がとる最小値および最大値によって定まる. 変数 j は $1 < j < n$ の範囲の値をとるから, $I(C;R)$ のとる最大値および最小値は

$$I(C;R)_{\max} = -\sum_i^m P_i \log P_i \; ; \; P_{ji_i=a}=1, \; P_{ji_i \neq a}=0$$

$$I(C;R)_{\min} = 0 \; ; \; P_{ji} = \frac{V_i}{V_T} = P_i$$

となる.

上記相互エントロピー $I(C;R)$ が最大値をとる条件は, 混合がまったくされず, 各領域をそれぞれ仕込んだままの成分が占めている場合あるいは各領域中の成分が分散することなくそのまま他領域に移動する場合に成立する. この各領域中の成分が分散することなくそのまま他領域に移動する場合はまさにピストン流れが生じていることになる. また, 最小値をとる条件は, 混合が完璧に理想的になされ, 各領域で各成分の占める体積比が原料中で各成分の占める体積比と等しくなる場合に成立する. したがって, 混合がまったくなされない状態から混合が完璧に理想的になされた状態への漸近の程度を示す混合度 $M(m)$ は相互エントロピー $I(C;R)$ を用いて

$$M(m) = \frac{I(C;R)_{\max} - I(C;R)}{I(C;R)_{\max} - I(C;R)_{\min}}$$
$$= \frac{-(1/n)\sum_j^n \sum_i^m P_{ji} \log P_{ji}}{-\sum_i^m P_i \log P_i}$$

$$(4.1.50)$$

と定義することができる. この新たに定義された混合度は, まったく混合がなされない場合の 0 から完璧に理想的に混合がなされた場合の 1 までの値をとる.

$$0 \leq M(m) \leq 1 \qquad (4.1.51)$$

さて, 上記混合度において $m=n$ とすると前節における各領域の大きさを等しくとった場合の総括混合性能指標の定義式とまったく同じになる. 以上で述べてきた各種評価指標の関係を次章の分離度も含めてまとめて示すと表 4.4 になる.

また, m 成分のうちの成分 i をトレーサーとみなした場合, そのトレーサーの拡散状態に基づく混合度 M_i と上記 m 成分の混合度 $M(m)$ との間には

4.1 混合操作

表 4.4 各評価指標間の関係

	m 成分混合度		$M(m)$ と $\eta(m)$
	$M(m)=\dfrac{-\sum\limits_{j}^{n}\sum\limits_{i}^{m}\dfrac{1}{n}p_{ji}\log p_{ji}}{-\sum\limits_{i}^{m}p_{i}\log p_{i}}$	$\Rightarrow$	$M(m)+\eta(m)=1$

$\Downarrow m=n$

	ブレンダー	ディストリビューター	インパルス応答法の混合度
総括	$M(n)=M_{Iw}=\dfrac{-\sum\limits_{j}^{n}\sum\limits_{i}^{n}\dfrac{1}{n}p_{ij}\log p_{ij}}{\log n}$	$=M_{Ow}=\dfrac{-\sum\limits_{j}^{n}\sum\limits_{i}^{n}\dfrac{1}{n}p_{ji}\log p_{ji}}{\log n}$	$\Rightarrow i=O \Rightarrow M_{Iw}=\dfrac{-\sum\limits_{j}^{n}p_{jO}\log p_{jO}}{\log n}$
	$\Uparrow \sum_{j}$	$\Uparrow \sum_{j}$	
	混合	分散	
領域 $-j$	$M_{Ij}=\dfrac{-\sum\limits_{j}^{n}p_{ji}\log p_{ji}}{\log n}$	$M_{Oj}=\dfrac{-\sum\limits_{j}^{n}p_{ij}\log p_{ij}}{\log n}$	

$$M(m)=\dfrac{-\sum\limits_{i}^{m}M_{i}P_{i}\log P_{i}}{-\sum\limits_{i}^{m}P_{i}\log P_{i}} \quad (4.1.52)$$

の関係がある.このことも,トレーサーを用いた過渡応答法における混合度も多成分系の特殊な条件の場合の混合度とみなせることを意味している[1,2].

④ 多相混合における装置内の混合評価指標

多成分を対象とする化学装置の中には,分散相が連続相内/装置内局所で異なる粒子径分布を生じていることが少なくない.このような装置内の混合状態を評価する指標は,単に粒子径分布の装置内の偏りだけでなく,連続相の装置内分布も考慮する必要がある.前項③の多成分混合評価指標の定義を拡張して分散相の装置内局所の粒子径分布と連続相の装置内局所分布を考慮した新たな混合評価指標を定義することができる.以下では議論を簡単にするために粒子径分布を有する分散相と連続相からなる混合の場合を対象として示す.

分散相の粒子径分布を粒子径の大きさにしたがって適切に $m-1$ 個のグループに分け,各粒子グループを別々の成分と見なす.さらに連続相も1成分と見なすことにする.このように考えれば,この混合は m 成分の混合として取り扱うことができ,前記の多成分混合評価指標がそのまま適用できる.

分散相が2成分以上の場合も同じ考え方で,各分散相の装置内局所の粒子径分布と連続相の装置内分布を考慮した新たな混合評価指標を定義できる.さらに,この新たな混合性能指標は晶析操作における仮説 MSMPR(mixed suspension mixed product removal)の妥当性を検討するときも利用できる.

iv) 分離現象/操作の特性評価

分離操作/装置を情報エントロピーというメガネをかけて診ることにし,以下では分離の効率として"混合度"に対応して"分離度"という言葉を用いる.

m 成分の回分および連続の分離操作を想定して,情報エントロピーの視点から,装置内あるいは装置出口から1粒子を採取するときに,その粒子が「m 成分のどの成分か?」についての不確実さに基づいて分離操作/装置を評価する方法について説明する.分離度を定義するために条件をはじめとして理論的展開は前項③の多成分を対象とする混合特性の評価法とまったく同じである.この m 成分の分離度の定義が m 成分の混合度の定義と異なる点は,相互エントロピーが最大値および最小値をとる条件と分離操作と混合操作がそれぞれまったく進行しなかった場合および完璧に理想的に進行した場合の条件との対応がまったく逆になっていることである.分離がまったくなされない状態から分離が完璧に理想的になされた状態への漸近の程度を示す分離度 $\eta(m)$ は相互エントロピー $I(C;R)$ を用いて

$$\begin{aligned}\eta(m)&=\dfrac{I(C;R)_{\min}-I(C;R)}{I(C;R)_{\min}-I(C;R)_{\max}}\\&=1-\dfrac{-(1/n)\sum\limits_{j}^{n}\sum\limits_{i}^{m}P_{ji}\log P_{ji}}{-\sum\limits_{i}^{m}P_{i}\log P_{i}}\end{aligned}$$

$$(4.1.53)$$

と定義することができる.この新たに定義された分離度は,まったく分離がなされない場合の0から完

壁に理想的に分離がなされた場合の1までの値をとる．

$$0 \leq \eta(m) \leq 1 \quad (4.1.54)$$

したがって，当然ながら，この分離度 $\eta(m)$ と前項③の多成分を対象とする混合特性の評価法における混合度 $M(m)$ との間には

$$M(m) + \eta(m) = 1 \quad (4.1.55)$$

の関係があることは明確である．これで互いに表裏の関係にある混合と分離の操作/装置の一貫した評価方法ができたことになる．

蒸留塔の場合も，設計の段階では分離する対象成分とその流出口が明確に定まっているので，新たに定義された分離度を蒸留塔の分離性能を評価するときにも利用できる．

2成分の分離を行った場合の分離度の検知精度とニュートン効率の検知精度を，原料，製品，残留物中の有用成分含有率を変化させて比較検討する図4.15（原料，製品および残留物の有用成分含有率 x_F，x_R および x_P の種々の組み合わせに対する式（4.1.53）の分離度の示す変化とニュートン効率の結果を比較．同図はいずれの指標も有用成分と不用成分に対する見方を逆にしても同一の結果が得られることから，x_F が0.5より小さくなる場合には有用成分と不用成分および製品と残留物に対する見方を逆にすればそのまま利用できる）のようになる．新たに定義された分離度の方がニュートン効率よりも分離操作/装置をより公平に評価しており，高度分離を行う場合には利用価値が高い．

文　献

1) Ogawa, K. (2007) : Chemical Engineering: A New Perspective, Elsevier.
2) 小川浩平（2008）：化学工学の新展開—その飛躍のための新視点—，大学教育出版．
3) 大山義年（1963）：化学工学Ⅱ，岩波書店．

4.2　分　離　操　作

物理的な作用を利用した固体粒子，液滴などの機械的分離は原理からいえば，流体中を運動する粒子が受ける抵抗力の差を利用した分離，粒子の大きさの差を利用した分離に大きく分類される．前者は重力場における沈降，遠心分離など，後者には篩分け，濾過などがある．本項では最初に粒子群の特徴を表す粒子径の定義，粒子径分布と分離効率について述べた後，各分離法の原理などについて述べる．

4.2.1　粒子群の特徴

球形以外の粒子の径の定義は大きく以下の2つに分類される．

（ｉ）相当径：着目している粒子と球形粒子の対比により定義される粒子径
ストークス径，等体積球径，比表面積径
（ⅱ）代表径：一定の方法で実測された粒子径
幾何平均径，二軸平均径，一定方向径
各粒子径の定義は以下のようになっている．

ｉ）相当径

ストークス径：　着目粒子と密度，流体中の終末速度が等しい球形粒子の径である．ストークスの法則が成り立つ範囲における着目粒子の終末速度を v_∞ とすると，式（1.10.6）より次のように定義される．

$$d_p = \sqrt{\frac{18\mu v_\infty}{g(\rho_p - \rho)}} \quad (4.2.1)$$

等体積球径：　着目粒子と体積が等しい球形粒子の径である．粒子体積を V_p とすると次式で定義される．

$$d_p = \left(\frac{6V_p}{\pi}\right)^{1/3} \quad (4.2.2)$$

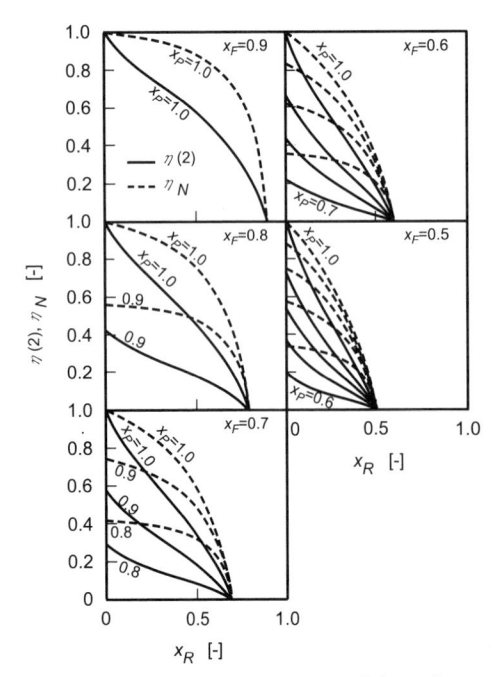

図4.15　新たな分離度とニュートン効率の比較

4.2 分離操作

比表面積径： 粒子表面積を体積で除した値を比表面積といい，球形粒子の場合は

$$S'_v = \frac{6}{d_p} \quad (4.2.3)$$

となる．この関係に基づいて着目粒子について実測された S'_v により，次式で定義される．

$$d_p = \frac{6}{S'_v} \quad (4.2.4)$$

なお，比表面積は質量基準で定義される場合もあり，球形粒子では次式のようになる．

$$S_m = \frac{6}{\rho_p d_p} \quad (4.2.5)$$

ii） 代表径

図 4.16 のように，粒子に外接する直方体を設定し，実測された長軸 l，短軸 b，高さ t を用いて以下の代表径が定義される．

三軸幾何平均径： $d_p = \sqrt[3]{lbt}$ (4.2.6)

三軸平均径： $d_p = \dfrac{l+b+t}{3}$ (4.2.7)

二軸幾何平均径： $d_p = \sqrt{lb}$ (4.2.8)

二軸平均径： $d_p = \dfrac{l+b}{2}$ (4.2.9)

以上の粒子径のほかに粒子群を特徴づけるものに粒子表面積，体積に基づいて定義される形状係数がある．粒子表面積 S_p は径の2乗に比例すると考えられる．次式に示すその比例係数 ϕ_s を表面積形状係数という．

$$S_p = \phi_s d_p^2 \quad (4.2.10)$$

球の場合は $\phi_s = \pi$ となる．また，体積 V_p は次式に示すように径の3乗に比例する．その比例係数 ϕ_v を体積形状係数という．

$$V_p = \phi_v d_p^3 \quad (4.2.11)$$

球の場合は $\phi_v = \pi/6$ となる．これら形状係数を用いると，体積，質量基準の比表面積 S'_v, S_m は次のように表される．

$$S'_v = \frac{\phi_s d_p^2}{\phi_v d_p^3} = \frac{\phi_s}{\phi_v d_p} = \frac{\phi}{d_p} \quad (4.2.12)$$

$$S_m = \frac{\phi_s d_p^2}{\rho_p \phi_v d_p^3} = \frac{\phi_s}{\rho_p \phi_v d_p} = \frac{\phi}{\rho_p d_p} \quad (4.2.13)$$

上式中の $\phi = \phi_s/\phi_v$ を比表面積形状係数といい，球の場合は $\phi = 6$ となる．また，径の等しい球と着目粒子の比表面積の比

$$\phi_C = \frac{6}{d_p} \cdot \frac{d_p}{\phi} = \frac{6}{\phi} \quad (4.2.14)$$

をカルマンの形状係数という．

4.2.2 粒子径分布と平均粒子径

粒子群中の粒子径の分布はある径の粒子の数，あるいは粒子の質量の和が全体に占める割合で表される．粒子径範囲 $d_{pmax} < d_p < d_{pmin}$ を等間隔 Δd_p で n 個の区間に分割すると，小さい方から数えて i 番目の区間は

$$d_{pmin} + (i-1)\Delta d_p < d_p < d_{pmin} + i\Delta d_p \quad (4.2.15)$$

となる．この範囲を次式で表される中心の粒子径で代表させることとする．

$$d_{pi} = d_{pmin} + \left(i - \frac{1}{2}\right)\Delta d_p \quad (4.2.16)$$

各区間の粒子数を N_i とすると，図 4.17 のようなグラフを描くことができる．このグラフにより粒子径分布が表される．この分布より粒子径の平均値を求めることができる．平均粒子径は単なる個数平均だけでなく，粒子表面積，体積などの特徴に基づいて定義されるものがある．以下にそれらについてまとめて述べる．

i） 個数基準の平均粒子径

単純な個数平均で，次式により定義される．

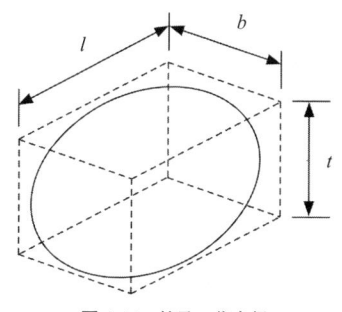

図 4.16 粒子の代表径

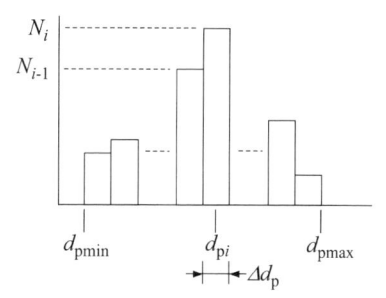

図 4.17 離散型粒径分布

$$d_{\mathrm{pa}} = \frac{\sum_{i=1}^{n} N_i d_{\mathrm{p}i}}{\sum_{i=1}^{n} N_i} \quad (4.2.17)$$

ii) 体積，質量基準の平均粒子径

粒子径の各区間の粒子の体積，質量の合計と径 $d_{\mathrm{p}i}$ の積の全区間についての総和と粒子総体積，総質量の比として定義される．

$$\text{体積基準}: d_{\mathrm{pav}} = \frac{\sum_{i=1}^{n} N_i \phi_{\mathrm{v}i} d_{\mathrm{p}i}^3 d_{\mathrm{p}i}}{\sum_{i=1}^{n} N_i \phi_{\mathrm{v}i} d_{\mathrm{p}i}^3} = \frac{\sum_{i=1}^{n} N_i \phi_{\mathrm{v}i} d_{\mathrm{p}i}^4}{\sum_{i=1}^{n} N_i \phi_{\mathrm{v}i} d_{\mathrm{p}i}^3}$$
$$(4.2.18)$$

$$\text{質量基準}: d_{\mathrm{pam}} = \frac{\sum_{i=1}^{n} N_i \rho_{\mathrm{p}i} \phi_{\mathrm{v}i} d_{\mathrm{p}i}^4}{\sum N_i \rho_{\mathrm{p}i} \phi_{\mathrm{v}i} d_{\mathrm{p}i}^3} \quad (4.2.19)$$

密度が粒子径の区間によらず一定であれば，$d_{\mathrm{pav}} = d_{\mathrm{pam}}$ となる．さらに，形状係数が粒子径によらず一定であれば，以下のようになる．

$$d_{\mathrm{pav}} = d_{\mathrm{pam}} = \frac{\sum_{i=1}^{n} N_i d_{\mathrm{p}i}^4}{\sum_{i=1}^{n} N_i d_{\mathrm{p}i}^3} \quad (4.2.20)$$

iii) 表面積平均径

粒子群の表面積の総和は以下のようになる．

$$S_{\mathrm{p}} = \sum_{i=1}^{n} N_i \phi_{\mathrm{s}i} d_{\mathrm{p}i}^2 \quad (4.2.21)$$

この表面積との間に以下の関係が成り立つ d_{ps} を表面積平均径という．

$$d_{\mathrm{ps}}^2 \sum_{i=1}^{n} N_i \phi_{\mathrm{s}i} = \sum_{i=1}^{n} N_i \phi_{\mathrm{s}i} d_{\mathrm{p}i}^2 \to d_{\mathrm{ps}} = \left(\frac{\sum_{i=1}^{n} N_i \phi_{\mathrm{s}i} d_{\mathrm{p}i}^2}{\sum_{i=1}^{n} N_i \phi_{\mathrm{s}i}} \right)^{1/2}$$
$$(4.2.22)$$

iv) 体積平均径

粒子体積に基づいて，表面積平均径と同様に以下に示す体積平均径を定義することができる．

$$d_{\mathrm{pv}}^3 \sum_{i=1}^{n} N_i \phi_{\mathrm{v}i} = \sum_{i=1}^{n} N_i \phi_{\mathrm{v}i} d_{\mathrm{p}i}^3 \to d_{\mathrm{pv}} = \left(\frac{\sum_{i=1}^{n} N_i \phi_{\mathrm{v}i} d_{\mathrm{p}i}^3}{\sum_{i=1}^{n} N_i \phi_{\mathrm{v}i}} \right)^{1/3}$$
$$(4.2.23)$$

この粒子径は式 (4.2.18) で定義される体積基準の平均粒子径とは異なる点に留意する必要がある．

以上の平均粒子径は粒子径の範囲を区画に分け，離散的に表された粒子径分布に基づいて定義されている．離散的な分布の形状は，離散化した際の区間

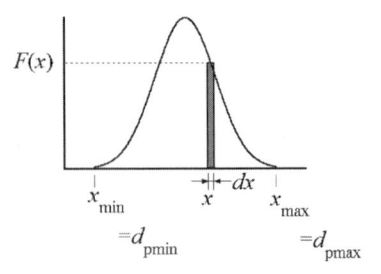

図 4.18 連続関数で表された粒子径分布

の幅により変化する可能性がある．それに対して図 4.18 の曲線は，区間幅などに依存しない連続関数で表示される粒子径分布である．図中の $x < d_{\mathrm{p}} < x + dx$ の範囲に含まれる粒子数 N_x は，関数 $F(x)$ により以下のように表される．

$$N_x = F(x) dx \quad (4.2.24)$$

となる．したがって，粒子総数は次式で表される．

$$N_{\mathrm{t}} = \int_{x_{\min}}^{x_{\max}} F(x) dx \quad (4.2.25)$$

$F(x)$ は粒子総数に依存するので，改めて $F(x)$ を粒子総数で除した関数 $p(x)$ を導出する．

$$p(x) = \frac{F(x)}{\int_{x_{\min}}^{x_{\max}} F(x) dx} \quad (4.2.26)$$

$p(x)$ を全粒子径範囲にわたって積分すると 1 となる．このようにある関数をその関数の全定義域にわたる定積分で除し，積分した結果が 1 となるようにすることを規格化という．また，上式は $p(x)$ が x を確率変数とした確率密度関数であることを表している．このことは，粒子群中のある粒子の径 d_{p} が $x < d_{\mathrm{p}} < x + dx$ の範囲に入る確率が $p(x) dx$ となることを意味している．$p(x)$ の特徴を表す量として平均値と分散，標準偏差があり，それぞれ次のように定義される．

$$\mu = \int_{x_{\min}}^{x_{\max}} x p(x) dx \quad (4.2.27)$$

$$\sigma^2 = \int_{x_{\min}}^{x_{\max}} (x - \mu)^2 p(x) dx \quad (4.2.28)$$

$$\sigma = \left\{ \int_{x_{\min}}^{x_{\max}} (x - \mu)^2 p(x) dx \right\}^{1/2} \quad (4.2.29)$$

式 (4.2.27) は平均粒子径を表している．また，表面積，体積平均径も $p(x)$ により式 (4.2.22)，(4.2.23) の定義に基づいて表すことができる．

粒子径分布は，以上のように粒子径に関する確率密度関数で表されるほか，ある粒子径より大きい，あるいは小さい粒子数の全体に対する割合で表され

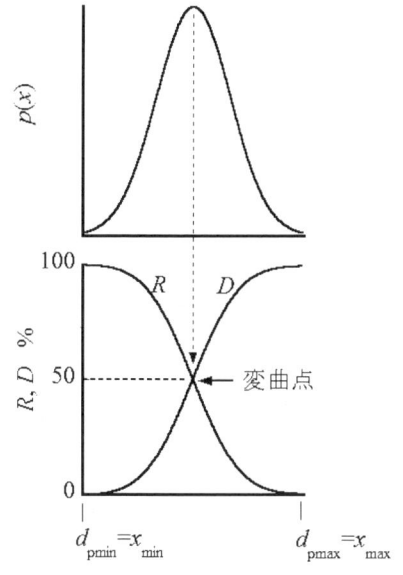

図 4.19 残留・通過百分率分布

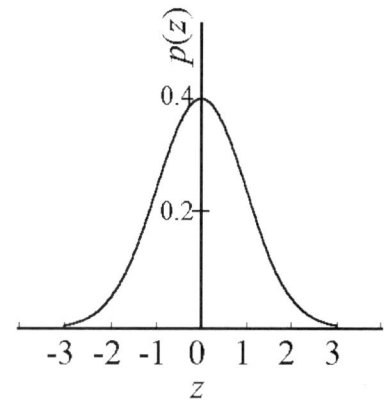

図 4.20 標準化変数により定義される正規分布

を標準化変数という．この変数を用いて正規分布を表すと次のようになる．

$$p(z) = \frac{1}{\sqrt{2\pi}} \exp\left(-\frac{z^2}{2}\right) \quad (4.2.34)$$

この式で表される $p(z)$ の分布の概形は図 4.20 のようになる．

ii) 対数正規分布

粒子径 x の対数 $\ln x$ の確率密度関数が正規分布となる分布を対数正規分布という．正規分布を表す式 (4.2.32) で $x = \ln x$ とすると次のようになる．

$$p_{\ln}(\ln x) = \frac{1}{\sqrt{2\pi}\,\sigma} \exp\left\{-\frac{(\ln x - \mu)^2}{2\sigma^2}\right\}$$
$$(4.2.35)$$

上式では，x ではなく，$\ln x$ が確率変数となっているが，粒子径分布は $\ln x$ ではなく，x を確率変数とする確率密度関数である．したがって，x についての積分が 1 とならなければならない．そこで，上式をその条件を満足する x についての関数に変形する．$\ln x$ が $-\infty$ から ∞ の範囲にあるとき，x は 0 から ∞ の範囲にあるので全定義域にわたる積分は次のようになる．

$$\int_0^\infty \frac{1}{\sqrt{2\pi}\,\sigma} \exp\left\{-\frac{(\ln x - \mu)^2}{2\sigma^2}\right\} \frac{d\ln x}{dx} dx = 1$$

$$\int_0^\infty \frac{1}{\sqrt{2\pi}\,\sigma x} \exp\left\{-\frac{(\ln x - \mu)^2}{2\sigma^2}\right\} dx = 1$$
$$(4.2.36)$$

したがって，確率変数 x の確率密度関数としての対数正規分布は次に示す，上式の被積分関数である．

$$p(x) = \frac{1}{\sqrt{2\pi}\,\sigma x} \exp\left\{-\frac{(\ln x - \mu)^2}{2\sigma^2}\right\}$$

る場合もある．それぞれ $p(x)$ により次のように表される．

$$R(x) = 100 \times \int_x^{x_{\max}} p(x) dx \quad (4.2.30)$$

$$D(x) = 100 \times \int_{x_{\min}}^x p(x) dx \quad (4.2.31)$$

粒子径 $d_p = x$ に対応する目の篩で粒子群を分ける場合に，$R(x)$ は篩の上に残る粒子群，$D(x)$ は篩の目を通過して下に落ちる粒子群がそれぞれ最初の粒子群全体に占める割合を％で表したものに相当する．R を残留（篩上）百分率，D を通過（篩下）百分率という．これらをグラフにすると図 4.19 のようになる．R，D 分布では $p(x)$ が最大となる粒子径の値に対応する位置がともに変曲点となる．

4.2.3 粒子径分布を表す関数

前項の規格化された粒子径分布を表す代表的な関数として，以下のようなものがある．

i) 正規分布

次式で表される関数を正規分布という．

$$p(x) = \frac{1}{\sqrt{2\pi}\,\sigma} \exp\left\{-\frac{(x-\mu)^2}{2\sigma^2}\right\}$$
$$(4.2.32)$$

ここで，μ，σ^2 はそれぞれ平均値と分散である．μ，σ により定義される以下の変数

$$z = \frac{x - \mu}{\sigma} \quad (4.2.33)$$

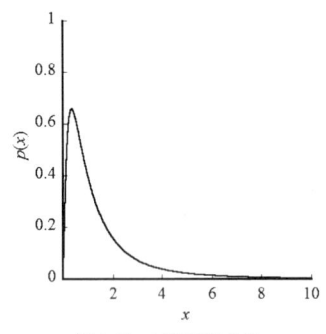

図 4.21 対数正規分布

(4.2.37)

式 (4.2.35) の $p_{\ln}(\ln x)$ は横軸を $\ln x$ としたときに正規分布と同じ形になる．一方，上式の $p(x)$ が表す曲線を横軸 x に対して描くと図 4.21 のようになる．この図では μ，σ ともに 1 である．対数正規分布では小さい粒子径の比率が高くなっていることがわかる．粒子群ではこのように小さい径の粒子の割合が高いことが多く，正規分布より対数正規分布の方が適している場合が多い．

iii) ロジン-ラムラー分布

ロジン-ラムラー (Rosin-Rammler) 分布は，残留百分率 $R(x)$ が以下の式で表される分布である．

$$R(x) = 100 \exp(-bx^n) \quad (4.2.38)$$

パラメーター b，n は実測された粒子径分布との比較により決定される．

4.2.4 分離操作における部分回収率と分離効率

4.1.2 項において分離操作の効率が式 (4.1.16) のニュートン効率で表されることを述べた．以下では，粒子径が $x_{\min} < d_p < x_{\max}$ の範囲に分布する粒子群を径 d_{pt} より大きい粒子を有用成分として分離する場合を例にとり，粒子径分布と分離効率の関係を導く．図 4.22 に示すように $F[\mathrm{kg \cdot s^{-1}}]$ で分離装置に供給された原料粒子群は $P[\mathrm{kg \cdot s^{-1}}]$ の製品と $R[\mathrm{kg \cdot s^{-1}}]$ の残渣に分けられる．原料として供給されるすべての粒子についての操作前後の物質収支は，次式のようになる．

$$F = P + R \quad (4.2.39)$$

原料，製品，残渣に含まれる有用成分の質量分率をそれぞれ x_F，x_P，x_R とすると，有用成分，不用成分の物質収支はそれぞれ次のようになる．

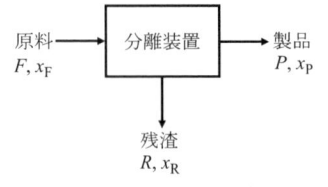

図 4.22 分離操作概略図

$$x_F F = x_P P + x_R R \quad (4.2.40)$$
$$(1-x_F)F = (1-x_P)P + (1-x_R)R \quad (4.2.41)$$

上式の F，P，R は個数基準ではなく質量に基づいて定義されている．そこで，粒子径分布も個数基準ではなく，ある径の範囲の粒子質量が粒子群全体の質量に占める割合を表す質量基準の粒子径分布を用いる方が便利である（補足 4.1 参照）．ある分離操作における原料粒子群，製品粒子群の質量基準の分布をそれぞれ $p_{Fm}(x)$，$p_{Pm}(x)$ とする．$x < d_p < x + dx$ の範囲の粒子の製品，原料における質量の比を部分回収率という．製品，原料中のこの粒子径範囲の粒子質量 M_{Px}，M_{Fx} は $p_{Pm}(x)$，$p_{Fm}(x)$ により次のように表される．

$$M_{Px} = P p_{Pm}(x) dx \quad (4.2.42)$$
$$M_{Fx} = F p_{Fm}(x) dx \quad (4.2.43)$$

したがって，部分回収率は次式のようになる．

$$r(x) = \frac{P p_{Pm}(x) dx}{F p_{Fm}(x) dx} = \frac{P p_{Pm}(x)}{F p_{Fm}(x)} \quad (4.2.44)$$

図 4.23 は $p_{Pm}(x)$，$p_{Fm}(x)$ を比較して示したものである．ともに規格化されているため，図に示した d_{pt} より大きい有用成分に含まれる $x < d_p < x + dx$ の範囲において $p_{Pm}(x) > p_{Fm}(x)$ となっている．しかしながら，製品の全質量 P は原料の全質量 F より小さく，$r(x)$ の値は必ず 1 以下となる．2 つの曲線を比較すると分離後の粒径分布が粒子径の大き

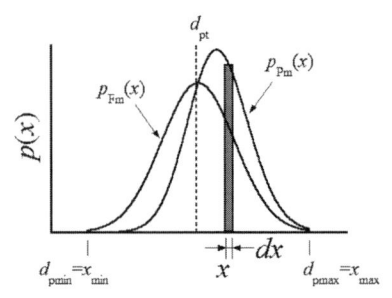

図 4.23 分離操作前後の粒径分布

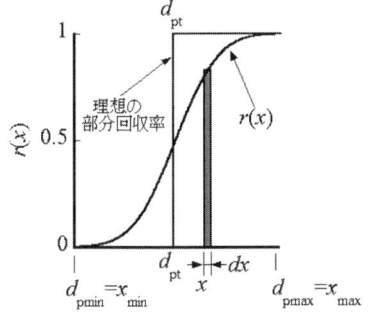

図 4.24 部分回収率

い方に偏っており，分離操作の結果として $d_p > d_{pt}$ の有用成分の製品全体に対する割合が原料と比較して高くなったことを表している．この場合の部分回収率の分布を示すと図 4.24 のようになる．有用成分の回収率が 1 になっていないことから，一部が残渣に混入していることがわかる．逆に不用成分の回収率が 0 でないことは製品中に混入していることを表している．理想的な分離では，部分回収率曲線は図中に示すように不用成分の範囲ではすべて 0，有用成分の範囲ですべて 1 となる．

歩留り y，全粒子径範囲に対する有用成分の回収率 r，不用成分の混入率 r_d，品質の向上 q は質量基準の粒子径分布と部分回収率分布により，以下のように表される（補足 4.2 参照）．

$$y = \frac{P}{F} = \frac{F\int_{x_{\min}}^{x_{\max}} r(x) p_{Fm}(x) dx}{F}$$
$$= \int_{x_{\min}}^{x_{\max}} r(x) p_{Fm}(x) dx \qquad (4.2.45)$$

$$r = \frac{x_P P}{x_F F} = \frac{P\int_{d_{pt}}^{x_{\max}} p_{Pm}(x) dx}{F\int_{d_{pt}}^{x_{\max}} p_{Fm}(x) dx}$$
$$= \frac{F\int_{d_{pt}}^{x_{\max}} r(x) p_{Fm}(x) dx}{F\int_{d_{pt}}^{x_{\max}} p_{Fm}(x) dx} = \frac{\int_{d_{pt}}^{x_{\max}} r(x) p_{Fm}(x) dx}{\int_{d_{pt}}^{x_{\max}} p_{Fm}(x) dx}$$
$$\qquad (4.2.46)$$

$$r_d = \frac{(1-x_P)P}{(1-x_F)F} = \frac{\int_{x_{\min}}^{d_{pt}} r(x) p_{Fm}(x) dx}{\int_{x_{\min}}^{d_{pt}} p_{Fm}(x) dx} \qquad (4.2.47)$$

$$q = x_P - x_F = \frac{\int_{d_{pt}}^{x_{\max}} r(x) p_{Fm}(x) dx}{\int_{x_{\min}}^{x_{\max}} r(x) p_{Fm}(x) dx} - \int_{d_{pt}}^{x_{\max}} p_{Fm}(x) dx$$

$$\qquad (4.2.48)$$

また，理想の歩留り，品質の向上は次のようになる．

$$y_i = x_F = \int_{d_{pt}}^{x_{\max}} p_{Fm}(x) dx \qquad (4.2.49)$$

$$q_i = 1 - x_F$$
$$= 1 - \int_{d_{pt}}^{x_{\max}} p_{Fm}(x) dx = \int_{x_{\min}}^{d_{pt}} p_{Fm}(x) dx$$
$$\qquad (4.2.50)$$

これらは図 4.24 の理想の部分回収率の条件を式 (4.2.45)，(4.2.48) に代入した場合に相当している．以上によりニュートンの分離効率は次に示す式で表すことができる．

$$\eta = \frac{(実際の歩留まり) \times (実際の品質の向上)}{(理想の歩留まり) \times (理想の品質の向上)}$$

$$= \frac{yq}{y_i q_i}$$

$$= \frac{\int_{d_{pt}}^{x_{\max}} r(x) p_{Fm}(x) dx - \int_{x_{\min}}^{x_{\max}} r(x) p_{Fm}(x) dx \int_{d_{pt}}^{x_{\max}} p_{Fm}(x) dx}{\int_{d_{pt}}^{x_{\max}} p_{Fm}(x) dx \int_{x_{\min}}^{d_{pt}} p_{Fm}(x) dx}$$

$$\qquad (4.2.51)$$

また，ニュートンの分離効率は以下によっても定義される．

$$\eta_2 = (有効成分の回収率) - (不用成分の混入率)$$
$$= r - r_d$$
$$= \frac{\int_{d_{pt}}^{x_{\max}} r(x) p_{Fm}(x) dx}{\int_{d_{pt}}^{x_{\max}} p_{Fm}(x) dx} - \frac{\int_{x_{\min}}^{d_{pt}} r(x) p_{Fm}(x) dx}{\int_{x_{\min}}^{d_{pt}} p_{Fm}(x) dx}$$
$$\qquad (4.2.52)$$

式 (4.2.51)，(4.2.52) の η は等しくなる（補足 4.2 参照）．

4.2.5 機械的分離操作の分類

機械的分離操作の原理は大きく以下の 2 つに分けることができる．

ⅰ）流体中を運動する固体粒子にかかる抵抗力の差を利用した分離

・重力場における分離

・遠心力を利用した分離

ⅱ）孔のあいた媒体を用いた粒子の大きさの差による分離

・篩分け

・濾過

これら原理による種々分離操作を目的別に分類すると以下のようになる．

ⅰ) 分級

粒子群を粒子径，密度の異なる複数の粒子群に分ける操作である．流体中の抵抗力の差を利用した沈降分離，遠心分離，サイクロンなどにより行われる．また，篩分けも，粒子径による分級に分類される．

ⅱ) 固-液，固-気分離

液体，気体から固体粒子を分離する操作で，沈降分離，遠心分離，サイクロンのほか濾過などにより行われる．

以下では，上記の種々機械的分離操作のうち，代表的なものについて原理および要求される条件を満たす分離を行うための装置設計，操作条件決定法について述べる．

4.2.6 沈降分離

1.10節で述べたように流体中を運動する粒子にかかる抵抗力，終末速度は粒子密度，粒子径などによって異なる．この差異を利用すると重力場において異なる大きさ，異なる密度の粒子を分けることができる．この原理により液体中に含まれる粒子を除去する方法を沈降分離という．

径の異なる粒子群が流体中の同じ位置から沈降を開始し，一定時間 t が経過した後には図4.25に示すように粒子径により異なる位置まで沈降する．液体中の沈降では非常に短時間に終末速度に到達するので，粒子の沈降距離は各粒子の終末速度 $v_{\infty p}$ と時間 t の積で表すことができる．図中，径 d_{pt} の粒子の沈降距離 $v_{\infty pt}t$ に相当する位置を境に上下の粒子を含む液体を別々に回収するような装置を用いることにより，粒子群を大小2つのグループに分けることができる．

【例題 4.1】 密度の異なる粒子群の分離

ともに粒子径が 5.80×10^{-4} m から 2.50×10^{-3} m の範囲に分布している密度 $\rho_{p1}=7.50\times10^{3}$ kg·m^{-3} の粒子群1と密度 $\rho_{p2}=2.65\times10^{3}$ kg·m^{-3} の粒子群2を水中の終末速度の差によって分離する場合，分離可能な粒子径範囲を求めよ．ただし，水の物性は $\rho=1.00\times10^{3}$ kg·m^{-3}, $\mu=1.00\times10^{-3}$ Pa·s とする．また，粒子はすべて球形とする．

[解答]

密度の異なる粒子群が流体中を沈降する場合，粒子径により図4.26のような位置関係となる．この例題では2つの粒子群の粒径範囲が一致しているので図中の各粒子径は $d_{pmin1}=d_{pmin2}=5.80\times10^{-4}$ m, $d_{pmax1}=d_{pmax2}=2.50\times10^{-3}$ m である．この条件で以下の手順により粒子群1, 2の分離可能な範囲の下限，上限の径 d_{pt1}, d_{pt2} を求める．

ⅰ) 密度 ρ_{p2}, 粒子径 d_{pmax2} の粒子の終末速度 $v_{\infty pmax2}$ を求める

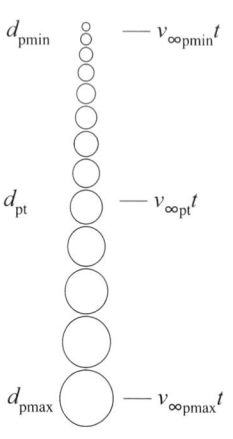

図4.25 沈降分離

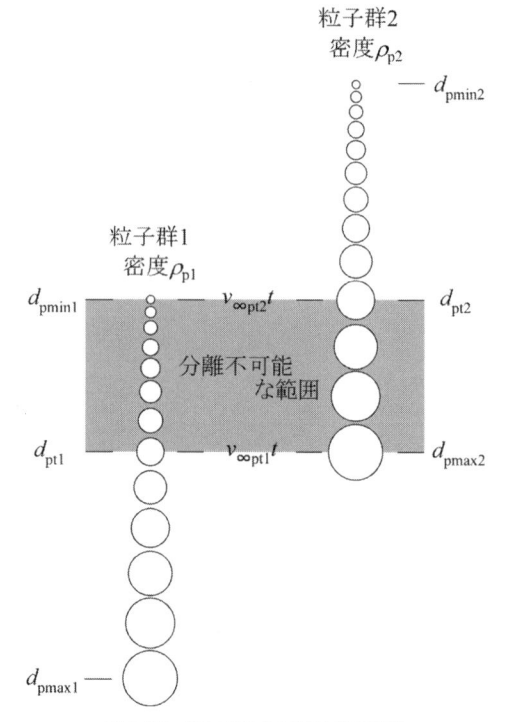

図4.26 密度の異なる粒子群の分離

ストークスの法則が成り立つ範囲かどうか不明なので，例題 1.11 の式（1.10.9）により $C_{D\infty}Re_\infty^2$ を計算する．

$$C_{D\infty}Re_\infty^2 = \frac{4gd_{pmax2}^3\rho(\rho_{p2}-\rho)}{3\mu^2} = 3.37 \times 10^5$$

（1.10.9）

図 1.62 の $C_D Re^2$ と Re の関係から，上の値に対応する Re の範囲はほぼ $500<Re<1000$ に相当する．したがって，C_D について以下に示す式（1.10.8）を適用することができる．

$$C_D = 0.44 \quad (1.10.8)$$

Re_∞ の値は以下のようになる．

$$Re_\infty = 8.75 \times 10^2$$

この値より終末速度 $v_{\infty pmax2}$ は以下のように求められる．

$$Re_\infty = \frac{\rho v_{\infty pmax2} d_{pmax2}}{\mu} = 8.75 \times 10^2$$

$$\to v_{\infty pmax2} = 3.50 \times 10^{-1}\ \mathrm{m \cdot s^{-1}}$$

ⅱ）密度 ρ_{p1} で終末速度 $v_{\infty pt1}=v_{\infty pmax2}$ となる粒子の径 d_{pt1} を求める

粒子径が不明であることから式（1.10.11）より $C_{D\infty}/Re_\infty$ を求める．

$$\frac{C_{D\infty}}{Re_\infty} = \frac{4g\mu(\rho_{p1}-\rho)}{3\rho^2 v_{\infty pmax2}^3} = 1.98 \times 10^{-3}$$

（1.10.11）

図 1.63 の C_D/Re と Re の関係から，この値に対する Re の範囲は $100<Re<500$ に相当する．したがって，C_D について以下に示す式（1.10.7）を適用することができる．

$$C_D = 18.5\,Re^{-3/5} \quad (1.10.7)$$

この関係より Re_∞ の値は次のようになる．

$$\frac{C_{D\infty}}{Re_\infty} = \frac{18.5\,Re_\infty^{-3/5}}{Re_\infty} = 18.5\,Re_\infty^{-8/5} = 1.98 \times 10^{-3}$$

$$\to Re_\infty = 3.03 \times 10^2$$

したがって，この値に対応する粒子径 d_{pt1} は以下のようになる．

$$Re_\infty = \frac{\rho v_{\infty pmax2} d_{pt1}}{\mu} = 3.03 \times 10^2$$

$$\to d_{pt1} = 8.65 \times 10^{-4}\ \mathrm{m}$$

ⅲ）密度 ρ_{p1}，粒子径 d_{pmin1} の粒子の終末速度 $v_{\infty pmin1}$ を求める

ⅰ）と同様の手順で求める．

$$C_{D\infty}Re_\infty^2 = \frac{4gd_{pmin2}^3\rho(\rho_{p1}-\rho)}{3\mu^2} = 1.66 \times 10^4$$

図 1.62 の $C_D Re^2$ と Re の関係から，上の値に対応する Re の範囲はほぼ $100<Re<500$ に相当する．したがって，C_D について式（1.10.7）を適用することにより Re_∞ さらに $v_{\infty pmin1}$ の値が求められる．

$$C_{D\infty}Re_\infty^2 = 18.5\,Re_\infty^{7/5} = 1.66 \times 10^4 \to Re_\infty = 1.29 \times 10^2$$

$$Re_\infty = \frac{\rho v_{\infty pmin1} d_{pmin1}}{\mu} = 1.29 \times 10^2$$

$$\to v_{\infty pmin1} = 2.21 \times 10^{-1}\ \mathrm{m \cdot s^{-1}}$$

ⅳ）密度 ρ_{p2} で終末速度 $v_{\infty pt2}=v_{\infty pmin1}$ となる粒子の径 d_{pt2} を求める

ⅱ）と同様の手順で求める．

$$\frac{C_{D\infty}}{Re_\infty} = \frac{4g\mu(\rho_{p2}-\rho)}{3\rho^2 v_{\infty pmin1}^3} = 2.00 \times 10^{-3}$$

ⅲ）と同様 Re の範囲はほぼ $100<Re<500$ に相当することから，式（1.10.7）を適用することにより Re_∞ さらに d_{pt2} の値が求められる．

$$\frac{C_{D\infty}}{Re_\infty} = 18.5\,Re_\infty^{-8/5} = 2.00 \times 10^{-3} \to Re_\infty = 3.01 \times 10^2$$

$$Re_\infty = \frac{\rho v_{\infty pmin1} d_{pt2}}{\mu} = 2.81 \times 10^2 \to d_{pt2} = 1.36 \times 10^{-3}\ \mathrm{m}$$

以上より，分離可能な範囲は粒子群 1 は $8.65 \times 10^{-4}\ \mathrm{m} < d_p < 2.50 \times 10^{-3}\ \mathrm{m}$，粒子群 2 は $5.80 \times 10^{-4}\ \mathrm{m} < d_p < 1.36 \times 10^{-3}\ \mathrm{m}$ となる．

4.2.7 連続沈降槽

密度が一定で径に分布のある粒子群を含む液体から，ある大きさ以上の粒子をすべて除去することを目的とした分離操作に図 4.27 に示すような連続沈降槽が利用される．

径が $d_{pmin} < d_p < d_{pmax}$ の範囲に分布している粒子群を懸濁した水から d_{pt} より大きい粒子をすべて除去することを目的とした分離について考える．図の沈降槽の左側から流量 Q で水を供給する．沈降槽の紙面垂直方向の幅を W とすると，粒子を含む水の槽断面平均流速 u_a は

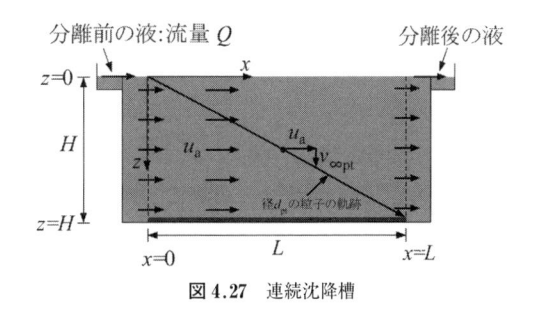

図 4.27 連続沈降槽

$$u_\mathrm{a} = \frac{Q}{HW} \quad (4.2.53)$$

となる．槽内では水，粒子ともにこの速度で水平方向に移動するものとする．一方，液体中では粒子の沈降速度は短時間で終末速度に到達することから，粒子はすべて終末速度で沈降すると仮定する．槽入口において水面すなわち $x=0$, $z=0$ に位置する径 d_pt の粒子が x 方向に移動すると同時に沈降し，右端すなわち $x=L$ において槽底 $z=H$ まで達する場合，軌跡が図に示すように勾配が終末速度 $v_{\infty\mathrm{pt}}$ と u_a の比に等しい直線となる．d_pt より大きい粒子は終末速度が $v_{\infty\mathrm{pt}}$ より大きいため，$x=0$ における z 方向の位置にかかわらずすべて槽底まで沈降し，除去される．この分離の境界となる径 d_pt を分離限界粒子径という．以上の場合，槽で処理できる固体粒子を含む水の流量 Q と槽寸法 L, H, W の関係は次のようになる．

x 方向の粒子速度は u_a であるから $x=0$ から $x=L$ まで移動する時間は L/u_a となる．終末速度 $v_{\infty\mathrm{pt}}$ でその時間沈降する距離が H に等しくなるためには，以下の関係が満たされなければならない．

$$v_{\infty\mathrm{pt}} \frac{L}{u_\mathrm{a}} = H \quad (4.2.54)$$

この関係に式（4.2.53）を代入すると，以下の関係が導かれる．

$$Q = v_{\infty\mathrm{pt}} LW = v_{\infty\mathrm{pt}} A \quad (4.2.55)$$

ここで，$A=LW$ は沈降の方向に垂直な水槽面積で，沈降面積という．粒子が球形でストークスの法則が成り立つ場合，粒子間の干渉を無視すると終末速度は 1.10.1 項の式（1.10.6）で表されることから，処理流量，装置寸法，分離限界粒子径の間には以下の関係が成り立つ．

$$Q = \frac{g d_\mathrm{pt}^2 (\rho_\mathrm{p} - \rho)}{18\mu} A \quad (4.2.56)$$

このことより処理流量は沈降槽の深さ H には無関係で，沈降面積 A により決定されることがわかる．

以上の操作では径が d_pt より大きい粒子はすべて槽底に堆積する一方，d_pt より小さい粒子は $x=0$ における深さ方向の位置により一部は水とともに流出し，残りは槽底に沈降する．径 d_p の粒子の終末速度を $v_{\infty\mathrm{p}}$ とする．この粒子が $x=0$ から $x=L$ まで移動する間に沈降する距離は $v_{\infty\mathrm{p}} L/u_\mathrm{a}$ であるから，$x=0$ において $z_\mathrm{p} = H - v_{\infty\mathrm{p}} L/u_\mathrm{a}$ より上に位置している粒子は出口から水とともに流出し，それより下に位置する粒子は槽底に堆積する．$x=0$ において，粒子が z 方向に均一に分散するものとすると径 d_p の粒子全体のうち堆積する粒子の割合は次式により表される．

$$\frac{H - z_\mathrm{p}}{H} = \frac{v_{\infty\mathrm{p}} L/u_\mathrm{a}}{v_{\infty\mathrm{pt}} L/u_\mathrm{a}} = \frac{v_{\infty\mathrm{p}}}{v_{\infty\mathrm{pt}}} = \frac{d_\mathrm{p}^2}{d_\mathrm{pt}^2}$$

$$(4.2.57)$$

4.2.8 遠心分離

前項の連続沈降槽を用いて密度 $\rho_\mathrm{p} = 1.10 \times 10^3$ kg·m^{-3} の球形粒子群を $d_\mathrm{pt} = 1.00 \times 10^{-6}$ m (=1.00 μm) を境界として分離する場合を考える．この程度の微小粒子が水中を沈降するときはストークスの法則が成り立つ．水の密度，粘度をそれぞれ $\rho = 1.00 \times 10^3$ kg·m^{-3}, $\mu = 1.00 \times 10^{-3}$ Pa·s とすると，終末速度は以下のようになる．

$$v_{\infty\mathrm{pt}} = \frac{g d_\mathrm{pt}^2 (\rho_\mathrm{p} - \rho)}{18\mu} = 5.45 \times 10^{-8} \,\mathrm{m \cdot s^{-1}}$$

$$(4.2.58)$$

この終末速度では 10 cm 沈降するのに 500 時間以上かかる．また，式（4.2.55）より 1 L·s^{-1} (=1.00 × 10^{-3} m^3·s^{-1}) の懸濁液を処理するために必要な沈降面積は次のようになる．

$$A = \frac{Q}{v_{\infty\mathrm{pt}}} = 1.83 \times 10^4 \,\mathrm{m^2} \quad (4.2.59)$$

これは 1 辺の長さ約 135 m の正方形に相当する面積である．以上のことから，重力場における沈降速度に基づいてこの粒子群を分離するのは合理的とはいえないことがわかる．そこで，重力場より加速度が大きくなる遠心力場を利用することが考えられる．以下では遠心分離の原理，操作条件と分離限界

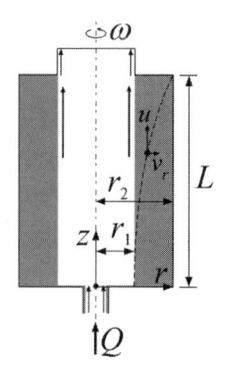

図 4.28 遠心分離装置

回転の中心

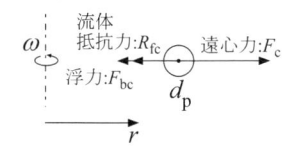

図 4.29 遠心力場において粒子にかかる力

粒子径の関係などについて述べる.

遠心分離装置の概略を図 4.28 に示す. 固体粒子懸濁液が装置内に入ると遠心力により図中外側の領域を満たして上方に移動し, その中で粒子が円筒壁面方向に移動し, 壁面まで達した粒子は液体から除去される. 最初に遠心分離装置における球形粒子の運動について考える. 重力の影響を無視すると, 粒子には図 4.29 に示すように遠心力, 浮力, 流体からの抵抗力がかかる. 粒子の質量を m_p とすると遠心力は次のようになる.

$$F_c = m_p r\omega^2 = \rho_p \frac{\pi d_p^3}{6} r\omega^2 \quad (4.2.60)$$

浮力は重力場と同様に粒子と同体積の流体にかかる遠心力に等しく, 次式で表される.

$$F_{bc} = \rho \frac{\pi d_p^3}{6} r\omega^2 \quad (4.2.61)$$

流体から受ける抵抗力は粒子間の干渉を無視すると 1.10.1 項の式 (1.10.2) で粒子速度を r 方向の沈降速度 v_r, 投影面積 A_p を $\pi d_p^2/4$ とした次式により表される.

$$R_{fc} = \rho \frac{\pi d_p^2}{8} v_r^2 C_D \quad (4.2.62)$$

以上より, 粒子の運動方程式は以下のようになる.

$$m_p \frac{dv}{dt} = F_c - F_{bc} - R_{fc}$$

$$\frac{dv_r}{dt} = \left(1 - \frac{\rho}{\rho_p}\right) r\omega^2 - C_D \frac{3\rho v_r^2}{4\rho_p d_p}$$

$$(4.2.63)$$

この式は, 重力場で沈降する粒子の運動方程式 (1.10.3) で重力加速度を回転運動の加速度 $r\omega^2$ に置き換えた形になっている. したがって, 重力場の沈降と同じく沈降が進むと右辺の 2 項は等しくなり, 加速度が 0 となって次式で表される終末速度となる.

$$v_{r\infty} = \sqrt{\frac{4r\omega^2 d_p(\rho_p - \rho)}{3\rho C_{D\infty}}} \quad (4.2.64)$$

遠心分離操作で扱う微小粒子では抵抗力が大きいこ

とから, 沈降開始後瞬時に $r = r_1$ における終末速度に到達する. また, そのような微小粒子ではレイノルズ数が非常に小さいことからストークス則が成り立つため, 終末速度は次式のようになる.

$$v_{r\infty} = \frac{r\omega^2 d_p^2(\rho_p - \rho)}{18\mu} \quad (4.2.65)$$

沈降に伴い r が増加しても瞬時にその位置における終末速度, すなわち r を式 (4.2.65) に代入して求められる速度に到達する. 以上より, 遠心分離装置内の粒子は重力場の沈降槽内とは異なり, r の増加とともに式 (4.2.65) に従って速度が変化しながら沈降することになる. したがって, 粒子の軌跡は重力場における沈降槽とは異なり, 図 4.28 に破線で示されるような曲線を描く.

遠心分離は, 遠心力により沈降速度が重力場より大きくなる効果を利用している. その効果は次式で定義される遠心効果 Z により表される.

$$Z = \frac{\rho r\omega^2}{\rho g} = \frac{r\omega^2}{g} \quad (4.2.66)$$

Z を用いると, 式 (4.2.65) を次のように書き換えることができる.

$$v_{r\infty} = \frac{r\omega^2}{g} \frac{g d_p^2(\rho_p - \rho)}{18\mu} = Z v_\infty \quad (4.2.67)$$

ここで, v_∞ は重力場における終末速度である. 以上に述べたことをもとに限界粒子径 d_{pt} と装置寸法, 処理流量 Q の関係を導く.

図 4.28 の遠心分離装置で, 粒子懸濁液が通過する断面積は $\pi(r_2^2 - r_1^2)$ であるから断面平均流速は

$$u_a = \frac{Q}{\pi(r_2^2 - r_1^2)} \quad (4.2.68)$$

であり, 装置の長さが L であるから, 懸濁液が装置を通過するのに要する時間, すなわち滞留時間 t_r は

$$t_r = \frac{L}{u_a} = \frac{\pi(r_2^2 - r_1^2)L}{Q} \quad (4.2.69)$$

となる. 一方, 径 d_{pt} の粒子が微小距離 dr だけ沈降するのに要する時間 dt は

$$dt = \frac{dr}{v_{r\infty pt}} = \frac{dr}{Z v_{\infty pt}} = \frac{g}{v_{\infty pt} \omega^2} \frac{dr}{r}$$

$$(4.2.70)$$

となる. $v_{r\infty pt}$, $v_{\infty pt}$ はそれぞれ遠心力場, 重力場における径 d_{pt} の粒子の終末速度である. $r = r_1$ から $r = r_2$ まで沈降する時間は次のようになる.

$$t=\int_{r_1}^{r_2}\frac{g}{v_{\infty\mathrm{pt}}\omega^2}\frac{dr}{r}=\frac{g}{v_{\infty\mathrm{pt}}\omega^2}\ln\frac{r_2}{r_1} \quad (4.2.71)$$

この時間と式 (4.2.69) の t_r が等しくなるようにすれば，d_{pt} より大きい粒子はすべて壁面まで沈降する．

$$\frac{\pi(r_2^2-r_1^2)L}{Q}=\frac{g}{v_{\infty\mathrm{pt}}\omega^2}\ln\frac{r_2}{r_1} \quad (4.2.72)$$

この式を Q について解くと次のようになる．

$$\begin{aligned}Q&=\frac{v_{\infty\mathrm{pt}}\omega^2\pi(r_2^2-r_1^2)L}{g\ln(r_2/r_1)}\\&=v_{\infty\mathrm{pt}}\frac{(r_2-r_1)\omega^2}{g\ln(r_2/r_1)}2\pi\frac{r_1+r_2}{2}L\end{aligned}$$
$$(4.2.73)$$

この式で

$$r_{\mathrm{lm}}=\frac{r_2-r_1}{\ln(r_2/r_1)},\quad r_{\mathrm{a}}=\frac{r_1+r_2}{2} \quad (4.2.74)$$

とおくと，r_{lm}，r_{a} はそれぞれ r_1 と r_2 の対数平均，算術平均となる．そこで，

$$Z_{\mathrm{lm}}=\frac{r_{\mathrm{lm}}\omega^2}{g},\quad A_{\mathrm{a}}=2\pi r_{\mathrm{a}}L \quad (4.2.75)$$

をそれぞれ対数平均遠心効果，算術平均沈降面積とすれば，式 (4.2.73) を以下のように表すことができる．

$$Q=v_{\infty\mathrm{pt}}Z_{\mathrm{lm}}A_{\mathrm{a}} \quad (4.2.76)$$

この式が遠心分離装置における流量と粒子径，密度，流体密度，粘度，回転数，装置寸法を表す関係となる．重力場における沈降槽の流量を与える式 (4.2.55) と比較すると，遠心分離においては処理流量 Q が遠心効果を乗じただけ大きくなることがわかる．このことは重力場ではなく遠心力場を利用することにより沈降面積が Z_{lm} 倍大きくなったことを意味すると考えることもできる．そこで，

$$\Sigma=Z_{\mathrm{lm}}A_{\mathrm{a}} \quad (4.2.77)$$

により定義される遠心沈降分離面積 Σ を用いると，式 (4.2.76) は

$$Q=v_{\infty\mathrm{pt}}\Sigma \quad (4.2.78)$$

と表される．この式により分離したい粒子の密度，粒子径と所望の処理流量 Q が決まると Σ が求められ，その値に基づいて装置寸法と回転数を決定することができる．

4.2.9 サイクロン

サイクロンは，遠心力場を利用して固-気，固-液混合物から固体を除去する装置である．図 4.30 に示すように，固体を含む流体を装置に接線方向から供給すると本体内部で旋回流が生じ，遠心力により固体粒子は外側に向かって移動し，壁沿いに下方に落ちて装置下部から回収される．一方，装置内には半径方向に圧力分布が生じ，中心の圧力が小さくなっている．そのため，旋回しながら装置下方まで到達した気体，液体は中心付近の低圧の領域に入ると上昇し，装置上方から流出する．

サイクロンでは，遠心分離装置と異なり半径方向，接線方向，軸方向速度が装置内に分布する．分離効率，装置内の圧力損失を知る上で重要となる圧力分布，遠心力分布などはそれら速度の分布に大きく影響を受けることから，装置内部の流動状態が重要となる．

サイクロンで主となる流れは接線方向の流れ，すなわち渦流である．装置内部に発生する渦はおおむね図 4.30 に灰色で示された排気管径内側とその外側の領域により大きく以下の 2 つに分類される．排気管径内側では角速度 ω が一定となり遠心分離装置と同様，流体が一体となって固体的な回転が生じている．このような渦運動を強制渦といい，接線方向の速度成分 u_θ は以下の条件を満たす．

$$\omega=\frac{u_\theta}{r}=u_\theta r^{-1}=\text{一定} \quad (4.2.79)$$

強制渦の外側では次式で示されるように u_θ が半径位置 r に反比例する自由渦，あるいはそれに準じ

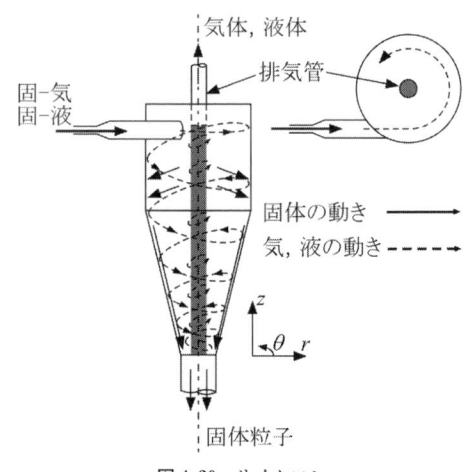

図 4.30 サイクロン

た準自由渦状態になっている.

$$u_\theta r^a = \text{一定}, \quad a = 0.4 \sim 1 \quad (4.2.80)$$

強制渦と準自由渦の境界は上に述べたように排気管径に相当する半径位置付近にあり，その境界付近で u_θ は最大値となる．半径方向速度 u_r は排気管径の位置より中心寄りでは内向きすなわち負になっていることが多く，本体の外壁付近では外向きになっている．軸方向速度 u_z は外側では下向き，排気管径の内側では上向きになっている．

以上に述べたような流動状態のサイクロン内部での固体粒子の挙動に基づいて，分離性能について考える．排気管径に相当する半径位置付近の，半径方向速度 u_r が負になっている範囲のもっとも外側の位置を $r = r_e$ とし，r，θ 方向の速度をそれぞれ u_{re}，$u_{\theta e}$ とする．この位置にある粒子の遠心力に基づく終末速度 $v_{r\infty e}$ が u_{re} の絶対値より小さい場合は流体とともに中心方向に移動し，上昇流により排気管から排出され，分離することができない．$r = r_e$ における終末速度 $v_{r\infty e}$ は，角速度が $w_e = u_{\theta e}/r_e$ であることから，式 (4.2.65) より次のようになる．

$$v_{r\infty e} = \frac{u_{\theta e}^2 d_p^2 (\rho_p - \rho)}{18 \mu r_e} \quad (4.2.81)$$

この値が u_{re} の絶対値より大きい粒子は完全に分離されるので，分離限界粒子径 d_{pt} は以下の式により求められる.

$$d_{pt} = \sqrt{\frac{18 \mu r_e |u_{re}|}{u_{\theta e}^2 (\rho_p - \rho)}} \quad (4.2.82)$$

したがって，実験などにより u_{re}，$u_{\theta e}$ が明らかになっていれば，分離限界粒子径を計算することができる．しかしながら，r_e をどのように決定するか，またその位置における速度はどのような値であるかは実測あるいは数値計算による推算などによらなければならない．

サイクロンによる分離では，前項までに述べた連続沈降槽，遠心分離機と異なり，消費エネルギーを見積もる上で装置内の流動による圧力損失を知ることが重要となる．図 4.31 に示すように入口，出口の流体の速度，圧力をそれぞれ u_i，u_e，p_i，p_e とすると，サイクロン前後の流体についての機械的エネルギー収支式は以下のようになる．

$$\frac{1}{2}u_i^2 + \frac{p_i}{\rho} = \frac{1}{2}u_e^2 + \frac{p_e}{\rho} + F \quad (4.2.83)$$

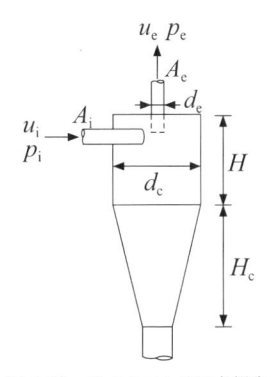

図 4.31 サイクロンの圧力損失

ここで，入口と出口の間の位置エネルギー差は無視している．流体は下部から固体粒子とともに流出しないものとする入口と出口の流量は等しくなるので連続の式より $u_e = (A_i/A_e)u_i$ であるから，上式を静圧の差について解くと以下のようになる．

$$p_i - p_e = \frac{1}{2}\rho u_i^2 \left\{ \left(\frac{A_i}{A_e} \right)^2 - 1 + F_v \right\} \quad (4.2.84)$$

この式で求められるのはサイクロン前後で測定される圧力の差であるが，これは圧力損失と入口と出口の流体の運動エネルギー差の和に相当する．圧力損失は

$$\rho F = \frac{1}{2}\rho u_i^2 F_v \quad (4.2.85)$$

により求められる．F_v は圧力損失係数とよばれ，図 4.31 に示されている各部の寸法に基づいて経験的に次式により与えられる．

$$F_v = \frac{30 A_i \sqrt{d_c}}{d_e^2 \sqrt{H + H_c}} \quad (4.2.86)$$

4.2.10 濾　　過

固体粒子を含む液体を濾紙，濾布など固体を通さない細孔のあいた媒体を通過させることにより固体，液体に分離する操作を濾過という．図 4.32 に示すように固体粒子の懸濁液を圧力 p_F で加圧すると，濾液側の圧力 p_P との圧力差 Δp が推進力とな

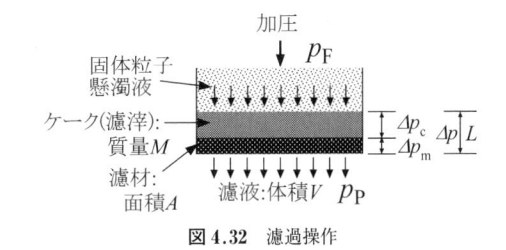

図 4.32 濾過操作

って液体が濾材を透過する．この圧力差は操作の観点からは濾過圧力，濾液の流動現象の観点からは圧力損失とよばれる．濾過の進行とともに，透過した液体に懸濁していた固体粒子が濾材上に堆積する．この固体が堆積した層を濾滓，あるいはケークという．濾液体積を V とすると，その流量は dV/dt と表される．流量を濾材面積で除した流束は圧力損失に比例し，次の関係が成り立つ．

$$\frac{1}{A}\frac{dV}{dt}=\frac{1}{R}\frac{\Delta p}{\mu} \quad (4.2.87)$$

ここで，μ は濾液の粘度である．また，A は濾過面積ともいわれる．この関係をダルシーの法則という．この式で R が大きくなると流束が小さくなることから R は流動に対する抵抗とみなすことができる．濾過の進行とともにケーク量が増加し，抵抗 R も増加する．したがって，流束と圧力損失の関係は時間とともに変化する．濾過操作ではその変化を予測することが重要となる．

濾材とケークでは抵抗の値が異なるので，以下では濾材の抵抗，ケークの抵抗をそれぞれ R_m，R_c と定義する．濾材抵抗 R_m は濾過操作の間変化しないと考えられるのに対してケーク抵抗 R_c は時間とともに増加する．そこで，まずケークにおける圧力損失 Δp_c と流束の関係について考える．ケークについてのダルシーの法則は次のようになる．

$$\frac{1}{A}\frac{dV}{dt}=\frac{1}{R_c}\frac{\Delta p_c}{\mu} \quad (4.2.88)$$

ケークは固体粒子の充填層，すなわち固定層と同等と考えられるので，圧力損失は 1.10.3 項の式（1.10.39）により表すこともできる．その式を上式に対応する形に書き換えると次のようになる．

$$u_f=\frac{d_p^2}{18(1-\varepsilon)F(\varepsilon)L}\frac{\Delta p}{\mu} \quad (4.2.89)$$

この式中の u_f は空筒速度であるから，流量を濾過面積で除した式（4.2.88）の左辺の濾液流束に相当する．両式を比較すると R_c は以下のように表されることがわかる．

$$R_c=\frac{18(1-\varepsilon)F(\varepsilon)}{d_p^2}L \quad (4.2.90)$$

L はケーク厚さに相当する．空間率関数 $F(\varepsilon)$ が ε のどのような関数になるかはケークを形成する粒子などの性質に依存するため，定式化することは難しい．そこで，R_c を以下のように置くことができるものとする．

$$R_c=\alpha_{cv}L \quad (4.2.91)$$

α_{cv} は平均比抵抗といわれ，ケーク単位厚さあたりの抵抗を表す．ケーク質量を M_c，固体粒子密度を ρ_p とするとケーク体積 V_c は以下の式で表される．

$$V_c=\frac{M_c}{\rho_p(1-\varepsilon)} \quad (4.2.92)$$

したがって，ケーク厚さ L は次のようになる．

$$L=\frac{V_c}{A}=\frac{1}{\rho_p(1-\varepsilon)}\frac{M_c}{A} \quad (4.2.93)$$

この式を（4.2.91）に代入すると

$$R_c=\frac{\alpha_{cv}}{\rho_p(1-\varepsilon)}\frac{M_c}{A}=\alpha_{cm}\frac{M_c}{A} \quad (4.2.94)$$

となる．α_{cm} もまた平均比抵抗といわれ，単位濾過面積のケーク単位質量あたりの抵抗を表す．さらに，濾過原液には一定の濃度で固体粒子が懸濁しているものとすると，濾液に伴われて濾材上に移動し，ケークを形成する粒子の質量は V に比例すると考えられる．その比例係数を κ とすれば式（4.2.94）は次のようになる．

$$R_c=\frac{\alpha_{cm}\kappa V}{A} \quad (4.2.95)$$

この式を式（4.2.88）に代入すると，以下の式が導かれる．

$$\frac{1}{A}\frac{dV}{dt}=\frac{\Delta p_c}{\alpha_{cm}\mu\kappa V/A} \quad (4.2.96)$$

一方，濾材内の流束と圧力損失 Δp_m の関係は以下のようになる．

$$\frac{1}{A}\frac{dV}{dt}=\frac{\Delta p_m}{R_m\mu} \quad (4.2.97)$$

全体の圧力損失 Δp は濾材，ケークの圧力損失の和に等しいので

$$\Delta p=\Delta p_c+\Delta p_m=\frac{1}{A}\frac{dV}{dt}\frac{\alpha_{cm}\mu\kappa V}{A}+\frac{1}{A}\frac{dV}{dt}R_m\mu \quad (4.2.98)$$

と表すことができる．また，濾材とケークにおける流束は等しいことから，次の関係が導出される．

$$\frac{1}{A}\frac{dV}{dt}=\frac{\Delta p}{\alpha_{cm}\mu\kappa V/A+R_m\mu}=\frac{\Delta p}{(R_c+R_m)\mu} \quad (4.2.99)$$

この式と式（4.2.87）を比較すると

$$R=R_c+R_m \quad (4.2.100)$$

であることがわかる．このことはケークと濾材は直列に接続された抵抗に相当し，全抵抗がそれぞれの

和になっていることを意味する．式 (4.2.99) で左辺の流束を電流，圧力損失を電圧と対応させれば，R が電気抵抗と同等の意味をもつことが理解できる．

濾液量の経時変化は式 (4.2.99) に基づいて導かれるが，濾過操作の形式によって異なる結果となる．以下に2つの代表的な濾過操作形式について濾液量の経時変化と操作条件の関係を導く．

ⅰ) 定圧濾過

濾過圧力 ΔP を一定とした濾過操作である．式 (4.2.98) を以下のように書き換える．

$$\left(\frac{\alpha_{cm}\mu\kappa V}{A^2}+\frac{R_m\mu}{A}\right)dV=\Delta p dt \quad (4.2.101)$$

α_{cm}, R_m を一定とし，Δp 一定の条件で $t=0$ のとき $V=0$ として積分すると次のようになる．

$$\frac{\alpha_{cm}\mu\kappa}{2A^2}V^2+\frac{R_m\mu}{A}V=\Delta p t \quad (4.2.102)$$

この式を以下のように変形する．

$$V^2+2\frac{AR_m}{\alpha_{cm}\kappa}V+\left(\frac{AR_m}{\alpha_{cm}\kappa}\right)^2=\frac{2A^2\Delta p}{\alpha_{cm}\mu\kappa}t+\left(\frac{AR_m}{\alpha_{cm}\kappa}\right)^2$$

$$\left(V+\underline{\frac{AR_m}{\alpha_{cm}\kappa}}\right)^2=\underline{\frac{2A^2\Delta p}{\alpha_{cm}\mu\kappa}}\left(t+\underline{\frac{\mu R_m^2}{2\Delta p\alpha_{cm}\kappa}}\right)$$

$$(4.2.103)$$

左辺，右辺の下線部をそれぞれ V_0, K, t_0 とおくと，以下のようになる．

$$(V+V_0)^2=K(t+t_0) \quad (4.2.104)$$

この式はルスの濾過速度式といわれる．定圧濾過では濾液量の経時変化はこの式により表される．V_0，t_0 は濾材と等しい抵抗を示すケーキを形成するのに要する仮想的な時間と濾液量を表す（補足 4.3 参照）．図 4.33 は濾液量 V の経時変化の概形である．また，上式を V について解き，t で微分すると濾液流量の経時変化の式が導かれる．

$$\frac{dV}{dt}=\frac{1}{2}\sqrt{\frac{K}{t+t_0}} \quad (4.2.105)$$

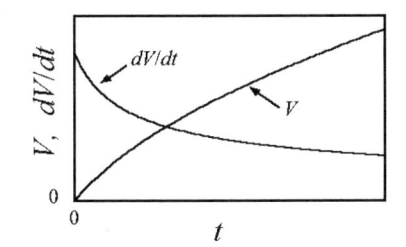

図 4.33 定圧濾過における濾液量，流束の経時変化

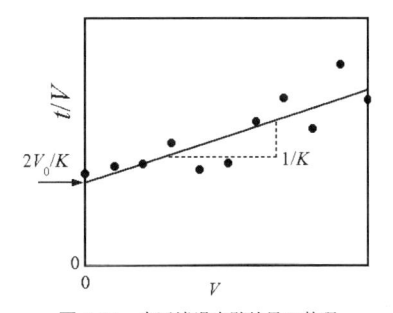

図 4.34 定圧濾過実験結果の整理

図 4.33 には流量の経時変化も併せて示してある．定圧濾過では，時間経過とともにケーキが堆積し，抵抗が増加するが，推進力である濾過圧力が一定であるため，濾液流量が徐々に減少していく様子が示されている．

上に示した濾液量などの経時変化を予測するためには α_{cm} などをあらかじめ求めておく必要がある．式 (4.2.102) の両辺を V で除して整理すると次式のようになる．

$$\frac{t}{V}=\frac{V}{K}+\frac{2V_0}{K} \quad (4.2.106)$$

実験により V と t の関係を測定した結果を図 4.34 のように縦軸に t/V，横軸に V をとったグラフに点描し，回帰分析により求められた直線の傾きが $1/K$，切片が $2V_0/K$ となる．また，t_0 は次式により求められる．

$$t_0=\frac{V_0^2}{K} \quad (4.2.107)$$

ⅱ) 定速濾過

定速濾過とは濾液流量を一定とした濾過操作である．この場合，$dV/dt=V/t$ となる．この濾液流量を r とおくと，式 (4.2.99) は次のようになる．

$$\frac{V}{t}=r=\frac{A^2\Delta p}{\alpha_{cm}\mu\kappa V+AR_m\mu} \quad (4.2.108)$$

定圧濾過と異なり濾過の進行とともにケーキ抵抗が増加しても流量を一定に保つためには濾過圧力を増加させる必要がある．$V=rt$ となることを考慮し，上式を Δp について解くと以下のようになる．

$$\Delta p=\frac{\alpha_{cm}\mu\kappa r^2}{A^2}t+\frac{R_m\mu r}{A} \quad (4.2.109)$$

この式により，定速濾過において圧力を時間に対してどのように変化させる必要があるかを知ることができる．

平均比抵抗 a_{cv}, a_{cm} が濾過圧力により変化しない非圧縮性濾滓の場合，定速濾過においては濾過圧力を時間とともに式 (4.2.109) で表される一次関数に従うように変化させればよい．定圧濾過では，ある濾過圧力における比抵抗の値が既知であれば，異なる濾過圧力で操作したときの濾液量の経時変化を式 (4.2.104) により予測することができる．しかしながら，圧力により抵抗が変化する圧縮性濾滓の場合は濾過圧力と比抵抗の関係を明らかにしておく必要がある．式 (4.2.90)，(4.2.91) を比較すると

$$a_{cv} = \frac{18(1-\varepsilon)F(\varepsilon)}{d_p^2} \quad (4.2.110)$$

となる．1.10.3 項に示すように粒子充填層の空間率関数 $F(\varepsilon)$ が

$$F(\varepsilon) = \frac{k}{4}\frac{1-\varepsilon}{\varepsilon^3} \quad (1.10.52)$$

と表されるものとすると，平均比抵抗 a_{cv} は $(1-\varepsilon)^2/\varepsilon^3$ に比例する．したがって，圧力の増加によりケークが圧縮され，空間率 ε が減少すると比抵抗が増加すると考えられる．圧力と空間率の関係はケーク材質などにより多様で，明らかにすることは難しい．圧力と比抵抗の関係として以下の実験式が提案されている．

$$a_{cm} = a_{cm0}\Delta p^n \quad (4.2.111)$$
$$a_{cm} = a_{cm1}(1+k_1\Delta p) \quad (4.2.112)$$

ここで，a_{cm0}, n, a_{cm1}, k_1 はそれぞれケーク材質に固有な定数である．

以上，濾液流量と濾過圧力の関係について述べてきた．濾過においては操作終了後，ケーク内に残った濾液および溶質を除去する必要がある．濾液が水で，ケークを製品として回収する場合は操作終了後ケークを乾燥すればよい．濾液に溶質が含まれている場合は操作終了後，引き続き水洗水を濾過原液と同様に濾過装置に供給し，ケーク，濾材内を流すことにより濾液を押し流す操作を行う．このときの水洗水流量と操作圧力の間には以下の関係が成り立つ．水洗操作ではケークが増加しないため，抵抗は一定となる．したがって，定圧で操作する場合，水洗水流量 Q も一定で，濾過操作終了時のケーク抵抗を R_{cf}，水洗水の粘度を μ とすると次式で表すことができる．

$$Q = \frac{A\Delta p}{(R_{cf}+R_m)\mu} \quad (4.2.113)$$

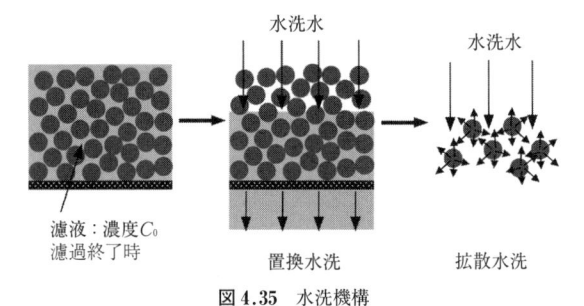

図 4.35 水洗機構

ケークが非圧縮性の場合は濾過操作で流出した濾液の総体積を V_f とすると上式は次のようになる．

$$Q = \frac{A\Delta p}{(R_{cf}+R_m)\mu} = \frac{A^2\Delta p}{a_{cm}\mu\kappa V_f + R_m A\mu} \quad (4.2.114)$$

濾過終了時にはケーク抵抗が非常に大きくなっていて，右辺分母第2項の濾材抵抗を無視できる場合も多い．上式より必要な水洗水体積から所要時間を推算することができる．ケーク粒子間の空隙を満たす濾液を押し流すだけであれば水洗水は少量でよいが，粒子にあいた細孔内に浸透した液および濾液中の溶質を流出させるには大量の水を必要とする．そのような濾液中の溶質の流出については以下のような機構が考えられている．

濾過終了時には図 4.35 に示すようにケーク粒子は溶質濃度 C_0 の濾液に浸っている．水洗水を流すと，最初に粒子の間の空隙を満たしていた濾液が押し流され，水と置き換わる．この段階を置換水洗という．置換水洗では流出する液中の溶質濃度は C_0 で一定となる．置換水洗により濾液が押し流されると粒子周囲の液が水に置き換わり，粒子内細孔に浸透している濾液との間に濃度差が生じる．これを推進力とした拡散により溶質が粒子の外に移動し，水洗水とともに流出する．この段階を拡散水洗という．この場合は置換水洗と異なり，溶質の流出による粒子内の溶質量減とともに，水洗水の濃度も減少する．時刻 t における水洗水濃度 C は次式に示すようにケーク単位体積あたりの溶質量に比例するものと考えられる．

$$C = k\frac{W}{AL} \quad (4.2.115)$$

ここで，k は定数，W はケーク全体に含まれる溶質量である．微小時間 dt の間に流出する溶質量を dW，その間の濃度変化を dC とすると以下の関係

が成り立つ．

$$C+dC=k\frac{W-dW}{AL} \quad (4.2.116)$$

また，式 (4.2.115) より

$$dC=-k\frac{dW}{AL} \quad (4.2.117)$$

となる．この式を時間 t で微分すると次のようになる．

$$\frac{dC}{dt}=-\frac{k}{AL}\frac{dW}{dt} \quad (4.2.118)$$

一方，微小時間 dt の間に流出する水洗水量は Qdt であり，上述のようにその時間に流出する溶質量が dW であるから，濃度は以下のように表すこともできる．

$$C=\frac{1}{Q}\frac{dW}{dt} \quad (4.2.119)$$

この関係から，水洗水の流速を $u=Q/A$ とすると式 (4.2.118) は次のように書き換えることができる．

$$\frac{dC}{dt}=-\frac{k}{AL}QC=-\frac{ku}{L}C$$

$$\frac{1}{C}dC=-\frac{ku}{L}dt \quad (4.2.120)$$

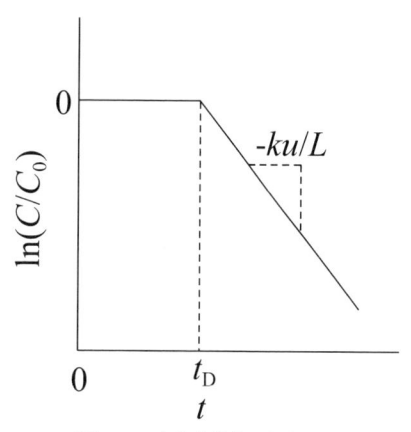

図 4.36 水洗水濃度の経時変化

置換水洗から拡散水洗に切り替わる時刻を t_D とし，その時刻において $C=C_0$ の条件で積分すると

$$\ln\frac{C}{C_0}=-\frac{ku}{L}(t-t_\mathrm{D}) \rightarrow \frac{C}{C_0}=e^{-ku(t-t_\mathrm{D})/L}$$

$$(4.2.121)$$

となる．このように拡散水洗においては濃度が指数関数的に減少していくことがわかる．置換水洗から拡散水洗までの濃度の経時変化を $\ln(C/C_0)$ を縦軸にとって表すと図 4.36 のようになる．

5

運動量移動の数値シミュレーション

5.1 差分法の基礎

本節では,流体解析で用いる差分法の基礎について述べる.

5.1.1 打切り誤差

ナビエ-ストークス方程式のような微分方程式を差分(離散)化する際に誤差が生じる.関数 $f(x)$ の $x=x_j$ における微分は

$$\frac{df}{dx}(x=x_j)=\frac{df}{dx_j}=\lim_{\Delta x\to 0}\frac{f(x_j+\Delta x)-f(x_j)}{\Delta x} \tag{5.1.1}$$

として定義されるが,差分法では $\Delta x \to 0$ の極限操作を行う前の段階の式を用いて

$$\frac{df}{dx_j}\fallingdotseq\frac{f(x_j+\Delta x)-f(x_j)}{\Delta x} \tag{5.1.2}$$

のように近似する(図5.1).なお,$\Delta x \to 0$ の極限では,式 (5.1.1) と

$$\frac{df}{dx_j}=\lim_{\Delta x\to 0}\frac{f(x_j)-f(x_j-\Delta x)}{\Delta x}$$

は同じになるが,Δx を有限として扱う差分法では,差分近似 (5.1.2) と差分近似

$$\frac{df}{dx_j}\fallingdotseq\frac{f(x_j)-f(x_j-\Delta x)}{\Delta x} \tag{5.1.3}$$

は異なるほか

$$\frac{df}{dx_j}\fallingdotseq\frac{f(x_j+\Delta x)-f(x_j-\Delta x)}{2\Delta x} \tag{5.1.4}$$

についても異なる(図 5.1).なお,差分近似 (5.1.2),(5.1.3) は片側差分スキームとよばれ,差分近似 (5.1.4) は中心(中央)差分スキームとよばれる.

差分近似 (5.1.2),(5.1.3),(5.1.4) はいずれも式 (5.1.1) で定義される微分の近似値を与え,

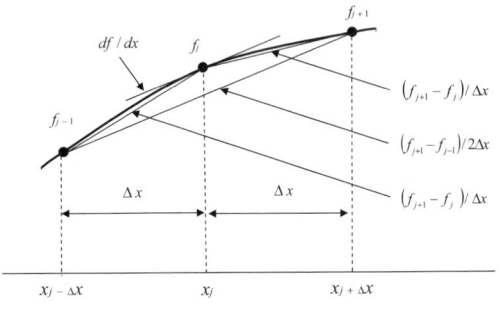

図5.1 差分法における微分の計算例
$f_j=f(x_j),\ f_{j+1}=f(x_j+\Delta x),\ f_{j-1}=f(x_j-\Delta x)$

そのときの誤差はテイラー展開を用いて求めることができる.たとえば,式 (5.1.2) 中の $f(x_j+\Delta x)$ を x_j の周りにテイラー展開した式

$$f(x_j+\Delta x)=f(x_j)+\Delta x\frac{df}{dx_j}+\frac{1}{2}\Delta x^2\frac{d^2f}{dx_j^2}$$
$$+\frac{1}{6}\Delta x^3\frac{d^3f}{dx_j^3}+\cdots \tag{5.1.5}$$

を差分近似 (5.1.2) に代入すると次式が得られる.

$$\frac{f(x_j+\Delta x)-f(x_j)}{\Delta x}=\frac{df}{dx_j}+\frac{1}{2}\Delta x\frac{d^2f}{dx_j^2}$$
$$+\frac{1}{6}\Delta x^2\frac{d^3f}{dx_j^3}+\cdots$$

上式において,左辺の差分近似の実際の微分 df/dx_j からのずれ

$$\frac{1}{2}\Delta x\frac{d^2f}{dx_j^2}+\frac{1}{6}\Delta x^2\frac{d^3f}{dx_j^3}+\cdots \tag{5.1.6}$$

は差分化に伴って生じる誤差を表しており,打切り誤差とよばれる.ここで,$f(x)$ が変化する代表的な空間 (x) スケールを L とおいて,式 (5.1.6) の各項のオーダーを評価すると

$$\frac{1}{2}\Delta x\frac{d^2f/dx_j^2}{df/dx_j}\sim\frac{\Delta x}{L}$$

$$\frac{\frac{1}{6}\Delta x^2 d^3f/dx_j^3}{df/dx_j} \sim \left(\frac{\Delta x}{L}\right)^2$$

となる．差分化する場合，メッシュ幅よりも大きなスケールの現象のみをとらえることになるため，メッシュ幅 Δx については $f(x)$ が変化する空間スケール L よりも小さくとる必要がある．そのため，$\Delta x/L$ は 1 よりも小さいと考えると，式 (5.1.6) で表される打切り誤差の各項の内，第 1 項がもっとも大きくなり，主要誤差とよばれる．打切り誤差を主要誤差を用いて表すことにより，式 (5.1.5) は

$$\frac{f(x_j+\Delta x)-f(x_j)}{\Delta x}=\frac{df}{dx_j}+O(\Delta x/L) \tag{5.1.7}$$

と書くことができ，式 (5.1.5) の片側差分スキームは $\Delta x/L$ に関して 1 次の精度であることがわかる．式 (5.1.3), (5.1.4) で表される差分スキームについても同様の式展開を行うと

$$\frac{f(x_j)-f(x_j-\Delta x)}{\Delta x}=\frac{df}{dx_j}+O(\Delta x/L) \tag{5.1.8}$$

$$\frac{f(x_j+\Delta x)-f(x_j-\Delta x)}{2\Delta x}=\frac{df}{dx_j}+O((\Delta x/L)^2) \tag{5.1.9}$$

が得られる．上記打切り誤差に関する考察から，片側差分スキームは $\Delta x/L$ に関して 1 次精度，中心差分スキームは 2 次精度となり，中心差分は片側差分に比べて打切り誤差が小さく，差分近似の精度がよいことがわかる．

5.1.2 差分スキームの安定性

差分法を用いる際，打切り誤差と並んで重要な要素に安定性がある．例として，波動方程式

$$\frac{\partial h(x,t)}{\partial t}+c\frac{\partial h(x,t)}{\partial x}=0 \quad (c=\text{const.}) \tag{5.1.10}$$

を考え，$h(x,t)$ を空間 (x) に関して

$$h(x,t)=\int f_k(t)\exp(ikx)dk$$

のようにフーリエ展開し，式 (5.1.10) に代入し，整理すると，振動型の常微分方程式

$$\frac{df_k(t)}{dt}=-ikc\,df_k(t) \tag{5.1.11}$$

が得られる．式 (5.1.11) を代表的な時間差分スキームである前方（あるいは Euler）スキーム，後方（あるいは Backward-Euler）スキーム，台形（あるいは Crank-Nikolson）スキームを用いて時間に関して差分化すると

$$\frac{f_k^{n+1}-f_k^n}{\Delta t}=-ikc\,f_k^n \quad \text{前方（オイラー）スキーム}$$

$$\frac{f_k^{m+1}-f_k^n}{\Delta t}=-ikc\,f_k^{n+1}$$
$$\text{後方（後方オイラー）スキーム}$$

$$\frac{f_k^{n+1}-f_k^n}{\Delta t}=-ikc\frac{f_k^n+f_k^{n+1}}{2}$$
$$\text{台形（クランク-ニコルソン）スキーム}$$

あるいは

$$f_k^{n+1}=f_k^n(1-iK) \quad \text{前方スキーム} \tag{5.1.12a}$$

$$f_k^{n+1}=\frac{f_k^n}{1+iK} \quad \text{後方スキーム} \tag{5.1.12b}$$

$$f_k^{n+1}=f_k^n\frac{1-iK/2}{1+iK/2} \quad \text{台形スキーム} \tag{5.1.12c}$$

となる．ただし，

$$f_k^n=f_k(t=n\Delta t), \quad K=kc\Delta t$$

ここで，f_k^{n+1} と f_k^n の絶対値の比 $A(=|f_k^{n+1}|/|f_k^n|)$ を求めると

$$A=\sqrt{1+K^2}>1 \quad \text{前方スキーム} \tag{5.1.13a}$$
$$A=1/\sqrt{(1+K^2)}<1 \quad \text{後方スキーム} \tag{5.1.13b}$$
$$A=1 \quad \text{台形スキーム} \tag{5.1.13c}$$

となる．A は増幅率とよばれ，A と 1 との大小関係によって時間スキームは分類され，A が 1 よりも大きくなる場合は不安定なスキーム，1 よりも小さくなる場合は安定，1 の場合は中立なスキームとよばれる．

一般に，時間スキームは安定もしくは中立でなければならないとされている．不安定な時間スキームを用いて長時間の計算を行うと，f_k の絶対値が次第に大きくなり，いずれ発散してしまうため計算できなくなるが，一方において，安定な時間スキームを用いた場合は f_k は 0 に近づくため，本来存在するものがなくなってしまうという点でやはり好ましくない．にもかかわらず，不安的なスキームは使用してはならず，安定なスキームはよいとされるのは，以下のような理由による．

波動方程式（振動型の方程式）に対して前方スキームは不安定になるが，式 (5.1.13a) をみると増幅率 A の値は波数 k が大きくなるほど大きくなることがわかる．波数 k は式 (5.1.10) をフーリエ

変換し，1つのフーリエ成分のみを取り出した結果現れたわけであるが，元々の波動方程式（5.1.10）の解は，一般的にはさまざまな波数をもつフーリエ成分を含んでいる．波動方程式（5.1.10）を差分法を用いて解く場合には空間微分項についても差分化する必要があり，空間の離散化に伴って，式（5.1.7）～（5.1.9）でみたように $O(\Delta x/L)$ もしくは $O((\Delta x/L)^2)$ の打切り誤差が発生することになる．ここで，打切り誤差の中に現れる代表的空間スケール L としてフーリエ成分の波長 $\lambda(=2\pi/k)$ をとると，打切り誤差は $\Delta x/\lambda$ が大きいほど大きくなる．とくに，波長がメッシュ幅 Δx でとらえることができる最小波長 $2\Delta x$ に近くなると，$\lambda \sim \Delta x$ のため次数によらず打切り誤差は 1 のオーダー，すなわち本来の微分値と同程度になることがわかる．

一方，流体現象も含めて，自然界の現象は，ある程度波数が大きくなると波数が大きいほどフーリエ成分は減衰するという傾向を示すため，波数の大きなフーリエ成分については現象への寄与が小さく無視してよいと考えられており，そのことが，メッシュ幅よりも小さな現象が抜け落ちてしまう差分法においても現象の本質がとらえられることの拠り所になっている．このようなことから，差分法を用いる場合，メッシュ幅程度の波長をもつ打切り誤差の大きなフーリエ成分は現象において重要であってはならない，あるいはそのようにみなせるようにメッシュ幅を設定する必要がある（図5.2）．増幅率に対する式（5.1.13b）からわかるように，安定な差分スキームを用いた場合，波長の短いフーリエ成分ほど大きく減衰することになるが，差分法適用の前提として，波長の短いフーリエ成分は上述のように元々重要な寄与はしないため，なくなったとしても問題にならない．それに対し，不安定な差分スキームを用いた場合には，大きな打切り誤差を含む波長の短いフーリエ成分ほど増幅率が大きくなるため，不安定なスキームで計算を続けると，いずれは現象において重要な働きをする波長の長いフーリエ成分よりも，大きな打切り誤差を伴う波長の短いフーリエ成分の方が大きくなってしまう．このようなことから，不安定な差分スキームは，時間と空間の両方を独立変数として含む偏微分方程式に対して用いてはならない．

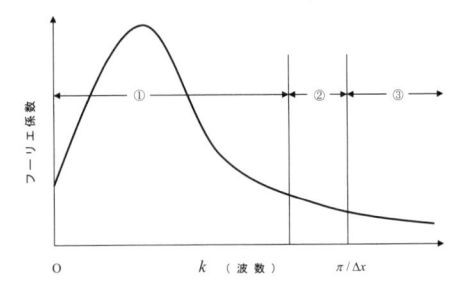

図5.2 メッシュ幅 Δx でとらえることができる最大波数（$=\pi/\Delta x$）よりも大きな波数域③のフーリエ成分は，差分化に伴って落ちてしまう．一方，最大波数に近い波数域②では打切り誤差が大きいため，波数域③のフーリエ成分に加えて，波数域②のフーリエ成分についても現象において重要な働きをしないということが前提．波数域①のフーリエ成分のみが重要であることが，差分法を適用する際の前提となっている．

なお，上述のことから考えて，スキームの安定性は，波動方程式，あるいは拡散方程式のようなさまざまな波長のフーリエ成分が含まれる偏微分方程式においてのみ重要となる．時間のみが独立変数の常微分方程式ではスキームの安定性は重要ではなく，精度（打切り誤差）のみを考えればよい．

上記例では，前方スキーム，後方スキーム，台形スキームいずれも式（5.1.12）のように f_k^{n+1} を f_k^n から直接求めることができたが，元々の波動方程式（5.1.10）にこれらのスキームを適用した場合，後方スキーム，台形スキームの場合には，差分方程式の中に f_j^{n+1}（j は格子点番号）のほかに f_{j+1}^{n+1} あるいは f_{j-1}^{n+1} が含まれてくるため，$n+1$ ステップでの f_j^{n+1} を求めるためには連立方程式を解かなければならなくなる．このような，f_j^{n+1} を直接求めることができないスキームは陰的（implicit）スキームとよばれている．一方，前方スキームのように直接 f_j^{n+1} を求めることができるスキームは陽的（explicit）スキームとよばれる．一般に，陰的スキームの方が安定性はよいが，連立方程式を解かなければならない分，計算時間がかかる．

5.1.3 風上差分とクーラン条件

前項では，波動方程式（5.1.10）を空間に関してフーリエ変換することによって得られる振動型の常微分方程式に対するスキームの安定性を考察したが，実際には，波動方程式の中の空間微分は差分近似によって離散化されるため，波動方程式に対する

5.1 差分法の基礎

安定性は振動型の常微分方程式に対する安定性とは少し異なってくる．そこで，本項では，波動方程式そのものに対するスキームの安定性について考察する．

波動方程式 (5.1.10) を空間に対して，式 (5.1.4) の中心差分，時間に関して前方 (Euler) スキームを用いて離散化すると

$$\frac{h_j^{n+1}-h_j^n}{\Delta t}+c\frac{h_{j+1}^n-h_{j-1}^n}{2\Delta x}=0$$

あるいは

$$h_j^{n+1}=h_j^n-\frac{d}{2}(h_{j+1}^n-h_{j-1}^n)$$

$$d=c\frac{\Delta t}{\Delta x} \quad (5.1.14)$$

が得られる．ここで，h を

$$h_j^n=\sum f_k^n \exp(ik\Delta x)$$

のように離散空間上でフーリエ級数展開し，式 (5.1.14) に代入して，1つのフーリエ成分のみを取り出した後，整理すると

$$f_k^{n+1}=f_k^n\{1-id\sin(k\Delta x)\}$$

が得られる．よって，増幅率 $A(=|f_k^{n+1}|/|f_k^n|)$ としては

$$A^2=1+d^2\sin^2(k\Delta x)>1$$

となり，振動型の常微分方程式に対する安定性 (5.1.13) と同様，不安定であることがわかる．

一方，波動方程式 (5.1.10) を空間に対して片側差分近似 (5.1.3)，時間に関して前方 (Euler) スキームを用いて差分化すると

$$h_j^{n+1}=h_j^n-d(h_j^n-h_{j-1}^n)$$

となる．さらに，中心差分の場合と同様に上式をフーリエ変換を用いて整理すると

$$f_k^{n+1}=f_k^n\{1-d+d\exp(-ik\Delta x)\}$$

が得られる．したがって，増幅率に関して

$$A^2=2d(d-1)(1-\cos(k\Delta x))+1 \quad (5.1.15)$$

が得られる．前項でみたように，波数 k が大きくなるほど増幅率あるいは減衰率（A の1からのずれ）は大きくなるため，安定性を考察する場合，メッシュ幅 Δx においてとりうる最小波長（$=2\Delta x$）のフーリエ成分にのみ注目すれば十分である．そこで，式 (5.1.15) において，$k=\pi/\Delta x$ とおくと

$$A^2=4d(d-1)+1$$

となる．よって，スキームが不安定にならない，すなわち

$$A^2=4d(d-1)+1\leq1$$

となるためには

$$0\leq d=c\frac{\Delta t}{\Delta x}\leq1 \quad (5.1.16)$$

を満たす必要があることがわかる．式 (5.1.16) より，スキームが安定もしくは中立になるのは波動の進行速度 c が正の場合に限られ，c が負の場合には中心差分の場合と同様，不安定なスキームになることがわかる．波動の進行方向（c の符号）については，片側差分のとる方向と対で考える必要があり，式 (5.1.16) は片側差分近似 (5.1.3) をとったときの（中立を含む）安定条件となっている．反対に片側差分近似 (5.1.2) をとった場合には，c が負の場合に安定になりうる．このことは，波動が進行する際の上流（風上）側に対して片側差分をとった場合にのみスキームが安定になりうることを示しており，このような片側差分法は風上差分もしくは上流差分とよばれている．なお，風上差分を用いた場合でもスキームが安定であるためには条件式 (5.1.16) を満たす必要があり，この条件はクーラン (Courant) 条件とよばれている．

5.1.4 保存系スキームと非保存系スキーム

前項までで，偏微分方程式を差分法で解く場合，適用する差分スキームの打切り誤差と安定性が重要であるということを述べたが，スキームを選択する上で，保存性というもう1つ重要な要素がある．

例として，非圧縮性流体中のスカラー場 $f(x,t)$ に対する移流型の方程式

$$\frac{\partial f}{\partial t}+v\cdot\nabla f=0 \quad (5.1.17a)$$

$$\nabla\cdot v=0 \quad (5.1.17b)$$

を取り上げる．ここで，$v(x,t)$ は流速ベクトルである．式 (5.1.17a) は，非圧縮性流体に対する連続の式 (5.1.17b) を用いると次のように変形できる．

$$\frac{\partial f}{\partial t}+\nabla\cdot(fv)=0 \quad (5.1.18)$$

式 (5.1.17b) が成り立っている場合，式 (5.1.17a) と (5.1.18) は偏微分方程式としては同じ解を与えるが，離散化した場合には異なってくる．以降，簡単のため，1次元空間の場合を例にとり，さらに空

間微分項(左辺第2項)のみに注目する.式(5.1.17a)と(5.1.18)の左辺第2項は1次元空間では次のように離散化される.

$$(v \cdot \nabla f)_{j-1/2} \doteqdot v_{j-1/2} \frac{f_j - f_{j-1}}{\Delta x} \quad (5.1.19a)$$

$$(\nabla \cdot fv)_{j-1/2} \doteqdot \frac{v_j f_j - v_{j-1} f_{j-1}}{\Delta x} \quad (5.1.19b)$$

ここで,$j=0,1,2,\cdots,J$ は格子点番号を表し(J はセル要素の数で,$j=0,J$ が両端点),f_j, v_j などは格子点上での値,$f_{j-1/2}$ などはセル要素中心での値を表している(図5.3).スカラー f および流速 v を定義する点の配置についてはいくつかの方法があり,たとえば f をセル要素中心で定義する場合には,f_j には両側のセル要素での f の平均値 $(f_{j+1/2}+f_{j-1/2})/2$ で近似(中心差分に相当)するか,$f_{j+1/2}$ または $f_{j-1/2}$ で近似(片側差分に相当)することになる.なお,近似の仕方によって打切り誤差,安定性が異なってくるが,以下の考察にはどのような差分近似を用いるかは関係しないため,以下,具体的な近似式に書き下さずに,式(5.1.19)中の記載方法をそのままの形で用いる.

差分式(5.1.19b)をすべてのセル要素について書き下すと

$$(v_1 f_1 - v_0 f_0)/\Delta x$$
$$(v_2 f_2 - v_1 f_1)/\Delta x$$
$$\cdots\cdots\cdots$$
$$(v_j f_j - v_{j-1} f_{j-1})/\Delta x$$
$$\cdots\cdots\cdots$$
$$(v_J f_J - v_{J-1} f_{J-1})/\Delta x$$

となる.ここで,上式をすべて足し合わせると

$$(v_J f_J - v_0 f_0)/\Delta x$$

となる.すなわち,式(5.1.18)の左辺第2項の全領域における総和は左端の境界($j=0$)から流入する f のフラックス $v_0 f_0$ および右端の境界($j=J$)から流出する f のフラックス $v_J f_J$ の差に等しくなり,f の全収支が差分方程式においても厳密に満たされることがわかる.このことから,式(5.1.19b)あるいは(5.1.18)のような形での差分近似は保存系スキームとよばれている.一方,差分式(5.1.19a)をすべてのセル要素について書き下すと

$$v_{1/2}(f_1 - f_0)/\Delta x$$
$$v_{3/2}(f_2 - f_1)/\Delta x$$
$$\cdots\cdots\cdots$$
$$v_{j-1/2}(f_j - f_{j-1})/\Delta x$$
$$\cdots\cdots\cdots$$
$$v_{J-1/2}(f_J - f_{J-1})/\Delta x$$

となり,上式すべての和をとったときに $(v_J f_J - v_0 f_0)/\Delta x$ とはならず,非保存系のスキームとなっている.

一般に,収支が保たれることは重要であるため,保存系スキームが用いられることが多いが,一方において,保存系スキームは欠点ももっている.全空間領域で f が均一の場合を考えると,非保存系表示の式(5.1.17a)の左辺第2項は0となるが,保存系で書いた式(5.1.18)の左辺第2項は

$$f \nabla \cdot v$$

となる.ここでさらに,連続の式(5.1.17b)を用いると,上式は非保存系の式を用いた場合と同様,0になるが,流速場を解く際に生じる誤差により,一般に $\nabla \cdot v$ は0にはなっていないため,f が空間的に均一な場合に $\partial f/\partial t$ が0にはならず,f は本来満たすべき均一性を維持することができなくなる.このように,保存系スキームを用いた場合,流速場に含まれる誤差がそのまま反映されてしまうため,計算が不安定になりやすい.とくに局所的に小さなメッシュあるいは直交性の悪いメッシュが存在するときには,そのメッシュから f が発散に向かうということはよく起こるため,汎用ソフトでは式(5.1.18)の形の保存系スキームはあまり用いられない.

このように,保存系のスキーム,非保存系のスキームいずれも一長一短となっている中,筆者は式(5.1.17a)あるいは(5.1.18)に対して保存系と非保存系の混合型のスキーム

$$\frac{\partial f}{\partial t} + \nabla \cdot (fv) - f \nabla \cdot v = 0 \quad (5.1.20)$$

を用いている.式(5.1.20)は,連続の式(5.1.17b)が満たされる場合には保存系表示の式(5.1.18)に移行する一方,f が空間的に均一な場

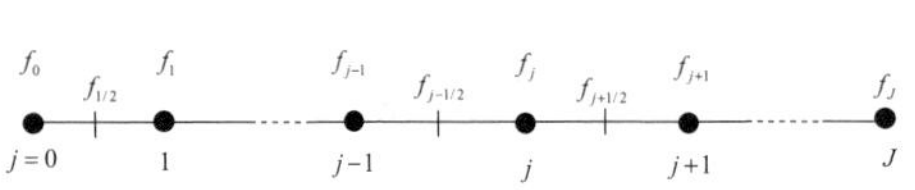

図5.3 計算格子と変数の定義点との関係

合には，流速場に誤差があったとしても左辺第2項と第3項がキャンセルして非保存系表示の式 (5.1.17a) と同様 $\partial f/\partial t=0$ となるため，流速場に含まれる誤差の影響を受けにくい．ただし，式 (5.1.20) の左辺第3項は保存性を崩す項となっており，非保存系表示の式 (5.1.17a) ほどではないにせよ，収支が保たれなくなるため，式 (5.1.20) を用いる場合，全収支が保たれるような工夫が別途必要になる場合もある．

5.2 流体解析手法の概要[3]

本節では非圧縮性均一流に対する数値解法についての概略を述べる．

5.2.1 流体解析で用いる基礎方程式系

非圧縮性均一流に対する運動量保存則（ナビエ-ストークス方程式）と連続の式は次のように記述される．

$$\rho\left(\frac{\partial \boldsymbol{v}}{\partial t}+\boldsymbol{v}\cdot\nabla\boldsymbol{v}\right)=-\nabla p+\rho\boldsymbol{g}+\nabla\cdot(\mu\nabla\boldsymbol{v}) \quad (5.2.1a)$$

$$\nabla\cdot\boldsymbol{v}=0 \quad (5.2.1b)$$

$\boldsymbol{v}$：流速ベクトル，p：流体圧力，ρ：流体密度，μ：流体粘度，$\boldsymbol{g}$：重力加速度．

5.2.2 代表的な流体解析手法

非圧縮性流れに対するおもな解法には，スタガード格子を用いる方法とコロケート格子を用いる2通りの方法がある．2次元デカルト座標系を例にとると，スタガード格子を用いる方法では，(x,y) 成分の流速 (u,v) を，図5.4のように配置する．その上で，ナビエ-ストークス方程式 (5.2.1a) を

$$\rho(u^*_{i+1/2,j}-u^n_{i+1/2,j})\frac{1}{\Delta t}=F^*_{i+1/2,j}-(p^n_{i+1,j}-p^n_{i,j})\frac{1}{\Delta x} \quad (5.2.2a)$$

$$\rho(v^*_{i,j+1/2}-v^n_{i,j+1/2})\frac{1}{\Delta t}=G^*_{i,j+1/2}-(p^n_{i,j+1}-p^n_{i,j})\frac{1}{\Delta y} \quad (5.2.2b)$$

$$F=-\rho\left(u\frac{\partial u}{\partial x}+v\frac{\partial u}{\partial y}\right)+\rho g_x+\frac{\partial(\mu\partial u/\partial x)}{\partial x}+\frac{\partial(\mu\partial u/\partial y)}{\partial y}$$

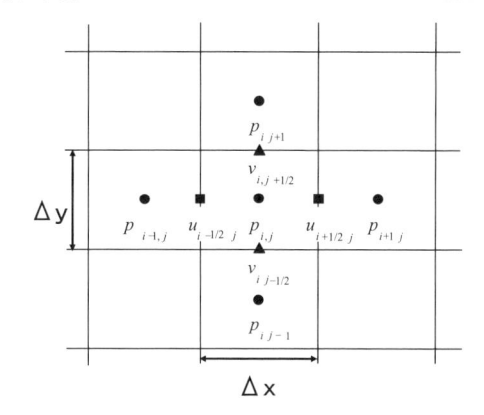

図 5.4 スタガード格子における (x,y) 成分の流速 (u,v) と圧力の配置図

$$G=-\rho\left(u\frac{\partial v}{\partial x}+v\frac{\partial v}{\partial y}\right)+\rho g_y+\frac{\partial(\mu\partial v/\partial x)}{\partial x}+\frac{\partial(\mu\partial v/\partial y)}{\partial y}$$

と離散化した式を解くことにより，$n+1$ 時間ステップでの流速成分を仮の値として求める．ここで，上付添字 n はすでに求まっている時間ステップ n での値であることを表し，上付添字 * はこれから求めようとしている $n+1$ 時間ステップでの値であることを表しているが，最終の値ではないという意味で * を用いている．次に，これから求めようとしている時間ステップでの圧力 p^{n+1}（ただし，この段階では未知数）を用いてナビエ-ストークス方程式 (5.2.1a) を再度

$$\frac{\rho(u^{n+1}_{i+1/2,j}-u^n_{i+1/2,j})}{\Delta t}=F^*_{i+1/2,j}-\frac{(p^{n+1}_{i+1,j}-p^{n+1}_{i,j})}{\Delta x} \quad (5.2.3a)$$

$$\frac{\rho(v^{n+1}_{i,j+1/2}-v^n_{i,j+1/2})}{\Delta t}=G^*_{i,j+1/2}-\frac{(p^{n+1}_{i,j+1}-p^{n+1}_{i,j})}{\Delta y} \quad (5.2.3b)$$

と離散化し，Δt 後の流速を求め直すものとする．式 (5.2.3a)，(5.2.3b) から式 (5.2.2a)，(5.2.2b) を差し引くと

$$u^{n+1}_{i+1/2,j}=u^*_{i+1/2,j}-(\Delta p_{i+1,j}-\Delta p_{i,j})\frac{\Delta t}{\rho\Delta x} \quad (5.2.4a)$$

$$v^{n+1}_{i,j+1/2}=v^*_{i,j+1/2}-(\Delta p_{i,j+1}-\Delta p_{i,j})\frac{\Delta t}{\rho\Delta y} \quad (5.2.4b)$$

$$\Delta p=p^{n+1}-p^n \quad (5.2.4c)$$

となる．次に，式 (5.2.4a)，(5.2.4b) を，連続

の式 (5.2.1b) を離散化した式

$$(u_{i+1/2,j}^{n+1} - u_{i-1/2,j}^{n+1})\frac{1}{\Delta x} + (v_{i,j+1/2}^{n+1} - v_{i,j-1/2}^{n+1})\frac{1}{\Delta y} = 0$$
(5.2.5)

に代入し，(u^{n+1}, v^{n+1}) を消去すると，圧力に関するポアソン方程式

$$(\Delta p_{i+1,j} - 2\Delta p_{i,j} + \Delta p_{i-1,j})\frac{1}{\Delta x^2}$$

$$+ (\Delta p_{i,j+1} - 2\Delta p_{i,j} + \Delta p_{i,j-1})\frac{1}{\Delta y^2}$$

$$= (u_{i+1/2,j}^* - u_{i-1/2,j}^*)\frac{\rho}{\Delta x \Delta t}$$

$$+ (v_{i,j+1/2}^* - v_{i,j-1/2}^*)\frac{\rho}{\Delta y \Delta t} \quad (5.2.6)$$

が得られる．なお，壁面での流速に対する境界条件は，式 (5.2.5) の段階で取り込んでおくと，式 (5.2.6) で改めて考慮する必要がなくなる．ポアソン方程式 (5.2.6) を解くことにより Δp が求まるので，求まった Δp を式 (5.2.4) に代入し，流速および圧力を更新する．非圧縮性流体に対する上記の計算手法は MAC 法あるいは SMAC 法とよばれている．

MAC 系の計算手法では，流速に関する時間微分項を介して，連続の式から圧力に関するポアソン方程式を導出するため，時間微分項を落とした式を解く定常解析には適用できない．そこで，式 (5.2.3a)，(5.2.3b) の右辺の F^*, G^* に含まれる流速成分の内，流速の時間微分項が定義されている格子点と同じ格子点上で定義される流速成分 $u_{i+1/2,j}^*$, $v_{i,j+1/2}^*$ については最終 ($n+1$ ステップ) の値を用いることにし，$u_{i+1/2,j}^{n+1}, v_{i,j+1/2}^{n+1}$ で置き換えた後，$u_{i+1/2,j}^{n+1}, v_{i,j+1/2}^{n+1}$ について解き直して，式 (5.2.4a)，(5.2.4b) に対応する $u_{i+1/2,j}^{n+1}, v_{i,j+1/2}^{n+1}$ と Δp との関係式を導出する．その上で，連続の式 (5.2.5) に代入し，Δp に関するポアソン方程式を導出して解く．このような計算手法は定常解析にも用いることができ，SIMPLE 法とよばれている．

一方，コロケート格子を用いる計算方法では，スタガード格子で用いる流速成分および圧力に加えて，圧力の定義点と同じセル要素中心での流速成分を別途定義する．その上で，運動量保存則については，格子中心での流速成分に対してスタガード格子における手順と同様の手順で解くことにすると，式

(5.2.2a)，(5.2.2b) に対応する離散式として

$$\rho(u_{i,j}^* - u_{i,j}^n)\frac{1}{\Delta t} = F_{i,j}^* - (p_{i+1,j}^n - p_{i-1,j}^n)\frac{1}{2\Delta x}$$
(5.2.7a)

$$\rho(v_{i,j}^* - v_{i,j}^n)\frac{1}{\Delta t} = G_{i,j}^* - (p_{i,j+1}^n - p_{i,j-1}^n)\frac{1}{2\Delta y}$$
(5.2.7b)

式 (5.2.4a)，(5.2.4b) に対応する離散式として

$$u_{i,j}^{n+1} = u_{i,j}^* - (\Delta p_{i+1,j} - \Delta p_{i-1,j})\frac{\Delta t}{2\rho \Delta x}$$
(5.2.8a)

$$v_{i,j}^{n+1} = v_{i,j}^* - (\Delta p_{i,j+1} - \Delta p_{i,j-1})\frac{\Delta t}{2\rho \Delta y}$$
(5.2.8b)

が得られる．一方，連続の式については，スタガード格子での離散式 (5.2.5) そのものを用いるものとする．そこで，式 (5.2.5) に現れるスタガード格子での流速成分については計算格子中心での流速成分の平均として

$$u_{i+1/2,j}^{n+1} = \frac{u_{i,j}^{n+1} + u_{i+1,j}^{n+1}}{2}$$

$$v_{i,j+1/2}^{n+1} = \frac{v_{i,j}^{n+1} + v_{i,j+1}^{n+1}}{2}$$

のように求めることにし，式 (5.2.8a)，(5.2.8b) を用いて $u_{i+1/2,j}^{n+1}, v_{i,j+1/2}^{n+1}$ と Δp との関係式を導出すると

$$u_{i+1/2,j}^{n+1} = u_{i+1/2,j}^* - (\Delta p_{i+1,j} + \Delta p_{i+2,j} - \Delta p_{i-1,j} - \Delta p_{i,j})$$
$$\cdot \frac{\Delta t}{4\rho \Delta x} \quad (5.2.9a)$$

$$v_{i,j+1/2}^{n+1} = v_{i,j+1/2}^* - (\Delta p_{i,j+1} + \Delta p_{i,j+2} - \Delta p_{i,j-1} - \Delta p_{i,j})$$
$$\cdot \frac{\Delta t}{4\rho \Delta y} \quad (5.2.9b)$$

が得られる．ただし，

$$u_{i+1/2,j}^* = \frac{u_{i,j}^* + u_{i+1,j}^*}{2} \quad (5.2.10a)$$

$$v_{i,j+1/2}^* = \frac{v_{i,j}^* + v_{i,j+1}^*}{2} \quad (5.2.10b)$$

である．式 (5.2.9a)，(5.2.9b) の中の圧力勾配項には，流速成分の定義点の両隣よりも離れた点での圧力が含まれているため，ここで，スタガード格子における離散式 (5.2.4a)，(5.2.4b) と同様に両隣の圧力のみを用いて離散化するように改めると，式 (5.2.9a)，(5.2.9b) の代わりに式 (5.2.4a)，(5.2.4b) と同じ離散式が得られる．ただし，$u_{i+1/2,j}^*$, $v_{i,j+1/2}^*$ については式 (5.2.10a)，

(5.2.10b)を用いて計算する点でスタガード格子のときとは異なっている．後は，スタガード格子のときと同様に圧力に関するポアソン方程式(5.2.6)を導出し，圧力を求める．以上の手順をまとめると，式(5.2.7)を解いて計算格子（セル要素）中心での流速を更新する．次に，式(5.2.10)を用いて，スタガード格子上の流速成分を求める．最後に，ポアソン方程式(5.2.6)を解いて圧力を更新する．なお，スタガード格子を用いる計算方法では，圧力を更新した後，流速についても(u^*, v^*)から(u^{n+1}, v^{n+1})を求めて$n+1$ステップでの流速を更新し直すが，コロケート格子を用いる計算方法では，流速の再更新については通常は行わず，(u^*, v^*)をそのまま$n+1$ステップでの流速として用いる．

運動量保存則における圧力勾配項の離散化精度は，式(5.2.7)と(5.2.2)を比較するとコロケート格子を用いる解法よりもスタガード格子を用いる解法の方がよいことがわかる．したがって，スタガード格子を用いる解法は，デカルト格子をはじめとする直交格子ではコロケート格子を用いる解法よりもよいと考えられるが，非直交格子に拡張しようとすると式が複雑になるという欠点がある．一方，コロケート格子を用いる解析手法は一般座標系，あるいは非構造格子への拡張も比較的容易で，汎用流体解析ソフトでも広く用いられている．

5.3 乱流解析[5]

レイノルズ数$\mathrm{Re}(=\rho U L/\mu, U$：代表流速，$L$：代表長さ）が大きい（$\mathrm{Re}\gg 1$）と，流れは乱流状態となる．乱流状態では，流れの中にさまざまな空間スケールの現象が含まれる．それらのうち，最大スケールLについては，装置の大きさなどの幾何学形状から決まる．一方，最小スケールについては，スケールの小さい流れほど粘性の影響を強く受けるため，空間変化を有することができる流れの最小スケール（それより小さいと粘性により平滑化されてしまうスケール）lが存在する．

最小スケールlと最大スケールLの関係を考察するにあたり，粘性作用を特徴付ける量として，動粘性率$\nu(=\mu/\rho)$と乱流運動エネルギーの単位時間，単位質量あたりの散逸率εが重要であると仮定すると，次元解析から最小スケールについては

$$l=O(\nu^{3/4}/\varepsilon^{1/4}) \quad (5.3.1)$$

となる．一方，統計的に定常状態にある乱流ではエネルギー散逸率とエネルギー供給率がバランスしており，供給率については大きなスケールの流れ場から決定されると考えると，次元解析から

$$\varepsilon=O(U^3/L) \quad (5.3.2)$$

が得られる．こうして，式(5.3.1)と(5.3.2)からlとLの比がレイノルズ数の関数として

$$l/L \sim \mathrm{Re}^{-3/4} \quad (5.3.3)$$

のように求まる．

5.3.1 直接数値シミュレーション（DNS）

乱流状態を解析する場合，乱れの最小スケールlよりも小さい計算格子を用いて解析することが，付加的モデルも必要としないためもっともよい．このような方法は，ナビエ-ストークス方程式そのものを解けばよいため直接数値シミュレーション（DNS）とよばれる．しかしながら，レイノルズ数が大きいと式(5.3.3)からlとLの比は小さくなるため，直接シミュレーションでは膨大なメッシュ数が必要となり，現実的には計算が行えなくなる（たとえば，$\mathrm{Re}=10^4$程度でも$l/L\sim 1/10^3$となり，3次元解析では最低でも10^9のメッシュ数が必要）．そのため，実用的には，小さなスケールを何らかの仮定を行うことによって大きなスケールの物理量を用いてモデル化するという乱流モデルが必要となる．以下，代表的な乱流モデルについて説明する．

5.3.2 レイノルズ平均乱流モデル（RANS）

流速成分$u_i(i=1,2,3)$および圧力をアンサンブル平均あるいは時間平均物理量とそれからのずれに分けて

$$u_i=\overline{u_i}+u_i', \quad p=\bar{p}+p'$$

とおき，式(5.2.1a)に代入の上，平均操作を施すと

$$\frac{\partial \overline{u_i}}{\partial t}+\frac{\partial \overline{u_j}\,\overline{u_i}}{\partial x_j}=-\frac{1}{\rho}\frac{\partial \bar{p}}{\partial x_i}+\frac{\partial}{\partial x_j}\left(-\overline{u_i'u_j'}+\nu\frac{\partial \overline{u_i}}{\partial x_j}\right) \quad (5.3.4\mathrm{a})$$

$$\frac{\partial \overline{u_i}}{\partial x_i}=0 \quad (5.3.4\mathrm{b})$$

が得られる．ただし，

$$u_j\frac{\partial u_i}{\partial x_j}=\frac{\partial u_j u_i}{\partial x_j}$$

を用いて保存系表示に変更して記述してある（式変形には式 (5.3.4b) を用いる）ほか，簡単のため粘度一定を仮定している．なお，上述の平均操作はレイノルズ平均とよばれる．また，式 (5.3.4a) はレイノルズ方程式とよばれ，平均の物理量に対する運動量保存則となっているが，レイノルズ応力とよばれる変動流速成分に関する項 $-\overline{u_i'u_j'}$ が含まれるため，このままでは式 (5.3.4) は閉じない．そこで，分子粘性のアナロジーを用い，新たに渦粘性率 ν_e を導入して，レイノルズ応力に対し，

$$-\overline{u_i'u_j'}=2\nu_e S_{ij}-\frac{2}{3}k\delta_{ij} \quad (5.3.5)$$

$$S_{ij}=\frac{1}{2}\left(\frac{\partial \overline{u_i}}{\partial x_j}+\frac{\partial \overline{u_j}}{\partial x_i}\right)$$

を仮定する．ここで $k=\overline{u_i'u_i'}/2$ は乱れの運動エネルギーで，δ_{ij} はクロネッカーのデルタ記号である．式 (5.3.5) を式 (5.3.4a) に代入すると

$$\frac{\partial \overline{u_i}}{\partial t}+\frac{\partial \overline{u_j}\,\overline{u_i}}{\partial x_j}=-\frac{1}{\rho}\frac{\partial \overline{p}}{\partial x_i}+\frac{\partial}{\partial x_j}\left((\nu+\nu_e)\frac{\partial \overline{u_i}}{\partial x_j}\right)$$
$$(5.3.6)$$

となり，レイノルズ応力は粘性項と類似の形になる．なお，式 (5.3.5) の仮定は渦粘性表現とよばれる．方程式系 (5.3.6) および (5.3.4b) は $\overline{u_i}$，$\overline{p}$ に加えて新たな未知変数 ν_e を含むため，方程式系が閉じるためには ν_e を記述する方程式を新たに導出する必要がある．

5.3.3 k-ε モデル

乱流モデルの中でもっとも広く用いられている k-ε モデルは前項で述べたレイノルズ平均乱流モデル (RANS) の1つであり，式 (5.3.1) で用いた ε に加えて，乱れの運動エネルギー k を乱流場の基本的統計量と考えることにより，渦粘性率 ν_e に関する方程式を構築する．

渦粘性率が k と ε のみの関数であると仮定すると，次元解析から

$$\nu_e=C_\mu\frac{k^2}{\varepsilon} \quad (5.3.7)$$

となる．ここで，C_μ は普遍定数で実現象に合うように決定する．k-ε モデルでは，いくつかの仮定の下にさらに k および ε に対する支配方程式

$$\frac{\partial k}{\partial t}+\overline{u_i}\frac{\partial k}{\partial x_i}=\frac{\partial}{\partial x_i}\left\{\left(\nu+\frac{\nu_e}{\sigma_k}\right)\frac{\partial k}{\partial x_i}\right\}-\overline{u_i'u_j'}\frac{\partial \overline{u_i}}{\partial x_j}-\varepsilon$$

$$\frac{\partial \varepsilon}{\partial t}+\overline{u_i}\frac{\partial \varepsilon}{\partial x_i}=\frac{\partial}{\partial x_i}\left\{\left(\nu+\frac{\nu_e}{\sigma_\varepsilon}\right)\frac{\partial \varepsilon}{\partial x_i}\right\}-C_{\varepsilon 1}\frac{\varepsilon}{k}\overline{u_i'u_j'}\frac{\partial \overline{u_i}}{\partial x_j}$$
$$-C_{\varepsilon 2}f_\varepsilon\frac{\varepsilon^2}{k}$$

を導き，式 (5.3.6)，(5.3.4b)，(5.3.7) と連立して解く．式中に現れる定数としては，
$C_\mu=0.09$, $C_{\varepsilon 1}=1.44$, $C_{\varepsilon 2}=1.92$, $\sigma_k=1.0$, $\sigma_\varepsilon=1.3$
が用いられることが多い．

乱流モデルは，どのようなモデルであっても，いくつかの仮定の下にモデルが構築されるため，その妥当性については，実験結果（場合によっては DNS による計算結果）との比較検討により検証される必要がある．k-ε モデルのように広く使われている乱流モデルに対しては，多くの検証がされており，モデルの妥当性と同時に適用限界も指摘されている．とくに，k-ε モデルをはじめとする RANS は主流に顕著な非定常性が存在する場合には妥当な結果が得られにくいほか，流速の各乱れ成分の大きさが異なっていて乱れ強度に方向性のある非等方性乱流への適用にも限界があるとされている．

非等方性乱流では，式 (5.3.5) の渦粘性表現，すなわち乱流拡散が平均流の勾配の線形近似として表せるという仮定が成り立ちにくいことが知られている．このような問題点を克服するために，非線形（非等方）k-ε モデルとよばれるレイノルズ応力に対する渦粘性表現 (5.3.5) に平均速度勾配に関する非線形項を付加する乱流モデルも提案されている．

5.3.4 スカラー場に対する乱流モデル

温度，濃度，あるいはオイラー-オイラー混相流モデルにおける分散相の体積占有率 α_d のようなスカラー変数 Θ は，一般に移流拡散型の方程式

$$\frac{\partial \Theta}{\partial t}+u_i\frac{\partial \Theta}{\partial x_i}=\frac{\partial}{\partial x_i}\left(D\frac{\partial \Theta}{x_i}\right) \quad (5.3.8)$$

によって支配される．ここで，D はスカラー変数 Θ に対する拡散係数（Θ が温度のときには熱拡散率）である．Θ に対しても，平均物理量とそれからのずれに

$$\Theta=\overline{\Theta}+\Theta'$$

と分け，式 (5.3.8) に代入し平均操作を施すと

$$\frac{\partial \overline{\Theta}}{\partial t} + \overline{u_i}\frac{\partial \overline{\Theta}}{\partial x_i} = \frac{\partial}{\partial x_i}\left(D\frac{\partial \overline{\Theta}}{\partial x_i} - \overline{u_i'\Theta'}\right)$$
(5.3.9)

が得られる．上式に含まれる乱流スカラー流束 $-\overline{u_i'\Theta'}$ に対して，レイノルズ応力に対する渦粘性表現と同様，分子拡散とのアナロジーを用いて，渦拡散率 D_e を導入し

$$-\overline{u_i'\Theta'} = D_e\frac{\partial \overline{\Theta}}{\partial x_i}$$

と仮定すると

$$\frac{\partial \overline{\Theta}}{\partial t} + \overline{u_i}\frac{\partial \overline{\Theta}}{\partial x_i} = \frac{\partial}{\partial x_i}\left((D+D_e)\frac{\partial \overline{\Theta}}{\partial x_i}\right)$$
(5.3.10)

となる．なお，渦粘性率と渦拡散率の比 ν_e/D_e は，Θ が温度のときには乱流プラントル数，濃度のときには乱流シュミット数とよばれ，通常，1程度の値が用いられる．

5.3.5 壁面境界条件

境界層が計算格子幅よりも薄いときに，壁面での速度勾配を壁面に隣接する計算格子での流速と壁面速度間の直線勾配として算出すると，速度勾配が実際よりも過小評価されてしまう．このことはスカラー場についても同様で，たとえば，温度場に対して境界層よりも大きなメッシュ幅の計算格子を用いた場合には壁面を通してのエネルギー流束の過小評価につながる．そこで，このような場合には，壁面での運動量フラックス，あるいは壁面熱流束に対して，境界層理論を利用して特別な求め方をする必要がある．

平板上の乱流境界層に対しては下記の対数則が近似的に成り立つことが知られている．

$$u^+(y^+) = \frac{1}{\kappa}\ln y^+ + C \quad (5.3.11\text{a})$$

$$\Theta^+(y^+) = \frac{1}{\kappa_\Theta}\ln y^+ + C_\Theta \quad (5.3.11\text{b})$$

$u^+ = \dfrac{u}{u_\tau}$, $\Theta^+ = \dfrac{\Theta_w - \Theta}{\Theta_\tau}$, $y^+ = y\dfrac{u_\tau}{\nu}$, $u_\tau = \left(\dfrac{\tau_w}{\rho}\right)^{1/2}$,

$\Theta_\tau = \dfrac{q_w}{\rho C_p u_\tau}$

ここで，u は壁面に沿う方向の流速成分，y は壁面からの距離である．また，τ_w は壁面せん断応力，q_w は壁面熱流速，C_p は比熱である．上式中に含まれる定数としては，多くの実験から

$\kappa = 0.4 \sim 0.5$ （カルマン定数），$C = 5.0 \sim 5.5$

$\kappa_\Theta = 0.47$, $C_\Theta = (3.85\,\text{Pr}^{1/3} - 1.3)^2 + 2.12\ln\text{Pr}$

のように求められている．ただし，Pr はプラントル数である．式 (5.3.11a) に対し，壁面に隣接する計算格子での計算結果を代入すると，u および y が既知となり，摩擦速度 u_τ を求めることができる．u_τ が求まると，壁面せん断応力 τ_w, および温度場を解いている場合には壁面熱流束 q_w が求まり，これらを運動量およびエネルギー保存則に対する壁面境界条件として用いる．一方，k および ε に対しては，壁面に隣接する計算格子での値として近似的に下記の境界条件を用いることが多い．

$$k = u_\tau^2/C_\mu^{1/2}, \quad \varepsilon = u_\tau^3/\kappa y$$

5.3.6 ラージ・エディ・シミュレーション (LES)

k-ε モデルに代表されるレイノルズ平均乱流モデル (RANS) では，アンサンブル（あるいは時間）平均された流速などの物理量を記述する支配方程式を導くという立場であったが，ラージ・エディ・シミュレーション (LES) では，平均操作として計算格子平均を用いる．流速 u_i と圧力 p を，格子平均流速 u_{Gi} および格子平均圧力 p_G とそれからのずれ

$$u_i = u_{Gi} + u_{Gi}', \quad p = p_G + p_G'$$

と分け，式 (5.2.1a) に代入の上，格子平均操作を施すと

$$\frac{\partial u_{Gi}}{\partial t} + \frac{\partial u_{Gj}u_{Gi}}{\partial x_j} = -\frac{1}{\rho}\frac{\partial p_G}{\partial x_i} + \frac{\partial}{\partial x_j}\left(-\tau_{ij} + \nu\frac{\partial u_{Gi}}{\partial x_j}\right)$$
(5.3.12a)

$$\frac{\partial u_{Gi}}{\partial x_i} = 0 \quad (5.3.12\text{b})$$

が得られる．ここで，

$$\tau_{ij} = \langle u_{Gi}u_{Gj}\rangle - u_{Gi}u_{Gj} - \frac{2}{3}k_G\delta_{ij}$$

$$k_G = \frac{1}{2}(\langle u_{Gk}u_{Gk}\rangle - u_{Gk}u_{Gk})$$

は，計算格子よりも小さい乱れによるサブグリッドスケール (SGS) 応力と乱れエネルギーで，$\langle\ \rangle$ は格子平均を表す．式 (5.3.12) は，形式的にはレイノルズ方程式 (5.3.4) と類似の形をしているが，平均の定義が異なっているため，式の意味は異なる．LES では，SGS 応力 τ_{ij} に対して，格子粘性 ν_G を新たに導入し，渦粘性表現 (5.3.5) と類形の

$$\tau_{ij} = -2\nu_G S_{Gij} \quad (5.3.13)$$

$$S_{Gij} = \frac{1}{2}\left(\frac{\partial u_{Gi}}{\partial x_j} + \frac{\partial u_{Gj}}{\partial x_i}\right)$$

を仮定する．ν_G および k_G については，SGS応力は統計的に定常かつ一様とみなせるという局所平衡仮説が成り立つとし，次元解析を併用することにより

$$\nu_G = (C_s \varDelta)^2 (2 S_{Gij} S_{Gij})^{1/2} \quad (5.3.14)$$

のように求まる．ここに $\varDelta$ はメッシュ幅である．式 (5.3.13)，(5.3.14) を用いると式 (5.3.12) は閉じた方程式系となり，スマゴリンスキー (Smagorinsky) モデルとよばれている．式 (5.3.14) の定数 C_s はスマゴリンスキー定数とよばれ，$C_s = 0.1 \sim 0.2$ の値が用いられることが多い．

スマゴリンスキーモデルでは，局所平衡仮説を仮定することで格子粘性を導出したが，最近では，このような仮定を用いずに，SGS乱流エネルギーの支配方程式を解くことによって格子粘性を近似するSGSモデルも提案されており，ダイナミックSGS応力モデルとよばれている．

LESでは，RANSのアンサンブル（あるいは時間）平均とは異なり，格子平均を用いるほか，モデル導出のための仮定もRANSに比べて少ないため，主流の非定常性が強い場合への適用など，適用性がより広いとされている．ただ，RANSでは乱れ物理量がすべて統計量としてモデル化されているのに対し，LESでは格子よりも大きなスケールの乱れ物理量については，直接解くことになり，これらの乱れ成分は3次元的で非定常であるため，LESでは主流が定常，あるいは2次元的な流れである場合にも，3次元の非定常解析を行う必要がある．それに対して，RANSでは主流が定常あるいは2次元的な流れの場合には定常解析あるいは2次元解析を行えばよい．また，主流の空間変化は一般に緩やかなため，RANSでは主流の空間変化をとらえることができる程度の比較的大きな計算格子幅を用いればよく，RANSはLESに比べて，計算負荷が小さくてすむという利点があり，実用上広く用いられている．

5.4 混相流解析[4]

5.4.1 混相流解析手法の分類

液相もしくは気相からなる流体（連続相）中に，多数の気泡，液滴，固体粒子（以下，粒子とよぶ）からなる分散相が混在する流れは混相流とよばれる．混相流に対する数値解法は，粒子の大きさと計算格子幅との関係から2つのタイプに大別される．1つは図5.5（左）にあるように粒子よりも小さな計算格子を用いて混相流を解析する手法で，直接解法とよばれる．それに対し，図5.5（右）にあるような粒子よりも大きな計算格子を用いて混相流を解析する手法もあり，直接解法に比べて多くの粒子を取り扱えることから，工業的にはこちらの手法の方が広く用いられている．なお，2番目の解析手法については，粒子群（分散相）の取り扱い手法に応じてさらに2種類に分類され，個々の粒子に対する運動方程式を解く手法はオイラー-ラグランジュ法，一方，粒子群（分散相）を連続体として近似して解析する手法はオイラー-オイラー法とよばれる．なお，オイラー-オイラー法は2流体モデルともよばれる．

表5.1に各種混相流解析手法の特長をまとめてあ

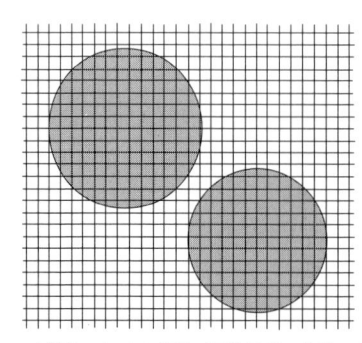

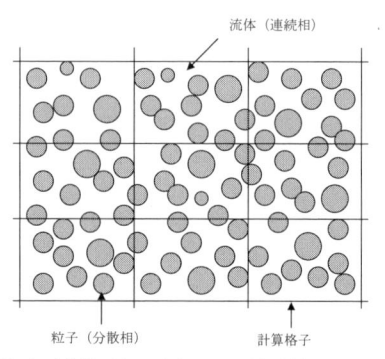

図5.5 直接法における粒子（固体粒子，液滴，気泡）と計算格子との大きさの関係（左）とオイラー-ラグランジュ法，オイラー-オイラー法における粒子と計算格子との関係（右）

$$\frac{\partial \overline{\Theta}}{\partial t} + \overline{u_i}\frac{\partial \overline{\Theta}}{\partial x_i} = \frac{\partial}{\partial x_i}\left(D\frac{\partial \overline{\Theta}}{x_i} - \overline{u_i'\Theta'}\right)$$
(5.3.9)

が得られる．上式に含まれる乱流スカラー流束 $-\overline{u_i'\Theta'}$ に対して，レイノルズ応力に対する渦粘性表現と同様，分子拡散とのアナロジーを用いて，渦拡散率 D_e を導入し

$$-\overline{u_i\Theta'} = D_e \frac{\partial \overline{\Theta}}{\partial x_i}$$

と仮定すると

$$\frac{\partial \overline{\Theta}}{\partial t} + \overline{u_i}\frac{\partial \overline{\Theta}}{\partial x_i} = \frac{\partial}{\partial x_i}\left((D+D_e)\frac{\partial \overline{\Theta}}{\partial x_i}\right)$$
(5.3.10)

となる．なお，渦粘性率と渦拡散率の比 ν_e/D_e は，Θ が温度のときには乱流プラントル数，濃度のときには乱流シュミット数とよばれ，通常，1 程度の値が用いられる．

5.3.5 壁面境界条件

境界層が計算格子幅よりも薄いときに，壁面での速度勾配を壁面に隣接する計算格子での流速と壁面速度間の直線勾配として算出すると，速度勾配が実際よりも過小評価されてしまう．このことはスカラー場についても同様で，たとえば，温度場に対して境界層よりも大きなメッシュ幅の計算格子を用いた場合には壁面を通してのエネルギー流束の過小評価につながる．そこで，このような場合には，壁面での運動量フラックス，あるいは壁面熱流束に対して，境界層理論を利用して特別な求め方をする必要がある．

平板上の乱流境界層に対しては下記の対数則が近似的に成り立つことが知られている．

$$u^+(y^+) = \frac{1}{\kappa}\ln y^+ + C \quad (5.3.11\text{a})$$

$$\Theta^+(y^+) = \frac{1}{\kappa_\Theta}\ln y^+ + C_\Theta \quad (5.3.11\text{b})$$

$$u^+ = \frac{u}{u_\tau}, \quad \Theta^+ = \frac{\Theta_w - \Theta}{\Theta_\tau}, \quad y^+ = y\frac{u_\tau}{\nu}, \quad u_\tau = \left(\frac{\tau_w}{\rho}\right)^{1/2},$$

$$\Theta_\tau = \frac{q_w}{\rho C_p u_\tau}$$

ここで，u は壁面に沿う方向の流速成分，y は壁面からの距離である．また，τ_w は壁面せん断応力，q_w は壁面熱流束，C_p は比熱である．上式中に含まれる定数としては，多くの実験から

$\kappa = 0.4 \sim 0.5$（カルマン定数），$C = 5.0 \sim 5.5$
$\kappa_\Theta = 0.47, \quad C_\Theta = (3.85\,\mathrm{Pr}^{1/3} - 1.3)^2 + 2.12 \ln \mathrm{Pr}$

のように求められている．ただし，Pr はプラントル数である．式 (5.3.11a) に対し，壁面に隣接する計算格子での計算結果を代入すると，u および y が既知となり，摩擦速度 u_τ を求めることができる．u_τ が求まると，壁面せん断応力 τ_w，および温度場を解いている場合には壁面熱流束 q_w が求まり，これらを運動量およびエネルギー保存則に対する壁面境界条件として用いる．一方，k および ε に対しては，壁面に隣接する計算格子での値として近似的に下記の境界条件を用いることが多い．

$$k = u_\tau^2/C_\mu^{1/2}, \quad \varepsilon = u_\tau^3/\kappa y$$

5.3.6 ラージ・エディ・シミュレーション（LES）

k-ε モデルに代表されるレイノルズ平均乱流モデル（RANS）では，アンサンブル（あるいは時間）平均された流速などの物理量を記述する支配方程式を導くという立場であったが，ラージ・エディ・シミュレーション（LES）では，平均操作として計算格子平均を用いる．流速 u_i と圧力 p を，格子平均流速 u_{Gi} および格子平均圧力 p_G とそれからのずれ

$$u_i = u_{Gi} + u_{Gi}', \quad p = p_G + p_G'$$

と分け，式 (5.2.1a) に代入の上，格子平均操作を施すと

$$\frac{\partial u_{Gi}}{\partial t} + \frac{\partial u_{Gj}u_{Gi}}{\partial x_j} = -\frac{1}{\rho}\frac{\partial p_G}{\partial x_i} + \frac{\partial}{\partial x_j}\left(-\tau_{ij} + \nu\frac{\partial u_{Gi}}{\partial x_j}\right)$$
(5.3.12a)

$$\frac{\partial u_{Gi}}{\partial x_i} = 0 \quad (5.3.12\text{b})$$

が得られる．ここで，

$$\tau_{ij} = \langle u_{Gi}u_{Gj}\rangle - u_{Gi}u_{Gj} - \frac{2}{3}k_G\delta_{ij}$$

$$k_G = \frac{1}{2}(\langle u_{Gk}u_{Gk}\rangle - u_{Gk}u_{Gk})$$

は，計算格子よりも小さい乱れによるサブグリッドスケール（SGS）応力と乱れエネルギーで，〈 〉は格子平均を表す．式 (5.3.12) は，形式的にはレイノルズ方程式 (5.3.4) と類似の形をしているが，平均の定義が異なっているため，式の意味は異なる．LES では，SGS 応力 τ_{ij} に対して，格子粘性 ν_G を新たに導入し，渦粘性表現 (5.3.5) と類似形の

$$\tau_{ij} = -2\nu_G S_{Gij} \quad (5.3.13)$$

$$S_{Gij} = \frac{1}{2}\left(\frac{\partial u_{Gi}}{\partial x_j} + \frac{\partial u_{Gj}}{\partial x_i}\right)$$

を仮定する．ν_G および k_G については，SGS 応力は統計的に定常かつ一様とみなせるという局所平衡仮説が成り立つとし，次元解析を併用することにより

$$\nu_G = (C_s \Delta)^2 (2S_{Gij} S_{Gij})^{1/2} \quad (5.3.14)$$

のように求まる．ここに Δ はメッシュ幅である．式 (5.3.13)，(5.3.14) を用いると式 (5.3.12) は閉じた方程式系となり，スマゴリンスキー (Smagorinsky) モデルとよばれている．式 (5.3.14) の定数 C_s はスマゴリンスキー定数とよばれ，$C_s=0.1～0.2$ の値が用いられることが多い．

スマゴリンスキーモデルでは，局所平衡仮説を仮定することで格子粘性を導出したが，最近では，このような仮定を用いずに，SGS 乱流エネルギーの支配方程式を解くことによって格子粘性を近似する SGS モデルも提案されており，ダイナミック SGS 応力モデルとよばれている．

LES では，RANS のアンサンブル（あるいは時間）平均とは異なり，格子平均を用いるほか，モデル導出のための仮定も RANS に比べて少ないため，主流の非定常性が強い場合への適用など，適用性がより広いとされている．ただ，RANS では乱れ物理量がすべて統計量としてモデル化されているのに対し，LES では格子よりも大きなスケールの乱れ物理量については，直接解くことになり，これらの乱れ成分は 3 次元的で非定常であるため，LES では主流が定常，あるいは 2 次元的な流れである場合にも，3 次元の非定常解析を行う必要がある．それに対して，RANS では主流が定常あるいは 2 次元的な流れの場合には定常解析あるいは 2 次元解析を行えばよい．また，主流の空間変化は一般に緩やかなため，RANS では主流の空間変化をとらえることができる程度の比較的大きな計算格子幅を用いればよく，RANS は LES に比べて，計算負荷が小さくてすむという利点があり，実用上広く用いられている．

5.4 混相流解析[4]

5.4.1 混相流解析手法の分類

液相もしくは気相からなる流体（連続相）中に，多数の気泡，液滴，固体粒子（以下，粒子とよぶ）からなる分散相が混在する流れは混相流とよばれる．混相流に対する数値解法は，粒子の大きさと計算格子幅との関係から 2 つのタイプに大別される．1 つは図 5.5（左）にあるように粒子よりも小さな計算格子を用いて混相流を解析する手法で，直接解法とよばれる．それに対し，図 5.5（右）にあるような粒子よりも大きな計算格子を用いて混相流を解析する手法もあり，直接解法に比べて多くの粒子を取り扱えることから，工業的にはこちらの手法の方が広く用いられている．なお，2 番目の解析手法については，粒子群（分散相）の取り扱い手法に応じてさらに 2 種類に分類され，個々の粒子に対する運動方程式を解く手法はオイラー-ラグランジュ法，一方，粒子群（分散相）を連続体として近似して解析する手法はオイラー-オイラー法とよばれる．なお，オイラー-オイラー法は 2 流体モデルともよばれる．

表 5.1 に各種混相流解析手法の特長をまとめてあ

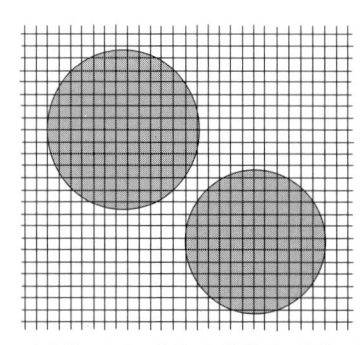

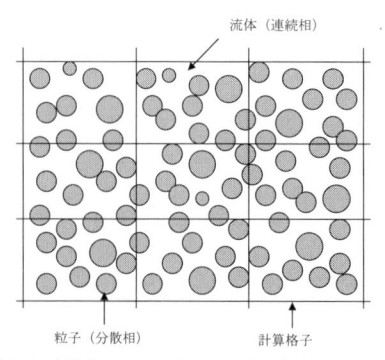

図 5.5 直接法における粒子（固体粒子，液滴，気泡）と計算格子との大きさの関係（左）とオイラー-ラグランジュ法，オイラー-オイラー法における粒子と計算格子との関係（右）

5.4 混相流解析

表5.1 各種混相流解法の特長

	長所	短所
直接解法	粒子流体間相互作用が直接計算される 気泡（液滴）の分裂がモデルなしで計算できる	計算負荷が大きく対象とする粒子数が限られる 粒子接触の扱いに工夫を要する
オイラー-ラグランジュ法	粒子間接触力のモデル化が容易（DEM） 粒子ごとに粒子径が設定でき粒径分布が扱いやすい 粒子径変化に柔軟に対応できる 数値拡散の影響を受けない	粒子流体間相互作用を別途モデル化する必要がある 粒子数が多くなると計算負荷が大きくなる 気泡（液滴）分裂を扱うための分裂モデルが必要 定常解析ができず計算負荷が大きい 分子拡散，乱流拡散効果のモデル化が困難
オイラー-オイラー法	粒子数と計算負荷が無関係で粒子数が多い場合にも対応可能 定常解析が可能で計算負荷が軽減できる 分子拡散，乱流拡散のモデル化が容易	粒子流体間相互作用を別途モデル化する必要がある 気泡（液滴）分裂を扱うための分裂モデルが必要 粒子間接触応力のモデル化が複雑で困難 数値拡散の影響が大きい 連続的粒径分布を表現するのが困難

る．表中の記載にもあるように，直接解法では粒子表面での流体圧と速度勾配が直接計算結果として求まるため，粒子が流体から受ける力については付加的なモデルなしで計算できるという利点があるが，計算時間の問題から扱える粒子数が限られてくる．一方，オイラー-ラグランジュ法あるいはオイラー-オイラー法では，直接解法に比べると多くの粒子を扱うことができるが，粒子よりも大きな計算格子では，粒子が流体から受ける力を直接計算結果から求めることができないため，粒子流体間相互作用を評価するために，別途，流体抵抗モデルのような付加的なモデルを導入する必要がある．また，直接解法では，気泡あるいは液滴の分裂現象が再現できるのに対し，オイラー-ラグランジュ法あるいはオイラー-オイラー法では，別途，分裂モデルが必要となる．なお，直接解法で，気泡（液滴）の分裂とともに合一を解析した結果がしばしば報告されているが，厳密には，直接解法で扱えるのは気泡接触までで，直接解法でも気泡の合一を付加モデルなしで再現することはできない．気泡どうし（あるいは気泡と壁と）の合一は，気泡接触時に接触面にできた境膜が時間の経過とともに薄くなり，終には破れることによって起きるとされている．そのため，合一を流体解析で再現するためには境膜についても解析することが必要となるが，境膜はきわめて薄いため，直接解法であっても通常はその内部にまでメッシュを切ることは困難で，解析できない．したがって，多くの直接解法による合一のシミュレーションは，実際には接触した瞬間に合一が起きるという仮定の下での結果にすぎない．本来の合一現象を解析する

ためには，接触後の境膜厚みの時間変化を記述するための合一モデルを別途導入して解析する必要がある．

5.4.2 連続相に対する定式化

直接解法ではないオイラー-オイラー法およびオイラー-ラグランジュ法では，連続相と分散相それぞれに対して，運動量保存則と連続の式を導いて解くことになる．まず，連続相に対しては，オイラー-オイラー法，オイラー-ラグランジュ法いずれでも下記の運動量保存則と連続の式が用いられる．

$$\alpha_c \rho_c \left(\frac{\partial \boldsymbol{v}_c}{\partial t} + \boldsymbol{v}_c \cdot \nabla \boldsymbol{v}_c \right)$$
$$= -\alpha_c \nabla p + \alpha_c \rho_c \boldsymbol{g} + \alpha_c \alpha_d \beta (\boldsymbol{v}_d - \boldsymbol{v}_c) + \nabla \cdot (\alpha_c \mu_c \nabla \boldsymbol{v}_c)$$
(5.4.1a)

$$\frac{\partial \alpha_c}{\partial t} + \nabla \cdot (\alpha_c \boldsymbol{v}_c) = 0 \quad (5.4.1b)$$

ここで，下付添字 d および c はそれぞれ連続相および分散相に関する物理量を表しており，$\boldsymbol{v}$ は流速，ρ は密度，μ は粘度を表す．また，α_c および α_d は連続相および分散相の体積分率で $\alpha_c + \alpha_d = 1$ となる．

運動量保存則中の β を含む項は連続相と分散相との間の運動量交換（粒子流体間相互作用）を表す項で，粒子表面での流体圧および流速分布が解析結果として直接再現される直接解法では計算結果として自動的に考慮されるため，式中に陽には現れることはない．それに対して，粒子よりも大きなメッシュを用いるオイラー-オイラー法およびオイラー-ラグランジュ法では，粒子が流体から受ける力が直接

計算結果としては出てこないため，別途，粒子流体間相互作用をモデル化して運動量保存則に付加する必要がある．

粒子流体間相互作用のうち，もっとも重要な作用は流体抵抗で

$$\beta = 3C_D' \rho_c |\bm{v}_d - \bm{v}_c|/(4d_p)$$
$$d_p:\text{粒子径}$$

と記述される．ここで，C_D' は粒子群に対する流体抵抗係数で，単一粒子に対する抵抗係数 C_D を用いて

$$C_D' = \frac{C_D}{\alpha_d^{n/2}} \quad (n=1.5\sim 3) \quad (5.4.2)$$

と近似されることが多い．式 (5.4.2) によれば，粒子群に対する流体抵抗は，単一粒子に対する抵抗よりも大きくなる．これは，粒子の存在により流体（連続相）が通過できる流路が狭まり，流速が大きくなることに加えて，流体が粒子の合間を縫うように流れることにより粒子にかかる流体抵抗が増えるためである．

単一粒子に対する抵抗係数 C_D については，粒子変形が無視できる場合には，単一剛体球に対する抵抗則

$$C_D = \max\{16(1+0.15\,\mathrm{Re}^{0.687})/\mathrm{Re}_p,\ 0.44\}$$
$$(5.4.3)$$

$$\mathrm{Re}_p = \frac{\rho_c |\bm{v}_d - \bm{v}_c| d_p}{\mu_d}$$

が用いられる．一方，気泡，液滴の場合には粒子（気泡，液滴）変形による抵抗の増加を考慮した

$$C_D = \max\left[C_{D0},\ \frac{8}{3}\frac{Eo}{Eo+4}\right]$$

$$Eo = \frac{(\rho_c - \rho_d)g d_p^2}{\sigma} \quad (\text{エドベス数})$$

がしばしば用いられる．ここで，σ は表面張力，C_{D0} は式 (5.4.3) で定義される C_D に相当する．また，粉体に対しては粒子群に対する抵抗則の式 (5.4.2) の代わりにエルガンの式

$$\beta = \begin{cases} 150\dfrac{\alpha_d \mu_c}{(\alpha_c d_p)^2} + 1.75\dfrac{|\bm{v}_d - \bm{v}_c|\rho_d}{\alpha_c d_p} & (\alpha_c \leq 0.8) \\ 0.75\dfrac{C_D \rho_c |\bm{v}_d - \bm{v}_c|}{d_p \alpha_c^{2.7}} & (\alpha_c > 0.8) \end{cases}$$

が用いられることが多い．流体抵抗以外の粒子流体間相互作用としては，揚力，仮想質量などがあり，必要に応じて粒子流体間相互作用項に付加される．

5.4.3 オイラー-オイラー法

分散相を粒子群とみなして連続体近似するオイラー-オイラー法では，分散相に対して下記の運動量保存則と連続の式が用いられる．

$$\alpha_d \rho_p \left(\frac{\partial \bm{v}_d}{\partial t} + \bm{v}_d \cdot \nabla \bm{v}_d\right)$$
$$= -\alpha_d \nabla p + \alpha_d \rho_p g + \alpha_c \alpha_d \beta(\bm{v}_c - \bm{v}_d) + \nabla \cdot (\alpha_d \mu_d \nabla \bm{v}_d)$$
$$(5.4.4\mathrm{a})$$

$$\frac{\partial \alpha_d}{\partial t} + \nabla \cdot (\alpha_d \bm{v}_d) = 0 \quad (5.4.4\mathrm{b})$$

式 (5.4.4a) の右辺に含まれる粘性項は，接触あるいは近接粒子間に働く接線応力によって生じる見かけ上の粘性効果を表す項で，μ_d はスラリー中のスラリー粘度に相当し，粒子そのものの粘度とは異なる．なお，オイラー-オイラー法の支配方程式に現れる粒子流速は，空間平均（通常は格子平均）流速となっている．また，式 (5.4.4a) の右辺において，連続相の流速 $\bm{v}_c$ を含む項が，流体抵抗などによる連続相との運動量交換を表す項で，混相流全体として見たときには内力となるため，連続相に対する運動量保存則 (5.4.1a) 中の同様の項と絶対値が同じで，逆符号となっている．

オイラー-オイラー法による解析事例として，図 5.6 に示す気泡塔実験装置内の気泡流に対する解析結果を図 5.7，図 5.8 に示す．実験装置はほぼ 2 次元的で，装置下面の中心部分から空塔速度 1 cm·s^{-1} でもって水中に空気が吹き込まれるようになっている．なお，図 5.6 中の高さは，通気時の液面高さに相当している．図 5.7 は実験装置内の気泡分散状態を撮影した画像から 1 秒間隔で取り出した 5 秒間分の連続ショット画像である．一方，図 5.8 には，オイラー-オイラー法による 2 次元混相流解析によって得られた気泡体積占有率分布と液流速分

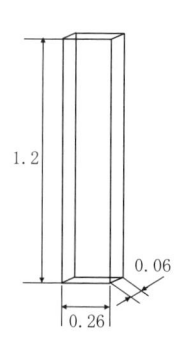

図 5.6 2 次元気泡塔装置の概略図（長さの単位は m）

図 5.7 2次元気泡塔実験装置内の気泡の分散状態をビデオ撮影した画像から，5秒間分の映像を1秒間隔で抜き出した静止画像

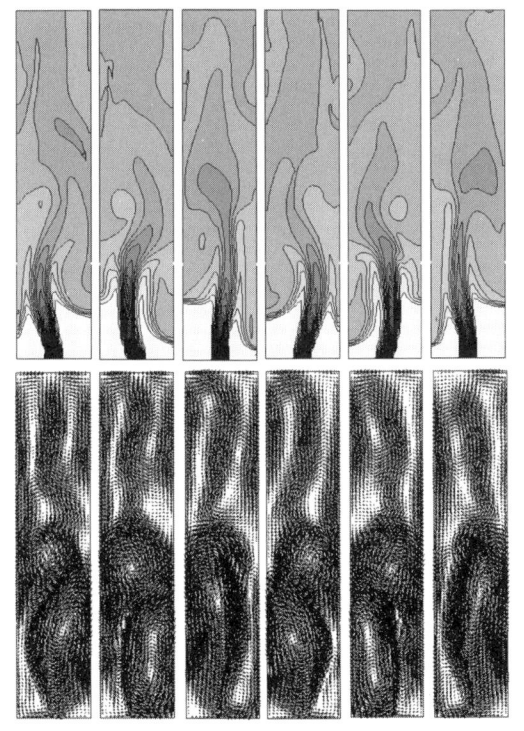

図 5.8 オイラー-オイラー法を用いた混相流解析によって得られた2次元気泡塔内の気泡の体積占有率分布と液流速分布
結果は，ある時点から1秒おきの5秒間分．

なっていて，おおむね実験結果を再現できていることがわかる．このように，個々の気泡を追跡しないオイラー-オイラー法によっても，非定常なゆらぎ現象まで再現することができるため，他の計算手法に比べて計算負荷の小さいオイラー-オイラー法は実用の混相流解析に広く用いられている．なお，この事例では気泡どうしの接触が混相流動状態に与える影響は重要ではないため，粒子どうしの接触を考慮することが困難なオイラー-オイラー法でもおおむね現象が再現できる．それに対し，粒子どうしの接触が現象面において重要になってくる場合には，次項で述べるオイラー-ラグランジュ法を用いる必要がある．

5.4.4 オイラー-ラグランジュ法

オイラー-ラグランジュ法では，個々の粒子（下付添字 p で表す）に対する運動方程式

$$\rho_p \frac{d\boldsymbol{v}_p}{dt} = (\rho_p - \rho_c)\boldsymbol{g} + \alpha_c \beta (\boldsymbol{v}_c - \boldsymbol{v}_p) + \boldsymbol{F}_p \quad (5.4.5)$$

$$\frac{d\boldsymbol{x}_p}{dt} = \boldsymbol{v}_p$$

をすべての粒子に対して個別に解くことにより，分散相の運動を記述する．ここで，$\boldsymbol{F}_p$ は重力など流体抵抗以外の粒子にかかる力を表している．オイラー-ラグランジュ法は，オイラー-オイラー法と同様に直接解法ではないため，上式には連続相との運動量交換を表す項が付加されている．オイラー-ラグランジュ法では，式 (5.4.5) をすべての粒子に対して解くことになるため，粒子数が増えると計算時間も増えてくる．そのため，粒子間接触が本質ではない現象に対しては，計算時間が粒子数に依存しないオイラー-オイラー法が用いられることが多い．それに対して，粒子間接触が重要になる高粒子濃度固-気混相流，すなわち粉体に対しては，オイラー-ラグランジュ法が用いられることが多い．

オイラー-ラグランジュ法では，粒子どうしあるいは粒子と壁とが接触した際の接触力を図 5.9 に示すバネモデルを用いて評価することにより，粒子間接触を考慮した解析を行うことができる．このような解析手法は，離散要素法（discrete element method; DEM）[1] とよばれ，粉体解析で広く利用されている．具体的には，接触2球間に対する接触力

布を，やはり1秒間隔で5秒間分出力してある．解析に用いたセル要素数は 20×100×1 で，直接解法ではないために解析の与条件となる気泡径については，実験とほぼ同じ 6 mm を与えている．解析では，実験条件に対応して時間的に一定の通気量を与えているが，得られた結果については，実験結果と同様，気泡が波打ちながら上昇する非定常な流れに

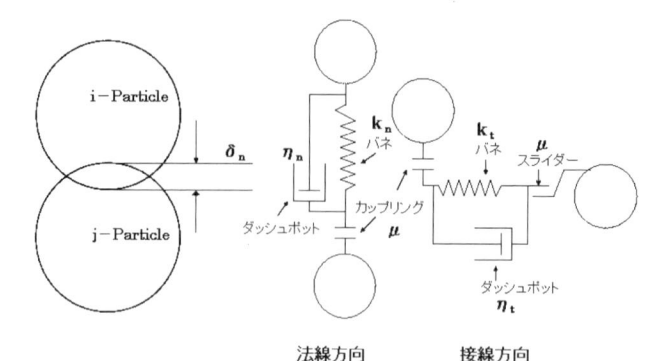

図5.9 DEMにおける接触力モデル

を，法線方向 n（物理量は下付添字 n で表す），接線方向 t（物理量は下付添字 t で表す）それぞれに対して，バネ，ダッシュポット，摩擦スライダーの和として次のようにモデル化する．

$$F_{pn} = -(k_n \delta_n + \eta_n v_{ij} \cdot n)n$$
$$F_{pt} = -(k_t \delta_t + \eta_t v_{ij} \cdot t)t \quad (|F_{pt}| < \mu|F_{pn}| \text{のとき})$$
$$F_{pt} = -\mu|F_{pn}|t \quad (|F_{pt}| > \mu|F_{pn}| \text{のとき})$$

v_i：i 番目の粒子の速度
$v_{ij} = v_i - v_j$：i 番目の粒子の j 番目の粒子に対する相対速度
k_n, k_t：法線方向および接線方向のバネ定数
μ：摩擦係数

ここで，δ_n, δ_t は粒子接触時の法線および接線方向の変位に相当する（図5.9を参照）．また，粘性減衰係数 η_n, η_t については反発係数 e_n, e_t を用いて次のように表すことができる．

$$\eta_n = -2 \ln \left(\frac{m k_n}{\pi^2 + \ln e_n} \right)^{1/2}$$
$$\eta_t = -2 \ln \left(\frac{m k_t}{\pi^2 + \ln e_t} \right)^{1/2}$$

ここで，m は粒子質量．

バネによる反発力が変位 δ に比例する上記線形のバネモデルはフック（Hooke）のバネとよばれる．それに対して，接触2球に働く接触力は δ の 3/2 乗に比例するハーツ（Hertz）のバネによって記述されることが知られており，粒子が球形の場合にはハーツのバネを用いた方がより正確に接触力を表現できる．しかしながら多くのDEMによる解析では，接触力が重要であり，変位 δ については正確に表現できなくてもよい場合が多く，その場合には，より計算安定性のよいフックの線形バネが用いられる．ただし，フックのバネとハーツのバネを用いた場合で，衝突時の接触時間が異なってくるため，接触力に加えて接触時間も重要となる現象を解析する場合には，ハーツのバネを用い，さらにハーツのバネ定数についてはヤング率とポアソン比から決定される値を用いる必要がある．一方，フックのバネモデルにおけるバネ定数は，直接，ヤング率あるいはポアソン比と結びつけることはできず，変位 δ が大きくならない程度に小さな値（すなわち柔らかなバネ）が用いられることが多い．これは，バネ定数 k に応じて，安定に計算を行うことができる時間刻み幅 Δt に対して制約条件

$$\Delta t \leq 2\pi \frac{(m/k)^{1/2}}{c} \quad (c \sim 10)$$

が存在し，小さなバネ定数を用いるほど大きな Δt を用いることができて計算を早く進めることができるためである．ただし，極端に小さなバネ定数を用いてDEMの解析を行うと，変位 δ が大きくなりすぎ，妥当な結果が得られなくなることが多い．経験的には，平均的な変位の値が粒子径の1%程度以下になるようにバネ定数を試行錯誤的に決めることが多い．

なお，DEMでは粒子の角運動量保存則を解くことにより，粒子回転を考慮することも可能である．しかしながら，実際の粉体を構成する粒子のほとんどは球形ではないのに対して，DEMでは球形粒子を仮定して解析するため，粒子回転を考慮した解析を行うと，転がり摩擦によりわずかな傾斜壁上であっても粒子が転がってしまう．それに対し，解析対象の実際の粒子形状が球形ではない場合にはそのようにはならないため，解析結果が実現象から逆に離れてしまうことになり，回転を考慮する場合には注意を要する．

図5.10は,幅150mmの2次元流動層内に充填された粒子(直径4mm,密度2700kg·m^{-3})と空気の流れをDEMと流体の連成解析によって再現した例である.空気は底部のスリットから空塔速度2m·s^{-1}と2.6m·s^{-1}で噴出し,上部から抜けていく.解析条件としては,$k_n=k_t=500$ N·m^{-1},$\Delta t=0.0002$ sを用い,粒子回転は無視してある.解析で得られた粒子挙動をみると,空塔速度が2m·s^{-1}の場合には粒子が流動化していないのに対し,空塔速度が2.6m·s^{-1}に上昇すると流動化が起きる.なお,この解析結果は,対応する実験結果[2,8]をよく再現している.

このように,DEMを用いることによって,粉体現象がある程度再現できるが,オイラー–ラグランジュ法ベースのDEMでは個々の粒子に対する運動方程式を解くため,粒子数が増えるにつれ,計算時間も増えてくる.そのため,DEMでは扱える粒子数に限界があり(通常のPCでは100万個程度),多数の粒子からなる実用の粉体解析に対して適用することができない.そこで,解析上,実際よりも大きな粒子を用いて解析することで(粗視化),解析対象となる粒子数を減らし,計算時間の短縮化を図るという方法が提案されており,代表粒子モデル[6]とよばれている.代表粒子モデルでは,支配方程式の係数を相似則を用いて変換することにより,解析上大きな粒子を用いても,粉体のマクロ挙動に関しては,本来の小さな粒子の挙動が再現できるように工夫がなされている.

5.5 攪拌槽内の流動解析

本節では,化学工学における流体解析の例として,攪拌槽内の流動解析事例を2,3取り上げる.

5.5.1 バッフル付き攪拌槽内の流動解析

攪拌槽のような回転物体の周りの流れを解析する場合,解析に用いるメッシュについても物体の回転に合わせて回転させる.これは,支配方程式系をいったん回転座標系に変換した上で離散化(差分化)することを意味する.回転座標系に変換する場合,回転する物体表面での境界条件を満たすために独立変数(x, t)については必ず変換する必要がある

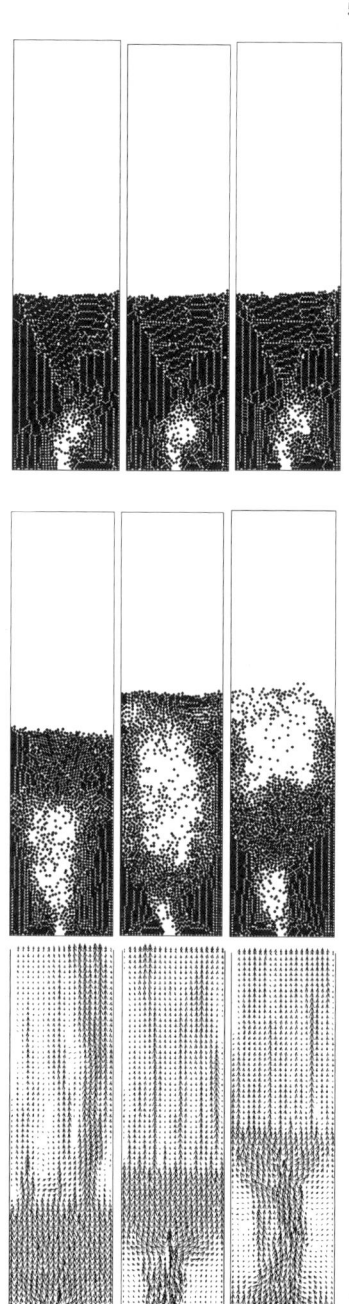

図5.10 DEMによる2次元流動層解析事例
幅150mm,粒子径4mm,粒子密度2700kg·m^{-3},$k_n=k_t=500$ N·m^{-1},$\Delta t=0.0002$ s.上段が空塔速度2m·s^{-1}の場合の粒子挙動(0.2秒置き),中段が空塔速度2.6m·s^{-1}の場合の粒子挙動(0.2秒おき),下段が空気流速分布.

が，流速成分については，回転系でみた流速成分に変換してもよいし，変換せずに静止座標系での流速成分をそのまま用いてもよい．このように，バッフルの付いていない撹拌槽については撹拌翼の回転に合わせた回転座標系を用いることにより解析することができるが，バッフル付き撹拌槽のように回転物体（撹拌翼）と静止物体（バッフル）が解析領域の中に混在している場合には，回転物体に合わせてメッシュを回転させると静止物体の方がメッシュに対して相対的に逆回転してしまい，メッシュ線は物体表面に沿わなくなってしまうため，回転系，静止系のいずれでも対応することができない．そこで，解析領域を静止物体を含む領域（ブロックとよぶ）と回転物体を含む領域（ブロック）に分割し，回転物体を含むブロックのメッシュのみを回転させるという方法をとることにする（図5.11）．このようにすれば，物体表面はつねにメッシュ線に沿うことになり，解析を行うことができるようになる．この方法は「動的領域分割法」[7]とよばれている．

図5.12では，内側の撹拌翼を含む領域に対して回転系の計算格子，外側のバッフルを含む領域に対して静止系の計算格子を用いており，動的領域分割法によって，各ブロックの流速，圧力などの物理量を交互に解析しながら収束計算を行っている．その際，ブロックの外側に仮想点を設け，仮想点におけ

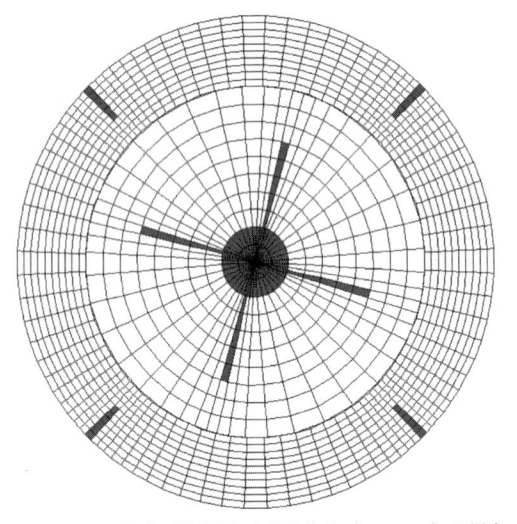

図5.11 回転物体（撹拌翼）と静止物体（バッフル）が混在する場合に動的領域分割法を適用した際のメッシュの配置例

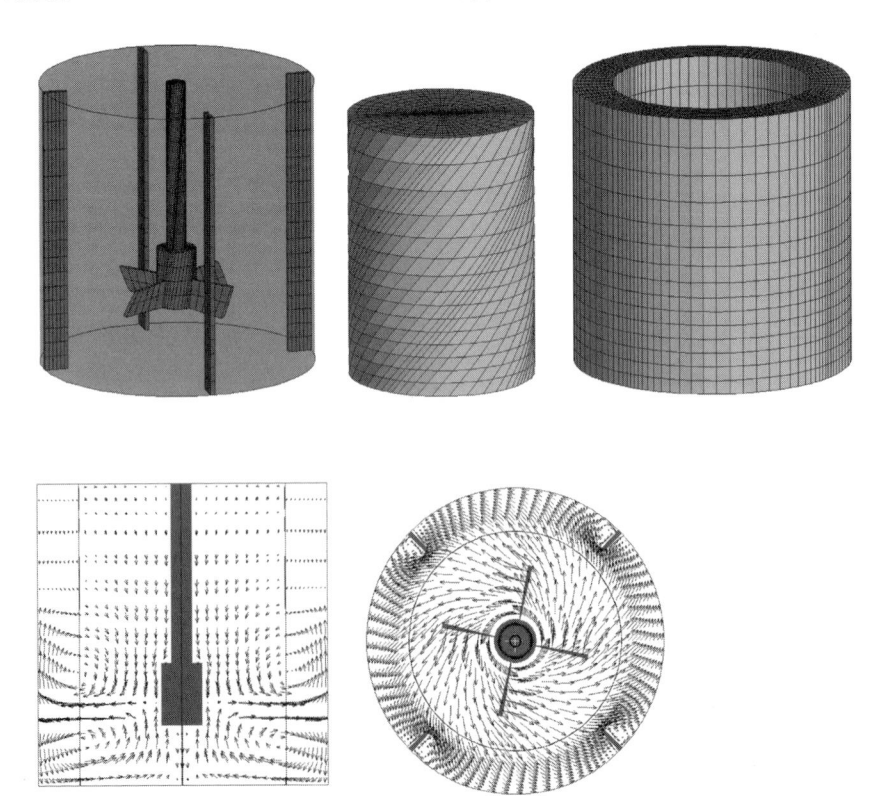

図5.12 動的領域分割法による撹拌槽内流動解析のモデル（メッシュ）とブロック構成および垂直，水平断面内の流速分布

る物理量を他のブロック内の物理量から補間を用いて求めた値を境界条件とすることで，異なるブロック間での物理量のやりとりが行われる．動的領域分割法では，ブロックの中に別のブロックを重ね合わせる重合格子を用いることも可能で，図5.13は，重合格子型の動的領域分割法を用いてHi-Fミキサー内の流動解析を行った例である．この例では，バッフルが定義される静止ブロックの中に回転翼を含む回転ブロックが埋め込まれた状態で計算される．

動的領域分割法以外に，スライディング・メッシュ法によってもバッフル付き撹拌槽の解析を行うことができる．スライディング・メッシュ法においても，動的領域分割法と同様，図5.14（左）にあるように解析対象領域を，回転物体を含む内側の領域と，静止物体であるバッフルを含む外側の静止領域に分け，その上で内側の回転領域のメッシュのみを回転する．その際，両者の間に1メッシュ分のバッファー領域を設けることで，図5.14（中）のように，内側と外側のメッシュをつなげる．ただ，このような方法では，回転が進むにつれてバッファー領域でのメッシュ変形が大きくなるため，図5.14（右）のように，ちょうど1メッシュ分回転したところで，内側のメッシュと外側のメッシュのつなぎ替えを行う．スライディング・メッシュ法は，本質的には回転領域と静止領域のメッシュのつなぎ替えであるため，図5.13にあるような静止ブロックと回転ブロックが3次元的に交差しているような場合への対応は困難であるが，動的領域分割法よりも計算方法が簡単であることから，汎用流体解析ソフトで広く用いられている．

5.5.2 多段翼撹拌槽

流体解析による撹拌槽内流動状態の考察事例として，1段および3段のディスクタービン翼を用いた標準的な撹拌槽において，撹拌翼の取り付け位置を変えたときの流動状態の違いを流体解析によって再現した例を紹介する．

図5.15（a）に，4枚バッフル付き撹拌槽内に8枚ディスクタービン翼（翼径は槽径の1/2）を1段翼として槽の中央付近に設置した場合の流動解析結果（解析モデル，流速分布，圧力分布）を示す．撹拌レイノルズ数は25万で，乱流モデルとしては標準のk-εモデルを用いている．図5.15（b）には，同じディスクタービン翼を槽底付近（翼中心がTLに一致）に設置した場合の解析結果を示してあるが，槽底付近に設置した場合には，突出流が真横で

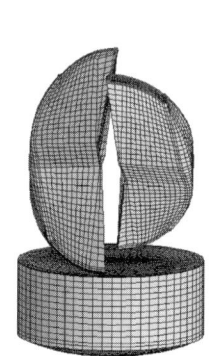

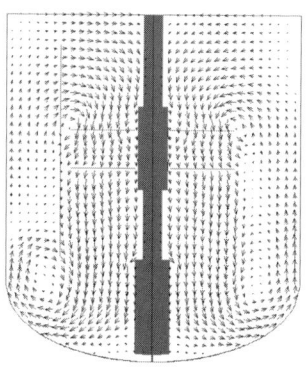

図5.13 動的領域分割法によるHi-Fミキサー（綜研化学製撹拌槽）内流動解析に用いたモデル（メッシュ）とブロック構成および垂直断面内の流速分布

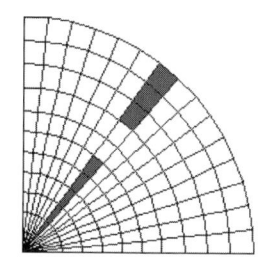

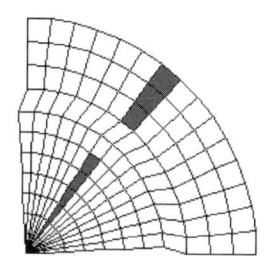

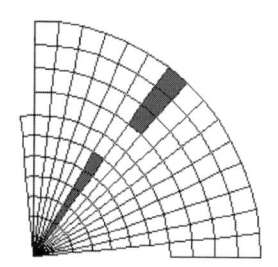

図5.14 スライディング・メッシュ法の適用例

124   5. 運動量移動の数値シミュレーション

(a)

(b)

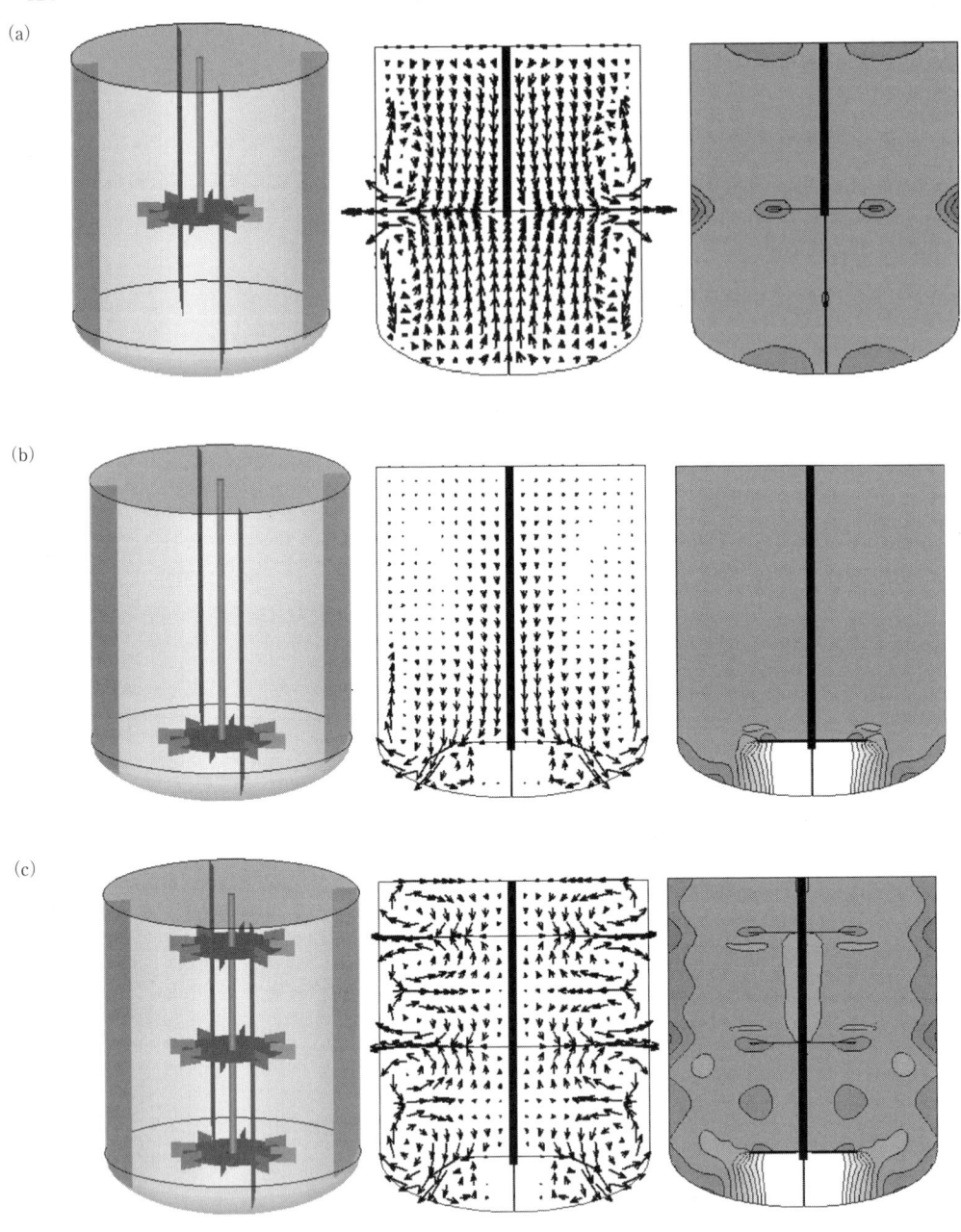

(c)

はなく，斜め下方に向かって突出する様子をみることができる．これは，攪拌による突出流と槽底との干渉の結果であるが，実際，流動解析によって得られた圧力分布をみると，突出流と槽底との間の領域で圧力低下がみられ，これによって突出流が槽底に向かって引き寄せられていることがわかる．

一方，図 5.15 (c) は，同じディスクタービン翼を 3 段に設置した場合の解析結果である．下段翼の

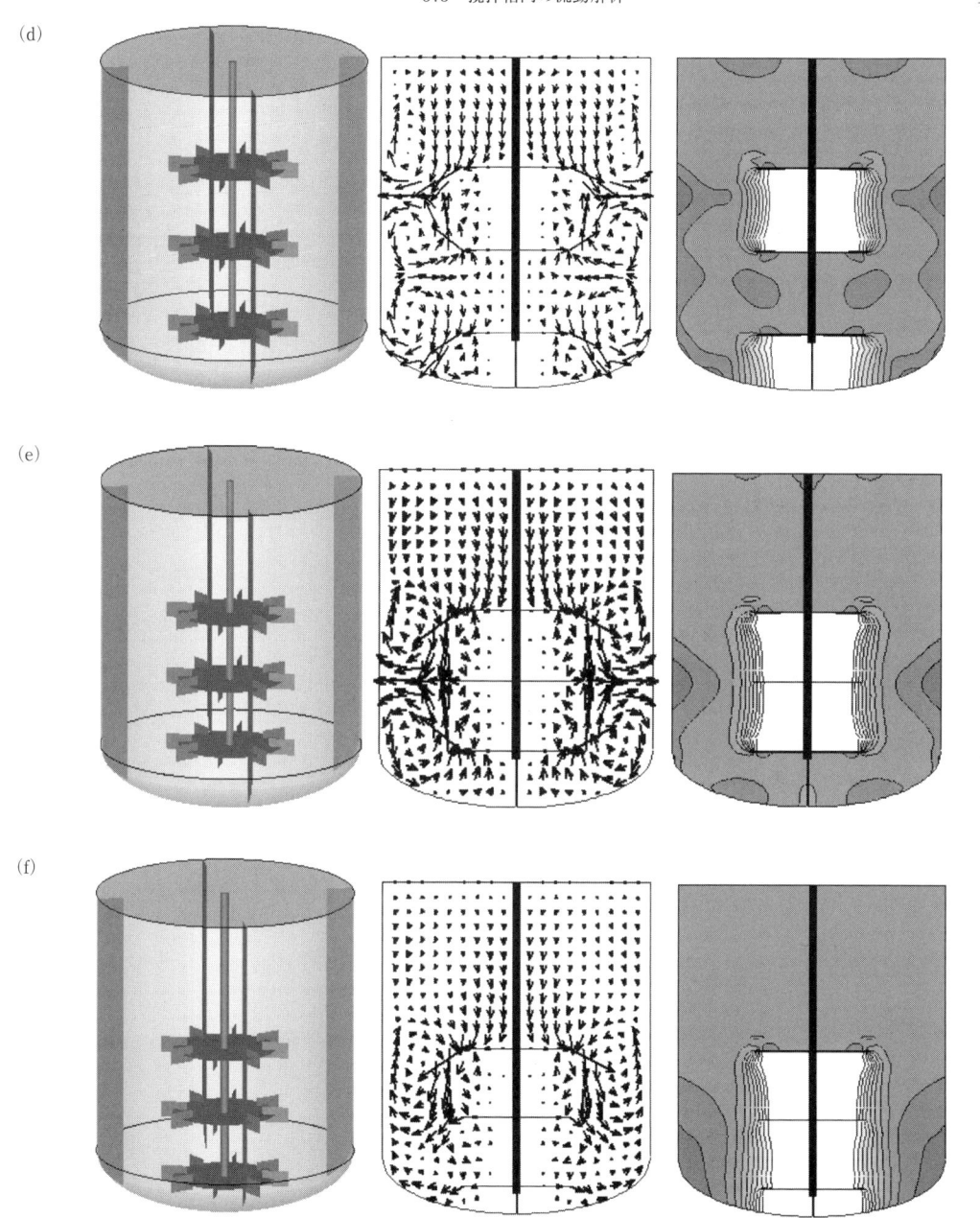

図 5.15 4枚バッフル付き攪拌槽内にディスクタービン8枚翼を1段もしくは3段で設置した場合の流動解析結果(解析モデル,流速分布,圧力分布)
(a) 槽中央部に翼を設置した場合. (b) 槽底部に翼を設置した場合(翼中心は TL 上). (c) 3段翼.ただし,下段翼の中心は TL 上で,各段の翼間距離は翼径の4/5. (d) 下段翼中心は TL 上で,各段の翼間距離を翼径の3/5とした場合. (e) 下段翼中心は TL 上で,各段の翼間距離を翼径の1/2とした場合. (f) 翼間距離を翼径の1/2に固定した状態で,それぞれの翼位置を下げ,下段翼を槽底に接近させた場合.

中心は TL 上にあり,各段の翼間距離は翼径の4/5となっている.図5.15 (d) は,下段翼の位置を変えずに(中心は TL 上),中段翼と上段翼の位置を変更し,各段の翼間距離は翼径の3/5とした場合の流動解析結果である.さらに,図5.15 (e) は,同じく下段翼の位置を変えずに(中心は TL 上),各段の翼間距離を翼径の1/2に縮めた場合の流動解析結果である.図をみると,翼間距離が比較的長い場

合には，各段の撹拌翼による突出流が互いに干渉することなく，単純に1段翼の流れを重ね合わせた流動状態になっているのに対し，翼間距離が短くなるにつれ，翼間の干渉が起き，流れが大きく変わっていることがわかる．実際，図5.15(d),(e)に示されている圧力分布をみると，翼間距離が短い場合には，撹拌翼を槽底付近に設置した場合にみられた圧力低下が翼の間でもみられるようになり，その結果，突出流が互いに引き寄せられていることがわかる．なお，図5.15(d)では，下段翼の突出流は下段翼と槽底との干渉により下方に向かって流れているが，さらに翼間距離を短くした図5.15(e)では，下段翼と槽底との干渉よりも下段翼と中段翼との干渉の方が強くなり，下段翼の突出流は上方に向かって流れている．図5.15(f)は，翼間距離を翼径の1/2に固定した状態で，翼全体を下げ，下段翼を槽底に接近させた場合の流動解析結果である．この場合には，下段翼と槽底との干渉が再び起きるようになり，その結果，全体が1つにつながったいわゆる一筆書きの流れに近づいている．

表5.2は，各ケースでの各段の翼の動力値を一覧にまとめたものである．各翼の動力の値は，1段翼を槽中央付近に設置した場合（図5.15(a)）の動力値でもって規格化してある．表5.2をみると，翼と槽底，および翼どうしの干渉により，動力が下がる傾向にあることがわかる．とくに3段翼で翼間あるいは翼と槽底との干渉が強く，流れ場が干渉によって大きく変動する場合には，各翼の動力は1段翼の場合の1/3以下になりうることがわかる．

文　献

1) 堀尾正勅，森 滋勝編（1999）：流動層ハンドブック，培風館．
2) 川口寿裕他（1992）：機論，**58**，2119．
3) 小林敏雄編（2003）：数値流体力学ハンドブック，丸善．
4) 日本流体力学会編（1991）：混相流体の力学，朝倉書店．
5) 数値流体力学編集委員会編（1995）：乱流解析，東京大学出版会．
6) 竹田 宏（2003）：粉体工学会誌，**40**，746-754．
7) 竹田 宏（1994）：化学工学，**58**，189-194．
8) 辻 裕（1993）：「最近の化学工学」粉粒体工学（化学工学会編），106-118．

表5.2 4枚バッフル付き撹拌槽内にディスクタービン8枚翼を1段もしくは3段で設置した場合の各翼で消費される動力の計算値
各翼の動力値は，1段翼を槽中央付近に設置した場合（図5.15(a)）の動力値でもって無次元化してある．

	(a)	(b)	(c)	(d)	(e)	(f)
上段翼	—	—	0.94	0.76	0.76	0.75
中段翼	1	—	0.95	0.69	0.29	0.33
下段翼	—	0.76	0.74	0.73	0.68	0.35

6

相 似 則

　流動の状態を明確にするには運動方程式，連続方程式，状態方程式を与えられた初期条件，境界条件の下に解けばよい．しかし実際に解が得られるのはきわめて限られた条件下の簡単な場合で，しかも層流の場合のみであり，乱流の場合はレイノルズ応力に関して何らかの実験的知見あるいはモデルを取り入れなければ解析的な解を得ることは不可能である．実際の装置内の流動はきわめて複雑であり，しかも乱流の場合が多いため，流動の状態を解明するには小型の模型装置を用いた実験により実際の装置内の流れを類推せざるをえない．このため小型の模型装置内の流動と大型の実際的装置内の流動との間の関係（いわゆるスケールアップ（scale up）の方法）を明確にしておかなければならない．

6.1　流動状態の相似則

　いま幾何学的に相似な境界/形状をもった大小2つの装置内の流動を想定し，小型の模型に関連した量に添字 S を，大型の実際装置に関連した量に添字 L をつけることにする．両者の運動方程式は

$$\frac{Du_S}{Dt_S}=k_S-\frac{1}{\rho_S}\nabla p_S+\frac{\mu_S}{\rho_S}\nabla^2 u_S \quad (6.1.1)$$

$$\frac{Du_L}{Dt_L}=k_L-\frac{1}{\rho_L}\nabla p_L+\frac{\mu_L}{\rho_L}\nabla^2 u_L \quad (6.1.2)$$

と表される．両者の代表長さ（characteristic length）をそれぞれ L_S, L_L，代表速度（characteristic velocity）を V_S, V_L とすれば，関係する速度，時間，座標その他の諸量は，たとえば小型模型装置の場合は次のように表される．

$u_S=u^* V_S,\ t_S=t^*(L_S/V_S),\ x_{iS}=x_{iS}^* L_S,$

$k_S=k^* g,\ p_S=p^* \rho_S V_S^2,\ \nabla=\dfrac{\partial}{\partial x_S}=\nabla^*(1/L_S),$

$\nabla^2=\left(\dfrac{\partial^2}{\partial x_S^2}+\dfrac{\partial^2}{\partial y_S^2}+\dfrac{\partial^2}{\partial z_S^2}\right)=\nabla^{2*}(1/L_S^2)$

ここで，$*$印をつけたものは無次元化された量または演算子である．これらの無次元量，無次元演算子によって式（6.1.1），（6.1.2）を書き換え，両辺を V_S^2/L_S または V_L^2/L_L で割れば，次のような無次元化された運動方程式が得られる．

$$\frac{Du_S^*}{Dt^*}=\frac{L_S g}{V_S^2}k_S^*-\nabla^* p_S^*+\frac{\mu_S}{\rho_S V_S L_S}\nabla^{2*}u_S^* \quad (6.1.3)$$

$$\frac{Du_L^*}{Dt^*}=\frac{L_L g}{V_L^2}k_L^*-\nabla^* p_L^*+\frac{\mu_L}{\rho_L V_L L_L}\nabla^{2*}u_L^* \quad (6.1.4)$$

この式（6.1.3），（6.1.4）で2組の無次元量

$$\frac{V^2}{Lg},\quad \frac{\rho VL}{\mu}$$

が等しければ，すなわち

$$\frac{V_S^2}{L_S g}=\frac{V_L^2}{L_L g},\quad \frac{\rho_S V_S L_S}{\mu_S}=\frac{\rho_L V_L L_L}{\mu_L}$$

であれば，両式はまったく等しい式となり，境界/装置が幾何学的に相似である場合は，式（6.1.3），（6.1.4）から得られる解は等しくなる．

　上記の2つの無次元量を

$$\frac{V^2}{Lg}=\text{Fr}$$

$$\frac{\rho VL}{\mu}=\text{Re}$$

と書き，それぞれフルード数（Froude number），レイノルズ数（Reynolds number）という．流動の状態は一般に

$$u^*=\phi(\text{Fr}, \text{Re}, t^*, x^*, y^*, z^*)$$

の形で表されるから，2つの流動すなわちフローパターン（flow pattern）が同一であるためには，両者の境界面が幾何学的に相似であるという前提で，

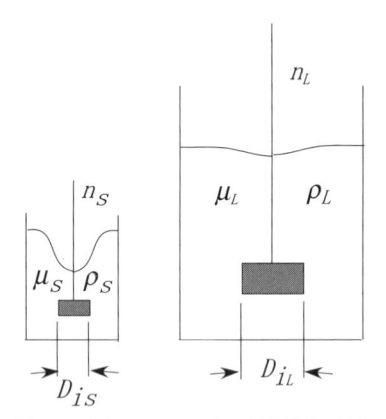

図6.1 大小のバッフルなし撹拌槽内の流れ

両者のフルード数と, レイノルズ数がそれぞれ同時に等しくなければならないことになる.

普通, 外力は重力のみで, 力のポテンシャル (potential) Ω をもっているから, 流れが自由表面をもたないか, もっていてもその形状が一定と仮定できる場合には外力 $k_i = -\partial\Omega/\partial x_i$ を圧力の勾配 $\partial p/\partial x_i$ に含め, $\partial(p-\rho\Omega)/\partial x_i$ とし, $(p-\rho\Omega)$ をあらためて p とおけば, フルード数 Fr は省略してもよい.

例として撹拌槽内の流れを考えてみる (図6.1). バッフル (邪魔板, baffle) のない2つの幾何学的に相似な撹拌槽において, インペラー (撹拌羽根, impeller) の径 D_{iS}, D_{iL} を代表長さとし, インペラーの回転速度 n_S と n_L と, D_{iS}, D_{iL} との積, すなわちインペラー先端速度に比例する量 n_S, D_{iS} と n_L, D_{iL} とをもってそれぞれの代表速度とすれば, 両者のフローパターンが等しいためには, 両者のフルード数 $\mathrm{Fr}_S = (n_S^2 D_{iS}/g)$, $\mathrm{Fr}_L = (n_L^2 D_{iL}/g)$ と, レイノルズ数 $\mathrm{Re}_S = (\rho_S n_S D_{iS}^2/\mu_S)$, $\mathrm{Re}_L = (\rho_L n_L D_{iL}^2/\mu_L)$ がそれぞれ等しくなければならない. バッフルのない場合は自由表面は回転速度が早くなるにしたがって中心部が下り, 固壁部で上る形となるため, 内部の圧力は自由表面の凹凸による重力の影響を受けるからフルード数を省略することはできない. これに対して撹拌槽がバッフルをもっている場合には, 相当大きなレイノルズ数まで自由表面はほぼ平らになるのでフルード数は省略することができる.

一般にフルード数とレイノルズ数を同時に実際装置のそれらと一致させた模型実験を行うことは非常に困難である.

6.2 エネルギー散逸の相似則

実用的見地から考えると, フローパターンの相似性が常に必要とは限らない. 装置設計で必要なことは管路に一定の流体を通すときの圧力損失, 撹拌動力, 熱伝達係数などで, これらはもちろんフローパターンをすべて知ることができればある程度は推算することができることは確かであるが, これらをより直接的に実験で知ればよい場合が多い. 次元解析はその1つの手段であり, スケールアップの1つの方法でもある. 直管内を流体が流れる場合の圧力損失を与えるファニングの式 (Fanning equation) 中の管摩擦係数とレイノルズ数との関係, 流体中における球が流体から受ける抵抗力の表示式中の抵抗係数とレイノルズ数との関係はいずれも次元解析によって導かれ, 実験によって確かめられたものである. 実はこれらの関係は理論的に運動方程式から求めることが可能である. この方法は伊藤四郎東京工業大学名誉教授によって確立された方法[1]で, 伊藤名誉教授は「エネルギー散逸の相似則」とよんでいる. この方法について以下に示す.

非圧縮性流体中に表面積 S なる境界面でかこまれた体積 V の領域を考えると, この流体の時間 t における運動エネルギー E_k は

$$E_k = \frac{1}{2} \iiint_V \rho (u_x^2 + u_y^2 + u_z^2) dx dy dz \tag{6.2.1}$$

と表される. ここで, 境界面は装置の壁面のような固体であっても, また流体中に仮想した境界面であってもよい. 運動エネルギー E_k の時間的変化は

$$\frac{dE_k}{dt} = \iiint_V \rho \left(u_x \frac{Du_x}{Dt} + u_y \frac{Du_y}{Dt} + u_z \frac{Du_z}{Dt} \right) dx dy dz \tag{6.2.2}$$

と表され, これに流体の応力方程式

$$\rho \frac{Du_i}{Dt} = \rho k_i + \frac{\partial \tau_{xi}}{\partial x} + \frac{\partial \tau_{yi}}{\partial y} + \frac{\partial \tau_{zi}}{\partial z}$$

を代入すれば

$$\frac{dE_k}{dt} = \iiint_V \rho (u_x k_x + u_y k_y + u_z k_z) dx dy dz$$
$$+ \iiint_V \left\{ u_x \left(\frac{\partial \tau_{xx}}{\partial x} + \frac{\partial \tau_{yx}}{\partial y} + \frac{\partial \tau_{zx}}{\partial z} \right) \right.$$

6.2 エネルギー散逸の相似則

$$+u_y\left(\frac{\partial \tau_{xy}}{\partial x}+\frac{\partial \tau_{yy}}{\partial y}+\frac{\partial \tau_{zy}}{\partial z}\right)$$
$$+u_z\left(\frac{\partial \tau_{xz}}{\partial x}+\frac{\partial \tau_{yz}}{\partial y}+\frac{\partial \tau_{zz}}{\partial z}\right)\Bigr\}dxdydz$$
(6.2.3)

となる.この式 (6.2.3) の右辺の第 1 項を F_g とおけば,F_g は外力がこの領域内の流体に単位時間になす仕事を表している.また第 2 項はこれを部分積分すれば

$$\text{第 2 項}=\iiint_V\Bigl\{u_x\left(\frac{\partial \tau_{xx}}{\partial x}+\frac{\partial \tau_{yx}}{\partial y}+\frac{\partial \tau_{zx}}{\partial z}\right)$$
$$+u_y\left(\frac{\partial \tau_{xy}}{\partial x}+\frac{\partial \tau_{yy}}{\partial y}+\frac{\partial \tau_{zy}}{\partial z}\right)$$
$$+u_z\left(\frac{\partial \tau_{xz}}{\partial x}+\frac{\partial \tau_{yz}}{\partial y}+\frac{\partial \tau_{zz}}{\partial z}\right)\Bigr\}dxdydz$$
$$=\Bigl\{\iint_S(u_x\tau_{xx}+u_y\tau_{xy}+u_z\tau_{xz})dydz$$
$$+\iint_S(u_x\tau_{yx}+u_y\tau_{yy}+u_z\tau_{yz})dzdx$$
$$+\iint_S(u_x\tau_{zx}+u_y\tau_{zy}+u_z\tau_{zz})dxdy\Bigr\}$$
$$-\iiint_V\Bigl\{\left(\frac{\partial u_x}{\partial x}\tau_{xx}+\frac{\partial u_y}{\partial x}\tau_{xy}+\frac{\partial u_z}{\partial x}\tau_{xz}\right)$$
$$+\left(\frac{\partial u_x}{\partial y}\tau_{yx}+\frac{\partial u_y}{\partial y}\tau_{yy}+\frac{\partial u_z}{\partial y}\tau_{yz}\right)$$
$$+\left(\frac{\partial u_x}{\partial z}\tau_{zx}+\frac{\partial u_y}{\partial z}\tau_{zy}+\frac{\partial u_z}{\partial z}\tau_{zz}\right)\Bigr\}dxdydz$$
(6.2.4)

となる.いま境界面 S に内向きに立てた法線ベクトルを $\boldsymbol{n}$ とし,n の方向余弦を n_x, n_y, n_z とすれば,$dydz, dzdx, dxdy$ は

$$dydz=n_xdS,\quad dzdx=n_ydS,\quad dxdy=n_zdS$$
(6.2.5)

であり,また dS 上の応力の成分を $\tau_{nx}, \tau_{ny}, \tau_{nz}$ とすれば

$$\tau_{nx}=-(n_x\tau_{xx}+n_y\tau_{yx}+n_z\tau_{zx})$$
$$\tau_{ny}=-(n_x\tau_{xy}+n_y\tau_{yy}+n_z\tau_{zy})\quad(6.2.6)$$
$$\tau_{nz}=-(n_x\tau_{xz}+n_y\tau_{yz}+n_z\tau_{zz})$$

であり,また

$$\frac{\partial u_x}{\partial x}=e_{xx},\quad \frac{1}{2}\left(\frac{\partial u_y}{\partial x}+\frac{\partial u_x}{\partial y}\right)=e_{xy}$$

であるから,式 (6.2.5),(6.2.6) を式 (6.2.4) に代入し整理すると

$$\text{第 2 項}=-\iint_S(u_x\tau_{nx}+u_y\tau_{ny}+u_z\tau_{nz})dS$$
$$-\iiint_V\{(e_{xx}\tau_{xx}+e_{yy}\tau_{yy}+e_{zz}\tau_{zz})$$
$$+2(e_{yz}\tau_{yz}+e_{zx}\tau_{zx}+e_{xy}\tau_{xy})\}dV$$
(6.2.7)

となる.上式の面積積分の項を F_s とおくと

$$F_s=\iint_S(u_x\tau_{nx}+u_y\tau_{ny}+u_z\tau_{nz})dS$$
$$=\iint_S u_i\tau_{ni}dS$$

であり,F_s は境界面における応力 τ_{ni} によって境界面内の運動エネルギーが単位時間に増加する量を示している.また式 (6.2.7) の体積積分を F_μ とおき,流動特性

$$\tau_{ij}=-p\delta_{ij}+2\mu e_{ij}$$

によって応力をひずみ速度におきかえ

$$e_{ii}=e_{xx}+e_{yy}+e_{zz}$$

であることを考慮すれば,F_μ は

$$F_\mu=\mu\iiint_V 2\{(e_{xx}{}^2+e_{yy}{}^2+e_{zz}{}^2)$$
$$+2(e_{yz}{}^2+e_{zx}{}^2+e_{xy}{}^2)\}dV=\mu\iiint_V e_{II}dV$$
(6.2.8)

となる.F_μ は粘性によって境界内 V の流体が単位時間に散逸されるエネルギーを示しており,散逸関数(dissipation function)とよばれる.

つまり,非圧縮性ニュートン流体では次式が成立する.

$$\frac{dE_k}{dt}=F_g-F_S-F_\mu \qquad (6.2.9)$$

定常状態の場合には式 (6.2.9) は

$$F_S=F_g-F_\mu \qquad (6.2.10)$$

となる.いま代表長さ L,代表速度 V などを用いて

$$dS=L^2dS^*,\quad \tau_{ni}=\rho V^2\tau_{ni}{}^*,\quad e_{ij}=\frac{V}{L}e_{ij}{}^*,$$
$$e_{II}=\left(\frac{V}{L}\right)^2 e_{II}{}^*$$

であるから,F_S, F_g, F_μ はそれぞれ次式で表される.

$$F_S=\rho V^3 L^2\iint_{S^*}u_i{}^*\tau_{ni}{}^*dS^*$$
$$F_g=\rho VgL^3 C_g I_g \qquad (6.2.11)$$
$$F_\mu=\mu V^2 L C_\mu I_\mu$$

これらの式を式 (6.2.10) に代入して,両辺を運動エネルギーの代表量 $\rho V^3 L^2$ で除すれば,無次元化した次式が得られる.

$$\frac{F_S}{\rho V^3 L^2}=\frac{1}{\mathrm{Fr}}C_g I_g-\frac{1}{\mathrm{Re}}C_\mu I_\mu \quad (6.2.12)$$

ここで, C_g, C_μ は無次元の定数であり, I_g, I_μ は無次元の積分項である. また Fr, Re はそれぞれフルード数, レイノルズ数である. 以上のようにして求められた Fr は単位時間当りの運動エネルギーの代表量 $\rho V^3 L^2$ と外力が単位時間当り流体になした仕事の代表量 $\rho L^3 Vg$ との比であり, 同様に Re は単位時間当りの運動エネルギーの代表量 $\rho V^3 L^2$ と単位時間に粘性によって散逸されるエネルギーの代表量 $\mu V^2 L$ との比である. (エネルギーではなく力で考えるときは, フルード数は慣性力の代表量 $(\rho L^3)(V^2/L)$ と外力の代表量 $\rho L^3 Vg$ 比であり, レイノルズ数は慣性力の代表量 $\rho L^2 V^2$ と粘性力 $(\mu V/L)L^2$ の比と考えられる.) F_g は考えている流体領域の自由表面にできた波が自由表面の法線方向の速度成分をもつとき以外, すなわち波が進行波でないかぎり 0 になる.

式 (6.2.12) の I_g が省略できる場合は

$$\frac{F_S}{\rho V^3 L^2} = -\frac{1}{\text{Re}} C_\mu I_\mu \quad (6.2.13)$$

となるが, 流れが定常状態である場合は I_μ は一定値であるので

$$\frac{F_S}{\rho V^3 L^2} = f(\text{Re}) \quad (6.2.14)$$

となる.

また I_μ が無視できるときは

$$\frac{F_S}{\rho V^3 L^2} = g(\text{Fr}) \quad (6.2.15)$$

となる.

非ニュートン流体に対してのエネルギー散逸の相似則を考えると, ニュートン流体の場合と同じように, 表面積 S に囲まれた体積 V の領域内のエネルギーの時間微分をとると

$$\frac{dE_k}{dt} = \iiint_V \rho \left(u_i \frac{Du_i}{Dt} \right) dV \quad (6.2.16)$$

となり, これに非ニュートン流体の運動方程式

$$\frac{Du_i}{Dt} = k_i - \frac{1}{\rho}\frac{\partial p}{\partial x_i}$$
$$+ \frac{1}{\rho}\left\{(\lambda+\mu)\frac{\partial^2 u_i}{\partial x_j \partial x_j} + 2e_{ij}\frac{\partial}{\partial x_j}(\lambda+\mu)\right\}$$
$$(6.2.17)$$

を代入して変形すると

$$\frac{dE_k}{dt} = F_g - F_S - (F_\lambda + F_\mu) \quad (6.2.18)$$

となる. なお λ は, 応力 τ_{ij} を

$$\tau_{ij} = -p\delta_{ij} + 2(\lambda+\mu)e_{ij}$$

を満足する値であり, 塑性流体の場合は降伏条件に合致するように定める. ここで

$$F_\lambda = \iiint_V \lambda e_{II} dV$$
$$= \tau_y \iiint_V e_{II}^{1/2} dV = \tau_y L^2 V C_\mu I_\lambda \quad (6.2.19)$$

$$F_\mu = \iiint_V \mu e_{II} dV = V^2 \mu L \iiint_{V^*} \mu^* e_{II}^* dV^* \quad (6.2.20)$$

であり, F_λ 項がニュートン流体にはなかった項で, 塑性流体では降伏応力 τ_y のために一体となって運動する箇所ではエネルギーの散逸がないので, F_μ に対する補正項とも考えられる. いま

$$C_S \psi = \frac{F_S}{(\rho V^2{}_{SE}) V L^2}$$

とおくと, 式 (6.2.18) は

$$\frac{dE_k{}^*}{dt^*} = -C_S \psi + C_g \left(\frac{gL}{V^2 S_E}\right) I_g$$
$$- C_\mu \left\{\left(\frac{\tau_y}{\rho V^2 S_E}\right) I_\lambda + \left(\frac{\mu}{\rho V L S_E}\right) I_\mu \right\}$$
$$(6.2.21)$$

となる. ここで, S_E は運動エネルギーの補正係数である. したがって, $\rho V^2/\tau_y$ をヘンキー数 He で表すと

$$\psi = \frac{C_g}{C_S}\frac{1}{\text{Fr}\, S_E} I_g - \frac{C_\mu}{C_S}\left(\frac{1}{\text{He}\, S_E}I_\lambda + \frac{1}{\text{Re}\, S_E}I_\mu\right)$$
$$(6.2.22)$$

である. 自由表面にある波が定常波の場合などの装置内の定常流れでは $I_g = 0$ となり

$$\psi = -\frac{C_\mu}{C_S}\left(\frac{1}{\text{He}\, S_E}I_\lambda + \frac{1}{\text{Re}\, S_E}I_\mu\right) \quad (6.2.23)$$

となる.

6.3　ファニングの式

ファニング (Fanning) の式を相似則を用いて導出する. 関係 D, 管長さ λ の直管内を粘度 μ, 密度 ρ のニュートン流体が平均速度 u で流れている場合の圧力損失を Δp とすれば, 境界面 S は管の内壁と両端の仮想平面である (図 6.2). したがって $(F_S)_w$ を管壁の F_S, $(F_S)_i$ を仮想平面の F_S とすれば

$$F_S = (F_S)_w + (F_S)_i$$

となる. 壁面では速度が 0 であるから

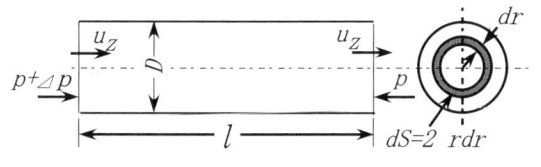

図 6.2 円管内の流れ

$$(F_S)_w = 0$$

また入口，出口の仮想平面の応力は $p+\Delta p$, p であるから，円筒座標 (r, θ, z) を用い，z 軸を管軸として半径 r における速度を u_z とすれば

$$F_S = (F_S)_i = \iint_S \tau_{ni} u_i dS$$

$$= -\int_0^{D/2} \Delta p u_z 2\pi r dr = -\Delta p u \frac{\pi D^2}{4} \quad (6.3.1)$$

となる．代表速度として平均速度 u，代表長さとして管直径 D を用いれば

$$\frac{F_S}{\rho V^3 L^2} = -\frac{\Delta p}{\rho u^3 D^2}\frac{\pi D^2}{4} = -\frac{\Delta p}{4(\rho u^2/2)}\frac{\pi}{2} \quad (6.3.2)$$

であり，一方，$r = r^*D$ とすれば

$$F_\mu = \mu \int_0^L \int_0^{D/2} e_{II} 2\pi r dr dz = 2\pi L \mu u^2 \int_0^{1/2} e_{II}^* r^* dr^*$$

$$e_{II} = 2\left[\left(\frac{\partial u_r}{\partial r}\right)^2 + \left(\frac{\partial u_\theta}{r\partial \theta} + \frac{u_r}{r}\right)^2 + \left(\frac{\partial u_z}{\partial z}\right)^2 \right.$$
$$\left. + \frac{1}{2}\left\{\left(\frac{\partial u_z}{r\partial \theta} + \frac{\partial u_\theta}{\partial z}\right)^2 + \left(\frac{\partial u_r}{\partial z} + \frac{\partial u_z}{\partial r}\right)^2 \right.\right.$$
$$\left.\left. + \left(\frac{\partial u_r}{r\partial \theta} - \frac{u_\theta}{r} + \frac{\partial u_\theta}{\partial r}\right)^2\right\}\right]$$

となり

$$\frac{F_\mu}{\rho V^3 L^2} = \frac{F_\mu}{\rho u^3 D^2} = \left(\frac{2\pi\lambda}{D}\right)\frac{\mu}{\rho u D}\int_0^{1/2} e_{II}^* r^* dr^*$$

$$= \left(\frac{2\pi\lambda}{D}\right)\frac{1}{\text{Re}} I_\mu \quad (6.3.3)$$

$F_S = F_\mu$ であるから

$$\frac{\Delta p}{2\rho u^2}\frac{\pi}{2} = \frac{2\pi\lambda}{D}\frac{1}{\text{Re}}I_\mu \quad (6.3.4)$$

となる．

$$f = -\frac{\Delta p}{4(\rho u^2/2)(\lambda/D)}$$

とおけば，式 (6.3.4) は

$$f = \frac{1}{\text{Re}}4I_\mu = f(\text{Re}) \quad (6.3.5)$$

となる．層流の場合には

$$e_{II} = \left(\frac{du_z}{dr}\right)^2 = \left\{\frac{d}{dr}2u\left(1-\frac{4r^2}{D^2}\right)\right\}^2 = 2^8 u^2 \frac{r^2}{D^4} = 2^8 u^2 \frac{r^{*2}}{D^2}$$

であることから

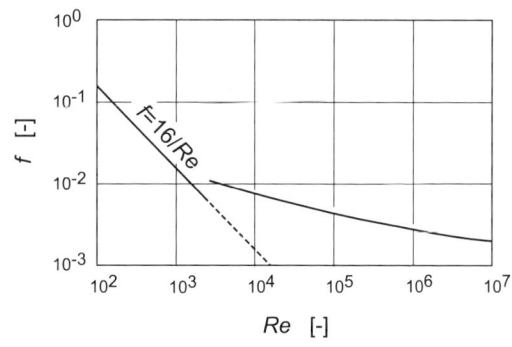

図 6.3 管摩擦係数とレイノルズ数の関係

$$I_\mu = 4$$

すなわち

$$f \cdot \text{Re} = 16$$

となる．つまり

$$\frac{F_S}{\rho V^3 L^2} = \frac{F_S}{\rho u^3 D^2} = \frac{\Delta p}{4(\rho u^2/2)(\lambda/D)}\left(\frac{\pi\lambda}{2D}\right) = -f\frac{\pi\lambda}{2D}$$

$$= -\frac{1}{\text{Re}}C_\mu I_\mu$$

であり

$$f = \frac{1}{\text{Re}}C_\mu I_\mu \frac{2D}{\pi l} = \frac{2D}{\text{Re}\,\pi l}C_\mu I_\mu \quad (6.3.6)$$

とすれば，$C_\mu = 2\pi\lambda/D$ と考えられるので，$F_S/(\rho V^3 L^2)$ は管摩擦係数 f に定数 $\pi\lambda/(2D)$ を乗じたものであることがわかる（図 6.3）．

6.4 球の流体抵抗

直径 D_P，密度 ρ_P の球が密度 ρ，粘度 μ の静止ニュートン流体中を一定速度 v で運動する場合（図6.4），F_s は球面座標 (r, θ, φ) を用いて

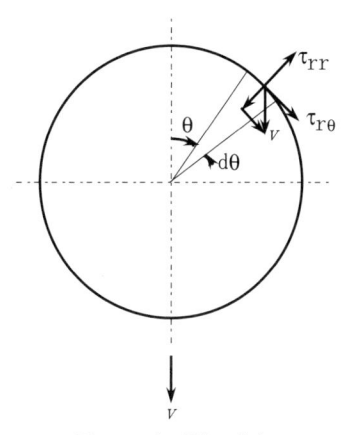

図 6.4 球の周りの流れ

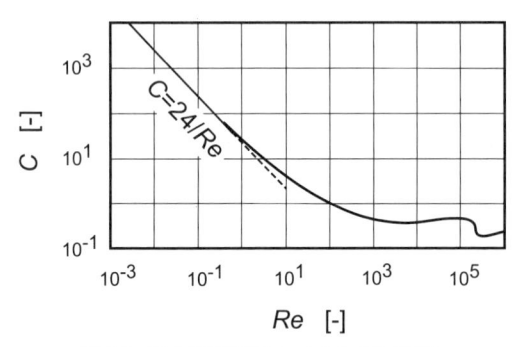

図 6.5 球の抵抗係数とレイノルズ数の関係

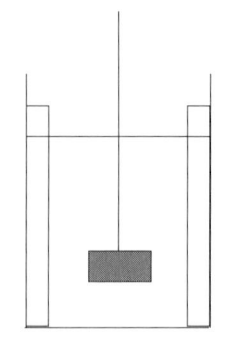

図 6.6 撹拌槽内の流れ

$$F_S = -\int_0^{2\pi}\int_0^{2\pi}(v\cos\theta\tau_{rr}+v\sin\theta\tau_{r\theta})_{r=D_P/2}\left(\frac{D_P^2}{2}\right)$$
$$\times\sin\theta d\theta d\varphi$$
$$= -v\int_0^{2\pi}\int_0^{2\pi}(\cos\theta\tau_{rr}+\sin\theta\tau_{r\theta})_{r=D_P/2}\left(\frac{D_P^2}{2}\right)$$
$$\times\sin\theta d\theta d\varphi \quad (6.4.1)$$

と表される.この式の積分記号内は球が流体から受ける流体抵抗 R_f そのものであるから

$$F_S = -vR_f \quad (6.4.2)$$

となり,代表速度 V として球の速度 v,代表長さ L として球径 D_P をとれば

$$\frac{F_S}{\rho V^3 L^2} = \frac{vR_f}{\rho v^3 D_P^2} = \frac{R_f}{(\rho v^2/2)(\pi D_P^2/4)}\frac{\pi}{8}$$
$$= -\frac{1}{\mathrm{Re}}C_\mu I_\mu \quad (6.4.3)$$

となる.ここで,抵抗係数を C とすれば

$$C = \frac{R_f}{(\rho v^2/2)(\pi D_P^2/4)}$$

であるから

$$C = \frac{1}{\mathrm{Re}}\frac{8C_\mu}{\pi}I_\mu \quad (6.4.4)$$

が得られる(図 6.5).したがって,$F_S/(\rho V^3 L^2)$ は抵抗係数 C に定数 $\pi/8$ を乗じたものであることがわかる.

6.5 撹拌所要動力

バッフルを備えた撹拌槽を径 D_i のインペラーを用い,回転数 n で密度 ρ,粘度 μ の液を撹拌した場合の所要動力 P を考えてみる(図 6.6).この場合,液の境界面は槽の内径面,インペラーの表面,および液面が気体に接していればその自由表面の 3 種類である.いまこれらの境界面における F_S をそれぞれ $(F_S)_w$, $(F_S)_i$, $(F_S)_f$ とすれば

$$F_S = (F_S)_w + (F_S)_i + (F_S)_f$$

であるが,槽表面における速度は 0 であるから

$$(F_S)_w = 0$$

と考えてよい.また,自由表面上では一方が気体であるため,両者の間のせん断応力は無視してよく,また自由表面に垂直方向の速度は 0 であるから

$$(F_S)_f = 0$$

と考えてよい.したがって,F_S は $(F_S)_i$ に等しく,これは所要動力 P の符号をかえたものである.

$$F_S = (F_S)_i = \iint_{S_i}\tau_{ni}u_i dS = -P \quad (6.5.1)$$

ここで,S_i はインペラーの表面を表す.代表速度 V としてインペラー先端周速度に比例する量 nD_i をとると

$$\frac{F_S}{\rho V^3 L^2} = -\frac{P}{\rho n^3 D_i^5} = -\frac{1}{\mathrm{Re}}C_\mu I_\mu \quad (6.5.2)$$

となる.撹拌の動力数(power number)を N_P とすれば

$$N_P = \frac{P}{\rho n^3 D_i^5} = \frac{1}{\mathrm{Re}}C_\mu I_\mu = f(\mathrm{Re}) \quad (6.5.3)$$

となる.ここで

$$\mathrm{Re} = \frac{\rho VL}{\mu} = \frac{\rho n D_i^2}{\mu}$$

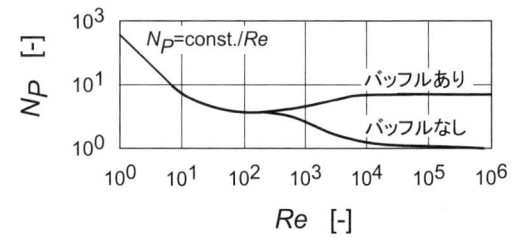

図 6.7 撹拌動力数とレイノルズ数の関係

である（図6.7）．以上はバッフルを備えた幾何学的に相似な攪拌槽で，相当高いレイノルズ数(10^6程度）までの自由表面がほぼ水平である範囲内で$f(\mathrm{Re})$は同一の関数関係を得る．またバッフルがなくても自由表面をもたない閉じた槽内を攪拌する場合にも成立する．自由表面があってバッフルを持たない攪拌槽では回転が速くなるにしたがって自由表面に中心のくぼんだ渦ができるため動力数はレイノルズ数のみならずフルード数の関数にもなる．

以上を要約すると，幾何学的に相似な境界面を有する流体の流れでは一般に式 (6.2.14) が成立し，$F_S/(\rho V^3 L^2)$ は，管内の流れに適用するときは管摩擦係数 f に定数を乗じたものに，流体中を運動する物体に適用するときには抵抗係数 C に定数を乗じたものに，攪拌槽に適用するときは動力数 N_P になる．したがって

$$-\frac{F_S}{\rho V^3 L^2} = \psi C_S \qquad (6.5.4)$$

として C_S を定数とするときは，f, C, N_P は1つの Ψ から派生していると考えられる．

文　献

1) 伊藤四郎 (1972)：化学技術者のための流体工学，化学技術社．

7 流体測定法

7.1 流れの可視化

流動状態を検討するために，流動状態を眼に見えるようにすることを流れの可視化とよぶ．可視化は流れの全体を把握できる利点をもつが，得られた写真や映像がどのような物理量を表現しているかを明確にしておくことが重要である．流線，流跡（トレーサーの間欠的注入），流脈（トレーサーの連続的注入）は定常流の場合は一致するが，非定常流の場合は異なることにも注意を要する．その他，タイムライン，流れの方向，はく離，速度，速度勾配，密度分布，圧力分布などを観察することも可能である．流れの可視化には多くの手法があるが[1]，どの方法もそれぞれ適用可能な条件が異なり万能の方法はない．流れの状態や可視化目的に応じて複数の手法の組合せを考えることも必要である．

流れの可視化法の種類，原理，特徴の概略を表7.1に示す．

（1）壁面トレース法：物体表面の境界層内側端の流れのみが観測されるだけであり，表面から離れた位置での流れの観測は難しいが，はく離線，はく離点の判定や摩擦力分布，圧力分布の観測には有力である．

（2）タフト法：対象とする位置で予想される流線の曲率よりも十分短い糸を使用しなければならない．また，物体表面に設置するときには，タフト自体の流れへの影響がないように十分注意する必要がある．

（3）トレーサー法：トレーサー物質の密度を流

表7.1 流れの可視化法

種類		原理	特徴
壁面トレース法	油膜法，昇華法，塗膜溶解法，感圧紙法など	固体表面に塗布，溶着，浸出された物質の形状や色などの変化	中高速流体用，固体表面近傍の速度，摩擦力分布，圧力分布などの観察
タフト法	表面タフト法，タフトグリッド法など	設置されたタフト（短い糸）の挙動	低中高速流体用，固体表面近傍の流動状態などの観測
トレーサー法	流脈法，流跡法，懸濁法，タイムライン法など	注入されたトレーサー物質の挙動	低中速流体用，流脈，流線，流跡，タイムラインなどの観測
化学反応法	表面塗膜発色法，液体間反応発色法など	液体-固体表面，流体-注入流体間の物質の化学反応で生じる物質の挙動	低中高速流体用，固体表面近傍の速度，死水領域などの観測
電気制御法	火花追跡法，水素気泡法，スモークワイヤー法など	金属細線などに制御した電気的入力を与えたときに発生する物質の挙動	低中速流体用，流脈，流線，流跡，タイムラインなどの観測
光学的方法	シャドウグラフ法，シュリーレン法，流動屈折法など	流体の密度変化や液体の凸凹などによる光学的現象変化	中高速流体用，密度変化，せん断変形，液面高低などの観測
コンピューター利用法	数値表示法，画像表示法など	コンピューターによる数値計算	机上で任意の流動場に対応して運動方程式をシミュレーション

体の密度に近くし，また拡散性を抑えるなど，流動状態への影響に注意を要する．トレーサーを注入する場合には，周囲の流体の速度とトレーサーの流出速度に差がないようにする必要がある．

（4） 化学反応法：反応により生じる物質をトレーサーとして用いるもので，トレーサー法と同様の注意を要するが，さらに扱う物質に毒性や腐食性があることもあるので，安全対策などに留意することが必要である．

（5） 電気制御法：放電による発光気体や電気分解による水素気泡をトレーサーとして用いるもので，放電による熱の効果や気泡への浮力の効果に十分に注意を要する．

（6） 光学的方法：おもなものは，流体中の密度差による光の屈折，干渉現象を検出して流れの状態を観察するものである．原理を図7.1に示すように，光の進路に密度の不均一な場が存在すると，光は屈折して進路を変える．AからBへの変位を計るのがシャドウグラフ法，偏角 θ を計るのがシュリーレン法，AとBに到達する光の位相差を求めるのが干渉法である．光学的方法には流れに影響を与えずに可視化できる利点があるが，光学系の完璧な調整が不可欠である．

（7） コンピューター利用法：対象とする流動場の運動方程式を数値シミュレーションして得られる結果に基づく方法であり，実験を行わずに，厳しい条件下の流動場を見ることができる．

コンピューター処理技術の発達とともに，画像を数値化し見やすく画像処理を行ったり，計測結果を処理して見やすい画像で表示したりできるようになったが，今後ますます発展し定着していくものと思われる．

7.2 レオロジーの測定

流体の変形，流動などの種々の力学的挙動を取り扱う学問分野はレオロジーとよばれ，流体の応力と変形速度の関係を表す式がレオロジー構成方程式とよばれる．レオロジー構成方程式を得ることは応力の降伏値 τ_y の値および粘度 μ と変形速度（テンソル）du_i/dx_j，応力（テンソル）τ の関数形を決定することに帰着する．ここでは，τ_y に関する取扱いも含めて粘度測定法について述べる．

7.2.1 レオロジー測定法の種類

レオロジー構成方程式の中でもっとも重要な粘度に注目した測定法の種類，原理，特徴の概略を表7.2に示す．キャピラリー粘度計は粘度の絶対値の測定が可能であるが，測定可能な応力範囲が比較的狭いため，これを広げる工夫が必要である．

（1） 回転粘度計：図7.2に示すような種々の形式のものがあるが，いずれも試験流体を外器と内器の間に封入して，外器あるいは内器を回転させて内部試験流体に作用する回転力を測定するものである．形状の影響やトルク検出器の性能などにより測定可能範囲が限られ，またレオロジー構成方程式の関数形が予想されていない非ニュートン流体の測定

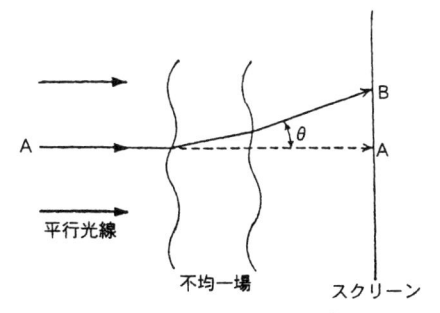

図7.1 光学的方法の原理[12]

表7.2 レオロジー測定法

種類	原理	特徴
キャピラリー粘度計	既知の内径をもつ円管の圧力損失と流量の関係	非ニュートン流体にも使用可，実験室用
回転粘度計	容器の一定角速度と作用するモーメントなどの関係	応力と粘度の関数関係が既知の非ニュートン流体にも使用可，工業用
落球粘度計	沈降する球が受ける流体抵抗と粘度の関係	主としてニュートン流体に使用
振動粘度計	振動体が受ける流体抵抗と粘度の関係	主としてニュートン流体に使用，プロセス中の経時変化を測定可
平行平板粘度計	加力したときの両平板の接近速度と粘度の関係あるいは両平板の動きで生じるずり速度と粘度の関係	変形速度が小さいときに使用可

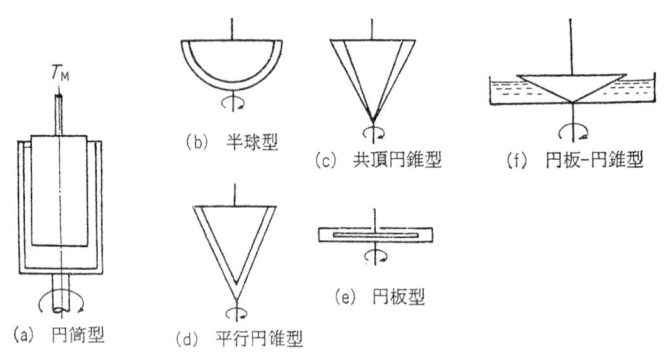

図7.2 回転粘度計の形式[8]

(a) 円筒型　(b) 半球型　(c) 共頂円錐型　(d) 平行円錐型　(e) 円板型　(f) 円板-円錐型

は面倒であるが，円板-円錐型回転粘度計は，変形速度が半径方向にほぼ一定になるので非ニュートン流体にも適している．

（2） 落球粘度計：比較的容易に粘度の絶対値の測定も可能で，液体の高圧における粘度測定にも適しており，また振動粘度計はプロセス中の液体の粘度の経時変化を連続的に検出する場合にも用いられるが，いずれも非ニュートン流体の測定にはあまり適さない．

基本的にはいずれの粘度計も，蒸留水またはJISに規定の標準液（ニュートン流体）により校正して使用する必要がある．

7.2.2 キャピラリー粘度計による非ニュートン流体の粘度測定

ニュートン流体だけでなく，非ニュートン流体の粘度も測定でき，また未知の流体の粘度を測定する場合にもっとも適しているのがキャピラリー粘度計である．真空容器，キャピラリー，圧力センサーを組み合わせ，性状の変化しやすい血液の粘度を臨床測定できる真空採血管式粘度測定器[2]などもあり，応用範囲が広い方法である．

管内の流れでは，流動特性は τ を半径 r におけるずり応力，τ_y を降伏応力として次式で表される．

$$\tau - \tau_y = -\mu \frac{du}{dr} \quad (7.2.1)$$

ここで，u は r における管軸方向の流速である．粘度 μ は $(\tau-\tau_y)$ の関数とも考えられるので，流動特性は一般に，次式のように表される．

$$-\frac{du}{dr} = \varphi(\tau) \quad (7.2.2)$$

管径 D の円管内を層流で流れる非ニュートン流体の断面積平均速度 $\bar{u}$ は式(7.2.2)から求まる速度 u を

$$\bar{u} = \frac{1}{\pi(D/2)^2} \int_0^{D/2} 2\pi r u \, dr \quad (7.2.3)$$

に代入して，積分順序の変更などを行って次式で与えられる．

$$\bar{u} = \frac{D}{2\tau_w^3} \int_0^{\tau_w} \tau^2 \varphi(\tau) d\tau \quad (7.2.4)$$

ここで，τ_w は管壁面でのずり応力である．上式を τ_w で微分して変形すれば，次式を得る．

$$\varphi(\tau_w) = \frac{2\tau_w}{D}\left(\frac{d\bar{u}}{d\tau_w}\right) + \frac{6\bar{u}}{D} \quad (7.2.5)$$

管長 λ の間の圧力損失 Δp から $\tau_w = \Delta p D/(4\lambda)$ とそのときの $\bar{u}$ の関係を実験によって求め，式(7.2.4)を使って図に描くと図7.3のように $\varphi(\tau_w) = -(du/dr)_{r=D/2}$ と τ_w の関係が得られる．この $\varphi(\tau_w)$ を $\varphi(\tau) = -(du/dr)$，τ_w を τ と書き換えると，これがレオロジー曲線である．流体が塑性流体である場合は $du/dr \to 0$ のときの τ が降伏応力 τ_y となり，流動曲線上の各点において $(\tau-\tau_y)/\{-(du/dr)\}$ （図中の $\tan\delta$）を計算すれば，これが粘度 μ を与える．したがって，μ は $-(du/dr)$ または $(\tau-\tau_y)$ の関数として与えられることになる[3]．

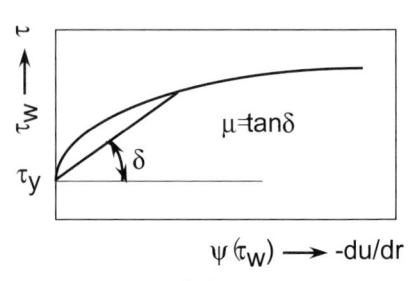

図7.3 $\varphi(\tau_w)$ と τ_w の関係

① ニュートン流体の場合

ニュートン流体では $\tau_y=0$ であり，また μ は一定であるから $\bar{u}$ と τ_w の関係は原点を通る直線となり，その勾配の $D/8$ 倍すなわち $D\tau_w/(8\bar{u})$ が μ になることは式(7.2.4)からわかる．したがって，このときは τ_w に対して $8\bar{u}/D$ をプロットすれば，その勾配が μ を与える．

② ビンガム流体の場合

ビンガム流体では，粘度 μ_B は一定であるから式(7.2.1)は積分できる．相当せん半径 r_a を $r_a=\tau_y/\tau_w$ と定義すると，平均流速 $\bar{u}$ を表す式(7.2.4)は

$$\bar{u}=\frac{d\tau_w}{24\mu_B}(3-4r_a+r_a^4) \quad (7.2.6)$$

となる．したがって，層流で平均流速度 $\bar{u}_1$，$\bar{u}_2$ における管壁のせん断応力 τ_{w1}，τ_{w2} を実験で求めておけば，μ_B は試行錯誤法によって次のように求められる．すなわち τ_y を仮定し，$r_{a1}=\tau_y/\tau_{w1}$，$r_{a2}=\tau_y/\tau_{w2}$ のそれぞれから式(7.2.6)を用いて μ_B を求め，両者の値が一致するまで τ_y の値を変えてみて，一致したときの τ_y，すなわち μ_B が求める粘度である．

③ 流動特性がべき関数で表される非ニュートン流体の場合

n，μ_p を定数とするとき流動特性が

$$\tau^n=-\mu_p\frac{du}{dr} \quad (7.2.7)$$

で与えられる場合には，式(7.2.4)は

$$\bar{u}=\frac{D}{2\mu_p(n+3)}\tau_w^n \quad (7.2.8)$$

となるから，この両辺の対数をとれば次式を得る．

$$\log\bar{u}=\log\frac{D}{2\mu_p(n+3)}+n\log\tau_w \quad (7.2.9)$$

したがって，実験で得られる $\bar{u}$ と τ_w を両対数紙にプロットして得られる直線勾配から n を決定でき，さらに式(7.2.9)から粘度 μ_p を決定できる．

7.3 圧力の測定

圧力測定において，圧力は通常導管を用いて測定器に導くことが多いが，圧力の時間的変動成分が重要になる場合は，測定点に圧力センサーを設置して直接電気信号に変換する方法がとられる．

7.3.1 圧力測定法の種類

圧力測定法の種類，原理，特徴の概略を表7.3に，またそのなかで代表的な圧力計を図7.4に示す．

（1）多連U字管圧力計：大きな圧力差を分割して測定するもの．

（2）傾斜管圧力計：液柱の長さを拡大して微弱圧力差を測定するもの．

（3）ブルドン管圧力計：測定精度が劣るが，小型で耐久性があり，取り扱いが容易で工業用として広く用いられている．

（4）基準分銅式標準圧力計：校正済みの分銅と釣り合わせて高精度で測定できるため，他の圧力計を校正するための標準圧力計としても用いられる．

7.3.2 2次変換器

ほとんどの圧力計は，圧力を機械的変位に変換する1次変換器であり，これらを2次変換器によって電気量に変換すれば，応答性が速く，記録も容易で遠隔測定も可能となり，工業的にも広く用いることができる．静電容量やインピーダンスの変化を利用したもの，圧電気効果による電圧変化を利用した

表7.3 流速測定法[8]

種類	原理	特徴
ピトー管	総圧と静圧の関係	中高速流体用，気-液両方に使用可，3次元の測定も可
熱式流速計	流速と熱線などの電気抵抗変化の関係	低中高速流体用，主として気体に使用，変動の測定も可
レーザードップラー流速計	流速と微粒子による散乱光の周波数シフトの関係	低中高速流体用，気-液両方に使用可，変動の測定も可，校正不要
流体抵抗式流速計	流速と物体の受ける流体抵抗の関係	低中高速流体用，精度は低い
翼車式流速計	流速と翼車の回転数の関係	中高速流体用，簡便，比較の装置は大
電極反応流速計	流速と拡散電流の関係	低中速液体用，3次元の変動の測定も可
流れの可視化	注入，発生した物質の移動	低中高速流体用，目視可

図 7.4 圧力計[8]

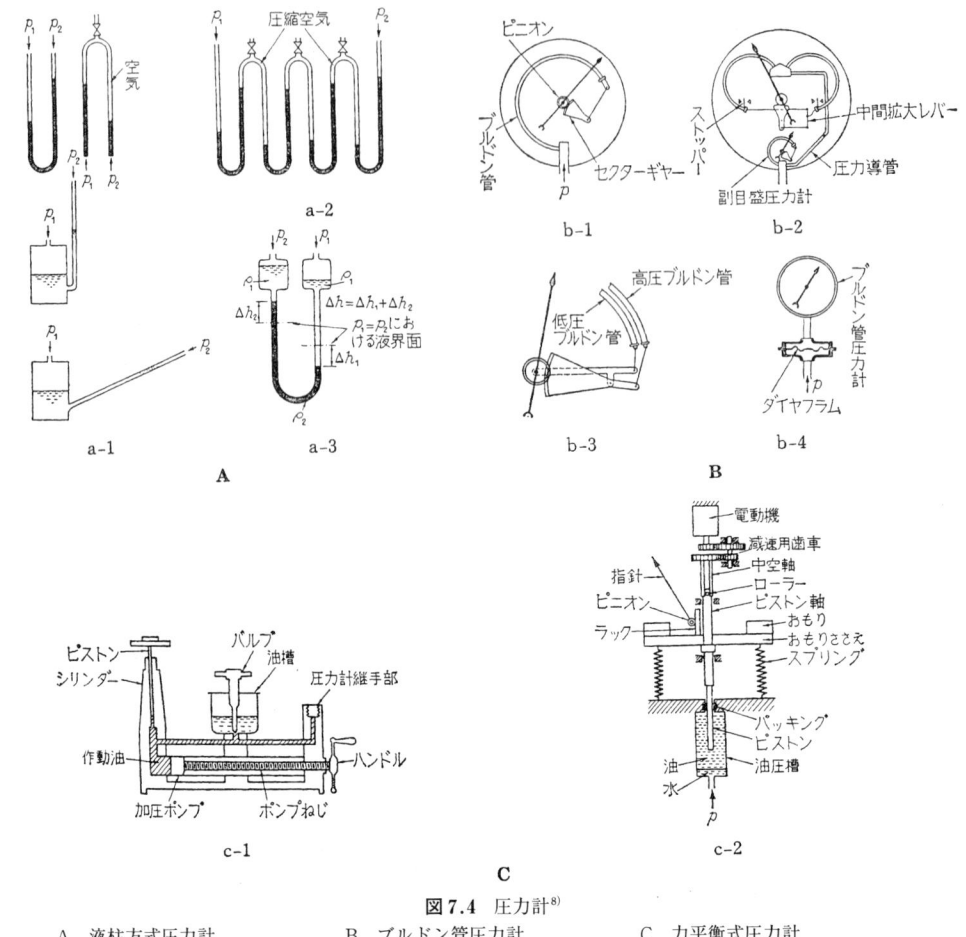

A 液柱方式圧力計
　a-1 垂直および傾斜管圧力計
　a-2 多連U字管圧力計
　a-3 二液柱U字管圧力計

B ブルドン管圧力計
　b-1 普通型
　b-2 拡大指示圧力計
　b-3 差圧指示計
　b-4 隔膜式ブルドン管圧力計

C 力平衡式圧力計
　c-1 基準分銅式標準圧力計
　c-2 高圧制御用ピストン圧力計

もの，半導体ひずみゲージを利用したもの，差動トランスを利用したもの，磁気変調器を利用したものなど多くの種類がある．

7.4 流速の測定

流速測定法の種類，原理，特徴の概略を表7.4に示す．

（1）ピトー管：ピトー管の中心線を流れ方向に正しく一致させて総圧（動圧＋静圧）と静圧を測定するものであるが，その方向特性を利用すれば2次元あるいは3次元の流れの方向も測定することができる．図7.5に示すような各種のピトー管が考案されている．プラントル型あるいはJIS型[4]の標準形ピトー管は広い流速範囲に対して適用できる．

（2）熱式流速計：熱線（熱膜）流速計とサーミスター流速計がある．サーミスター式は，流速変動の検出にはあまり適さない．熱線流速計は主として気流に用いられ，液流の場合は熱膜が用いられる．熱線流速計の形状は図7.6に示すようなI型・X型など，目的に応じて各種のものがあり，3次元的流れや乱流の計測も可能である[5]．代表的な信号の検出法には，定温度型と定電流型の2種類があるが，応答の速い定温度型が広く用いられている．

（3）レーザードップラー流速計：図7.7に示すレーザー光源，光学系，光検出器と信号処理系から

7.4 流速の測定

表 7.4 圧力測定法[8]

種類		原理	特徴
液柱方式	U字管型, 単管型, 零位法型など	圧力と液柱の重さを釣り合わせる	低中圧流体用, 工業用, 校正用
弾性体方式	ブルドン管型, ベローズ型, ダイヤフラム型など	圧力と弾性体のひずみ応力の関係	中高圧流体用, 工業用
力平衡式	ベローズ型, ダイヤフラム型など	圧力を別の流体の圧力あるいは電磁力などと釣り合わせる	低中高圧流体用, 工業用, 変動も測定可
沈鐘方式	単鐘式, 複鐘式など	圧力と固体の重さを釣り合わせる	低圧流体用, 工業用
ピトー管		流れの方向に平行な壁面に垂直にあけられた小孔での圧力は静圧となる	流れの方向が経時変化している流れでは測定が困難
圧力センサー・電極反応流速計併用方式		球の表面の圧力分布とポテンシャル流れの関係	低圧低中流速液体用, 流速変動と静圧変動の同時測定可, 実験室用

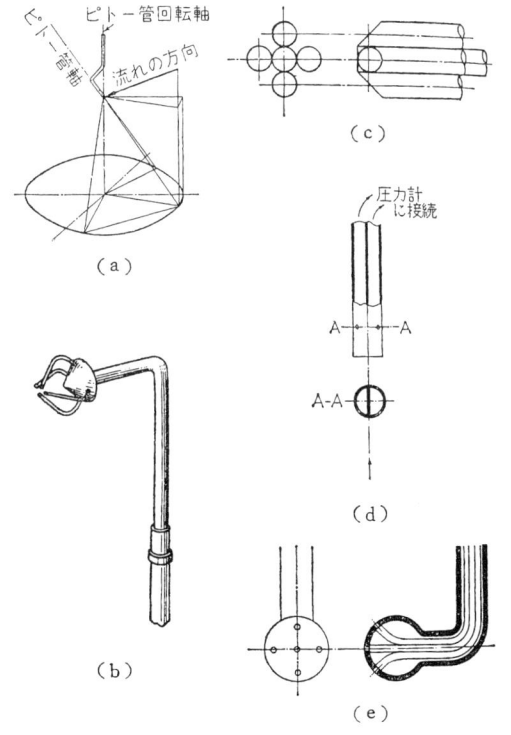

図 7.5 ピトー管の方向特性を利用した流速測定プローブ[8]
(a) V型ピトー管　　(d) 円筒型ピトー管
(b) 多管V型ピトー管　(e) 球形ピトー管
(c) コブラ型ピトー管

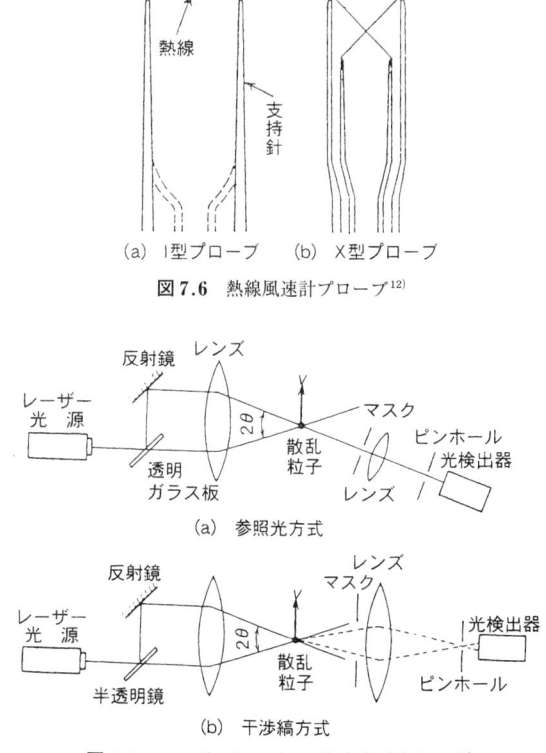

図 7.6 熱線風速計プローブ[12]
(a) I型プローブ　(b) X型プローブ

図 7.7 レーザードップラー流速計（透過型）[11]
(a) 参照光方式
(b) 干渉縞方式

なる．通常の光学系では流速の正負が区別できないため，特別な工夫を必要とする[6]．レーザーにはヘリウム-ネオンまたはアルゴンのガスレーザーが適しており，流れに対する追従性のよい微細で均一な散乱粒子を添加することが多い．しかし測定点を設定するために光学系を移動する際にはレーザー面の屈折を十分に考慮する必要がある．

（4）電極反応流速計：拡散律速の電極反応を利用した実験用流速計であり，簡便に液流速を測定するときに利用でき，多電極を用いることにより3次元乱流計測も可能となる[7]．

7.5 流量の測定

7.5.1 流量測定法の種類

流量測定法の種類,原理,特徴を表7.5に,またその代表的ないくつかの流量計を図7.8に示す.なお,前項で示した流速測定法により流速分布が求まれば,流路内の全断面にわたり積分して流量を決定することができる.

種々の物理量に変換された流量は,2次信号変換器や電子回路を通して電圧値,電流値,周波数などとして検出されるのが普通である.

絞り方式による流量測定法は,工業的にもっとも広く用いられているもので,ISO[8],JIS[9,10]に規定されており,形状,取付け法,流量計算式などを簡便に運用できる.

7.5.2 オリフィス流量計

オリフィス流量計は図7.8のa-1に示すように,径Dの管路の途中に孔径D_{or}のオリフィス板を挟み込み,オリフィス前後の圧力差Δpを測定して体積流量qを決定するものである.

$$q = C_o \varepsilon \frac{\pi D_{or}^2}{4} \sqrt{\frac{2\Delta p}{\rho}} = m C_o \varepsilon \frac{\pi D^2}{4} \sqrt{\frac{2\Delta p}{\rho}}$$
(7.5.1)

ここで,ρは流体の密度,mは開孔比($=D_{or}^2/D^2$),C_oはオリフィス径基準の流量係数,εは流体が気体の場合の膨張による補正係数である.なお密度ρとしては上流側圧力に相当する値を用いる.

流量係数C_oの値は,オリフィスの構造,開孔比mおよびレイノルズ数($Re = Du\rho/\mu$)などによって変化するため,実験的にあらかじめ決めておく必要がある.しかし,ある一定レイノルズ数(裕度限界レイノルズ数)以上では構造とmが一定なら,C_oはReによらず一定となる.たとえば差圧取出し口がコーナータップのJIS規格のオリフィス[9]の場合は

$$Re \geq 10^{4.185 + 2.831m - 1.438m^2}$$ (7.5.2)

の範囲でC_oは近似的に次式のようにmのみの関数として求めることができる.

$$C_o = 0.597 - 0.011m + 0.432m^2$$ (7.5.3)

ただし,式(7.5.2),(7.5.3)の適用範囲は,$0.05 \leq m \leq 0.64$, $0.22 \leq d_{or}/d \leq 0.8$, $50\,\text{mm} \leq d \leq 1000\,\text{mm}$である.

流体が気体の場合の膨張による補正係数εは,オリフィスの上流側,下流側の絶対圧をそれぞれp_1, p_2,気体の比熱比をγ,縮流係数(孔通過後の縮流の断面積とオリフィスの面積の比)C_cとすれ

表7.5 流量測定法[8]

種類		原理	特徴
絞り方式	オリフィス流量計、ベンチュリー流量計など	流量と管路や開水路の絞りによる圧力差の関係	気液両方に使用可
流体抵抗方式	抵抗体式流量計,面積式流量計,層流流量計など	流量と管路中の物体などの受ける流体抵抗の関係	気液両方に使用可
流体振動方式	カルマン渦流量計,スワール流量計,フルイディック流量計など	流量とカルマン渦などの流体力学的振動現象の関係	機械的可動部分がない,測定範囲が広い
トレーサー方式	塩水速度計,浮子法など	流量とトレーサーの移動の関係	主として大流量液体に使用
運動エネルギー方式	管端流量計など	流量と管路出口などにおける運動エネルギーや圧力の関係	主として低流量液体に使用,スラリーにも使用可
容積式流量計		流量と容積の関係	実験室用,工業用,検定用
翼車流量計		流量と翼車の回転の関係	簡便,精度は高くない
水撃方式		流量と水撃作用による圧力変化の関係	主として大流量液体に使用,工業用
熱式流量計	トーマス計,境界層流量計など	流量と管路内の温度変化の関係	主として気体に使用
電磁流量計		流量と磁場の発生電圧の関係	電気伝導性流体に使用
超音波流量計		流量とドップラー効果との関係	低中高流量液体に使用

7.5 流量の測定

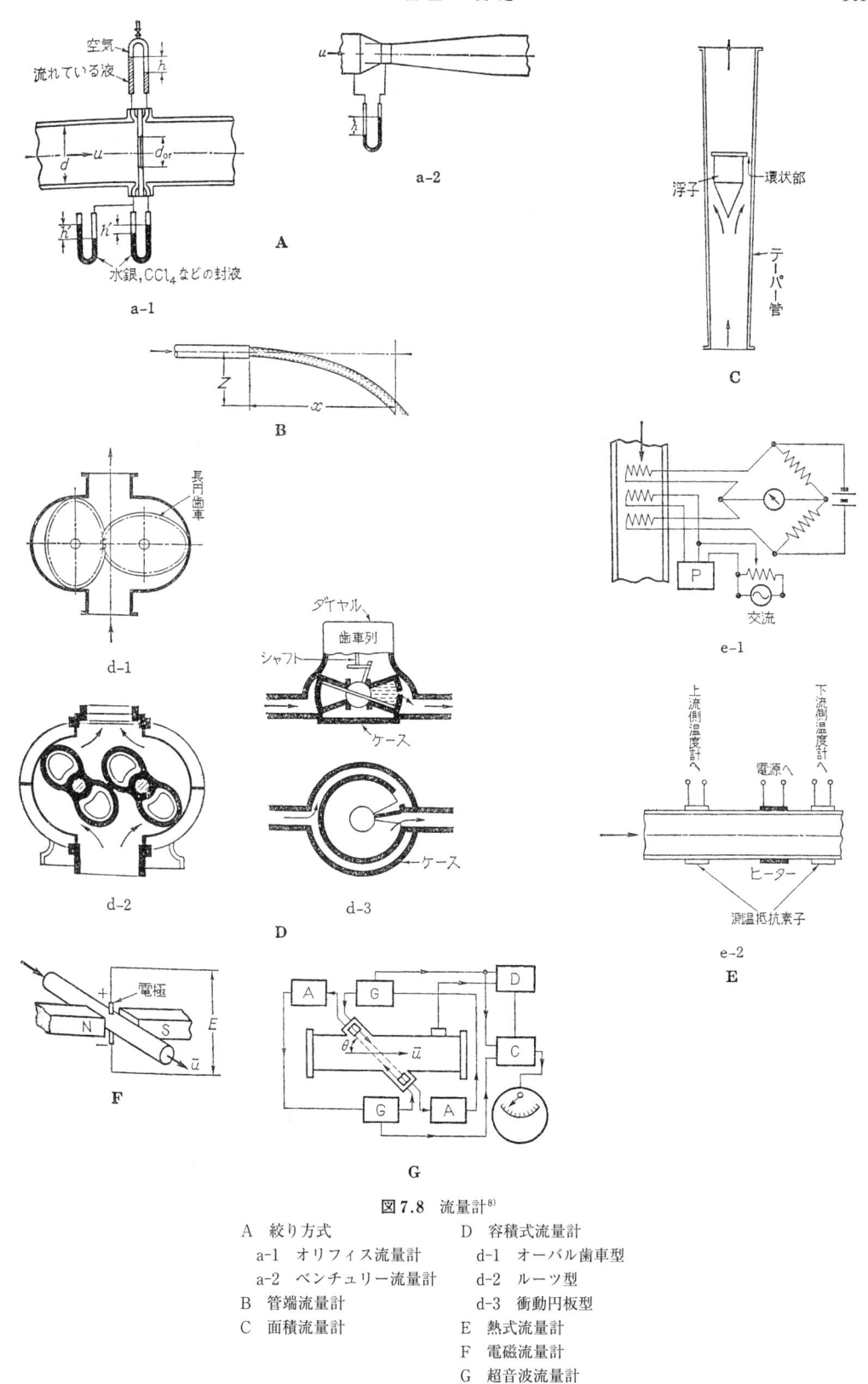

図7.8 流量計[8]

- A 絞り方式
  - a-1 オリフィス流量計
  - a-2 ベンチュリー流量計
- B 管端流量計
- C 面積流量計
- D 容積式流量計
  - d-1 オーバル歯車型
  - d-2 ルーツ型
  - d-3 衝動円板型
- E 熱式流量計
- F 電磁流量計
- G 超音波流量計

ば，次式で与えられる．

$$\varepsilon = \left[\frac{r}{r-1}\left(\frac{p_2}{p_1}\right)^{2/r}\left\{1-\left(\frac{p_1}{p_2}\right)^{(r-1)/r}\right\}(1-m^2 C_c^2)\right/$$

$$\left.\left\{1-\left(\frac{p_2}{p_1}\right)\right\}\left\{1-\left(\frac{p_2}{p_1}\right)^{2/r} m^2 C_c\right\}\right]^{1/2} \quad (7.5.4)$$

ベンチュリー流量計では $C_c=1$ としてよいが，オリフィス流量計では C_c を実験的に定める必要がある．図 7.9 は空気および 2 原子気体（$\gamma=1.4$）の場合の JIS 規格のオリフィス流量計に対する ε の値を $(p_1-p_2)/p_1$ と m によって示している．

文　献

1) Hinze, J. O. (1975)：Turbulence, 2nd ed., p. 83.
2) ISO 5167-1980.
3) 伊藤四郎（1972）：化学技術者のための流体工学，科学技術社．
4) Ito, S. and K. Ogawa (1973)：*J. Chem. Eng. Jpn.*, **6**, 507.
5) JIS Z8762-1969.
6) JIS Z8763-1972.
7) JIS B 8330-1981.
8) 化学工学会（1999）：化学工学便覧（改訂 6 版），丸善．
9) 流れの可視化学会編（1986）：新版流れの可視化ハンドブック，朝倉書店．
10) 流れの計測懇談会編（1980）：LDV の基礎と応用，日刊工業新聞社．
11) 日本機械学会（1986）：機械工学便覧，A5 流体工学，p. 176.
12) 日本流体力学会（1987）：流体力学ハンドブック，p. 825，丸善．
13) Ogawa. K. *et al.* (1991)：*J. Chem. Eng. Jpn.*, **24**, 215.

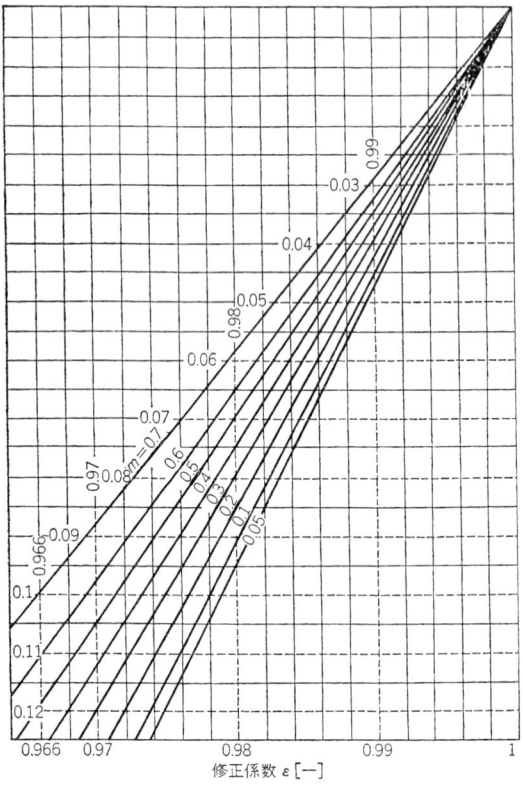

図 7.9　オリフィス流量計（JIS）の空気，2 原子気体に対する膨張による修正係数 ε の値[8]

8 機械的操作の今後の展開

1908年にアメリカでAmerican Institute of Chemical Engineers(AIChE)が創立され，それに遅れること約30年の1936年にわが国で化学機械協会が創立された．化学工学が工学の一分野として認識されてほぼ1世紀が過ぎたことになる．この間の先人の汗と努力の積み重ねによって今日の化学工学がある．その化学工学の守備範囲は，その発展段階から大きな役割を果たしてきた単位操作，原料から製品に至るまでのプロセスと装置のすべて，そして昨今のバイオや新素材ときわめて広く，物質をとり扱う現象のすべてを対象としているといっても過言ではない．今後さらにその範囲を広げていくことであろう．

8.1 化学工学の歩みと一貫した視点[2,3]

化学工学は方法論の学問であると主張されつづけてきた．さて，本当に化学工学は方法論の学問だったのであろうか．私が見聞きしてきた化学工学はそれぞれ対象とする現象/操作ごとに別々に組み立てられており，現象/操作ごとに別々の方法を開発し利用してきた学問としか思われない．その結果，同じ化学工学でありながらも，異なる現象/操作に対する異なる方法への関心はほとんど払われてこなかったのではないだろうか．化学工学は一貫した考え方に基づく方法論の学問ではなかったと判断せざるを得ない．

化学工学が対象とする現象には，微分方程式などによって記述でき確定できる現象と，確率論的手法によってしか確定できないランダムな現象とがある．このうち微分方程式などによって記述でき確定できる現象は，ニュートン力学をはじめとする基礎的概念に基づいて説明することができ，何らその取り扱いに対して特別の方法論を導入する余地はない．問題になるのは，微分方程式などで確定できない不確定でランダムな現象である．メカニカルオペレーション（機械的操作）という狭い範囲においても，確率論的手法によってしか確定できないランダムな現象が多い．それらの取り扱い方は各現象/操作で異なる．化学工学が他の学問と大きく異なる点，すなわち化学工学のアイデンティティーといえる点は混合現象と分離現象を対象としていることにあるが，その混合現象と分離現象も，一般的には確率論的手法によってしか確定できない現象である．混合現象/操作と分離現象/操作とは互いに表裏の関係にある現象でありながら，しかし，それぞれまったく別の視点から議論されてきた．たとえば，混合操作/装置と分離操作/装置の評価指標の定義はそれぞれ別々に定義されてきており，それら評価指標間には密接な関係は何も認めることができない．化学工学が方法論の学問であると言い切るには，少なくとも，これらの互いに表裏の関係にある評価指標が共通の視点で定義されている必要がある．それぞれの現象を共通の視点でとらえて，"一貫した方法論"でそれらの評価指標を再構築することが不可欠である．このような確率論的手法によってしか確定できない現象を"一貫した方法論"により取り扱うためには，"一貫したメガネ"をかけてそれらの現象をとらえる必要がある．このように今後は

・一貫した視点/方法による各操作/装置の取り扱い方の再構築

が求められることになる．

さてこの一貫したメガネとして，化学工学にとっては異分野の考え方である"情報エントロピー"というメガネを選ぶことができる．このメガネをかけることにより，混合操作/装置と分離操作/装置の評価

指標の定義を同じ視点で行うことができることを第4章で，また化学装置内の乱流構造を表すエネルギースペクトル確率密度分布表示式も提案することができ，これに基づいた装置のスケールアップ手法の確立も可能であることを第2章で示した．このほかにもこのメガネをかけることによって明らかになることがある．

8.1.1 粒子径分布表示式[4]

実際的な化学装置内では連続相としての流体ばかりでなく分散相としての液滴，気泡，結晶などさまざまな形態の粉粒体を扱うことが少なくない．実際の粒子径分布を表すための分布関数式がいくつかある．もっとも広く利用されている関数式はロジン-ラムラー（Rosin-Rammler）確率密度分布である．粉砕生成物，粉塵は粒子径が広い範囲であるためロジン-ラムラー確率密度分布で表示できる．この関数は対数正規確率密度関数で表示するには粒子径の範囲が狭すぎる場合に適用される．晶析操作における結晶は十分にこの対数正規確率密度関数で表示できる．ロジン-ラムラー確率密度関数と対数正規確率密度関数に加えて正規確率密度関数が代表的な粒子径確率密度関数である．液-液混合による液滴，気-液混合における気泡は正規確率密度関数で表されるといわれている．気-液ジェット混合における気泡は鋭い正規確率密度関数で表される．対数正規確率密度関数は自然界で生じる粉粒，粉砕生成物をはじめすべての実際的な操作で生じる粒子を表す．気-液混合，気泡塔における粒子は対数正規確率密度分布を示す．以上のように系が一定でも粒子径分布の表示関数は一定ではない．しかしながら，これらの粒子径分布表示式は単にデータをカーブフィッティングするための表示式にすぎず，その表示式が適切であることを説明できる物理的背景・意味は何もない．この点が従来の関数の最大の欠点である．さらに，以下のような不都合な可能性もある．ある操作条件下における粒子径分布表示関数と他の操作条件下での粒子径分布表示関数が異なった場合には，フィッティング因子と操作条件との関係を得ることができず，目的とする粒子径分布を得るための操作条件を定めることができなくなる可能性があることである．したがって，すべての粒子径分布を表示できる一般的な粒子径確率密度関数を定義することが必要不可欠である．そこであらためて情報エントロピーというメガネをかけて粉粒体を見直し，粒子径分布の適切な表示式を導出する．

粒子径分布表示式 $q_0^*(1/\lambda)$ は確率密度関数であるから次の規格化条件を満たす．

$$\int_0^\infty q_0^*(1/\lambda)d(1/\lambda)=1 \quad (8.1.1)$$

この粒子径分布を情報エントロピーの視点から考え，粒子群から1つの粒子を取り出したときに，その粒子が「どの大きさの粒子か？」についての不確実さに基づいて粒子径分布を表示する方法について示す．この不確実さを表す情報エントロピーは次式で表される．

$$H(1/\lambda)=-\int_0^\infty q_0^*(1/\lambda)\log q_0^*(1/\lambda)d(1/\lambda)$$
$$(8.1.2)$$

粒子径分布を検討するために条件を次のように設定する．

（1）確率密度関数 $q_0^*(1/\lambda)$ は情報エントロピーが最大の値をとる関数形をとる．

（2）変数 $1/\lambda$ に平均値 $1/L$ が存在する．

$$\int_0^\infty (1/\lambda)q_0^*(1/\lambda)d(1/\lambda)=1/L \quad (8.1.3)$$

この仮定に基づくと，その確率密度関数 $q_0^*(1/\lambda)$ は変分法を用いて次式で表される．

$$q_0^*(1/\lambda)=\frac{1}{1/L}\exp\left(-\frac{1/\lambda}{1/L}\right) \quad (8.1.4)$$

ここで，変数 $1/\lambda$ を一般的な λ に置き換えると

$$q_0(\lambda)=L\exp\left(-\frac{L}{\lambda}\right) \quad (8.1.5)$$

となり，この $q_0(\lambda)$ がオリジナル粒子径分布式ということになる．

しかし，どのように大きな粒子でも常に実現できることは考えにくい．径の大きな粒子ほど撹拌翼などとの衝突，あるいは流体のせん断など外部からの影響を受けやすいし，また径の小さな粒子は主流に乗りやすく外部からの影響を受けにくい．以上のことから，径の大きな粒子ほど実現しにくく，径の小さな粒子ほど実現しやすいことが予想される粒子の実現確率 P は，粒子が外部からの力/エネルギーを直接受ける粒子表面の大きさなどの因子と大きく関わると考え，実現確率 P を Q の関数と考え $P(Q)$ とおく．$P(Q)$ は粒子径が小さいとき，すなわち Q が小さいとき1に近い値をとり，逆に粒子径が大き

いほど，すなわち Q が大きいほど 0 に漸近した値をとると仮定する．実現確率 $P(Q)$ を決定するために，$P(Q)$ を Q で微分した確率密度関数 $p(Q)$ を考える．

$$p(Q)=-\frac{dP(Q)}{dQ} \quad (8.1.6)$$

$p(Q)$ は確率密度関数であるから，次の規格化条件を満足する．

$$\int_0^\infty p(Q)dQ=1 \quad (8.1.7)$$

この $p(Q)$ を再び情報エントロピーの視点から考え，因子の中からある値を取り出したときにその値は「どの大きさか？」についての不確実さに基づいて確率密度関数 $p(Q)$ を表示することにする．この不確実さを表す情報エントロピーは次式で表される．

$$H=-\int_0^\infty p(Q)\log p(Q)dQ \quad (8.1.8)$$

ここで，因子 $p(Q)$ を検討するために，条件を次のように設定する．

（1）確率密度関数 $p(Q)$ は情報エントロピーが最大の値をとる関数形をとる．

（2）変数 Q には平均値 Q_A が存在する．

$$\int_0^\infty Q p(Q)dQ=Q_A \quad (8.1.9)$$

この仮定に基づくとその確率密度関数 $p(Q)$ は変分法を用いて次式で表される．

$$p(Q)=\frac{1}{Q_A}\exp\left(-\frac{Q}{Q_A}\right) \quad (8.1.10)$$

したがって，変数 Q に対して減少関数となる実現確率 $P(Q)$ は上式を積分して次式のように得られる．

$$P(Q)=1-\int_0^Q p(Q)dQ=\exp\left(-\frac{Q}{Q_A}\right) \quad (8.1.11)$$

ここで，$1/Q_A=B$ とおくと，式(8.1.11)は次式のように書き換えられる．

$$P=\exp(-BQ) \quad (8.1.12)$$

さらに，因子 Q として粒子表面の大きさなどを想定すれば，因子 Q と粒子径 λ の間に

$$Q\propto\left(\frac{\lambda}{L}\right)^c \quad (8.1.13)$$

を仮定すると，最終的に Q が 0 のときに 1, ∞ のときに 0 をとる実現確率 $P(Q)$ は次式のように表される．

$$P(Q)=\exp\left\{-B\left(\frac{\lambda}{L}\right)^c\right\} \quad (8.1.14)$$

したがって，実現する粒子の粒子径分布を与える確率密度関数 $q(\lambda)$ はオリジナル粒子径分布を与える確率密度関数 $q_o(1/\lambda)$ と実現確率 $P(Q)$ の積として次式で表される．

$$\begin{aligned}q(\lambda)&=q_o(1/\lambda)P(Q)\\&=AL\exp\left(-\frac{L}{\lambda}\right)\exp\left\{-B\left(\frac{\lambda}{L}\right)^c\right\}\end{aligned} \quad (8.1.15)$$

ここで，A は，$q(\lambda)$ が確率密度関数であることから，次式の規格化条件を満足する係数である．

$$\int_0^\infty q(\lambda)d\lambda=1 \quad (8.1.16)$$

なお，指数 C が 2 となるときは，実現確率が粒子の表面積の大きさに依存することを意味する．

新たに式(8.1.15)で定義された粒子径分布表示式が従来の典型的な粒子径分布表示式を包括する分布式であることを明らかにするために，従来からよく用いられてきたロジン-ラムラー分布，正規分布，対数正規分布から各パラメーターを種々に設定して発生させたデータに対して，式(8.1.15)でカーブフィッティングした．なお，実現確率関数パラメーター C 値は，表面積が粒子の細粒子化に大きく影響することを考えて $C=2$ に設定した．

ロジン-ラムラー分布
$$q_{RR}(x)=ndx^{n-1}\exp(-dx^n) \quad (8.1.17)$$

正規分布
$$q_N(x)=\frac{1}{(2\pi\sigma_N)^{1/2}}\exp\left\{-\frac{(x-x_{om})^2}{2\sigma_N^2}\right\} \quad (8.1.18)$$

対数正規分布
$$q_{LN}(x)=\frac{1}{x\{2\pi(\ln\sigma_{LN})^2\}^{1/2}}\exp\left\{-\frac{(\ln x-\ln x_{om})^2}{2(\ln\sigma_{LN})^2}\right\} \quad (8.1.19)$$

(x_{om}：幾何平均値，σ_{LN}：$\ln x$ の標準偏差値)

図 8.1, 表 8.1 に示すように，いずれの分布式から発生させたシャープな分布，ブロードな分布の場合も，新たな粒径分布表示式によって実用上問題ない程度に十分な精度で表示できることがわかる．なお，実現確率関数の指数を $C=2$ に固定しない場合はより精度を高くカーブフィッティングすることができる．

8. 機械的操作の今後の展開

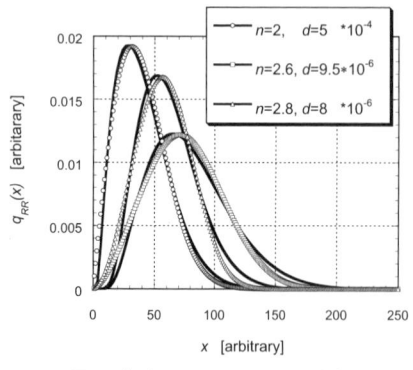

図8.1(a) ロジン-ラムラー分布

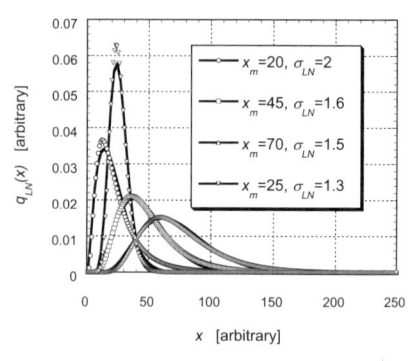

図8.1(b) 対数正規分布のデータ

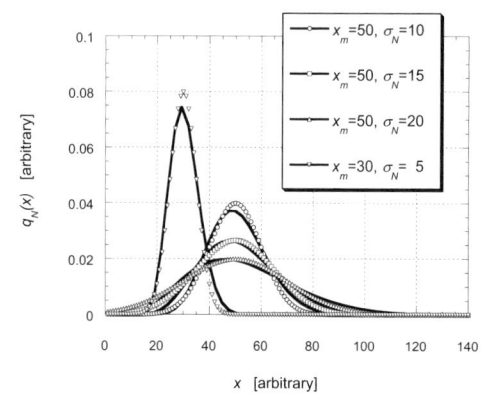

図8.1(c) 正規分布のデータ

図8.1 既往の表次式から発生させたデータへのカーブフィッティング

表8.1 既往のカーブフィッティング式から発生させたデータへの
カーブフィッティングパラメーター

分布表次式	パラメーター		A	L	B	C
ロジン-ラムラー	N	D				
	2	5×10^{-4}				
	2.6	9.5×10^{-6}	2.83×10^{-3}	15.8	8.75×10^{-2}	2
	2.8	8×10^{-6}	9.87×10^{-4}	80.9	9.70×10^{-1}	2
			2.10×10^{-3}	79.3	1.78×10^{0}	2
正規	X_m	σ_N				
	50	10				
	50	15	1.51×10^{0}	305	1.24×10^{2}	2
	50	20	2.50×10^{-2}	159	1.87×10^{1}	2
	30	5	3.40×10^{-3}	80.1	2.66×10^{0}	2
			2.081×10^{2}	265	3.66×10^{2}	2
対数正規 "広領域"	X_m	σ_{LN}				
	20	2				
	45	1.6	1.06×10^{-2}	6.63	5.65×10^{-2}	2
	70	1.5	2.84×10^{-3}	48.4	1.03×10^{0}	2
"狭領域"	25	1.3	1.96×10^{-3}	110	2.85×10^{0}	2
			1.48×10^{-1}	84.5	2.30×10^{1}	2

8.1.2 不安度および期待度の表示式[1]

われわれの周囲は科学技術の発展とともに急激に変化している．逆に人間の変化に対応して科学技術も変化している．たとえば，すでに安全と安心は無償で手に入るものではなくなっており，相応の代償と投資が不可欠である．安心できる社会の構築のための科学技術に対する期待はきわめて大きい．より高度の安心を得るためには，科学技術に裏打ちされた安全が必要であり，安心に対する感覚が不可欠である．つまり多くの科学が協働する必要がある．したがって，化学工学も人間を無視しての発展はありえず，化学工学が総合工学となるためには，化学工学と人間とのインタラクションが新たなアプローチにつながる．化学技術者は人間の福祉のみならず人間の感覚も視野に入れたさまざまな問題も研究せざるをえなくなる．不安／安心に対する感覚，さまざまな意思決定法などを新たな視点から探ることにも注意が払われることになる．この場合に重要なことは，この課題だけを別扱いして特別の視点から追求するのではなく，他の課題と同じ一貫した視点からの議論に基づいた解答が求められる．今後は

・人間が安心をもてる科学技術の確立とその評価の確立
・新たな視点からの人間の意思決定法の解析

が求められる．

ここでは，対象とする事態の価値とそれが生じる可能性，あるいは生じない可能性によって不安の程度は定まると考える．生じては困る事態が生じなければ安心する．したがって，「不安」と同義語の「憂慮」の反対語である「期待」の程度の定量化は，考え方を逆にすれば「不安」の程度の定量化と同じようにできる．以下では議論を簡単にするため，生じては困る事態が生じることへの不安の程度を定量的に示す方法に焦点を絞って示す．

不安の程度は，生じては困る事態が生じるかどうかの不確実さと強く関係していると考えられる．生じては困る事態が確率Pで生じ，確率$1-P$で生じない場合，生じては困る事態が実際に生じるかどうかの不確実さは次式の情報エントロピーで表される．

$$H = -P\ln P - (1-P)\ln(1-P) \quad (8.1.20)$$

このHとPの関係を図示すると図8.2のようになる．Hは$P=1/2$に対して軸対称な分布となり，最大値$\ln 2$を$P=1/2$のときにとる．すなわち不確実さは，その事態が生じる確率と，生じない確率が等しくなったときに最大値をとる．ここで，確率Pにおける不確実さHと不確実さの最大値$H_{\max}$の差に注目する．

$$H_{\max} - H = \ln 2 - \{-P\ln P - (1-P)\ln(1-P)\} \quad (8.1.21)$$

$(H_{\max}-H)$とPの関係を図8.3に示す．$(H_{\max}-H)$は，確率Pのときの生じては困る事態が生じるかどうかの不確実さが最大の不確実さから減少した程度を示している．この不確実さの減少は，生じては困る事態が生じる確実さ，あるいは生じない確実さが不均衡になったために生じる．COを生じては困る事態が生じる確実さの程度，CDを生じては困る事態が生じない確実さの程度を示すとすると，$(H_{\max}-H)$とCOおよびCDの関係は以下のようになる．

$$H_{\max} - H = 0: \quad CO = CD \quad (8.1.22a)$$
$$H_{\max} - H \neq 0: \quad CO \neq CD$$

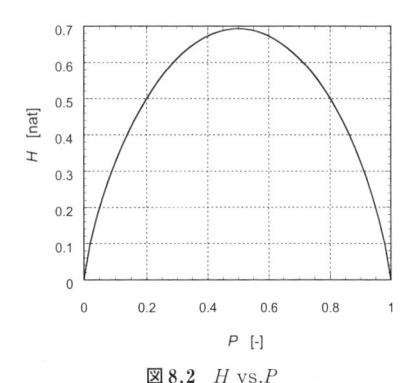

図8.2 H vs. P

図8.3 $(H_{\max}-H)$ vs. P

$P<1/2: CO<CD$ and $H_{max}-H=CD-CO$
$\qquad = -(CO-CD)$ (8.1.22b)

$P>1/2: CO>CD$ and $H_{max}-H=CO-CD$
$\qquad$ (8.1.22c)

不安の程度を定量化するには不安の判定基準を明らかにしておかなければならない．そこで不安の程度は

（生じては困る事態が生じる確実さの程度 CO）
－（生じては困る事態が生じない確実さの程度 CD）

に比例すると考えることにする．

$P<1/2:$ 不安の程度 $CO-CD=-(H_{max}-H)$
$\qquad$ (8.1.23a)

$P>1/2:$ 不安の程度 $CO-CD=(H_{max}-H)$
$\qquad$ (8.1.23b)

ここで，$P<1/2$ の場合は $-H_{max}$ を最小値とする負値になり，$P>1/2$ の場合は H_{max} を最大値とする正値になる．不安の程度を議論するには正負の入り混じった値を扱うよりすべて正値として取り扱う方が便利である．そこで，確率は $0 \leq P \leq 1$ の範囲の値をとることから，$P=0$ を原点として考え，上記の不安の程度に H_{max} を加えて正側へスライドさせて式(8.1.23)を以下のように書き改める．

$$\Delta I_{P<1/2}=(H_{max})-(H_{max}-H)=H$$
$\qquad$ (8.1.24a)

$$\Delta I_{P \geq 1/2}=(H_{max})+(H_{max}-H)=2H_{max}-H$$
$\qquad$ (8.1.24b)

ここであらためて，生じては困る事態が生じることへの不安の程度 AE を上記の情報エントロピーの変化量に比例すると仮定する．

$$AE_{P<1/2} \propto \Delta I_{P<1/2}$$ (8.1.25a)
$$AE_{P \geq 1/2} \propto \Delta I_{P \geq 1/2}$$ (8.1.25b)

さて，生じては困る事態の価値は一定ではなく，対象とする事態に依存するし，また人それぞれの視点によっても異なる．この生じては困る事態の価値を V とおくと，不安度（＝不安の程度）AE を次式で定義できる．

$$AE_{P<1/2}=V\{-P\ln P-(1-P)\ln(1-P)\}$$
$\qquad$ (8.1.26a)

$$AE_{P \geq 1/2}=V[2\ln 2-\{-P\ln P-(1-P)\ln(1-P)\}]$$
$\qquad$ (8.1.26b)

以下では V を価値因子と称する．V は，¥とか

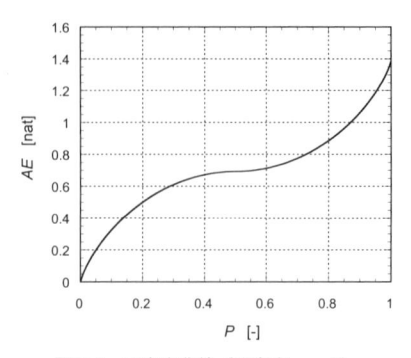

図8.4 不安度曲線（不安度 vs. P）

＄とか，生じては困る事態によってさまざまな単位をとる．

ここで重要なことは，式(8.1.26)で表示される不安度は，生じては困る事態が生じる確実さと生じない確実さにのみ基づいて定義されており，感覚的な因子は一切入り込んでいないことである．

図8.4に $V=1$ としたときの AE と P の関係を示す．図中の曲線を以下では不安度曲線とよぶ．図から明らかなように，不安度曲線はＳ字型を示し，低確率領域では過剰ウェイトに，高確率領域では過少ウェイトになっており，Tversky and Fox (1995)によって実験で得られた確率と意思決定ウェイトの関係を示す曲線の傾向と一致する．確率が 0.1 だけ変化したときの不安度に及ぼす影響を考えると，0.9 から 1.0，あるいは 0 から 0.1 へ変化するときの不安度の変化量は，0.3 から 0.4，あるいは 0.6 から 0.7 へ変化するときより大きい．また $P=0$ のときに最小値 0 をとり，$P=1$ のときに最大値 $2V\ln 2$ をとる．この最大値は価値因子 V に依存するが，最大値 $AE_{P=1}$ で規格化すれば，価値因子に関係なく不安度曲線は同一曲線として表示される．この不安度曲線および期待度曲線に基づくと Tversky らの種々の実験結果を説明できるし，また人間の意思決定についても重要な知見が得られる．

8.2 流動と数値シミュレーション

化学装置内においては必ずといっていいほど流体（液体あるいは気体）が挙動しており，その流動により，物質移動，熱移動あるいは反応が促進あるいは制御されている．今後，化学工学の裾野が広がり

新たなプロセスが次から次へと考案されることになるから，化学工学において流動が占めるウエイトは今後もますます大きくなっていくことが予想される．一方，流体の挙動を解析する数値シミュレーションに関しても，パーソナルコンピューターのコストパフォーマンス化，ソルバーの高速化，パラレル化技術の進展により，これまでの大規模・高負荷計算が手軽なものになる一方，メッシュ生成ソフトの高性能化により，数値シミュレーション適用範囲や計算規模も拡大し続けることになり，ほとんどあらゆる条件下の流動を数値シミュレーションで解析することが可能になると思われる．この傾向は今後も強まることはあっても弱まることはないと思われる．その結果として，実験はまったくやらずに数値シミュレーションの結果に基づいてあらゆることを判断するようになるかもしれない．しかし，ここに問題がある．数値シミュレーションを行う数値シミュレーションソフトは人間が作成したものであって，ごく限られたある条件下でしか有効でないことである．したがって，数値シミュレーションを行う場合には，使用する数値シミュレーションソフトが，十分に認知されている明確な実験結果を背景に有するベンチマーク課題に適用したときに実験結果と同じ結果が得られるソフトであることがまず確認されている必要がある．化学装置内の流動は未解明の部分が多く残っている乱流である場合が多いが，乱流場における流体挙動，乱流場における移動現象や反応を解析できる数値シミュレーションソフトはきわめて不十分であるので，今後は安心して使用できる確実なソフトの開発，すなわち信頼性向上，高精度化が重要課題となる．さらには新たな移動現象モデルが必要とされる．もちろん，今後も実験による結果はきわめて重要な意義を持つことになる．要は，数値シミュレーション結果を過信せず，実験結果も併用して，さまざまな問題に対処することが肝要である．数値シミュレーションに関連しては，今後は

・各操作/装置に対するベンチマークの確立
・信頼できる数値シミュレーションソフトの確立

が求められることになる．

8.3 スケールアップ

化学装置のスケールアップはもっとも化学工学らしい重要な課題であり，他工学の追随を許さない課題である．従来のスケールアップは，対象とする物質移動，熱移動，あるいは反応に関する無次元項を利用して多くなされてきたが，各現象は装置形状と複雑に関係しているため簡単ではなく，多くの場合は蓄積された経験に基づいてなされてきたのが実態であり，各スケールアップ方法の理論的背景はほとんどないといっても過言ではない．スケールアップの基本は，ラボスケールの装置内での現象（移動現象や反応）と実機内での同現象を同じにすることであり，対象とする現象の支配因子がラボスケールの装置で発揮する役割と実機で発揮する役割を同じにすることがスケールアップに求められる．そのためには，いずれの現象も装置内の流動場で生じていることを考えれば，現象を支配する因子と流動との理論的に明確な関係を探求する必要がある．とくに化学装置内の主たる流動が乱流であることを考えると，その因子と乱流構造との理論的に明確な関係が必要とされる．その結果として，ラボスケールの装置と同じ乱流構造を維持した実機へスケールアップする方法の確立に心血が注がれることになる．今後は，

・対象とする物質移動，熱移動，あるいは反応の支配因子を見極めること
・その因子と現象が生じている流動場の乱流構造との理論的に明確な関係を明らかにすること

が求められる．

8.4 移動現象および反応と流動

化学装置内では物質移動，熱移動，あるいは反応が生じているが，従来から物質移動，熱移動，あるいは反応そのものが注目され，移動現象および反応が流動に及ぼす影響，あるいは逆に流動が移動現象および反応に及ぼす影響についてはあまり関心が払われてこなかった．たとえば反応が生じて熱が発生したり，熱を吸収したりして流動場の温度が変化すると，それに伴って流体の物性が変化し，当然ながら流体の挙動が影響を受けることになる．この流動

と移動現象および反応の相互干渉の問題は効率的な装置の設計や操作を考える上できわめて重要であり，研究を欠くことができない．とくに数値シミュレーションが広く行われるようになると，装置内の移動現象や反応と流体挙動を数値シミュレーションにより解析することが日常茶飯事に行われるようになるであろう．しかしながら，前述のように，装置内の移動現象や反応と流体挙動を明確に解析できる数値シミュレーションソフトは皆無に近い現状にあり，今後の数値シミュレーションの発展が待たれる．したがって現状では，実験的によってデータを蓄積して現象を明らかにしていくことに頼らざるをえない．数値シミュレーションに関連しては，パーソナルコンピューターのコストパフォーマンス化，ソルバーの高速化，パラレル化技術の進展により，これまでの大規模・高負荷計算が手軽なものになる一方，メッシュ生成ソフトの高性能化により，移動現象分野における数値シミュレーション適用範囲や計算規模も拡大し続けることになる．今後は

・移動現象および反応と流動に関する実験データの蓄積

が求められる．

8.5 粉　粒　体

化学産業では，半導体材料，電池材料，燃料電池などの分野での素材など，粉粒体を取り扱う局面がきわめて多いが，粉粒体に関する研究はあまり進展しているとはいいがたい．粉粒体の粒子径分布表示も単なるカーブフィッティング式に頼っている現状にある．連続体としての粉粒体の流動もいまだ明確ではない．これはそれぞれの粉粒体が独自の異なる特性を有し，粉粒体が有する動力学的特性が複雑であり，粉粒体を一括して議論することが難しいことが大きく原因している．だからといって粉粒体の取り扱いを避けていては粉粒体を取り扱う分野は化学工学の範疇からはみ出してしまう．今後は，

・新たな視点からの粉粒体の共通の特性の抽出
・まったく新たな視点からの取り組み

が求められる．半導体材料，電池材料，燃料電池などの分野でその素材となるナノオーダーの粉粒体への要求は多様化され，粒子径 100 nm 以下の粒子制御や異種成分を除去する技術へ関心が向けられると考えられ，またナノ領域の標準粒子の製造やその評価技術も注目されることになる．

文　献

1) Ogawa, K. (2006): *J. Chem. Eng. Japan*, **39**, (1), 102-110.
2) Ogawa, K. (2007): Chemical Engineering: A New Perspective, Elsevier.
3) 小川浩平 (2008): 化学工学の新展開－その飛躍のための新視点－，大学教育出版．
4) Ok, T. J., Ookawara, S., Yoshikawa, S. and Ogawa, K. (2003): *J. Chem. Eng. Japan*, **36**, (8), 940-945.

補　足

第 1 章

【補足1.1】 応力テンソルの定義

テキストや分野により式(1.2.4)で定義されるテンソルの転置行列を応力テンソルとする場合も多い．その定義によれば，応力テンソル T は次のようになる．

$$T=\begin{bmatrix}\sigma_x & \tau_{yx} & \tau_{zx} \\ \tau_{xy} & \sigma_y & \tau_{zy} \\ \tau_{xz} & \tau_{yz} & \sigma_z\end{bmatrix}^\mathrm{T}=\begin{bmatrix}\sigma_x & \tau_{xy} & \tau_{xz} \\ \tau_{yx} & \sigma_y & \tau_{yz} \\ \tau_{zx} & \tau_{zy} & \sigma_z\end{bmatrix}$$

このような場合，応力ベクトルは単位法線ベクトルを応力テンソルの左にかけることにより求められる．

$$\begin{aligned}\tau &= [n_x \ n_y \ n_z]\begin{bmatrix}\sigma_x & \tau_{xy} & \tau_{xz} \\ \tau_{yx} & \sigma_y & \tau_{yz} \\ \tau_{zx} & \tau_{zy} & \sigma_z\end{bmatrix} \\ &= [\sigma_x n_x+\tau_{yx}n_y+\tau_{zx}n_z \ \ \tau_{xy}n_x+\sigma_y n_y+\tau_{zy}n_z \\ & \qquad\qquad\qquad\qquad\qquad\qquad \tau_{xz}n_x+\tau_{yz}n_y+\sigma_z n_z] \\ &= [\tau_{nx} \ \tau_{ny} \ \tau_{nz}]=\tau\end{aligned}$$

ベクトルと応力テンソルの積はベクトルとなるが，その演算により，ベクトルの x, y, z 方向成分を正しく求めるためには以下の点に注意が必要である．

・式(1.2.4)の定義の場合，ベクトルを転置して右からかける．その場合，演算の結果は列ベクトル，すなわち通常のベクトルを転置したものとなる．

・式(1.2.4)の転置行列で定義される場合，ベクトルをそのまま左からかける．演算の結果は通常のベクトル，すなわち行ベクトルとなる．

以上のことに注意すれば，いずれの定義であっても本質的な違いは生じない．

【補足1.2】 式(1.5.20)の演算子 ∇ を含む項について

式(1.5.20)の左辺第2項は対流による運動量の変化を表している．スカラー量の場合の式(1.5.8)における $\boldsymbol{u}\cdot\nabla a$ に相当するものである．この項をベクトルの成分により表示すると式(1.5.22)～(1.5.24)の右辺第2～4項のようになる．このことは以下のようにして導かれる．

$$\boldsymbol{u}\cdot\nabla=u_x\frac{\partial}{\partial x}+u_y\frac{\partial}{\partial y}+u_z\frac{\partial}{\partial z}$$

$$(\boldsymbol{u}\cdot\nabla)\boldsymbol{u}=u_x\frac{\partial\boldsymbol{u}}{\partial x}+u_y\frac{\partial\boldsymbol{u}}{\partial y}+u_z\frac{\partial\boldsymbol{u}}{\partial z}$$

右辺の速度ベクトル $\boldsymbol{u}$ の微分はベクトルで，たとえば x についての微分は次のようになる．

$$u_x\frac{\partial\boldsymbol{u}}{\partial x}=u_x\frac{\partial u_x}{\partial x}\boldsymbol{i}+u_x\frac{\partial u_y}{\partial x}\boldsymbol{j}+u_x\frac{\partial u_z}{\partial x}\boldsymbol{k}$$

したがって，y, z についての微分と合わせて x, y, z 方向成分に分けて整理すると，式(1.5.22)～(1.5.24)のようになる．

右辺第2項の $\nabla\cdot T_\tau^\mathrm{T}$ は，ベクトルとテンソルの積である．T_τ^T は次に示す粘性応力テンソル T_τ の転置行列である．

$$T_\tau=\begin{bmatrix}\tau_{xx} & \tau_{yx} & \tau_{zx} \\ \tau_{xy} & \tau_{yy} & \tau_{zy} \\ \tau_{xz} & \tau_{yz} & \tau_{zz}\end{bmatrix}\to T_\tau^\mathrm{T}=\begin{bmatrix}\tau_{xx} & \tau_{xy} & \tau_{xz} \\ \tau_{yx} & \tau_{yy} & \tau_{yz} \\ \tau_{zx} & \tau_{zy} & \tau_{zz}\end{bmatrix}$$

補足1.1にあるようにベクトルである ∇ と式(1.2.4)で定義される応力テンソルの積を計算するときは，ベクトルを転置して右からかけなければならない．その表記は $T_\tau\cdot\nabla^T$ となるが，式(1.5.8)の表記 $\nabla\cdot\boldsymbol{\Phi}$ と整合をとるために，T_τ を転置して，∇ を左からかける形で表記している．$\nabla\cdot T_\tau^\mathrm{T}$ は以下のようになり，式(1.5.20)をベクトルの成分で記

述すると式(1.5.22)～(1.5.24)のようになることが理解できる.

$$\nabla \cdot T_\tau^\mathrm{T} = \begin{bmatrix} \dfrac{\partial}{\partial x} & \dfrac{\partial}{\partial y} & \dfrac{\partial}{\partial z} \end{bmatrix} \begin{bmatrix} \tau_{xx} & \tau_{xy} & \tau_{xz} \\ \tau_{yx} & \tau_{yy} & \tau_{yz} \\ \tau_{zx} & \tau_{zy} & \tau_{zz} \end{bmatrix}$$

$$= \begin{bmatrix} \dfrac{\partial \tau_{xx}}{\partial x} + \dfrac{\partial \tau_{yx}}{\partial y} + \dfrac{\partial \tau_{zx}}{\partial z} & \dfrac{\partial \tau_{xy}}{\partial x} + \dfrac{\partial \tau_{yy}}{\partial y} + \dfrac{\partial \tau_{zy}}{\partial z} \\ & \dfrac{\partial \tau_{xz}}{\partial x} + \dfrac{\partial \tau_{yz}}{\partial y} + \dfrac{\partial \tau_{zz}}{\partial z} \end{bmatrix}$$

$$= \left(\dfrac{\partial \tau_{xx}}{\partial x} + \dfrac{\partial \tau_{yx}}{\partial y} + \dfrac{\partial \tau_{zx}}{\partial z} \right) \boldsymbol{i} + \left(\dfrac{\partial \tau_{xy}}{\partial x} + \dfrac{\partial \tau_{yy}}{\partial y} + \dfrac{\partial \tau_{zy}}{\partial z} \right) \boldsymbol{j}$$
$$+ \left(\dfrac{\partial \tau_{xz}}{\partial x} + \dfrac{\partial \tau_{yz}}{\partial y} + \dfrac{\partial \tau_{zz}}{\partial z} \right) \boldsymbol{k}$$

なお, 1.2.1項で述べたように T_τ は対称テンソルで, 対角成分が等しく, 以下の関係がある.

$$\tau_{yx} = \tau_{xy}, \quad \tau_{zx} = \tau_{xz}, \quad \tau_{zy} = \tau_{yz}$$

したがって, 式(1.5.16)で転置行列としなくても最終的には同じ結果が導かれる.

【補足1.3】 $\nabla \cdot (T_\tau^\mathrm{T} \cdot \boldsymbol{u}^\mathrm{T})$ について

粘性応力テンソルの転置行列 T_τ^T と転置した速度ベクトルの内積は次の列ベクトルなる.

$$T_\tau^\mathrm{T} \cdot \boldsymbol{u}^\mathrm{T} = \begin{bmatrix} \tau_{xx} & \tau_{xy} & \tau_{xz} \\ \tau_{yx} & \tau_{yy} & \tau_{yz} \\ \tau_{zx} & \tau_{zy} & \tau_{zz} \end{bmatrix} \begin{bmatrix} u_x \\ u_y \\ u_z \end{bmatrix} = \begin{bmatrix} u_x \tau_{xx} + u_y \tau_{xy} + u_z \tau_{xz} \\ u_x \tau_{yx} + u_y \tau_{yy} + u_z \tau_{yz} \\ u_x \tau_{zx} + u_y \tau_{zy} + u_z \tau_{zz} \end{bmatrix}$$

したがって, ∇ とこのベクトルとの内積 $\nabla \cdot (T_\tau^\mathrm{T} \cdot \boldsymbol{u}^\mathrm{T})$ は次のようになる.

$$\nabla \cdot (T_\tau^\mathrm{T} \cdot \boldsymbol{u}^\mathrm{T}) = \begin{bmatrix} \dfrac{\partial}{\partial x} & \dfrac{\partial}{\partial y} & \dfrac{\partial}{\partial z} \end{bmatrix} \begin{bmatrix} u_x \tau_{xx} + u_y \tau_{xy} + u_z \tau_{xz} \\ u_x \tau_{yx} + u_y \tau_{yy} + u_z \tau_{yz} \\ u_x \tau_{zx} + u_y \tau_{zy} + u_z \tau_{zz} \end{bmatrix}$$

$$= \dfrac{\partial}{\partial x}(u_x \tau_{xx} + u_y \tau_{xy} + u_z \tau_{xz})$$
$$+ \dfrac{\partial}{\partial y}(u_x \tau_{yx} + u_y \tau_{yy} + u_z \tau_{yz})$$
$$+ \dfrac{\partial}{\partial z}(u_x \tau_{zx} + u_y \tau_{zy} + u_z \tau_{zz})$$

【補足1.4】 式(1.5.42)の導出

$\nabla \cdot (T_\tau^\mathrm{T} \cdot \boldsymbol{u}^\mathrm{T})$ は次のように変形することができる.

$$\nabla \cdot (T_\tau^\mathrm{T} \cdot \boldsymbol{u}^\mathrm{T}) = \dfrac{\partial}{\partial x}(u_x \tau_{xx} + u_y \tau_{xy} + u_z \tau_{xz})$$
$$+ \dfrac{\partial}{\partial y}(u_x \tau_{yx} + u_y \tau_{yy} + u_z \tau_{yz})$$
$$+ \dfrac{\partial}{\partial z}(u_x \tau_{zx} + u_y \tau_{zy} + u_z \tau_{zz})$$

$$= u_x \left(\dfrac{\partial \tau_{xx}}{\partial x} + \dfrac{\partial \tau_{yx}}{\partial y} + \dfrac{\partial \tau_{zx}}{\partial z} \right) + u_y \left(\dfrac{\partial \tau_{xy}}{\partial x} + \dfrac{\partial \tau_{yy}}{\partial y} + \dfrac{\partial \tau_{zy}}{\partial z} \right)$$
$$+ u_z \left(\dfrac{\partial \tau_{xz}}{\partial x} + \dfrac{\partial \tau_{yz}}{\partial y} + \dfrac{\partial \tau_{zz}}{\partial z} \right)$$

$$\underbrace{}_{(A)}$$

$$+ \tau_{xx} \dfrac{\partial u_x}{\partial x} + \tau_{yx} \dfrac{\partial u_x}{\partial y} + \tau_{zx} \dfrac{\partial u_x}{\partial z} + \tau_{xy} \dfrac{\partial u_y}{\partial x} + \tau_{yy} \dfrac{\partial u_y}{\partial y}$$
$$+ \tau_{zy} \dfrac{\partial u_y}{\partial z} + \tau_{xz} \dfrac{\partial u_z}{\partial x} + \tau_{yz} \dfrac{\partial u_z}{\partial y} + \tau_{zz} \dfrac{\partial u_z}{\partial z}$$

$$\underbrace{}_{(B)}$$

一方, $\boldsymbol{u} \cdot (\nabla \cdot T_\tau^\mathrm{T})$ のカッコ内の $\nabla \cdot T_\tau^\mathrm{T}$ は次のようなベクトルとなる.

$$\nabla \cdot T_\tau^\mathrm{T} = \begin{bmatrix} \dfrac{\partial}{\partial x} & \dfrac{\partial}{\partial y} & \dfrac{\partial}{\partial z} \end{bmatrix} \begin{bmatrix} \tau_{xx} & \tau_{xy} & \tau_{xz} \\ \tau_{yx} & \tau_{yy} & \tau_{yz} \\ \tau_{zx} & \tau_{zy} & \tau_{zz} \end{bmatrix}$$

$$= \begin{bmatrix} \dfrac{\partial \tau_{xx}}{\partial x} + \dfrac{\partial \tau_{yx}}{\partial y} + \dfrac{\partial \tau_{zx}}{\partial z} \\ \dfrac{\partial \tau_{xy}}{\partial x} + \dfrac{\partial \tau_{yy}}{\partial y} + \dfrac{\partial \tau_{zy}}{\partial z} \\ \dfrac{\partial \tau_{xz}}{\partial x} + \dfrac{\partial \tau_{yz}}{\partial y} + \dfrac{\partial \tau_{zz}}{\partial z} \end{bmatrix}$$

したがって, $\boldsymbol{u} \cdot (\nabla \cdot T_\tau^\mathrm{T})$ は次のように上の(A)の部分に等しくなる.

$$\boldsymbol{u} \cdot (\nabla \cdot T_\tau^\mathrm{T}) = u_x \left(\dfrac{\partial \tau_{xx}}{\partial x} + \dfrac{\partial \tau_{yx}}{\partial y} + \dfrac{\partial \tau_{zx}}{\partial z} \right)$$
$$+ u_y \left(\dfrac{\partial \tau_{xy}}{\partial x} + \dfrac{\partial \tau_{yy}}{\partial y} + \dfrac{\partial \tau_{zy}}{\partial z} \right) + u_z \left(\dfrac{\partial \tau_{xz}}{\partial x} + \dfrac{\partial \tau_{yz}}{\partial y} + \dfrac{\partial \tau_{zz}}{\partial z} \right)$$

また, $T_\tau : \nabla \boldsymbol{u}$ の $\nabla \boldsymbol{u}$ は2つのベクトルのディアディック積(dyadic product)で, テンソルとなる. ベクトル $A = [a_x, a_y, a_z]$ と $B = [b_x, b_y, b_z]$ のディアディック積は次のように定義される.

$$AB = \begin{bmatrix} a_x b_x & a_x b_y & a_x b_z \\ a_y b_x & a_y b_y & a_y b_z \\ a_z b_x & a_z b_y & a_z b_z \end{bmatrix}$$

したがって, $\nabla \boldsymbol{u}$ は次のようになる.

$$\nabla \boldsymbol{u} = \begin{bmatrix} \dfrac{\partial u_x}{\partial x} & \dfrac{\partial u_y}{\partial x} & \dfrac{\partial u_z}{\partial x} \\ \dfrac{\partial u_x}{\partial y} & \dfrac{\partial u_y}{\partial y} & \dfrac{\partial u_z}{\partial y} \\ \dfrac{\partial u_x}{\partial z} & \dfrac{\partial u_y}{\partial z} & \dfrac{\partial u_z}{\partial z} \end{bmatrix}$$

さらに, $T_\tau : \nabla \boldsymbol{u}$ の : は2つのテンソルのダブルド

ット積(double dot product)でスカラーとなる．この積は積の左のテンソルの i 行 j 列成分と右のテンソルの j 行 i 列成分の積の和であるから，次のようになる．

$$T_\tau : \nabla \boldsymbol{u} = \begin{bmatrix} \tau_{xx} & \tau_{yx} & \tau_{zx} \\ \tau_{xy} & \tau_{yy} & \tau_{zy} \\ \tau_{xz} & \tau_{yz} & \tau_{zz} \end{bmatrix} : \begin{bmatrix} \dfrac{\partial u_x}{\partial x} & \dfrac{\partial u_y}{\partial x} & \dfrac{\partial u_z}{\partial x} \\ \dfrac{\partial u_x}{\partial y} & \dfrac{\partial u_y}{\partial y} & \dfrac{\partial u_z}{\partial y} \\ \dfrac{\partial u_x}{\partial z} & \dfrac{\partial u_y}{\partial z} & \dfrac{\partial u_z}{\partial z} \end{bmatrix}$$

$$= \tau_{xx}\frac{\partial u_x}{\partial x} + \tau_{yx}\frac{\partial u_x}{\partial y} + \tau_{zx}\frac{\partial u_x}{\partial z} + \tau_{xy}\frac{\partial u_y}{\partial x} + \tau_{yy}\frac{\partial u_y}{\partial y}$$
$$+ \tau_{zy}\frac{\partial u_y}{\partial z} + \tau_{xz}\frac{\partial u_z}{\partial x} + \tau_{yz}\frac{\partial u_z}{\partial y} + \tau_{zz}\frac{\partial u_z}{\partial z}$$

これは上の式の (B) に等しい．

以上より次の関係が導かれる．
$$-\nabla \cdot (T_\tau^T \cdot \boldsymbol{u}^T) = -\boldsymbol{u} \cdot (\nabla \cdot T_\tau^T) - T_\tau : \nabla \boldsymbol{u}$$

【補足 1.5】 エネルギー散逸を表す項 $-T_\tau : \nabla \boldsymbol{u}$ について

式(1.5.43)は次のようにして導かれる．

粘性応力テンソル T_τ は対称テンソルであるから

$$T_\tau : \nabla \boldsymbol{u} = \tau_{xx}\frac{\partial u_x}{\partial x} + \tau_{yx}\frac{\partial u_x}{\partial y} + \tau_{zx}\frac{\partial u_x}{\partial z} + \tau_{xy}\frac{\partial u_y}{\partial x}$$
$$+ \tau_{yy}\frac{\partial u_y}{\partial y} + \tau_{zy}\frac{\partial u_y}{\partial z} + \tau_{xz}\frac{\partial u_z}{\partial x} + \tau_{yz}\frac{\partial u_z}{\partial y} + \tau_{zz}\frac{\partial u_z}{\partial z}$$
$$= \tau_{xx}\frac{\partial u_x}{\partial x} + \tau_{yy}\frac{\partial u_y}{\partial y} + \tau_{zz}\frac{\partial u_z}{\partial z} + \tau_{xy}\left(\frac{\partial u_y}{\partial x} + \frac{\partial u_x}{\partial y}\right)$$
$$+ \tau_{yz}\left(\frac{\partial u_z}{\partial y} + \frac{\partial u_y}{\partial z}\right) + \tau_{zx}\left(\frac{\partial u_x}{\partial z} + \frac{\partial u_z}{\partial x}\right)$$

とすることができる．上の 6 つの応力に表 1.1 のニュートン流体の応力と変形速度の関係を代入すると次のようになる．

$$-T_\tau : \nabla \boldsymbol{u} = \mu\left\{2\frac{\partial u_x}{\partial x} - \frac{2}{3}(\nabla\cdot\boldsymbol{u})\right\}\frac{\partial u_x}{\partial x}$$
$$+ \mu\left\{2\frac{\partial u_y}{\partial y} - \frac{2}{3}(\nabla\cdot\boldsymbol{u})\right\}\frac{\partial u_y}{\partial y}$$
$$+ \mu\left\{2\frac{\partial u_z}{\partial z} - \frac{2}{3}(\nabla\cdot\boldsymbol{u})\right\}\frac{\partial u_z}{\partial z}$$
$$+ \mu\left(\frac{\partial u_y}{\partial x} + \frac{\partial u_x}{\partial y}\right)^2 + \mu\left(\frac{\partial u_z}{\partial y} + \frac{\partial u_y}{\partial z}\right)^2$$
$$+ \mu\left(\frac{\partial u_x}{\partial z} + \frac{\partial u_z}{\partial x}\right)^2$$

ここで，右辺第 1 項目は以下のように書き換えることができる．

$$\mu\left\{2\frac{\partial u_x}{\partial x} - \frac{2}{3}(\nabla\cdot\boldsymbol{u})\right\}\frac{\partial u_x}{\partial x}$$

$$= 2\mu\left\{\left(\frac{\partial u_x}{\partial x}\right)^2 - \frac{1}{3}(\nabla\cdot\boldsymbol{u})\frac{\partial u_x}{\partial x}\right\}$$
$$= 2\mu\left\{\left(\frac{\partial u_x}{\partial x}\right)^2 - \frac{2}{3}(\nabla\cdot\boldsymbol{u})\frac{\partial u_x}{\partial x} + \frac{1}{3}(\nabla\cdot\boldsymbol{u})\frac{\partial u_x}{\partial x}\right\}$$

これと同様の書き換えを 2，3 項目についても行い，書き換えた 3 項の和をとると次のようになる．

$$2\mu\left\{\left(\frac{\partial u_x}{\partial x}\right)^2 - \frac{2}{3}(\nabla\cdot\boldsymbol{u})\frac{\partial u_x}{\partial x} + \left(\frac{\partial u_y}{\partial y}\right)^2\right.$$
$$- \frac{2}{3}(\nabla\cdot\boldsymbol{u})\frac{\partial u_y}{\partial y} + \left(\frac{\partial u_z}{\partial z}\right)^2 - \frac{2}{3}(\nabla\cdot\boldsymbol{u})\frac{\partial u_z}{\partial z}$$
$$\left. + \underline{\frac{1}{3}(\nabla\cdot\boldsymbol{u})\frac{\partial u_x}{\partial x} + \frac{1}{3}(\nabla\cdot\boldsymbol{u})\frac{\partial u_y}{\partial y} + \frac{1}{3}(\nabla\cdot\boldsymbol{u})\frac{\partial u_z}{\partial z}}\right\}$$

下線部は

$$\frac{1}{3}(\nabla\cdot\boldsymbol{u})\frac{\partial u_x}{\partial x} + \frac{1}{3}(\nabla\cdot\boldsymbol{u})\frac{\partial u_y}{\partial y} + \frac{1}{3}(\nabla\cdot\boldsymbol{u})\frac{\partial u_z}{\partial z}$$
$$= \frac{3}{9}(\nabla\cdot\boldsymbol{u})\left(\frac{\partial u_x}{\partial x} + \frac{\partial u_y}{\partial y} + \frac{\partial u_z}{\partial z}\right) = \frac{3}{9}(\nabla\cdot\boldsymbol{u})^2$$

となるので，第 1～3 項目までの和は次のようになる．

$$2\mu\left\{\left(\frac{\partial u_x}{\partial x}\right)^2 - \frac{2}{3}(\nabla\cdot\boldsymbol{u})\frac{\partial u_x}{\partial x} + \left(\frac{\partial u_y}{\partial y}\right)^2 - \frac{2}{3}(\nabla\cdot\boldsymbol{u})\frac{\partial u_y}{\partial y}\right.$$
$$\left. + \left(\frac{\partial u_z}{\partial z}\right)^2 - \frac{2}{3}(\nabla\cdot\boldsymbol{u})\frac{\partial u_z}{\partial z} + \frac{3}{9}(\nabla\cdot\boldsymbol{u})^2\right\}$$
$$= 2\mu\left\{\left(\frac{\partial u_x}{\partial x} - \frac{1}{3}(\nabla\cdot\boldsymbol{u})\right)^2 + \left(\frac{\partial u_y}{\partial y} - \frac{1}{3}(\nabla\cdot\boldsymbol{u})\right)^2\right.$$
$$\left. + \left(\frac{\partial u_z}{\partial z} - \frac{1}{3}(\nabla\cdot\boldsymbol{u})\right)^2\right\}$$

以上により式(1.5.43)が導かれる．

【補足 1.6】 単位体積あたりの運動エネルギーの実質微分

式(1.5.46)は以下のように導かれる．最初に単位体積あたりの運動エネルギーを単位質量あたりの運動エネルギーと密度の積とみなして実質微分を 2 つの項に分ける．

$$\frac{D}{Dt}\left(\frac{1}{2}\rho\boldsymbol{u}^2\right) = \rho\frac{D}{Dt}\left(\frac{1}{2}\boldsymbol{u}^2\right) + \frac{1}{2}\boldsymbol{u}^2\frac{D\rho}{Dt}$$

ここで，

$$\frac{D\rho}{Dt} = \frac{\partial\rho}{\partial t} + u_x\frac{\partial\rho}{\partial x} + u_y\frac{\partial\rho}{\partial y} + u_z\frac{\partial\rho}{\partial z}$$
$$= \underline{\frac{\partial\rho}{\partial t} + \frac{\partial\rho u_x}{\partial x} + \frac{\partial\rho u_y}{\partial y} + \frac{\partial\rho u_z}{\partial z}}$$
$$- \rho\left(\frac{\partial u_x}{\partial x} + \frac{\partial u_y}{\partial y} + \frac{\partial u_z}{\partial z}\right)$$

となり，下線部は連続の式により 0 となるので

$$\frac{D\rho}{Dt} = -\rho\left(\frac{\partial u_x}{\partial x} + \frac{\partial u_y}{\partial y} + \frac{\partial u_z}{\partial z}\right) = -\rho(\nabla\cdot\boldsymbol{u})$$

であるから，次式が成り立つ．

$$\frac{D}{Dt}\left(\frac{1}{2}\rho\boldsymbol{u}^2\right)=\rho\frac{D}{Dt}\left(\frac{1}{2}\boldsymbol{u}^2\right)-\frac{1}{2}\rho\boldsymbol{u}^2(\nabla\cdot\boldsymbol{u})$$

$\nabla\cdot\boldsymbol{u}$ は流体の体積変化率を表しているので，右辺第2項は膨張，収縮がある場合の単位体積あたりの運動エネルギーと単位質量あたりの運動エネルギーの変化速度の差を表していると理解される．また，単位質量あたりの運動エネルギーの実質微分は次のように書き換えることができる．

$$\rho\frac{D}{Dt}\left(\frac{1}{2}\boldsymbol{u}^2\right)=\frac{1}{2}\rho\left(\frac{Du_x^2}{Dt}+\frac{Du_y^2}{Dt}+\frac{Du_z^2}{Dt}\right)$$
$$=\frac{1}{2}\rho\left(2u_x\frac{Du_x}{Dt}+2u_y\frac{Du_y}{Dt}+2u_z\frac{Du_z}{Dt}\right)$$
$$=\rho\left(u_x\frac{Du_x}{Dt}+u_y\frac{Du_y}{Dt}+u_z\frac{Du_z}{Dt}\right)$$

(S.1.6.1)

コーシーの運動方程式(1.5.21)の左辺は以下に示すベクトルである．

$$\rho\frac{D\boldsymbol{u}}{Dt}=\rho\left(\frac{Du_x}{Dt}\boldsymbol{i}+\frac{Du_y}{Dt}\boldsymbol{j}+\frac{Du_z}{Dt}\boldsymbol{k}\right)$$

このベクトルと速度ベクトルの内積は

$$\boldsymbol{u}\cdot\rho\frac{D\boldsymbol{u}}{Dt}=\rho\left(u_x\frac{Du_x}{Dt}+u_y\frac{Du_y}{Dt}+u_z\frac{Du_z}{Dt}\right)$$

である．これらのことより単位質量あたりの運動エネルギーの実質微分と密度の積は次のようにコーシーの運動方程式の左辺と速度ベクトルの内積に等しいことがわかる．

$$\rho\frac{D}{Dt}\left(\frac{1}{2}\boldsymbol{u}^2\right)=\boldsymbol{u}\cdot\rho\frac{D\boldsymbol{u}}{Dt}$$

以上より，次の関係があることがわかる．

$$\frac{D}{Dt}\left(\frac{1}{2}\rho\boldsymbol{u}^2\right)=\boldsymbol{u}\cdot\rho\frac{D\boldsymbol{u}}{Dt}-\frac{1}{2}\rho\boldsymbol{u}^2(\nabla\cdot\boldsymbol{u})$$

【補足1.7】 運動方程式と速度ベクトルの内積

剛体の運動方程式と速度ベクトルの内積は次のようになる．

$$\boldsymbol{v}\cdot\boldsymbol{F}=\boldsymbol{v}\cdot m\frac{d\boldsymbol{v}}{dt}$$

左辺は速度ベクトルと力の積で，単位時間の仕事を表しており，運動エネルギーの時間変化率に相当する．この力を剛体が時刻 $t=0$ から $t=t$ まで受け続け，速度が0から $\boldsymbol{v}$ となった場合の総仕事量は右辺の積分により求められる．

$$\int_0^t\boldsymbol{v}\cdot m\frac{d\boldsymbol{v}}{dt}dt=\int_0^v\boldsymbol{v}\cdot md\boldsymbol{v}=\frac{1}{2}mv^2$$

この積分が運動エネルギーに等しくなることからも，その時間についての微分である運動方程式と速度ベクトルの内積が運動エネルギーの時間変化率に相当することが理解できる．

【補足1.8】 エンタルピーの圧力依存性

式(1.5.55)は次のようにして導かれる．なお，以下の式で偏微分の項の括弧の外の添字は偏微分演算において一定とする独立変数を表している．

単位質量あたりのエンタルピー $\widehat{H}$ の全微分は圧力 p と単位質量あたりのエントロピー $\widehat{S}$ を独立変数とすると次のように表すことができる．

$$d\widehat{H}=\left(\frac{\partial\widehat{H}}{\partial\widehat{S}}\right)_p d\widehat{S}+\left(\frac{\partial\widehat{H}}{\partial p}\right)_{\widehat{S}} dp=Td\widehat{S}+\widehat{V}dp$$

したがって，$(\partial\widehat{H}/\partial p)_T$ は上式の両辺を p で偏微分することにより以下のようになる．

$$\left(\frac{\partial\widehat{H}}{\partial p}\right)_T=T\left(\frac{\partial\widehat{S}}{\partial p}\right)_T+\widehat{V} \quad \text{(S.1.8.1)}$$

次に単位質量あたりのギブス関数の全微分

$$d\widehat{G}=\left(\frac{\partial\widehat{G}}{\partial T}\right)_p dT+\left(\frac{\partial\widehat{G}}{\partial p}\right)_T dp=-\widehat{S}dT+\widehat{V}dp$$

より，$\widehat{S}, T, \widehat{V}, p$ は以下のマックスウェルの関係を満足する．

$$\left(\frac{\partial\widehat{S}}{\partial p}\right)_T=-\left(\frac{\partial\widehat{V}}{\partial T}\right)_p$$

この関係と式(S.1.8.1)から式(1.5.55)が導かれる．

$$\left(\frac{\partial\widehat{H}}{\partial p}\right)_T=-T\left(\frac{\partial\widehat{V}}{\partial T}\right)_p+\widehat{V} \quad (1.5.55)$$

【補足1.9】 重力場におけるポテンシャル

直角座標系で z 軸を鉛直上向きに設定すると単位体積の流体にかかる重力のベクトルは次のように表される．

$$\rho\boldsymbol{F}=-\rho g\boldsymbol{k}$$

ここで，$\boldsymbol{k}$ は z 方向の基本ベクトルである．一方，

$$-\nabla\rho gz=-\frac{\partial\rho gz}{\partial x}\boldsymbol{i}-\frac{\partial\rho gz}{\partial y}\boldsymbol{j}-\frac{\partial\rho gz}{\partial z}\boldsymbol{k}$$

であり，ρgz の x, y についての偏微分はいずれも0なので

補足

$$-\nabla \rho gz = -\frac{\partial \rho gz}{\partial z}\boldsymbol{k} = -\rho g\boldsymbol{k}$$

となる．$-\rho gz = \phi$ とおくとコーシーの運動方程式の質量力の項を以下のように表すことができる．

$$\rho \boldsymbol{F} = -\nabla \rho gz = \nabla \phi$$

このように任意の位置におけるベクトルがスカラー関数の勾配ベクトルで表される場合，その関数をベクトル場のポテンシャルという．上式の場合，ϕ がポテンシャルとなる．ポテンシャルについては本文1.8節，補足1.12で改めて述べる．

【補足 1.10】 流れ関数についての偏微分方程式の導出

式(1.8.14)，(1.8.15)で ρ を右辺に移項し，式(1.8.12)の関係を代入すると次のようになる．

x 方向成分：

$$\frac{\partial^2 \psi}{\partial y \partial t} + \frac{\partial \psi}{\partial y}\frac{\partial^2 \psi}{\partial y \partial x} - \frac{\partial \psi}{\partial x}\frac{\partial^2 \psi}{\partial y^2}$$
$$= -\frac{1}{\rho}\frac{\partial p}{\partial x} + \nu\left(\frac{\partial^3 \psi}{\partial y \partial x^2} + \frac{\partial^3 \psi}{\partial y^3}\right)$$

y 方向成分：

$$-\frac{\partial^2 \psi}{\partial x \partial t} - \frac{\partial \psi}{\partial y}\frac{\partial^2 \psi}{\partial x^2} + \frac{\partial \psi}{\partial x}\frac{\partial^2 \psi}{\partial x \partial y}$$
$$= -\frac{1}{\rho}\frac{\partial p}{\partial y} - \nu\left(\frac{\partial^3 \psi}{\partial x^3} + \frac{\partial^3 \psi}{\partial x \partial y^2}\right)$$

x 方向成分の式の両辺を y で，y 方向成分の式の両辺を x でそれぞれ微分する．

x 方向成分：

$$\frac{\partial^3 \psi}{\partial y^2 \partial t} + \frac{\partial^2 \psi}{\partial y^2}\frac{\partial^2 \psi}{\partial y \partial x} + \frac{\partial \psi}{\partial y}\frac{\partial^3 \psi}{\partial y^2 \partial x} - \frac{\partial^2 \psi}{\partial y \partial x}\frac{\partial^2 \psi}{\partial y^2}$$
$$-\frac{\partial \psi}{\partial x}\frac{\partial^3 \psi}{\partial y^3}$$
$$= -\frac{1}{\rho}\frac{\partial^2 p}{\partial y \partial x} + \nu\left(\frac{\partial^4 \psi}{\partial y^2 \partial x^2} + \frac{\partial^4 \psi}{\partial y^4}\right)$$
$$\downarrow$$
$$\frac{\partial^3 \psi}{\partial y^2 \partial t} + \frac{\partial \psi}{\partial y}\frac{\partial^3 \psi}{\partial y^2 \partial x} - \frac{\partial \psi}{\partial x}\frac{\partial^3 \psi}{\partial y^3}$$
$$= -\frac{1}{\rho}\frac{\partial^2 p}{\partial y \partial x} + \nu\left(\frac{\partial^4 \psi}{\partial y^2 \partial x^2} + \frac{\partial^4 \psi}{\partial y^4}\right)$$

y 方向成分：

$$-\frac{\partial^3 \psi}{\partial x^2 \partial t} - \frac{\partial^2 \psi}{\partial x \partial y}\frac{\partial^2 \psi}{\partial x^2} - \frac{\partial \psi}{\partial y}\frac{\partial^3 \psi}{\partial x^3} + \frac{\partial^2 \psi}{\partial x^2}\frac{\partial^2 \psi}{\partial x \partial y}$$
$$+ \frac{\partial \psi}{\partial x}\frac{\partial^3 \psi}{\partial x^2 \partial y}$$
$$= -\frac{1}{\rho}\frac{\partial^2 p}{\partial x \partial y} - \nu\left(\frac{\partial^4 \psi}{\partial x^4} + \frac{\partial^4 \psi}{\partial x^2 \partial y^2}\right)$$
$$\downarrow$$
$$-\frac{\partial^3 \psi}{\partial x^2 \partial t} - \frac{\partial \psi}{\partial y}\frac{\partial^3 \psi}{\partial x^3} + \frac{\partial \psi}{\partial x}\frac{\partial^3 \psi}{\partial x^2 \partial y}$$
$$= -\frac{1}{\rho}\frac{\partial^2 p}{\partial x \partial y} - \nu\left(\frac{\partial^4 \psi}{\partial x^4} + \frac{\partial^4 \psi}{\partial x^2 \partial y^2}\right)$$

x 方向成分の式から y 方向成分の式を辺々引くと次のようになる．

$$\frac{\partial^3 \psi}{\partial y^2 \partial t} + \frac{\partial^3 \psi}{\partial x^2 \partial t} + \frac{\partial \psi}{\partial y}\frac{\partial^3 \psi}{\partial y^2 \partial x} - \frac{\partial \psi}{\partial x}\frac{\partial^3 \psi}{\partial y^3} + \frac{\partial \psi}{\partial y}\frac{\partial^3 \psi}{\partial x^3}$$
$$-\frac{\partial \psi}{\partial x}\frac{\partial^3 \psi}{\partial x^2 \partial y}$$
$$= -\frac{1}{\rho}\frac{\partial^2 p}{\partial y \partial x} + \nu\left(\frac{\partial^4 \psi}{\partial y^2 \partial x^2} + \frac{\partial^4 \psi}{\partial y^4}\right) + \frac{1}{\rho}\frac{\partial^2 p}{\partial x \partial y}$$
$$+ \nu\left(\frac{\partial^4 \psi}{\partial x^4} + \frac{\partial^4 \psi}{\partial x^2 \partial y^2}\right)$$
$$\downarrow$$
$$\frac{\partial^3 \psi}{\partial y^2 \partial t} + \frac{\partial^3 \psi}{\partial x^2 \partial t} + \frac{\partial \psi}{\partial y}\frac{\partial^3 \psi}{\partial y^2 \partial x} - \frac{\partial \psi}{\partial x}\frac{\partial^3 \psi}{\partial y^3} + \frac{\partial \psi}{\partial y}\frac{\partial^3 \psi}{\partial x^3}$$
$$-\frac{\partial \psi}{\partial x}\frac{\partial^3 \psi}{\partial x^2 \partial y}$$
$$= \nu\left(\frac{\partial^4 \psi}{\partial y^2 \partial x^2} + \frac{\partial^4 \psi}{\partial y^4} + \frac{\partial^4 \psi}{\partial x^4} + \frac{\partial^4 \psi}{\partial x^2 \partial y^2}\right)$$

ここで，

$$\frac{\partial^3 \psi}{\partial y^2 \partial t} + \frac{\partial^3 \psi}{\partial x^2 \partial t} = \frac{\partial}{\partial t}\left(\frac{\partial^2 \psi}{\partial x^2} + \frac{\partial^2 \psi}{\partial y^2}\right) = \frac{\partial}{\partial t}\nabla^2 \psi$$

と表記できる．またヤコビアンの表記を用いると

$$\frac{\partial \psi}{\partial y}\frac{\partial^3 \psi}{\partial y^2 \partial x} - \frac{\partial \psi}{\partial x}\frac{\partial^3 \psi}{\partial y^3} + \frac{\partial \psi}{\partial y}\frac{\partial^3 \psi}{\partial x^3} - \frac{\partial \psi}{\partial x}\frac{\partial^3 \psi}{\partial x^2 \partial y}$$
$$= \frac{\partial \psi}{\partial y}\frac{\partial}{\partial x}\left(\frac{\partial^2 \psi}{\partial x^2} + \frac{\partial^2 \psi}{\partial y^2}\right) - \frac{\partial \psi}{\partial x}\frac{\partial}{\partial y}\left(\frac{\partial^2 \psi}{\partial x^2} + \frac{\partial^2 \psi}{\partial y^2}\right)$$
$$= \frac{\partial \psi}{\partial y}\frac{\partial}{\partial x}\nabla^2 \psi - \frac{\partial \psi}{\partial x}\frac{\partial}{\partial y}\nabla^2 \psi$$
$$= -\frac{\partial(\psi, \nabla^2 \psi)}{\partial(x, y)}$$

さらに，

$$\nu\left(\frac{\partial^4 \psi}{\partial y^2 \partial x^2} + \frac{\partial^4 \psi}{\partial y^4} + \frac{\partial^4 \psi}{\partial x^4} + \frac{\partial^4 \psi}{\partial x^2 \partial y^2}\right)$$
$$= \nu\left\{\frac{\partial^2}{\partial x^2}\left(\frac{\partial^2 \psi}{\partial x^2} + \frac{\partial^2 \psi}{\partial y^2}\right) + \frac{\partial^2}{\partial y^2}\left(\frac{\partial^2 \psi}{\partial x^2} + \frac{\partial^2 \psi}{\partial y^2}\right)\right\}$$
$$= \nu\nabla^2\left(\frac{\partial^2 \psi}{\partial x^2} + \frac{\partial^2 \psi}{\partial y^2}\right) = \nu\nabla^2(\nabla^2 \psi)$$

以上より次の式(1.8.17)が導かれる．

$$\frac{\partial}{\partial t}\nabla^2 \psi - \frac{\partial(\psi, \nabla^2 \psi)}{\partial(x, y)} = \nu\nabla^2(\nabla^2 \psi)$$

(1.8.17)

【補足1.11】 ベクトルの回転 rot，循環の意味とベクトル解析におけるストークスの定理

次式で表される ∇ とベクトル $\boldsymbol{a}=[a_x, a_y, a_z]$ の外積をベクトル $\boldsymbol{a}$ の回転という．

$$\text{rot}\,\boldsymbol{a} = \nabla \times \boldsymbol{a} = \begin{vmatrix} \boldsymbol{i} & \boldsymbol{j} & \boldsymbol{k} \\ \dfrac{\partial}{\partial x} & \dfrac{\partial}{\partial y} & \dfrac{\partial}{\partial z} \\ a_x & a_y & a_z \end{vmatrix}$$

$$= \left(\frac{\partial a_z}{\partial y} - \frac{\partial a_y}{\partial z}\right)\boldsymbol{i} + \left(\frac{\partial a_x}{\partial z} - \frac{\partial a_z}{\partial x}\right)\boldsymbol{j} + \left(\frac{\partial a_y}{\partial x} - \frac{\partial a_x}{\partial y}\right)\boldsymbol{k}$$

rot は rotation の頭3文字をとったものである．また，rot $\boldsymbol{a}$ を curl $\boldsymbol{a}$ と表記する場合もある．

一方，補図1で $\boldsymbol{a}$ と経路に沿った微小区間のベクトル $d\boldsymbol{s}$ の内積を A から A まで閉曲線1周にわたって積分したものを循環といい，次のように表す．

$$\oint \boldsymbol{a} \cdot d\boldsymbol{s}$$

回転と循環の間には以下の関係がある．

$$\iint \text{rot}\,\boldsymbol{a} \cdot d\boldsymbol{A} = \oint \boldsymbol{a} \cdot d\boldsymbol{s}$$

$d\boldsymbol{A}$ は大きさが閉曲線内の微小面積に等しく，微小面の法線方向を向いたベクトルである．この関係をストークスの定理という．この関係が成り立つことは以下のように理解することができる．

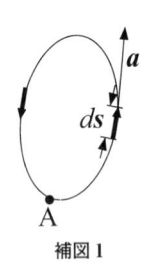

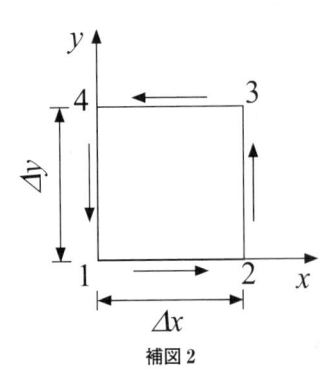

ベクトル場で，補図2のような x-y 平面上の微小正方形の点1から反時計回りに1周する経路に沿って循環を求める．正方形の各辺におけるベクトル $\boldsymbol{a}$ はそれぞれ以下のようになる．

辺1-2：$[a_x|_{x+\Delta x/2, y}, a_y|_{x+\Delta x/2, y}, a_z|_{x+\Delta x/2, y}]$

辺2-3：
$[a_x|_{x+\Delta x, y+\Delta y/2}, a_y|_{x+\Delta x, y+\Delta y/2}, a_z|_{x+\Delta x, y+\Delta y/2}]$

辺3-4：
$[a_x|_{x+\Delta x/2, y+\Delta y}, a_y|_{x+\Delta x/2, y+\Delta y}, a_z|_{x+\Delta x/2, y+\Delta y}]$

辺4-1：$[a_x|_{x, y+\Delta y/2}, a_y|_{x, y+\Delta y/2}, a_z|_{x, y+\Delta y/2}]$

ここでは点1の座標を (x, y) とし，$x+\Delta x/2$，$y+\Delta y/2$ の表記はそれぞれの辺上の平均を表しているが，以下では煩雑さを避けるため，この表記を省略する．また，各辺上の $d\boldsymbol{s}$ は次のようになる．

辺1-2：$[\Delta x, 0, 0]$　　辺2-3：$[0, \Delta y, 0]$

辺3-4：$[-\Delta x, 0, 0]$　　辺4-1：$[0, -\Delta y, 0]$

以上のような場合のベクトル $\boldsymbol{a}$ の循環は以下のようになる．

$$\oint \boldsymbol{a} \cdot d\boldsymbol{s} = [a_x|_y, a_y|_y, a_z|_y] \cdot [\Delta x, 0, 0]$$
$$+ [a_x|_{x+\Delta x}, a_y|_{x+\Delta x}, a_z|_{x+\Delta x}] \cdot [0, \Delta y, 0]$$
$$[a_x|_{y+\Delta y}, a_y|_{y+\Delta y}, a_z|_{y+\Delta y}] \cdot [-\Delta x, 0, 0]$$
$$+ [a_x|_x, a_y|_x, a_z|_x] \cdot [0, -\Delta y, 0]$$
$$= a_x|_y \Delta x + a_y|_{x+\Delta x} \Delta y - a_x|_{y+\Delta y} \Delta x - a_y|_x \Delta y$$
$$= (a_y|_{x+\Delta x} - a_y|_x)\Delta y - (a_x|_{y+\Delta y} - a_x|_{xy})\Delta x$$
$$= \frac{(a_y|_{x+\Delta x} - a_y|_x)}{\Delta x}\Delta x \Delta y - \frac{(a_x|_{y+\Delta y} - a_x|_{xy})}{\Delta y}\Delta x \Delta y$$

ここで，$\Delta x \to 0$, $\Delta y \to 0$ とすれば，以下のように書き換えることができる．

$$\oint \boldsymbol{a} \cdot d\boldsymbol{s} = \left(\frac{\partial a_y}{\partial x} - \frac{\partial a_x}{\partial y}\right)dxdy$$

また，経路が x-y 平面上にあり，z 軸と垂直であることから $d\boldsymbol{A} = dxdy\boldsymbol{k}$ である．したがって

$$(\nabla \times \boldsymbol{a}) \cdot d\boldsymbol{A} = \left[\left(\frac{\partial a_z}{\partial y} - \frac{\partial a_y}{\partial z}\right)\boldsymbol{i} + \left(\frac{\partial a_x}{\partial z} - \frac{\partial a_z}{\partial x}\right)\boldsymbol{j}\right.$$
$$\left. + \left(\frac{\partial a_y}{\partial x} - \frac{\partial a_x}{\partial y}\right)\boldsymbol{k}\right] \cdot dxdy\boldsymbol{k}$$
$$= \left(\frac{\partial a_y}{\partial x} - \frac{\partial a_x}{\partial y}\right)dxdy = \oint \boldsymbol{a} \cdot d\boldsymbol{s}$$

となって，$\boldsymbol{a}$ の回転と $d\boldsymbol{A}$ の内積が図の微小正方形の循環に等しくなることが示される．さらに，補図3のように閉じた曲線内を多くの微小正方形で区切

補図1

補図2

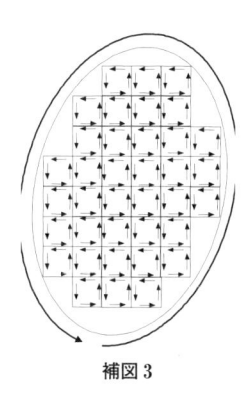

補図3

って考えてみる．これら微小正方形についての循環の総和は次の積分に等しくなる．

$$\iint (\nabla \times \boldsymbol{a}) \cdot d\boldsymbol{A} = \iint \mathrm{rot}\, \boldsymbol{a} \cdot d\boldsymbol{A}$$

この総和は，隣接する正方形の辺に沿った $\boldsymbol{a} \cdot d\boldsymbol{s}$ がベクトル $d\boldsymbol{s}$ の向きが逆のため相殺されることから一番外側の大きな閉曲線に沿った循環に等しくなる．したがって，次のストークスの定理が成り立つ．

$$\iint \mathrm{rot}\, \boldsymbol{a} \cdot d\boldsymbol{A} = \oint \boldsymbol{a} \cdot d\boldsymbol{s}$$

【補足1.12】 ポテンシャル

ベクトル場の回転が **0** となる場合にポテンシャルを定義できることについて以下に述べる．

対象とするベクトル場の回転が **0** となる場合，補足1.11のストークスの定理により循環は0となる．補図4のように3次元空間に基準となる点Oをとり，任意の点Aとの間にOBA，OB′Aの2つの経路を設定する．循環は $d\boldsymbol{s}$ とベクトル $\boldsymbol{a}$ の内積のOBAB′Oに沿った積分である．またその積分は経路OBAとOB′Aに沿った2つの積分により表されるので，以下の関係が成り立つ．

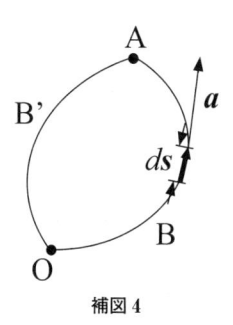

補図4

$$\oint \boldsymbol{a} \cdot d\boldsymbol{s} = \int_{\mathrm{OBAB'O}} \boldsymbol{a} \cdot d\boldsymbol{s} = \int_{\mathrm{OBA}} \boldsymbol{a} \cdot d\boldsymbol{s} + \int_{\mathrm{AB'O}} \boldsymbol{a} \cdot d\boldsymbol{s}$$
$$= \int_{\mathrm{OBA}} \boldsymbol{a} \cdot d\boldsymbol{s} - \int_{\mathrm{OB'A}} \boldsymbol{a} \cdot d\boldsymbol{s} = 0$$

このことは基準点Oと任意の点の間の $\boldsymbol{a} \cdot d\boldsymbol{s}$ の積分が経路によらず等しく，点の位置のみの関数となることを意味する．そこでその関数を次のように ϕ と表すこととする．

$$\phi = \int_{\mathrm{O}}^{\mathrm{A}} \boldsymbol{a} \cdot d\boldsymbol{s}$$

$\boldsymbol{a} = [a_x, a_y, a_z]$，$d\boldsymbol{s}$ の方向の単位ベクトルを $\boldsymbol{n} = [n_x, n_y, n_z]$，ベクトル $d\boldsymbol{s}$ の大きさを ds とすると

$$\boldsymbol{a} \cdot d\boldsymbol{s} = [a_x, a_y, a_z] \cdot [n_x, n_y, n_z] ds$$
$$= (a_x n_x + a_y n_y + a_z n_z) ds$$
$$\phi = \int_{\mathrm{O}}^{\mathrm{A}} (a_x n_x + a_y n_y + a_z n_z) ds$$

となる．このことより，ϕ を $d\boldsymbol{s}$ の方向に沿って微分すると次のようになる．

$$\frac{\partial \phi}{\partial s} = a_x n_x + a_y n_y + a_z n_z$$

$$n_x = \frac{dx}{ds},\ n_y = \frac{dy}{ds},\ n_z = \frac{dz}{ds}$$

であるから，次式が導かれる．

$$\frac{\partial \phi}{\partial s} = a_x \frac{dx}{ds} + a_y \frac{dy}{ds} + a_z \frac{dz}{ds}$$

また，ϕ の $d\boldsymbol{s}$ の方向に沿った微分は以下のように表すこともできる．

$$\frac{\partial \phi}{\partial s} = \frac{\partial \phi}{\partial x} \frac{dx}{ds} + \frac{\partial \phi}{\partial y} \frac{dy}{ds} + \frac{\partial \phi}{\partial z} \frac{dz}{ds}$$

これらの式を比較すると次の関係が導かれる．

$$a_x = \frac{\partial \phi}{\partial x},\ a_y = \frac{\partial \phi}{\partial y},\ a_z = \frac{\partial \phi}{\partial z}$$

$$\boldsymbol{a} = \frac{\partial \phi}{\partial x} \boldsymbol{i} + \frac{\partial \phi}{\partial y} \boldsymbol{j} + \frac{\partial \phi}{\partial z} \boldsymbol{k} = \nabla \phi = \mathrm{grad}\, \phi$$

以上により回転が **0** となるベクトル場では上式を満足するスカラー関数 ϕ を定義することができることが示された．逆にスカラー関数の勾配によりベクトルが表される場合に回転が **0** となることが以下のように導かれる．

ベクトル $\boldsymbol{a}$ があるスカラー関数 $\phi(x, y, z)$ の勾配ベクトル $\mathrm{grad}\, \phi$ で表されるものとすると，循環は次のようになる．

$$\oint \mathrm{grad}\, \phi \cdot d\boldsymbol{s} \quad (\mathrm{S.1.12.1})$$

ここで，$d\boldsymbol{s}$，$\mathrm{grad}\, \phi$ は次のように表すことができ

$$ds = dx\bm{i} + dy\bm{j} + dz\bm{k}$$
$$\mathrm{grad}\,\phi = \frac{\partial \phi}{\partial x}\bm{i} + \frac{\partial \phi}{\partial y}\bm{j} + \frac{\partial \phi}{\partial z}\bm{k}$$

これらを式(S.1.12.1)に代入すると次のようになる.

$$\oint \mathrm{grad}\,\phi \cdot d\bm{s}$$
$$= \oint \left(\frac{\partial \phi}{\partial x}\bm{i} + \frac{\partial \phi}{\partial y}\bm{j} + \frac{\partial \phi}{\partial z}\bm{k} \right) \cdot (dx\bm{i} + dy\bm{j} + dz\bm{k})$$
$$= \oint \left(\frac{\partial \phi}{\partial x}dx + \frac{\partial \phi}{\partial y}dy + \frac{\partial \phi}{\partial z}dz \right)$$

上式の積分のカッコ内は次に示すように関数 ϕ の全微分に等しい.

$$d\phi = \frac{\partial \phi}{\partial x}dx + \frac{\partial \phi}{\partial y}dy + \frac{\partial \phi}{\partial z}dz$$

したがって,式(S.1.12.1)は次のようになる.

$$\oint \mathrm{grad}\,\phi \cdot d\bm{s} = \oint \left(\frac{\partial \phi}{\partial x}dx + \frac{\partial \phi}{\partial y}dy + \frac{\partial \phi}{\partial z}dz \right)$$
$$= \oint d\phi = [\phi]_0^0 = \phi_0 - \phi_0 = 0$$

このことより,ベクトルがスカラー関数の勾配に等しくなる場合,循環は 0 となることがわかる.さらにストークスの定理

$$\iint \mathrm{rot}\,\bm{a} \cdot d\bm{A} = \oint \bm{a} \cdot d\bm{s}$$

より,すべての位置で循環が 0 となる場合はベクトルの回転が $\bm{0}$ に等しくなければならないことがわかる.このことは,以下の式から導くこともできる.

$$\mathrm{rot}\,\bm{a} = \nabla \times \bm{a} = \nabla \times \mathrm{grad}\,\phi$$
$$= \left(\frac{\partial^2 \phi}{\partial y \partial z} - \frac{\partial^2 \phi}{\partial z \partial y} \right)\bm{i} + \left(\frac{\partial^2 \phi}{\partial z \partial x} - \frac{\partial^2 \phi}{\partial x \partial z} \right)\bm{j}$$
$$+ \left(\frac{\partial^2 \phi}{\partial x \partial y} - \frac{\partial^2 \phi}{\partial y \partial x} \right)\bm{k} = \bm{0}$$

以上より,回転が $\bm{0}$ になることはベクトルがスカラー関数の勾配ベクトルで表されるための必要十分条件であることが示された.そのスカラー関数をベクトル場のポテンシャルという.

ポテンシャルが定義できるベクトル場の代表例として補足 1.9 で述べた重力場があげられるが,一般的に上記の条件を満足する場ではポテンシャルを定義することができる.ポテンシャルが定義できないベクトルの例としては摩擦力がある.力の場における循環は微小距離を移動させるときの仕事の積分であるが,摩擦力による仕事は経路に依存するため,循環が 0 にならず,ポテンシャルを定義することはできない.

ベクトル解析,物理学の教科書ではここで定義した ϕ と逆の符号でポテンシャルを定義する場合が多い.その場合 $\bm{a} = -\mathrm{grad}\,\phi$ となるが,そのように定義しても本質的な差異は生じない.このことについては補足 1.14 で改めて述べる.

【補足 1.13】 複素関数の微分とコーシー–リーマンの関係

式(1.8.44)の複素速度ポテンシャル $w = \phi + i\psi$ は複素数 $z = x + iy$ の関数である.この複素関数 w の微分係数は実数と同様に以下の式で定義される.

$$\frac{dw}{dz} = \lim_{\Delta z \to 0} \frac{w(z + \Delta z) - w(z)}{\Delta z}$$

ここで,$\Delta z = \Delta x + i\Delta y$,$dz = dx + idy$ である.$dw/dz = \lambda$ とすると,上式は次のように書くこともできる.

$$w(z + dz) = w(z) + \lambda dz$$

微分係数 λ は複素数であるが,その実部,虚部を λ_R,λ_i とすれば,上式を実部と虚部に分けて以下のように表すことができる.

$$\phi(x+dx, y+dy) + i\psi(x+dx, y+dy)$$
$$= \phi(x,y) + i\psi(x,y) + (\lambda_\mathrm{R} + i\lambda_\mathrm{i})(dx + idy)$$
$$= \phi(x,y) + i\psi(x,y) + (\lambda_\mathrm{R}dx - \lambda_\mathrm{i}dy) + i(\lambda_\mathrm{i}dx + \lambda_\mathrm{R}dy)$$

両辺の実部どうし,虚部どうしが等しくなるので次の関係が成り立つ.

$$\phi(x+dx, y+dy) - \phi(x,y) = \lambda_\mathrm{R}dx - \lambda_\mathrm{i}dy$$
$$\psi(x+dx, y+dy) - \psi(x,y) = \lambda_\mathrm{i}dx + \lambda_\mathrm{R}dy$$

これら 2 式の左辺は ϕ と ψ の全微分 $d\phi$ と $d\psi$ である.したがって,

$$d\phi = \frac{\partial \phi}{\partial x}dx + \frac{\partial \phi}{\partial y}dy = \lambda_\mathrm{R}dx - \lambda_\mathrm{i}dy$$
$$d\psi = \frac{\partial \psi}{\partial x}dx + \frac{\partial \psi}{\partial y}dy = \lambda_\mathrm{i}dx + \lambda_\mathrm{R}dy$$

であるから,ϕ,ψ は以下の関係を満足しなければならない.

$$\lambda_\mathrm{R} = \frac{\partial \phi}{\partial x} = \frac{\partial \psi}{\partial y},\ \ \lambda_\mathrm{i} = -\frac{\partial \phi}{\partial y} = \frac{\partial \psi}{\partial x}$$

本文で述べたようにこの関係をコーシー–リーマンの関係という.速度ポテンシャル ϕ と流れ関数 ψ がこの関係を満足する場合は λ_R,λ_i を定義することができ,複素速度ポテンシャル w は微分可能と

なる．微分可能な複素関数を正則な解析関数，あるいは正則関数という．上式と式(1.8.43)より以下の関係が成り立つことがわかる．

$$\lambda_R = u_x, \ \lambda_i = -u_y \to \frac{dw}{dz} = u_x - iu_y$$

$$\frac{\partial w}{\partial x} = \frac{\partial \phi}{\partial x} + i\frac{\partial \psi}{\partial x} = u_x - iu_y = \frac{dw}{dz}$$

$$\frac{\partial w}{\partial y} = \frac{\partial \phi}{\partial y} + i\frac{\partial \psi}{\partial y} = u_y + iu_x = i\frac{dw}{dz}$$

複素速度ポテンシャルが定義できる流れ場は非圧縮性の2次元渦なし流れであるから，u_x，u_y は以下の条件を満足する．

$$\text{連続の式}: \frac{\partial u_x}{\partial x} + \frac{\partial u_y}{\partial y} = 0$$

$$\text{渦なし流れ}: \text{rot}\,\boldsymbol{u} = \boldsymbol{0} \to \frac{\partial u_y}{\partial x} - \frac{\partial u_x}{\partial y} = 0$$

式(1.8.43)を上式に代入すると，以下の関係が導かれる．

$$\text{連続の式}: \frac{\partial^2 \phi}{\partial x^2} + \frac{\partial^2 \phi}{\partial y^2} = 0$$

$$\text{渦なし流れ}: \frac{\partial^2 \psi}{\partial x^2} + \frac{\partial^2 \psi}{\partial y^2} = 0$$

これはコーシー-リーマンの関係を満たす ϕ と ψ は，ともにラプラス方程式

$$\frac{\partial^2 f}{\partial x^2} + \frac{\partial^2 f}{\partial y^2} = 0$$

を満たす調和関数であることを表している．

【補足1.14】 流れ関数と速度ポテンシャルの符号

補足1.12で述べたように，ベクトル解析，物理学の教科書ではポテンシャルの符号が次式のように本書とは逆になっている場合が多い．

$$\boldsymbol{a} = -\frac{\partial \phi}{\partial x}\boldsymbol{i} - \frac{\partial \phi}{\partial y}\boldsymbol{j} - \frac{\partial \phi}{\partial z}\boldsymbol{k} = -\nabla \phi = -\text{grad}\,\phi$$

(S.1.14.1)

この符号で定義された ϕ を速度ポテンシャルとした場合 u_x，u_y との関係は以下のようになる．

$$u_x = \frac{\partial \psi}{\partial y} = -\frac{\partial \phi}{\partial x}, \quad u_y = -\frac{\partial \psi}{\partial x} = -\frac{\partial \phi}{\partial y}$$

一方，補足1.13で述べたように複素速度ポテンシャル w が正則となるためには，以下の関係を満たさなければならない．

$$\lambda_R = \frac{\partial \phi}{\partial x} = \frac{\partial \psi}{\partial y}, \quad \lambda_i = -\frac{\partial \phi}{\partial y} = \frac{\partial \psi}{\partial x}$$

以上2つの関係は矛盾する．このことより，ϕ の符号を式(S.1.14.1)で定義した場合，以下に示すように流れ関数 ψ の符号を式(1.8.43)とは逆にしなければならないことがわかる．

$$u_x = -\frac{\partial \psi}{\partial y} = -\frac{\partial \phi}{\partial x}, \quad u_y = \frac{\partial \psi}{\partial x} = -\frac{\partial \phi}{\partial y}$$

速度ベクトルは ϕ と ψ の x，y についての偏微分により求められ，符号の定義が逆であってもそれらの絶対値は等しくなるので本質的な差異は生じない．しかし，複素速度ポテンシャルを定義する場合には上に述べたように速度ポテンシャルと流れ関数の符号をあわせて考慮する必要がある．流体力学の教科書の多くは本書と同じ符号で定義しているが，Bird et. al (2002) の著名な教科書 "Transport Phenomena" のように本書とは逆符号で定義している場合もあるので，注意が必要である．

【補足1.15】 ポテンシャルと運動方程式，連続の式

速度ポテンシャルと速度ベクトルの成分との間には以下の関係がある．

$$u_x = \frac{\partial \phi}{\partial x}, \quad u_y = \frac{\partial \phi}{\partial y}, \quad u_z = \frac{\partial \phi}{\partial z}$$

(S.1.15.1)

一方，ナビエ-ストークスの方程式をベクトル表示すると以下のようになる．

$$\rho\left(\frac{\partial \boldsymbol{u}}{\partial t} + (\boldsymbol{u}\cdot\nabla)\boldsymbol{u}\right) = -\nabla p + \mu\nabla^2\boldsymbol{u} + \rho\boldsymbol{F}$$

(S.1.15.2)

右辺第2項のベクトルの x 成分に式(S.1.15.1)を代入すると以下の関係を導くことができる．

$$\mu\left(\frac{\partial^2 u_x}{\partial x^2} + \frac{\partial^2 u_x}{\partial y^2} + \frac{\partial^2 u_x}{\partial z^2}\right) = \mu\left(\frac{\partial^3 \phi}{\partial x^3} + \frac{\partial^3 \phi}{\partial x\partial y^2} + \frac{\partial^3 \phi}{\partial x\partial z^2}\right)$$

$$= \mu\left\{\frac{\partial^2}{\partial x^2}\left(\frac{\partial \phi}{\partial x}\right) + \frac{\partial^2}{\partial x\partial y}\left(\frac{\partial \phi}{\partial y}\right) + \frac{\partial^2}{\partial x\partial z}\left(\frac{\partial \phi}{\partial z}\right)\right\}$$

$$= \mu\left(\frac{\partial^2 u_x}{\partial x^2} + \frac{\partial^2 u_y}{\partial x\partial y} + \frac{\partial^2 u_z}{\partial x\partial z}\right)$$

$$= \mu\frac{\partial}{\partial x}\left(\frac{\partial u_x}{\partial x} + \frac{\partial u_y}{\partial y} + \frac{\partial u_z}{\partial z}\right)$$

したがって，非圧縮性流体の場合，連続の式(1.5.5)より上式の値は0となる．y，z 成分も同様に0となることから，渦なし流れでポテンシャルを定義することができ，かつ非圧縮性を仮定できる流れ場では運動方程式(S.1.15.2)の粘性による運動

量移動の項は 0 となる．

式(S.1.15.2)の左辺第 2 項の x 成分は以下のように変形できる．

$$u_x\frac{\partial u_x}{\partial x}+u_y\frac{\partial u_x}{\partial y}+u_z\frac{\partial u_x}{\partial z}$$
$$=\frac{\partial}{\partial x}\left(\frac{1}{2}u_x^2\right)+\frac{\partial}{\partial x}\left(\frac{1}{2}u_y^2\right)-u_y\frac{\partial u_y}{\partial x}+u_y\frac{\partial u_x}{\partial y}$$
$$+\frac{\partial}{\partial x}\left(\frac{1}{2}u_z^2\right)-u_z\frac{\partial u_z}{\partial x}+u_z\frac{\partial u_x}{\partial z}$$
$$=\frac{\partial}{\partial x}\left\{\frac{1}{2}(u_x^2+u_y^2+u_z^2)\right\}$$
$$-\left\{u_y\left(\frac{\partial u_y}{\partial x}-\frac{\partial u_x}{\partial y}\right)-u_z\left(\frac{\partial u_x}{\partial z}-\frac{\partial u_z}{\partial x}\right)\right\}$$

この式を y,z 成分とあわせてベクトル表示すると次のようになる．

$$(\boldsymbol{u}\cdot\nabla)\boldsymbol{u}=\left(u_x\frac{\partial u_x}{\partial x}+u_y\frac{\partial u_x}{\partial y}+u_z\frac{\partial u_x}{\partial z}\right)\boldsymbol{i}$$
$$+\left(u_x\frac{\partial u_y}{\partial x}+u_y\frac{\partial u_y}{\partial y}+u_z\frac{\partial u_y}{\partial z}\right)\boldsymbol{j}$$
$$+\left(u_x\frac{\partial u_x}{\partial x}+u_y\frac{\partial u_x}{\partial y}+u_z\frac{\partial u_x}{\partial z}\right)\boldsymbol{k}$$
$$=\left[\frac{\partial}{\partial x}\left\{\frac{1}{2}(u_x^2+u_y^2+u_z^2)\right\}\right.$$
$$\left.-\left\{u_y\left(\frac{\partial u_y}{\partial x}-\frac{\partial u_x}{\partial y}\right)-u_z\left(\frac{\partial u_x}{\partial z}-\frac{\partial u_z}{\partial x}\right)\right\}\right]\boldsymbol{i}$$
$$+\left[\frac{\partial}{\partial y}\left\{\frac{1}{2}(u_x^2+u_y^2+u_z^2)\right\}\right.$$
$$\left.-\left\{u_z\left(\frac{\partial u_z}{\partial y}-\frac{\partial u_y}{\partial z}\right)-u_x\left(\frac{\partial u_y}{\partial x}-\frac{\partial u_x}{\partial y}\right)\right\}\right]\boldsymbol{j}$$
$$+\left[\frac{\partial}{\partial z}\left\{\frac{1}{2}(u_x^2+u_y^2+u_z^2)\right\}\right.$$
$$\left.-\left\{u_x\left(\frac{\partial u_x}{\partial z}-\frac{\partial u_z}{\partial x}\right)-u_y\left(\frac{\partial u_z}{\partial y}-\frac{\partial u_y}{\partial z}\right)\right\}\right]\boldsymbol{k}$$
$$=\nabla\frac{1}{2}\boldsymbol{u}^2-\boldsymbol{u}\times(\nabla\times\boldsymbol{u})=\mathrm{grad}\frac{1}{2}\boldsymbol{u}^2-\boldsymbol{u}\times(\mathrm{rot}\ \boldsymbol{u})$$

この関係は非圧縮であるかどうか，渦なしかどうかにかかわらず成り立つ．渦なし流れの場合は rot $\boldsymbol{u}=0$ であるから

$$(\boldsymbol{u}\cdot\nabla)\boldsymbol{u}=\mathrm{grad}\frac{1}{2}\boldsymbol{u}^2$$

となる．以上より非圧縮性が仮定できる渦なし流れでは式(1.5.28)は以下のようになる．

$$\frac{\partial\boldsymbol{u}}{\partial t}+\nabla\frac{1}{2}\boldsymbol{u}^2=-\nabla\frac{p}{\rho}+\boldsymbol{F}$$

式(1.7.2)より $\boldsymbol{F}=-\nabla gz$ であるから

$$\frac{\partial\boldsymbol{u}}{\partial t}=-\nabla\left(\frac{1}{2}\boldsymbol{u}^2+\frac{p}{\rho}+gz\right)=-\mathrm{grad}\left(\frac{1}{2}\boldsymbol{u}^2+\frac{p}{\rho}+gz\right)$$

(S.1.15.3)

となる．1.8.1 項のベルヌイの定理はこの関係からも導き出すことができる．また上式左辺はポテンシャルを使って以下のように表される．

$$\frac{\partial\boldsymbol{u}}{\partial t}=\frac{\partial}{\partial t}\nabla\phi=\frac{\partial}{\partial t}\left(\frac{\partial\phi}{\partial x}\right)\boldsymbol{i}+\frac{\partial}{\partial t}\left(\frac{\partial\phi}{\partial y}\right)\boldsymbol{j}+\frac{\partial}{\partial t}\left(\frac{\partial\phi}{\partial z}\right)\boldsymbol{k}$$

ここで，ϕ を微分可能な連続関数とすると微分の順序を変更できるので

$$\frac{\partial\boldsymbol{u}}{\partial t}=\frac{\partial}{\partial x}\left(\frac{\partial\phi}{\partial t}\right)\boldsymbol{i}+\frac{\partial}{\partial y}\left(\frac{\partial\phi}{\partial t}\right)\boldsymbol{j}+\frac{\partial}{\partial z}\left(\frac{\partial\phi}{\partial t}\right)\boldsymbol{k}$$
$$=\nabla\frac{\partial\phi}{\partial t}=\mathrm{grad}\frac{\partial\phi}{\partial t}$$

となる．したがって，式(S.1.15.3)は次のようになる．

$$\mathrm{grad}\frac{\partial\phi}{\partial t}=-\mathrm{grad}\left(\frac{1}{2}\boldsymbol{u}^2+\frac{p}{\rho}+gz\right)$$
$$\mathrm{grad}\left(\frac{\partial\phi}{\partial t}+\frac{1}{2}\boldsymbol{u}^2+\frac{p}{\rho}+gz\right)=0$$
$$\frac{\partial\phi}{\partial t}+\frac{1}{2}\boldsymbol{u}^2+\frac{p}{\rho}+gz=f(t)$$

上式は定常状態においては

$$\frac{1}{2}\boldsymbol{u}^2+\frac{p}{\rho}+gz=C(\text{定数}) \quad (\text{S.1.15.4})$$

となる．一方，非圧縮性流体の連続の式は次のようになる．

$$\frac{\partial u_x}{\partial x}+\frac{\partial u_y}{\partial y}+\frac{\partial u_z}{\partial z}=0$$

式(S.1.15.1)の関係を代入すると以下のようになる．

$$\frac{\partial^2\phi}{\partial x^2}+\frac{\partial^2\phi}{\partial y^2}+\frac{\partial^2\phi}{\partial z^2}=0 \quad (\text{S.1.15.5})$$

この式は補足 1.13 でも述べたラプラスの方程式である．

運動方程式である式(S.1.15.3)から導かれた式(S.1.15.4)は，粘性の無視できる流れで成り立つベルヌイの定理を表している．このことは速度ポテンシャルを定義できる流れ場では連続の式(S.1.15.5)と境界条件を満足するポテンシャルを求めることができれば十分で，運動方程式を解く必要がないことを意味する．式(S.1.15.4)は，求められた ϕ から圧力分布を求めるのに用いられる．

【補足 1.16】 流線と等ポテンシャル線

流れ関数と速度ポテンシャルの勾配ベクトルの内積はコーシー–リーマンの関係から以下に示すよう

に0となる.

コーシー–リーマンの関係:
$$u_x = \frac{\partial \psi}{\partial y} = \frac{\partial \phi}{\partial x}, \quad u_y = -\frac{\partial \psi}{\partial x} = \frac{\partial \phi}{\partial y}$$

$$\left(\frac{\partial \psi}{\partial x}\boldsymbol{i} + \frac{\partial \psi}{\partial y}\boldsymbol{j}\right)\cdot\left(\frac{\partial \phi}{\partial x}\boldsymbol{i} + \frac{\partial \phi}{\partial y}\boldsymbol{j}\right)$$
$$= \frac{\partial \psi}{\partial x}\frac{\partial \phi}{\partial x} + \frac{\partial \psi}{\partial y}\frac{\partial \phi}{\partial y} = \frac{\partial \psi}{\partial x}\frac{\partial \psi}{\partial y} - \frac{\partial \psi}{\partial y}\frac{\partial \psi}{\partial x} = 0$$

このことよりそれぞれの勾配ベクトルどうしは直交する.スカラー量の等値線と,そのスカラー量の勾配ベクトルは直交する.勾配ベクトルどうしが直交することから,流線,等ポテンシャル線も直交することがわかる.

【補足 1.17】 複素平面と複素数に関するオイラーの関係

補図5は複素数 $z = x + iy$ を点 (x, y) として表示したものである.このような平面を複素平面,あるいはガウス平面といい,横軸を実軸,縦軸を虚軸という.図中の点 (x, y) を極座標表示すると次のようになる.

$$x = r\cos\theta, \quad y = r\sin\theta \rightarrow z = r\cos\theta + ir\sin\theta$$

$\cos\theta$, $\sin\theta$, $e^{i\theta}$ の $\theta = 0$ のまわりのテイラー展開すなわちマクローリン展開は次のようになる.

$$\cos\theta = 1 - \frac{\theta^2}{2!} + \frac{\theta^4}{4!} - \frac{\theta^6}{6!} - \cdots$$

$$\sin\theta = \frac{\theta}{1!} - \frac{\theta^3}{3!} + \frac{\theta^5}{5!} - \cdots$$

$$e^{i\theta} = 1 + \frac{\theta}{1!}i - \frac{\theta^2}{2!} - \frac{\theta^3}{3!}i + \frac{\theta^4}{4!} + \frac{\theta^5}{5!}i - \frac{\theta^6}{6!} - \cdots$$
$$= \underbrace{\left(1 - \frac{\theta^2}{2!} + \frac{\theta^4}{4!} - \frac{\theta^6}{6!} + \cdots\right)}_{\cos\theta} + i\underbrace{\left(\frac{\theta}{1!} - \frac{\theta^3}{3!} + \frac{\theta^5}{5!} - \cdots\right)}_{\sin\theta}$$

これらの比較により
$$e^{i\theta} = \cos\theta + i\sin\theta$$

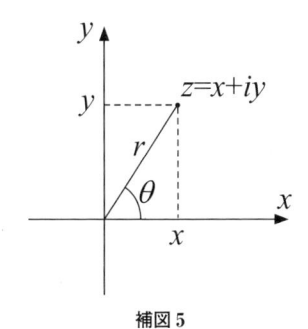

であることがわかる.この関係をオイラーの関係という.

以上より任意の複素数 z は r, θ により次のように表すことができる.

$$z = x + iy = r\cos\theta + ir\sin\theta = re^{i\theta}$$

【補足 1.18】 対数則速度分布

平板上の乱流境界層内のせん断応力は粘性応力とレイノルズ応力の和であるが,粘性応力を無視できるものとすると次のように表される.

$$\tau_{yx} = \rho\overline{u_x' u_y'} = -\rho l^2 \left|\frac{d\bar{u}_x}{dy}\right|\frac{d\bar{u}_x}{dy}$$

ここで,l は3.1.3項の混合距離である.平板表面付近ではせん断応力がほぼ一定と仮定できるので,l が y に比例し,$l = ky$ とおくことができるとすると,表面におけるせん断応力は次式のようになる.

$$\tau_w = -\rho l^2\left|\frac{d\bar{u}_x}{dy}\right|\frac{d\bar{u}_x}{dy} = -\rho(ky)^2\left|\frac{d\bar{u}_x}{dy}\right|\frac{d\bar{u}_x}{dy}$$

さらに,この式より次の関係が導かれる.

$$\frac{|\tau_w|}{\rho} = (ky)^2\left(\frac{d\bar{u}_x}{dy}\right)^2 \rightarrow \sqrt{\frac{|\tau_w|}{\rho}} = ky\left|\frac{d\bar{u}_x}{dy}\right|$$
(S.1.18.1)

ここで,以下の式で定義される摩擦速度 u^* を導入する.

$$u^* = \sqrt{\frac{|\tau_w|}{\rho}}$$

これを式(S.1.18.1)に代入すると次の微分方程式となる.

$$\frac{d\bar{u}_x}{dy} = \frac{u^*}{k}\frac{1}{y}$$

この式を解くと以下の式が導かれる.

$$\bar{u}_x = \frac{u^*}{k}\ln y + C_1$$

ここで,式(1.9.39),(1.9.40)の無次元速度 u^+,無次元距離 y^+ を用いると

$$u^+ = C_2 \ln y^+ + C_3$$

となる.この式の定数 C_2, C_3 を実際の速度分布を良好に相関するように決定すると式(1.9.43),(1.9.44)となる.なお,粘性底層となる $y^+ < 5$ の範囲では速度分布が直線になっていると仮定すると平板表面のせん断応力と速度勾配の関係から以下に示すように式(1.9.42)が導かれる.

$$|\tau_w| = \mu\left|\frac{d\bar{u}_x}{dy}\right| = \mu\frac{\bar{u}_x}{y} \rightarrow \bar{u}_x = \frac{|\tau_w|}{\rho}\frac{y}{\nu}$$

補図5

$$= u^{*2}\frac{y}{\nu} \to \frac{\bar{u}_x}{u^*} = \frac{u^* y}{\nu} \to u^+ = y^+$$

【補足 1.19】 円管内層流におけるコーシーの運動方程式

以下に示すのは円柱座標系の z 方向成分のコーシーの運動方程式である.

$$\rho\left(\frac{\partial u_z}{\partial t} + u_r\frac{\partial u_z}{\partial r} + \frac{u_\theta}{r}\frac{\partial u_z}{\partial \theta} + u_z\frac{\partial u_z}{\partial z}\right)$$
$$= -\frac{\partial p}{\partial z} - \left(\frac{1}{r}\frac{\partial r\tau_{rz}}{\partial r} + \frac{1}{r}\frac{\partial \tau_{\theta z}}{\partial \theta} + \frac{\partial \tau_{zz}}{\partial z}\right) + \rho g_z$$

円管内の定常層流では例題 1.4 と同様に上式のいくつかの項を消去することができ,以下の式が導かれる.

$$0 = -\frac{dp}{dz} - \frac{1}{r}\frac{dr\tau_{rz}}{dr} + \rho g_z$$

ここで,

$$-\frac{dp}{dz} + \rho g_z = \frac{\Delta P}{L}$$

とおくと,以下に示す式 (1.11.1) が導かれる.

$$\frac{1}{r}\frac{dr\tau_{rz}}{dr} = \frac{\Delta P}{L}$$

【補足 1.20】 ビンガム流体の円管内流れにおける体積流量

ビンガム流体は中心付近で栓を形成しながら流れる.したがって,体積流量は栓の部分の流量とその外側の変形しながら流れている部分の流量の和となる.栓の部分の流速を表す式 (1.11.21) を用いると流量は次のようになる.

$$\int_0^{r_\mathrm{p}} 2\pi r u_\mathrm{p} dr = \int_0^{r_\mathrm{p}} 2\pi r \frac{\Delta P R^2}{4\mu_\mathrm{B} L}\left(1 - \frac{r_\mathrm{p}}{R}\right)^2 dr$$
$$= \frac{\pi \Delta P R^2}{2\mu_\mathrm{B} L}\left(1 - \frac{r_\mathrm{p}}{R}\right)^2 \int_0^{r_\mathrm{p}} r dr = \frac{\pi \Delta P R^2}{2\mu_\mathrm{B} L}\left(1 - \frac{r_\mathrm{p}}{R}\right)^2 \frac{1}{2} r_\mathrm{p}^2$$

上式に以下の関係を代入する.

$$r_\mathrm{p} = \frac{2L}{\Delta P}\tau_0 \qquad (1.11.13)$$

$$\int_0^{r_\mathrm{p}} 2\pi r u_\mathrm{p} dr = \frac{\pi \Delta P R^2}{2\mu_\mathrm{B} L}\left(1 - \frac{2L}{\Delta P R}\tau_0\right)^2 \frac{1}{2} \frac{4L^2}{\Delta P^2}\tau_0^2$$

$$= \frac{\pi R^2 L \tau_0^2}{\Delta P \mu_\mathrm{B}} - \frac{4\pi R L^2 \tau_0^3}{\Delta P^2 \mu_\mathrm{B}} + \frac{4\pi L^3 \tau_0^4}{\Delta P^3 \mu_\mathrm{B}}$$

また,栓の外側の流量は次のようになる.

$$\int_{r_\mathrm{p}}^{R} 2\pi r u_z dr$$
$$= \int_{r_\mathrm{p}}^{R} 2\pi r\left[\frac{\Delta P R^2}{4\mu_\mathrm{B} L}\left\{1 - \left(\frac{r}{R}\right)^2\right\} - \frac{\tau_0}{\mu_\mathrm{B} R}\left(1 - \frac{r}{R}\right)\right] dr$$
$$= \frac{\pi \Delta P R^2}{2\mu_\mathrm{B} L}\int_{r_\mathrm{p}}^{R}\left(r - \frac{r^3}{R^2}\right)dr - \frac{2\pi \tau_0 R}{\mu_\mathrm{B}}\int_{r_\mathrm{p}}^{R}\left(r - \frac{r^2}{R}\right)dr$$
$$= \frac{\pi \Delta P R^2}{2\mu_\mathrm{B} L}\left[\frac{1}{2}r^2 - \frac{1}{4R^2}r^4\right]_{r_\mathrm{p}}^{R} - \frac{2\pi \tau_0 R}{\mu_\mathrm{B}}\left[\frac{1}{2}r^2 - \frac{1}{3R}r^3\right]_{r_\mathrm{p}}^{R}$$
$$= \frac{\pi \Delta P R^4}{8\mu_\mathrm{B} L} - \frac{\pi \Delta P R^2 r_\mathrm{p}^2}{4\mu_\mathrm{B} L} + \frac{\pi \Delta P r_\mathrm{p}^4}{8\mu_\mathrm{B} L} - \frac{\pi \tau_0 R^3}{3\mu_\mathrm{B}} + \frac{\pi \tau_0 R r_\mathrm{p}^2}{\mu_\mathrm{B}}$$
$$\quad - \frac{2\pi \tau_0 r_\mathrm{p}^3}{3\mu_\mathrm{B}}$$

内側の流量と同様に式 (1.11.13) を代入する.

$$\int_{r_\mathrm{p}}^{R} 2\pi r u_z dr$$
$$= \frac{\pi \Delta P R^4}{8\mu_\mathrm{B} L} - \frac{\pi R^2 L \tau_0^2}{\Delta P \mu_\mathrm{B}} - \frac{\pi \tau_0 R^3}{3\mu_\mathrm{B}} + \frac{4\pi R L^2 \tau_0^3}{\Delta P^2 \mu_\mathrm{B}} - \frac{10\pi L^3 \tau_0^4}{3\Delta P^3 \mu_\mathrm{B}}$$

内側と外側の流量の和をとると以下のようになる.

$$Q = \int_0^{r_\mathrm{p}} 2\pi r u_\mathrm{p} dr + \int_{r_\mathrm{p}}^{R} 2\pi r u_z dr$$
$$= \frac{\pi R^2 L \tau_0^2}{\Delta P \mu_\mathrm{B}} - \frac{4\pi R L^2 \tau_0^3}{\Delta P^2 \mu_\mathrm{B}} + \frac{4\pi L^3 \tau_0^4}{\Delta P^3 \mu_\mathrm{B}} + \frac{\pi \Delta P R^4}{8\mu_\mathrm{B} L} - \frac{\pi R^2 L \tau_0^2}{\Delta P \mu_\mathrm{B}}$$
$$\quad - \frac{\pi \tau_0 R^3}{3\mu_\mathrm{B}} + \frac{4\pi R L^2 \tau_0^3}{\Delta P^2 \mu_\mathrm{B}} - \frac{10\pi L^3 \tau_0^4}{3\Delta P^3 \mu_\mathrm{B}}$$
$$= \frac{\pi \Delta P R^4}{8\mu_\mathrm{B} L}\left(1 + \frac{16 L^4 \tau_0^4}{3\Delta P^4 R^4} - \frac{8L\tau_0}{3\Delta P R}\right)$$

壁面におけるせん断応力 τ_w と圧力損失の間には式 (1.7.23) より以下の関係がある.

$$\tau_\mathrm{w} = \frac{\Delta P R}{2L}$$

この関係に基づいて体積流量を次のように表すこともできる.

$$Q = \frac{\pi \Delta P R^4}{8\mu_\mathrm{B} L}\left\{1 + \frac{1}{3}\left(\frac{\tau_0}{\tau_\mathrm{w}}\right)^4 - \frac{4}{3}\frac{\tau_0}{\tau_\mathrm{w}}\right\}$$

第4章

【補足 4.1】 質量基準の粒子径分布

原料粒子群の個数基準の粒子径分布を $p(x)$ とする．粒子の密度，形状係数が粒子径によらず一定であれば，全粒子数を N_t とすると $x<d_p<x+dx$ の範囲に含まれる粒子数の合計 N_x は

$$N_x = N_t p(x) dx$$

となる．これら粒子の質量 M_x は次のようになる．

$$M_x = \rho_p \phi_v x^3 N_t p(x) dx$$

粒子群全体の質量は体積平均径 d_{pv} を用いて $M_t = \rho_p \phi_v d_{pv}^3 N_t$ と表されるので，$x<d_p<x+dx$ の範囲の粒子の質量と全体の質量の比は次式のようになる．

$$\frac{\rho_p \phi_v x^3 N_t p(x) dx}{\rho_p \phi_v d_{pv}^3 N_t} = \frac{x^3 p(x)}{\int_{x_{\min}}^{x_{\max}} x^3 p(x) dx} dx$$

したがって，質量基準の粒子径分布 $p_m(x)$ を以下のように定義することができる．

$$p_m(x) = \frac{x^3 p(x)}{\int_{x_{\min}}^{x_{\max}} x^3 p(x) dx}$$

上式の $p_m(x)$ を $x_{\min}$ から $x_{\max}$ にわたって積分すると1となることは自明で，確率密度関数の条件を満たしていることがわかる．

【補足 4.2】 部分回収率と分離効率

径 d_{pt} より大きい粒子を有用成分とした粒子群の分離における歩留り y，原料，製品における有用成分の質量分率 x_F, x_P を原料の質量基準の粒子径分布 $p_{Fm}(x)$ と部分回収率 $r(x)$ により表すと以下のようになる．

部分回収率の定義式(4.2.44)より，製品中の $x<d_p<x+dx$ の範囲にある粒子の質量 M_{Px} は次のようになる．

$$M_{Px} = P p_{Pm}(x) dx = F r(x) p_{Fm}(x) dx$$

製品の質量 P は上式を全粒子径範囲にわたって積分した次式で表される．

$$P = F \int_{x_{\min}}^{x_{\max}} r(x) p_{Fm}(x) dx$$

したがって，歩留りは

$$y = \frac{P}{F} = \frac{F \int_{x_{\min}}^{x_{\max}} r(x) p_{Fm}(x) dx}{F}$$

$$= \int_{x_{\min}}^{x_{\max}} r(x) p_{Fm}(x) dx \quad (4.2.45)$$

となる．原料中の有用成分の質量分率は

$$x_F = \frac{F \int_{d_{pt}}^{x_{\max}} p_{Fm}(x) dx}{F} = \int_{d_{pt}}^{x_{\max}} p_{Fm}(x) dx$$

と表される．一方，製品中の有用成分の質量は上記の M_{Px} を d_{pt} から $x_{\max}$ の範囲で積分した次式になる．

$$F \int_{d_{pt}}^{x_{\max}} r(x) p_{Fm}(x) dx$$

有用成分の質量分率は上式を製品の質量 P で除した次式で表される．

$$x_P = \frac{F \int_{d_{pt}}^{x_{\max}} r(x) p_{Fm}(x) dx}{F \int_{x_{\min}}^{x_{\max}} r(x) p_{Fm}(x) dx} = \frac{\int_{d_{pt}}^{x_{\max}} r(x) p_{Fm}(x) dx}{\int_{x_{\min}}^{x_{\max}} r(x) p_{Fm}(x) dx}$$

以上の各関係に基づいて式(4.2.51)，式(4.2.52)の分離効率 η が導出される．それらが等しくなることは以下により示される．

式(4.2.51)の分子第2項目は以下のように書き換えることができる．

$$\int_{x_{\min}}^{x_{\max}} r(x) p_{Fm}(x) dx \int_{d_{pt}}^{x_{\max}} p_{Fm}(x) dx$$
$$= \left(\int_{x_{\min}}^{d_{pt}} r(x) p_{Fm}(x) dx + \int_{d_{pt}}^{x_{\max}} r(x) p_{Fm}(x) dx \right)$$
$$\times \left(1 - \int_{x_{\min}}^{d_{pt}} p_{Fm}(x) dx \right)$$

したがって，分子は以下のようになる．

$$\int_{d_{pt}}^{x_{\max}} r(x) p_{Fm}(x) dx$$
$$- \int_{x_{\min}}^{x_{\max}} r(x) p_{Fm}(x) dx \int_{d_{pt}}^{x_{\max}} p_{Fm}(x) dx$$
$$= \int_{d_{pt}}^{x_{\max}} r(x) p_{Fm}(x) dx$$
$$- \left(\int_{x_{\min}}^{d_{pt}} r(x) p_{Fm}(x) dx + \int_{d_{pt}}^{x_{\max}} r(x) p_{Fm}(x) dx \right)$$
$$\times \left(1 - \int_{x_{\min}}^{d_{pt}} p_{Fm}(x) dx \right)$$
$$= - \int_{x_{\min}}^{d_{pt}} r(x) p_{Fm}(x) dx$$
$$+ \int_{x_{\min}}^{d_{pt}} r(x) p_{Fm}(x) dx \int_{x_{\min}}^{d_{pt}} p_{Fm}(x) dx$$
$$+ \int_{d_{pt}}^{x_{\max}} r(x) p_{Fm}(x) dx \int_{x_{\min}}^{d_{pt}} p_{Fm}(x) dx$$
$$= - \int_{x_{\min}}^{d_{pt}} r(x) p_{Fm}(x) dx$$
$$+ \int_{x_{\min}}^{d_{pt}} r(x) p_{Fm}(x) dx \left(1 - \int_{d_{pt}}^{x_{\max}} p_{Fm}(x) dx \right)$$

$$+ \int_{d_{pt}}^{x_{max}} r(x) p_{Fm}(x) dx \int_{x_{min}}^{d_{pt}} p_{Fm}(x) dx$$

$$= \int_{d_{pt}}^{x_{max}} r(x) p_{Fm}(x) dx \int_{x_{min}}^{d_{pt}} p_{Fm}(x) dx$$

$$- \int_{x_{min}}^{d_{pt}} r(x) p_{Fm}(x) dx \int_{d_{pt}}^{x_{max}} p_{Fm}(x) dx$$

式(4.2.51)の分子を上式に置き換えると

$$\eta = \frac{\int_{d_{pt}}^{x_{max}} r(x) p_{Fm}(x) dx \int_{x_{min}}^{d_{pt}} p_{Fm}(x) dx - \int_{x_{min}}^{d_{pt}} r(x) p_{Fm}(x) dx \int_{d_{pt}}^{x_{max}} p_{Fm}(x) dx}{\int_{d_{pt}}^{x_{max}} p_{Fm}(x) dx \int_{x_{min}}^{d_{pt}} p_{Fm}(x) dx}$$

$$= \frac{\int_{d_{pt}}^{x_{max}} r(x) p_{Fm}(x) dx}{\int_{d_{pt}}^{x_{max}} p_{Fm}(x) dx} - \frac{\int_{x_{min}}^{d_{pt}} r(x) p_{Fm}(x) dx}{\int_{x_{min}}^{d_{pt}} p_{Fm}(x) dx}$$

となって式(4.2.51), (4.2.52)の分離効率 η が等しくなることが示される.

【補足 4.3】 ルスの濾過速度式(4.2.104)における V_0 と t_0 の意味

式(4.2.95)で表されるケーク抵抗 R_C が濾材抵抗 R_m と等しいとおくと以下のようになる.

$$R_m = \frac{\alpha_{cm} \kappa V_0}{A} \rightarrow V_0 = \frac{A R_m}{\alpha_{cm} \kappa}$$

これは,体積 V_0 の濾液に伴われた固体粒子により形成されるケークの抵抗が濾材の抵抗と等しくなることを意味している. 仮想的に抵抗が 0 の濾材により濾過を行ったとき,開始から上式の抵抗のケークが形成されるまでの時間 t_0 を求めてみる. 濾材抵抗がないため流束は式(4.2.88)で表されるので, 次式を導くことができる.

$$\frac{\alpha_{cm} \mu \kappa V}{A^2 \Delta p} dV = dt$$

t_0 は上式を $V=0$ から V_0 まで積分することにより求められる. $t=0$ のとき $V=0$ であるから

$$t_0 = \frac{\alpha_{cm} \mu \kappa}{2 A^2 \Delta p} V_0^2 = \frac{V_0^2}{K} = \frac{\mu R_m^2}{2 \Delta p \alpha_{cm} \kappa}$$

となる. このことから本文で述べたように V_0, t_0 は濾材と等しい抵抗を示すケークを形成するのに要する仮想的な時間と濾液量に対応することが理解できる.

索引

欧文

DEM *119*
DNS *113*
ESD 関数 *64*
FBDT 翼 *85*
FBT 翼 *85*
$k\text{-}\varepsilon$ モデル *114*
LES *115*
MAC 法 *112*
MSMPR *89*
45° PBT 翼 *85*
RANS *114*
SIMPLE 法 *112*
SMAC 法 *112*

あ 行

圧縮性濾滓 *104*
圧力 *9*
圧力損失 *57, 136*
　——（円管内流れ） *34*
　——（固定層） *55*
安定性 *107*

一様等方性乱流 *61*
一様乱流 *61*
一様流 *13*
陰的スキーム *108*
インパルス応答曲線 *80*
インパルス応答法 *80, 81*
インペラー先端周速度 *132*

ウィナー–フィンチンの定理 *65*
渦 *63*
渦群 *65*
渦径 *63*
渦度 *8*
渦度ベクトル *8, 43*
渦なし流れ *43*
渦粘性表現 *114*
打切り誤差 *106*

運動エネルギー *20*
運動方程式 *127*
運動量流束 *2*

液-液混合 *75*
エネルギー散逸 *21*
　——の相似則 *128*
エネルギー収支の式 *20*
エネルギースペクトル密度分布関数 *64*
エルガンの式 *57, 118*
円管内層流速度分布 *26*
遠心効果 *99*
遠心沈降分離面積 *100*
遠心分離 *99*
円筒クウェット流れ *27*

オイラー–オイラー法 *116*
オイラーの方法 *12*
オイラー–ラグランジュ法 *116*
応力テンソル *5*
応力ベクトル *5*
応力方程式 *18, 128*
オリフィス流量計 *140*
温度境界層 *46*

か 行

櫂型翼 *78*
回収率 *82*
回転型 *76*
回転粘度計 *135*
回分系 *81, 82*
化学反応法 *135*
拡散係数 *14*
拡散混合 *76*
攪拌支配領域 *79*
攪拌所要動力 *78*
攪拌槽 *75*
攪拌操作 *76*
攪拌レイノルズ数 *78*
確率密度分布 *64*

確率論的手法 *143*
風上差分 *109*
かさ密度 *54*
可視化 *134*
カスケードプロセス *63*
ガスホールドアップ *79*
カルマンの形状係数 *91*
カルマン–ハワース式 *63*
環状流 *72, 73*
慣性力 *130*
完全混合等体積槽列モデル *84*
完全混合流れ *80*
完全邪魔板条件 *78*
完全浮遊化 *79*
管断面平均流速 *11*
管摩擦係数 *34, 128, 131, 133*

気-液混合 *75*
機械的エネルギー収支式 *36*
機械的分離操作 *95*
擬塑性流体 *3*
期待 *147*
期待度曲線 *148*
気泡塔 *71, 79*
気泡流 *72*
基本渦群 *65, 66*
逆方向二次流れ *4*
キャピラリー粘度計 *136*
境界層厚さ
　——（層流） *48*
　——（乱流） *50*
境界層理論 *45*
局所混合性能指標 *86*
巨視的混合 *75*
擬乱流 *61*
均一気泡流 *71*

クウェット流れ *3*
空間スケール *67*
空間率 *53*
空間率関数 *53*

空筒速度　55
クーラン条件　109
クリープ流れ　41

傾斜管圧力計　137
傾斜平板上の流れ　25
形状係数　91
ケーク　102
ゲージ圧　9
懸濁気泡塔　71
結合エントロピー　83
現象論的方法　62

光学的方法　135
構成方程式　8
勾配ベクトル　16
高波数領域　69
降伏応力　3
固-液混合　75
コーシーの運動方程式　18
コゼニー-カルマンの式　56
固定型　76
固定層　54
コルモゴロフの-5/3乗則　66
混合拡散係数　82
混合距離　62
混合現象　143
混合時間　81
混合状態　80
混合性能　80
混合度　81
混相流　71, 116
混入　82

さ　行

サイクロン　100
最小流動化速度　58
散逸関数　21, 129
3次元エネルギースペクトル関数　63
3次元エネルギー伝達関数　63
3重相関　63
残留（ふるい上）百分率　93

時間スケール　67
時間平均分　61
次元解析　128
自己エントロピー　83
指数則流体　69
実現確率　144
実質微分　17
実乱流　61
質量速度　15

質量流量　11
質量力　5
充填層　54
自由表面　128
終末速度　51
自由乱流　61
シュミット数　49
循環流　79
晶析操作　79, 144
状態方程式　127
情報　82
情報エントロピー　64, 143
情報量　82
蒸留塔　90
所要動力　132
伸縮変形　7
振動粘度計　136
信頼性判定基準　68

水洗操作　104
水頭（ヘッド）　32
水力学的相当径　56
数値シミュレーション　149
スケールアップ　64, 127
スケールアップ則　68, 80
ストークス径　90
ストークス流れ　41
ストークスの法則　43, 51
スプレー塔　71
スライディング・メッシュ法　123
スラグ流　72

静圧　32
正規確率密度関数　144
正規分布　93, 145
せん断応力　1
せん断混合　76
せん断変形　7
栓流　59

総圧　32
総括混合性能指標　86
相互エントロピー　83
層状流　72
相当径　90
層流　13, 61
層流運動方程式　62
層流境界層　46
速度分布　1, 23
速度ポテンシャル　39, 43
塑性流体　3, 130

た　行

対数正規確率密度関数　144
対数正規分布　93, 145
対数則　115
対数則速度分布　50
対数則速度分布式　33
体積形状係数　91
体積積分　129
体積平均径　92
体積流量　11
ダイナミック式　63
代表径　90
代表速度　127
代表長さ　127
代表粒子モデル　121
タイムライン　134
ダイラタント流体　3
対流　14
対流混合　75
滞留時間確率密度関数　83
対流による移動流束　15
タービン型翼　78
タフト法　134
ダランベールのパラドックス　45
ダルシーの法則　102
多連U字管圧力計　137

チクソトロピー流体　4
チャーン流　72, 73
抽出塔　71
直接解法　116
直接数値シミュレーション　113
沈降分離　96
沈降面積　98

通過（ふるい下）百分率　93
通気攪拌槽　79
通気支配領域　79

定圧濾過　103
抵抗係数　78, 133
抵抗力　51
定常状態　2, 129
定常流　13
ディストリビューター　86
定速濾過　103
低波数領域　69
テイラーの仮説　65
電気制御法　135
電極反応流速計　139

動圧　32
統計的方法　62
動水半径　56
等体積球径　90
動的領域分割法　122
等方性乱流　61
動力数　78, 133
特異サイフォン現象　4
トムズ効果　5
トリチェリの定理　32
トルク　28
トレーサー法　134

な 行

内部エネルギー　20
流れ関数　12, 39
ナビエ-ストークスの運動方程式
　20, 61, 111

2重相関　63
ニーディング　75
ニュートン効率　82
ニュートンの粘性法則　2
ニュートンの分離効率　95
ニュートン流体　2, 3, 61, 69, 137

熱拡散率　14
熱式流速計　138
粘性　1
粘性応力テンソル　7
粘弾性流体　4
粘度　2

濃度境界層　49

は 行

ハーゲン-ポアズイユの式　34
パーシバルの定理　65
波状流　72
波数　63
パスカルの原理　10
はねもどり効果　4
バラス効果　4

非圧縮性流体　16, 128
非一様流　13
微視的混合　75
ピストン流れ　79
非定常状態　2
非定常速度分布　28
非定常流　13
ピトー管　138

非ニュートン流体　3, 58, 69, 135, 137
比表面積　91
比表面積径　91
比表面積形状係数　91
非保存系スキーム　110
標準偏差値　76
表面積形状係数　91
表面積平均径　92
ビンガム流体　3, 137
品質向上　82

ファニングの式　34, 130
不安　147
不安度　148
不安度曲線　148
フィックの法則　14
不確実さ　147
不均一気泡流　72
複素速度ポテンシャル　44
歩留り　82
部分回収率　94
ブラジウスの式
　——（円管内流れ）　35
　——（乱流境界層）　50
フラッディング　79
プラントル数　48
フーリエ積分　65
フーリエの法則　14
フーリエ変換　63, 65
浮力　10, 51
フルード数　78, 127
ブルドン管圧力計　137
ブレイク-コゼニーの式　56
ブレンダー　86
フローパターン　127
プロペラ型翼　78
分散相　89
分散値　64, 76
分子効果　14
　——による移動流束　14
分子粘性係数　2
分数調波　66, 67
噴霧流　72, 73
分離現象　143
分離度　88, 89

平均線速度　55
平均滞留時間　83, 84
平均比抵抗　102
平均粒子径　91
平板クウェット流れ　24
壁面トレース法　134

壁乱流　61
ベクトルの回転　43
ヘッド（水頭）　32
ベルヌイの定理　31
変形速度テンソル　7
変数分離法　28
ベンチマーク課題　149
ベンチュリー流量計　142
変動分　61
偏微分方程式　28

方向余弦　129
法線応力　5
法線応力効果（ワイゼンベルク効果）　4
法線ベクトル　129
補正係数　140
保存系スキーム　110

ま 行

巻き込み現象　79
マクロタイムスケール　67
摩擦係数
　——（層流境界層）　48
　——（乱流境界層）　50

見かけ粘度　3
ミクロタイムスケール　67

面積積分　129

や 行

裕度限界レイノルズ数　140

陽的スキーム　108
翼先端速度　68
翼吐出流量　78
4重相関　63

ら 行

落球粘度計　136
ラグランジュの2乗相関　67
ラグランジュの方法　12
ラージ・エディ・シミュレーション　115
乱流　13, 61
乱流運動エネルギースペクトル　63
乱流運動方程式　62
乱流応力　62
乱流拡散係数　82
乱流境界層　46, 49
乱流シュミット数　115

乱流粘度　62
乱流プラントル数　115

離散要素法　119
リチャースの分離効率　82
粒子流体間相互作用　117
流跡　134
流跡線　13
流線　12, 134
流速　11
流束　14
流体抵抗　132
流通系　81, 82
流通系装置　80
流動化　57
流動曲線　3
流動層　57, 71
流動特性　3
流脈　13, 134
流量　11
流量係数　140

ルスの濾過速度式　103

レイノルズ応力　33, 62, 114
レイノルズ数　13, 78, 127
——（円管内流れ）　32
——（球粒子周りの流れ）　51
——（固定層を異形管とみなしたとき）　56
——（固定層を粒子群とみなしたとき）　55
——（指数則モデル流体の円管内流れ）　60
レイノルズ平均乱流モデル　114
レイノルズ方程式　114
レオペクシー流体　4
レオロジー　1
レオロジー構成方程式　69, 135
レーザードップラー流速計　138
連続沈降槽　97
連続の式　16
連続方程式　127

濾過　101
濾滓　102
濾材　102
ロジン-ラムラー確率密度関数　144
ロジン-ラムラー分布　94, 145

わ 行

ワイゼンベルク効果（法線応力効果）　4

編集者略歴

小川 浩平
(おがわ こうへい)

1943年　中国済南市に生まれる
1972年　東京工業大学大学院理工学
　　　　研究科博士課程修了
1990年　東京工業大学工学部教授
2004年　東京工業大学理事・副学長
現　在　東京工業大学名誉教授
　　　　工学博士

シリーズ〈新しい化学工学〉1
流体移動解析　　　　　　　　　定価はカバーに表示

2011年10月30日　初版第1刷

　　　　　　　編集者　小　川　浩　平
　　　　　　　発行者　朝　倉　邦　造
　　　　　　　発行所　株式会社　朝　倉　書　店
　　　　　　　　東京都新宿区新小川町6-29
　　　　　　　　郵便番号　162-8707
　　　　　　　　電　話　03(3260)0141
　　　　　　　　FAX　03(3260)0180
〈検印省略〉　　　　　http://www.asakura.co.jp

© 2011〈無断複写・転載を禁ず〉　　新日本印刷・渡辺製本

ISBN 978-4-254-25601-7　C 3358　　Printed in Japan

化学工学会監修　名工大 多田　豊編
化　学　工　学（改訂第3版）
―解説と演習―

25033-6 C3058　　　　　A 5 判 368頁 本体2500円

基礎から応用まで，単位操作に重点をおいて，丁寧にわかりやすく解説した教科書，および若手技術者，研究者のための参考書．とくに装置，応用例は実際的に解説し，豊富な例題と各章末の演習問題でより理解を深められるよう構成した．

元大阪府大 正田晴夫著
改訂新版 化 学 工 学 通 論 Ⅰ

25006-0 C3058　　　　　A 5 判 256頁 本体3800円

化学工学の入門書として長年好評を博してきた旧著を，今回，慣用単位を全面的にSI単位に改めた．大学・短大・高専のテキストとして最適．〔内容〕化学工学の基礎／流動／伝熱／蒸発／蒸留／吸収／抽出／空気調湿および冷水操作／乾燥

元京大 井伊谷鋼一・元同大 三輪茂雄著
改訂新版 化 学 工 学 通 論 Ⅱ

25007-7 C3058　　　　　A 5 判 248頁 本体3800円

好評の旧版をSI単位に直し，用語を最新のものに統一し，問題も新たに追加するなど，全面的に訂正した．〔内容〕粉体の粒度／粉砕／流体中における粒子の運動／分級と集塵／粒子層を流れる流体／固液分離／混合／固体輸送

前京大 高松武一郎著
化 学 工 学 へ の 招 待

25024-4 C3058　　　　　A 5 判 208頁 本体3600円

工業生産と理学としての化学を結ぶ「化学工学」の入門教科書．〔内容〕暮らしとエネルギー／物質／理工学の中の化学工学／発展の歴史／基本原理／流体の流れ／流体中の粒子の働き／物質移動と分離操作／化学反応操作／プロセスの設計／他

千葉大 斎藤恭一著
数学で学ぶ化学工学11話

25035-0 C3058　　　　　A 5 判 176頁 本体2800円

化学工学特有の数理的思考法のコツをユニークなイラストとともに初心者へ解説〔内容〕化学工学の考え方と数学／微分と積分／ラプラス変換／フラックス／収支式／スカラーとベクトル／1階常微分方程式／2階常微分方程式／偏微分方程式／他

前名大 後藤繁雄編著　名大 板谷義紀・名大 田川智彦・前名大 中村正秋著
化　学　反　応　操　作

25034-3 C3058　　　　　A 5 判 128頁 本体2200円

反応速度論，反応工学，反応装置工学について基礎から応用まで系統的に平易・簡潔に解説した教科書，参考書．〔内容〕工学の対象としての化学反応と反応工学／化学反応の速度／均一系の反応速度／不均一系の反応速度／反応操作／反応装置

化学工学会分離プロセス部会編
分離プロセス工学の基礎

25256-9 C3058　　　　　A 5 判 240頁 本体3500円

工学分野，産業界だけでなく，環境関係でも利用される分離プロセスについて基礎から応用例までわかりやすく解説した教科書，参考書．〔内容〕分離プロセス工学の基礎／ガス吸収／蒸留／抽出／晶析／吸着・イオン交換／固液・固気分離／膜

前京大 橋本伊織・京大 長谷部伸治・京大 加納　学著
プ ロ セ ス 制 御 工 学

25031-2 C3058　　　　　A 5 判 196頁 本体3700円

主として化学系の学生を対象として，新しい制御理論も含め，例題も駆使しながら体系的に解説〔内容〕概論／伝達関数と過渡応答／周波数応答／制御系の特性／PID制御／多変数プロセスの制御／モデル予測制御／システム同定の基礎

J.A.コンクリン著　吉田忠雄・田村昌三監訳
エネルギー物質の科学
―基礎と応用―

25027-5 C3058　　　　　A 5 判 184頁 本体3500円

爆薬等の危険物の組成(酸化剤・可燃剤・結合剤・抑制剤等)の概説から熱化学，反応速度論，発火・伝播等を平易に解説した教科書・参考書．〔内容〕基本原理／高エネルギー組成物の成分／発火・伝播／熱と延時組成物／発色と発光／煙と音

前東大 田村昌三・東大 新井　充・東大 阿久津好明著
エ ネ ル ギ ー 物 質 と 安 全

25028-2 C3058　　　　　A 5 判 176頁 本体3200円

大きな社会問題にもなっているエネルギー物質，化学物質とその安全性・危険性の関連を初めて体系的に解説．〔内容〕エネルギー物質とその応用／エネルギー物質の熱化学／安全の化学／化学物質の安全管理と地震対策／危険物と関連法規

前京大 平岡正勝・同志社大 田中幹也著
新版 移　動　現　象　論

25023-7 C3058　　　　　A 5 判 272頁 本体4900円

工学基礎として重要な運動量，エネルギー，物質の移動の法則を統一的に取扱う移動現象を体系的にまとめた．〔内容〕移動現象における基礎方程式／乱流移動現象の取扱い／モデル化／系における移動現象／大気拡散／熱力学・数学的手法／他

北大 千葉忠俊・前東大 吉田邦夫編著
ハイテクシリーズ
流　動　層　概　論

25026-8 C3058　　　　　A 5 判 272頁 本体5500円

固体粒子を気体や液体に効率よく混ぜ合わせるための流動層工学の発展を体系的に解説した決定版〔内容〕日本における流動層研究と技術の歩み／技術の基礎／基礎と応用をつなぐ／実用化された技術／新しい技術へのチャレンジ／最新の計測法

安保正一・山本峻三編著　川崎昌博・玉置　純・ 山下弘巳・桑畑　進・古南　博著 役にたつ化学シリーズ1 **集 合 系 の 物 理 化 学** 25591-1　C3358　　　　B 5 判 160頁 本体2800円	エントロピーやエンタルピーの概念，分子集合系の熱力学や化学反応と化学平衡の考え方などをやさしく解説した教科書。〔内容〕量子化エネルギー準位と統計力学／自由エネルギーと化学平衡／化学反応の機構と速度／吸着現象と触媒反応／他
川崎昌博・安保正一編著　吉澤一成・小林久芳・ 波田雅彦・尾崎幸洋・今堀　博・山下弘巳他著 役にたつ化学シリーズ2 **分 子 の 物 理 化 学** 25592-8　C3358　　　　B 5 判 200頁 本体3600円	諸々の化学現象を分子レベルで理解できるよう平易に解説。〔内容〕量子化学の基礎／ボーアの原子モデル／水素型原子の波動関数の解／分子の化学結合／ヒュッケル法と分子軌道計算の概要／分子の対称性と群論／分子分光法の原理と利用法／他
出来成人・辰巳砂昌弘・水畑　穣編著　山中昭司・ 幸塚広光・横尾俊信・中西和樹・高田十志和他著 役にたつ化学シリーズ3 **無　　　機　　　化　　　学** 25593-5　C3358　　　　B 5 判 224頁 本体3600円	工業的な応用も含めて無機化学の全体像を知るとともに，実際の生活への応用を理解できるよう，ポイントを絞り，ていねいに，わかりやすく解説した。〔内容〕構造と周期表／結合と構造／元素と化合物／無機反応／配位化学／無機材料化学
太田清久・酒井忠雄編著　中原武利・増原　宏・ 寺岡靖剛・田中庸裕・今堀　博・石原達己他著 役にたつ化学シリーズ4 **分　　　析　　　化　　　学** 25594-2　C3358　　　　B 5 判 208頁 本体3400円	材料科学，環境問題の解決に不可欠な分析化学を正しく，深く理解できるように解説。〔内容〕分析化学と社会の関わり／分析化学の基礎／簡易環境分析化学法／機器分析法／最新の材料分析法／これからの環境分析化学／精確な分析を行うために
水野一彦・吉田潤一編著　石井康敬・大島　巧・ 太田哲男・垣内喜代三・勝村成雄・瀬恒潤一郎他著 役にたつ化学シリーズ5 **有　　　機　　　化　　　学** 25595-9　C3358　　　　B 5 判 184頁 本体2700円	基礎から平易に解説し，理解を助けるよう例題，演習問題を豊富に掲載。〔内容〕有機化学と共有結合／炭化水素／有機化合物のかたち／ハロアルカンの反応／アルコールとエーテルの反応／カルボニル化合物の反応／カルボン酸／芳香族化合物
戸嶋直樹・馬場章夫編著　東尾保彦・芝田育也・ 圓藤紀代司・武田徳司・内藤猛章・宮田興子著 役にたつ化学シリーズ6 **有　機　工　業　化　学** 25596-6　C3358　　　　B 5 判 196頁 本体3300円	人間社会と深い関わりのある有機工業化学の中から，普段の生活で身近に感じているものに焦点を絞って説明。石油工業化学，高分子工業化学，生活環境化学，バイオ関連工業化学について，歴史，現在の製品の化学やエンジニアリングを解説
宮田幹二・戸嶋直樹編著　高原　淳・宍戸昌彦・ 中條善樹・大石　勉・隅田泰生・原田　明他著 役にたつ化学シリーズ7 **高　　分　　子　　化　　学** 25597-3　C3358　　　　B 5 判 212頁 本体3800円	原子や簡単な分子から説き起こし，高分子の創造・集合・変化の過程をわかりやすく解説した学部学生のための教科書。〔内容〕宇宙史の中の高分子／高分子の概念／有機合成高分子／生体高分子／無機高分子／機能性高分子／これからの高分子
古崎新太郎・石川治男編著　田門　肇・大嶋　寛・ 後藤雅宏・今岡博信・井上義朗・奥山喜久夫他著 役にたつ化学シリーズ8 **化　　　学　　　工　　　学** 25598-0　C3358　　　　B 5 判 216頁 本体3400円	化学工学の基礎について，工学系・農学系・医学系の初学者向けにわかりやすく解説した教科書。〔内容〕化学工学とその基礎／化学反応操作／分離操作／流体の運動と移動現象／粉粒体操作／エネルギーの流れ／プロセスシステム／他
村橋俊一・御園生誠編著　梶井克純・吉田弘之・ 岡崎正規・北野　大・増田　優・小林　修他著 役にたつ化学シリーズ9 **地　球　環　境　の　化　学** 25599-7　C3358　　　　B 5 判 160頁 本体3000円	環境問題全体を概観でき，総合的な理解を得られるよう，具体的に解説した教科書。〔内容〕大気圏の環境／水圏の環境／土壌圏の環境／生物圏の環境／化学物質総合管理／グリーンケミストリー／廃棄物とプラスチック／エネルギーと社会／他
阪大山下弘巳・京大杉村博之・熊本大町田正人・ 大阪府大齊藤丈靖・近畿大古南　博・長崎大森口　勇・ 長崎大田邉秀二・大阪府大成澤雅紀他著 **熱　　　力　　　学** 基礎と演習 25036-7　C3058　　　　A 5 判 192頁 本体2900円	理工系学部の材料工学，化学工学，応用化学などの学生1～3年生を対象に基礎をわかりやすく解説。例題と豊富な演習問題と丁寧な解答を掲載。構成は気体の性質，統計力学，熱力学第1～第3法則，化学平衡，溶液の熱力学，相平衡など
阿河利男・小川雅弥・川手昭平・北尾梯次郎・ 木下雅悦・黄堂敬雲著 **有　機　工　業　化　学**（第6版） 25227-9　C3058　　　　A 5 判 336頁 本体4200円	資源や公害の問題，激しい研究開発競争により著しく変貌した有機化学工業の主要分野を最新の資料により解説。〔内容〕石炭／石油／石油化学／色素・医薬・農薬／油化学／塗料／発酵／紙・パルプ・天然繊維／プラスチック／ゴム
前大阪府大田中　誠・前大阪市大大津隆行他著 **新版 基礎高分子工業化学** 25246-0　C3050　　　　A 5 判 212頁 本体3600円	好評の旧版を全面改訂。高分子工業の概観，高分子の生成反応を平易に記述。〔内容〕高分子化学とその工業／高分子とその特性／高分子合成の基礎／木材化学工業／繊維工業／プラスチック工業／機能性高分子材料／ゴム工業／他

横国大 太田健一郎・山形大 仁科辰夫・北大 佐々木健・
岡山大 三宅通博・前千葉大 佐々木義典著
応用化学シリーズ1
無 機 工 業 化 学
25581-2 C3358　　　　Ａ５判 224頁 本体3500円

理工系の基礎科目を履修した学生のための教科書として，また一般技術者の手引書として，エネルギー，環境，資源問題に配慮し丁寧に解説。〔内容〕酸アルカリ工業／電気化学とその工業／金属工業化学／無機合成／窯業と伝統セラミックス

山形大 多賀谷英幸・秋田大 進藤隆世志・
東北大 大塚康夫・日大 玉井康文・山形大 門川淳一著
応用化学シリーズ2
有 機 資 源 化 学
25582-9 C3358　　　　Ａ５判 164頁 本体3000円

エネルギーや素材等として不可欠な有機炭素資源について，その利用・変換を中心に環境問題に配慮して解説。〔内容〕有機化学工業／石油資源化学／石炭資源化学／天然ガス資源化学／バイオマス資源化学／廃炭素資源化学／資源とエネルギー

前千葉大 山岡亜夫編著
応用化学シリーズ3
高 分 子 工 業 化 学
25583-6 C3358　　　　Ａ５判 176頁 本体2800円

上田充・安中雅彦・鴫田昌之・高原茂・岡野光夫・菊池明彦・松方美樹・鈴木淳史著。21世紀の高分子の化学工業に対応し，基礎的事項から高機能材料まで環境的側面にも配慮して解説した教科書。

前慶大 柘植秀樹・横国大 上ノ山周・前群馬大 佐藤正之・
農工大 国眼孝雄・千葉大 佐藤智司著
応用化学シリーズ4
化 学 工 学 の 基 礎
25584-3 C3358　　　　Ａ５判 216頁 本体3400円

初めて化学工学を学ぶ読者のために，やさしく，わかりやすく解説した教科書。〔内容〕化学工学の基礎（単位系，物質およびエネルギー収支，他）／流体輸送と流動／熱移動（伝熱）／物質分離（蒸留，膜分離など）／反応工学／付録（単位換算表，他）

掛川一幸・山村 博・植松敏三・
守吉祐介・門間英毅・松田元秀著
応用化学シリーズ5
機能性セラミックス化学
25585-0 C3358　　　　Ａ５判 240頁 本体3800円

基礎から応用まで図を豊富に用いて，目で見てもわかりやすいよう解説した。〔内容〕セラミックス概要／セラミックスの構造／セラミックスの合成／プロセス技術／セラミックスにおけるプロセスの理論／セラミックスの理論と応用

前千葉大 上松敬禧・筑波大 中村潤児・神奈川大 内藤周弌・
埼玉大 三浦 弘・理科大 工藤昭彦著
応用化学シリーズ6
触 媒 化 学
25586-7 C3358　　　　Ａ５判 184頁 本体3200円

初学者が触媒の本質を理解できるよう，平易に分かりやすく解説。〔内容〕触媒の歴史と役割／固体触媒の表面／触媒反応の素過程と反応速度論／触媒反応機構／触媒反応場の構造と物性／触媒の調整と機能評価／環境・エネルギー関連触媒／他

慶大 美浦 隆・神奈川大 佐藤祐一・横国大 神谷信行・
小山高専 奥山 優・甲南大 縄舟秀美・理科大 湯浅 真著
応用化学シリーズ7
電気化学の基礎と応用
25587-4 C3358　　　　Ａ５判 180頁 本体2900円

電気化学の基礎をしっかり説明し，それから応用面に進めるよう配慮して編集した。身近な例から新しい技術まで解説。〔内容〕電気化学の基礎／電池／電解／金属の腐食／電気化学を基礎とする表面処理／生物電気化学と化学センサ

東京工芸大 佐々木幸夫・北里大 岩橋槇夫・
岐阜大 沓水祥一・東海大 藤尾克彦著
応用化学シリーズ8
化 学 熱 力 学
25588-1 C3358　　　　Ａ５判 192頁 本体3500円

図表を多く用い，自然界の現象などの具体的な例をあげてわかりやすく解説した教科書。例題，演習問題も多数収録。〔内容〕熱力学を学ぶ準備／熱力学第1法則／熱力学第2法則／相平衡と溶液／統計熱力学／付録：式の変形の意味と使い方

前東大 田村昌三編
化学プロセス安全ハンドブック
25029-9 C3058　　　　Ｂ５判 432頁 本体20000円

化学プロセスの安全化を考える上で基本となる理論から説き起こし，評価の基本的考え方から各評価法を紹介し，実際の評価を行った例を示すことにより，評価技術を総括的に詳説。〔内容〕化学反応／発化・熱爆発・暴走反応／化学反応と危険性／化学プロセスの安全性評価／熱化学計算による安全性評価／化学物質の安全性評価実施例／化学プロセスの安全性評価実施例／安全性総合評価／化学プロセスの危険度評価／化学プロセスの安全設計／付録：反応性物質のDSCデータ集

前京大 荻野文丸総編集
化学工学ハンドブック
25030-5 C3058　　　　Ｂ５判 608頁 本体25000円

21世紀の科学技術を表すキーワードであるエネルギー・環境・生命科学を含めた化学工学の集大成。技術者や研究者が常に手元に置いて活用できるよう，今後の展望をにらんだアドバンスな内容を盛りこんだ。〔内容〕熱力学状態量／熱力学的プロセスへの応用／流れの状態の表現／収支／伝導伝熱／蒸発装置／蒸留／吸収・放散／集塵／濾過／混合／晶析／微粒子生成／反応装置／律速過程／プロセス管理／プロセス設計／微生物培養工学／遺伝子工学／エネルギー需要／エネルギー変換／他

上記価格（税別）は 2011 年 9 月現在